JIANZHU JIEGOU
DE JIBEN YUANLI JI YINGYONG

# 建筑结构

## 的基本原理及应用

主　编　余荣春　余景良　吴卫华
副主编　肖哲涛　刘　宇　包　明　杨小卫

U0253460

中国水利水电出版社
www.waterpub.com.cn

## 内 容 提 要

　　本书系统地讲述了建筑结构的基本原理及各类建筑结构的设计与运用,试图以理论为前提,以应用为目的,以必须精要为度,力求具有针对性、适应性和实用性。本书基本概念清晰,基本理论简明扼要,从建筑结构的概述开始,分别探讨了建筑结构的力学知识、建筑结构的设计、钢筋混凝土构件的性能分析、钢筋混凝土结构、预应力混凝土结构、砌体结构、钢结构、建筑结构的施工图和其他类型建筑结构及建筑结构的选型,叙述深入浅出,通俗易懂。

**图书在版编目（ＣＩＰ）数据**

　　建筑结构的基本原理及应用 / 余荣春，余景良，吴
卫华主编. -- 北京 ：中国水利水电出版社，2014.8（2022.10重印）
　　ISBN 978-7-5170-2481-1

　　Ⅰ．①建… Ⅱ．①余… ②余… ③吴… Ⅲ．①建筑结
构 Ⅳ．①TU3

　　中国版本图书馆CIP数据核字(2014)第212372号

策划编辑:杨庆川　　责任编辑:杨元泓　　封面设计:马静静

| 书 名 | 建筑结构的基本原理及应用 |
|---|---|
| 作 者 | 主编 余荣春 余景良 吴卫华 <br> 副主编 肖哲涛 刘宇 包明 杨小卫 |
| 出版发行 | 中国水利水电出版社 <br> (北京市海淀区玉渊潭南路 1 号 D 座 100038) <br> 网址:www.waterpub.com.cn <br> E-mail:mchannel@263.net(万水) <br> 　　　　sales@mwr.gov.cn <br> 电话:(010)68545888(营销中心)、82562819（万水） |
| 经 售 | 北京科水图书销售有限公司 <br> 电话:(010)63202643、68545874 <br> 全国各地新华书店和相关出版物销售网点 |
| 排 版 | 北京鑫海胜蓝数码科技有限公司 |
| 印 刷 | 三河市人民印务有限公司 |
| 规 格 | 184mm×260mm　16 开本　24.25 印张　620 千字 |
| 版 次 | 2015年4月第1版　2022年10月第2次印刷 |
| 印 数 | 3001-4001册 |
| 定 价 | 84.00 元 |

# 前　　言

建筑是土建类专业是培养学生专业能力的一门重要的专业课程,它集理论与实践于一体,在工程力学、建筑材料、建筑制图等课程的基础上,围绕建筑结构的受力体系阐述各种结构构件的受力性能、计算原理和方法以及结构构造要求等内容。掌握结构设计的基本原理、方法,并能将其应用于房屋建造、工程管理、工程监理、建筑设计等工作中去是本书研究的主要目的。

近年来,随着我国建筑结构技术及其应用的迅速发展,新材料、新技术、新工艺得到了广泛应用。为此,国家对建筑结构设计相关规范进行了全面修订。本书以研究为目的,以适应社会需求为目标,以国家现行建筑结构设计相关规范为依据,在编写时充分考虑工程管理类专业的深度和广度,以"必需、够用"为度,以"讲清概念、强化应用"为重点,深入浅出,注重实用。

全书共分为 11 章。第一章为建筑结构基础知识的概述,包括建筑结构的概念、意义、基本要求以及发展趋势等;第二章主要讲述了建筑结构力学方面的知识;第三章为建筑结构材料的性能分析,包括力学性能与耐久性能;第四章主要讲述了建筑结构的设计,目的在于从整体把握建筑设计;第五章主要介绍了建筑材料——钢筋混凝土的构件性能,包括其受压构件、受弯构件、受扭构件以及受拉构件等;第六章对钢筋混凝土的结构进行了详细的论述,包括其土梁板结构、框架结构以及剪力墙结构等;第七章主要讲述了预应力混凝土的结构,包括预应力混凝土的分类与特点、施加方法等;第八章为砌体结构概述,包括对砌体材料的简介、无筋体砌体结构的简述以及配筋体结构的概括描写等内容,第九章主要讲述了钢结构,包括钢结构的材料与连接、轴心受力构件与拉弯、压弯构件等内容;第十章主要讲述了建筑结构的施工图,包括钢筋混凝土结构房屋施工图、砌体结构房屋施工图、钢结构建筑施工图以及钢屋盖施工图;第十一章为本书的最后一章,着重介绍了其他类型的建筑结构及建筑结构的造型。

本书囊括的知识点比较全面,知识结构非常系统连贯,语言通俗易懂。不管对于建筑方向的专业学习者还是初学者都是一本值得阅读的书。人们常常说,一本好书能够让人受益终生,这本书不敢有此奢望,只希望能够给致力于建筑方面的人们提供一些参考和思路。

全书由余荣春、余景良、吴卫华担任主编,肖哲涛、刘宇、包明、杨小卫担任副主编,并由余荣春、余景良、吴卫华负责统稿,具体分工如下:

第一章、第四章第四节、第十章、第十一章第五节至第六节:余荣春(广西工业职业技术学院);

第三章、第六章:余景良(广州航海学院);

第二章、第五章:吴卫华(河南大学);

第四章第一节至第三节:肖哲涛(华北水利水电大学);

第九章第三节至第七节、第十一章第一节至第四节:刘宇(黑龙江建筑职业技术学院);

第七章、第八章第一节至第二节、第九章第一节至第二节:包明(呼伦贝尔学院);

第八章第三节至第五节:杨小卫(中原工学院、河南省人防建筑设计研究院有限公司)。

本书在编写过程中参阅了国内同行多部著作,部分高等院校教师提出了很多宝贵意见,在此表示衷心的感谢。

由于编者的水平有限,加之内容广泛,时间仓促,书中不可避免地存在着疏漏和错误,敬请读者批评指正。

编者

2014 年 6 月

# 目　　录

# 第一章　建筑结构概述

## 第一节　研究建筑结构的意义

### 一、建筑结构的基本任务

建筑物通常由楼板、屋顶、梁、墙体或柱、基础、楼(电)梯、门窗等几部分组成。其中,板、梁、墙体、柱、基础为建筑物的基本结构构件,它们组成了建筑物的基本结构。

在建筑物中,建筑结构的任务主要体现在以下三个方面。

(一)服务于空间应用和美观要求

建筑物是人类社会生活必要的物质条件,是社会生活的人为的物质环境,结构成为一个空间的组织者,如各类房间、门厅、楼梯、过道等。同时,建筑物也是历史、文化、艺术的产物,建筑物不仅要反映人类的物质需要,还要表现人类的精神需求,而各类建筑物都要用结构来实现。可见,建筑结构服务于人类对空间的应用和美观要求是其存在的根本目的。

(二)抵御自然界或人为荷载作用

建筑物要承受自然界或人为施加的各种荷载或作用,建筑结构就是这些荷载或作用的支承者,它要确保建筑物在这些作用力的施加下不破坏、不倒塌,并且要使建筑物持久地保持良好的使用状态。可见,建筑结构作为荷载或作用的支承者,是其存在的根本原因,也是其最核心的任务。

(三)充分发挥建筑材料的作用

建筑结构的物质基础是建筑材料,结构是由各种材料组成的,如用钢材做成的结构称为钢结构,用钢筋和混凝土做成的结构称为钢筋混凝土结构,用砖(或砌块)和砂浆做成的结构称为砌体结构。

### 二、建筑结构的功能

(一)安全性

安全性是指建筑结构应能承受在正常设计、施工和使用过程中可能出现的各种作用(如荷载、外加变形、温度、收缩等)以及在偶然事件(如地震、爆炸等)发生时或发生后,结构仍能保持必要的整体稳定性,不致发生倒塌。

(二)适用性

适用性是指建筑结构在正常使用过程中,结构构件应具有良好的工作性能,不会产生影响使用的变形、裂缝或振动等现象。

(三)耐久性

耐久性是指建筑结构在正常使用、正常维护的条件下,结构构件具有足够的耐久性能,并能保持建筑的各项功能直至达到设计使用年限,如不发生材料的严重锈蚀、腐蚀、风化等现象或构件的保护层过薄、出现过宽裂缝等现象。耐久性取决于结构所处环境及设计使用年限。

建筑结构的功能保障对于人类的生命财产安全极其重要,近年来,由于建筑结构功能不被保障的事故频频发生,下面举两个实例进行说明。

例一:2001 年 9 月 11 日,建于 1973 年、耗资 7 亿美元、高 417m、地上 110 层地下 6 层的钢框筒结构的美国世贸中心双塔大厦(图 1-1),遭到恐怖分子劫持的飞机的撞击,致使南塔楼受到 0.9 级冲击力的撞击,在 1 小时 2 分钟后倒塌;而北塔楼受到 1.0 级的冲击力撞击,在 1 小时 43 分钟后倒塌。撞击时,巨大冲击力连同随后引起的爆炸能量仅使大厦晃动了 1m 多,并没有造成严重倒塌,而倒塌的最终原因是飞机的航空燃油造成的。当飞机撞击大厦后,立即引起大火,航空油顺着关键部位的缝隙流淌、渗透到防火保护层内,接触到钢材的表面。燃起的大火(最终温度估计达到 815℃以上)使钢材的强度急剧下降,并产生较大的塑性变形,最后丧失承载力而倒塌。撞击北塔楼的飞机所携带的油量少,撞击点接近顶部。而南塔楼的飞机所携带的油量大,撞击点位置较低,上层的压力大,使南楼倒塌在前。由于结构体系选型及构造处理具有良好的吸收撞击冲量和爆炸能量作用,钢架本身又具有良好的韧性,因而获得了近两个小时的疏散时间,在大楼发生突发事件时,使得楼内的工作人员得以逃生,挽救了一些人的生命。但此次袭击造成经济损失达 300 亿美元,453 人死亡,5422 人失踪,给美国的金融业、航空业和保险业带来巨大的损失。此例属于偶然事件发生事故。

**图 1-1  美国世贸大楼遭袭情景**

例二:1995 年 6 月 29 日,韩国汉城(即现在的首尔)市中心的地上 5 层、地下 4 层的三丰百货大楼从凌晨开始,4 层至 5 层楼板开裂甚至个别处下沉 150mm,但商场一直在营业。到下午 6 点多,仅在 30 秒时间内,大楼整体倒塌,造成 96 人当场死亡,202 人失踪,951 人受伤。

事故原因:开发方随意改变使用功能,在施工完成后,将 5 层原滚轴溜冰场改为餐馆。因韩国人就餐习惯就地而坐,5 层改为地板采暖,并在厨房增加了一些厨房设备,同时在屋顶增设了 30t 的冷却塔。荷载比原设计增加了 3 倍。施工过程中,管理混乱,有些柱截面尺寸比原设计要求小,甚至无梁楼盖的某柱的柱帽有的都未做。特别是在使用的 5 年中,商场多次改建。荷载的增加、主承重构件在施工及装修过程中截面尺寸减小、关键部位的构造处理不当等。整个破坏过程相当于"手指穿草纸"。此例属于非正常施工加非正常使用造成的事故。

## 第二节 建筑结构的概念与基本要求

### 一、建筑结构的概念

住宅、厂房、体育馆等都可称为建筑,建筑是人们用各种建筑材料建造的一种供人类居住和使用的空间物体。建筑中由梁、板、柱、墙、基础等构件连接而成的能承受"作用"的空间体系称为建筑结构,有时候也可以简称为结构(图1-2)。简言之,结构就是建筑中起骨架作用的部分。

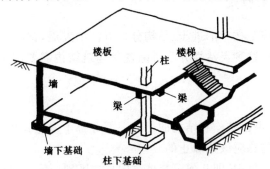

**图1-2 建筑结构示意图**

结构是建筑物的基本组成部分,是建筑物赖以存在的物质基础,在一定的意义上,结构支配着建筑。结构不仅直接关系建筑的坚固耐久,而且也关系到技术的先进性、经济性以及是否满足功能要求。这是因为,任何建筑物都要耗用大量的材料和人工。合理地选择结构材料和结构形式,既可满足建筑物的美学原则,又可以带来经济效果。一个成功的设计必然以经济合理的结构方案为基础。在决定建筑设计的平面、立面和剖面时,就应当考虑结构方案的选择,使之既满足建筑的使用功能和美学要求,又照顾到结构的合理和施工的可行。

建筑与结构的关系如图1-3所示。

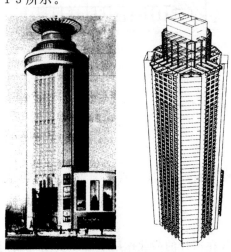

**图1-3 建筑与结构的关系**

美观对结构的影响是不容否认的。不同的结构形式有着不同的造型能力。当结构成为建筑表现的一个完整的部分时,就必定能建造出较好的结构和更满意的建筑。建筑师除了在建筑方面有较高的修养外,还应当在结构方面有一定的造诣。只有这样,才能充分应用结构的造型能力,创作出建筑艺术与建筑结构完美结合的建筑艺术作品。相反,不懂或缺乏建筑结构知识,就很难作出受力合理、性能可靠、具有创造性的建筑设计,而只能把精力注重在外表的装饰,无休止地增加造价,或只停留在纸面的"理想方案"上。

在实际的工程中,建筑与结构的侧重点和分工不同。建筑注重的是这一构筑物的整体使用功能和美学效果,结构则是为了满足这一功能和效果而设的承重骨架。二者之间的关系表述如下:结构是为建筑服务的,没有建筑也就不可能有结构;反之,没有结构的建筑只是空中楼阁。

## 二、建筑结构的基本要求

新型建筑材料生产、施工技术的进步、结构分析方法的发展,都给建筑设计带来了新的灵活性和更宽广的空间。但是,这种灵活性并不排除现代建筑结构需要满足的基本要求。这些要求包括以下几个方面。

### (一)平衡

平衡的基本要求就是保证结构和结构的任何一部分都不发生运动,力的平衡条件总能得到满足。从宏观上看,建筑物总应该是静止的。

平衡的要求是结构与"机构"即几何可变体系的根本区别。因此建筑结构的整体或结构的任何部分都应当是不变的。

### (二)稳定

整体结构或结构的一部分作为刚体不允许发生危险的运动。这种危险可能来自结构自身,例如雨篷的倾覆(图 1-4);也可能来自地基的不均匀沉陷或地基土的滑移(滑坡),例如意大利的比萨斜塔即为由于地基不均匀沉降引起的倾斜。

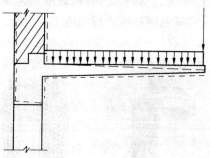

**图 1-4 雨篷的倾覆**

### (三)适用

结构应当满足建筑物的使用目的,不应出现影响正常使用的过大变形、过宽的裂缝、局部损坏、振动等。

### (四)承载能力

结构或结构的任何一部分在预计的荷载作用下必须安全可靠,具备足够的承载能力。结构工程师对结构的承载能力负有不容推卸的责任。

### (五)经济

现代建筑的结构部分造价通常不超过建筑总造价的 30%,因此结构的采用应当是使建筑的总造价最经济。结构的经济性并不是指单纯的造价,而是体现在多个方面。而且结构的造价受材料和劳动力价格比值的影响,还受施工方法、施工速度以及结构维护费用(如钢结构的防锈、木结构的防腐等)的影响。

（六）美观

美学对结构的要求有时甚至超过承载能力的要求和经济要求,尤其是象征性建筑和纪念性建筑更是如此。应当懂得,纯粹质朴和真实的结构会增加美的效果,不正确的结构将明显地损害建筑物的美观。

# 第三节　建筑结构的分类与选型

## 一、建筑结构的分类

（一）根据所用材料的不同分类

建筑结构根据其主要承重结构所用材料不同,一般分为混凝土结构、钢结构、砌体结构、木结构及混合结构等。

1.混凝土结构

（1）概念

以混凝土材料为主要承重构件的结构称为混凝土结构,包括素混凝土结构、钢筋混凝土结构、预应力混凝土结构等。

混凝土是建筑工程中应用非常广泛的一种建筑材料,它的特点是抗压强度较高,而抗拉强度很低。例如 C30 混凝土的轴心抗压强度达 20.1MPa,轴心抗拉强度却只有 2.01MPa。因此,不配置钢筋的素混凝土一般只能用于纯受压构件,在工程中极少使用。如图 1-5(a)所示为素混凝土梁,上部受压区因混凝土抗压强度高,不易破坏,但下部受拉区因混凝土抗拉强度远低于抗压强度,故在较小的外力作用下,受拉区混凝土就会达到极限承载力而产生裂缝破坏,使得整个素混凝梁的承载能力很低。而图 1-5(b)中,在梁下部受拉区配置钢筋,受拉区的拉应力则由抗拉强度极高的钢筋来承担,上部压应力仍由抗压强度较高的混凝土来承担,梁的承载能力大大地提高了。因此,利用混凝土与钢筋两种材料共同组成的钢筋混凝土结构在建筑结构中应用十分广泛。通常所说的混凝土结构指的是钢筋混凝土结构。

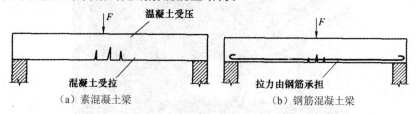

（a）素混凝土梁　　　　　　　　（b）钢筋混凝土梁

**图 1-5　钢筋在混凝土中的作用**

预应力混凝土结构是在钢筋混凝土结构的基础上产生和发展而来的一种新工艺结构,它是由配置的预应力钢筋通过张拉或其他方式建立预加应力的混凝土制成的结构。这种结构具有抗裂性能好,变形小,能充分发挥高强混凝土和高强度钢筋性能的特点,在一些较大跨度的结构中得到比较广泛的应用。

（2）特点

混凝土结构具有以下特点：

①承载力高。相对于砌体结构等，承载力较高。

②耐久性好。混凝土材料的耐久性好，钢筋被包裹在混凝土中，正常情况下，它可保持长期不被锈蚀。

③可模性好。可根据工程需要，浇筑成各种形状的结构或结构构件。

④耐火性好。混凝土材料耐火性能是比较好的，而钢筋在混凝土保护层的保护下，在发生火灾后的一定时间内，不致很快达到软化温度而导致结构破坏。

⑤可就地取材。混凝土结构用量最多的是砂石材料，可就地取材。

⑥抗震性能好。现浇钢筋混凝土结构因为整体性好，具有一定的延性，故其抗震性能也较好。

混凝土结构除具有上述优点外，也存在着一些缺点，如自重较大、抗裂能力差、现浇时耗费模板多、工期长等。

（3）应用

混凝土结构是一种应用广泛的建筑结构形式之一。在工业厂房中，大量采用混凝土结构，而且，在很大程度上可以利用混凝土结构构件代替钢柱、钢屋架和钢吊车梁；在多层与高层建筑中，多采用钢筋混凝土框架结构、框架—剪力墙结构、剪力墙结构和筒体结构，在高 200m 以内的绝大部分房屋可采用混凝土结构。

预应力混凝土结构也广泛应用于工程结构中。在工业与民用建筑中，楼板、屋面板、梁、柱、基础、墙板等构配件均可采用预应力混凝土。在大跨度结构中，采用预应力混凝土桁架和钢筋混凝土壳体结构，可以部分或大部分代替钢桁架和钢薄壳。

此外，在水利工程、港口工程、桥隧工程、地下工程及特种结构（如烟囱、水塔、电视塔）中也有大量的应用。

图 1-6　混凝土结构的应用

2.钢结构

（1）概念

钢结构是由钢材为主要材料建成的结构，它主要运用于大跨度的建筑屋盖、吊车吨位很大或跨度很大的工业厂房骨架和吊车梁,以及超高层建筑的房屋骨架等。

(2)特点

钢结构的特点包括优点和缺点,优点如下:

①材料强度高,塑性与韧性好。钢材和其他建筑材料相比,强度要高得多,而且塑性、韧性也好。强度高,可以减小构件截面,减轻结构自重(当屋架的跨度和承受荷载相同时,钢屋架的重量仅为钢筋混凝土屋架的1/4~1/3),有利于运输吊装;塑性好,结构在一般条件下不会因超载而突然断裂;韧性好,结构对动荷载的适应性强。

②材质均匀,各向同性。钢材的内部组织比较接近于匀质和各向同性,当应力小于比例极限时,几乎是完全弹性的,这和力学计算的假定比较相符,对计算的准确性和质量保证提供了可靠的条件。

③便于工厂生产和机械化施工,便于拆卸。钢结构的可焊性好,制造简便,并能用机械操作,精确度较高。构件常在金属结构厂制作,在工地拼装,可以缩短工期。

④具有优越的抗震性能。

⑤无污染、可再生、节能、安全,符合建筑可持续发展的原则。

钢结构的缺点如下:

①钢结构易腐蚀,需经常维护,故费用较高。

②钢结构的耐火性差。钢材长期经受100℃辐射热时,强度不会发生大的变化。但当温度达到250℃时,钢结构的材质将会发生较大变化;当温度达到500℃时,结构会瞬间崩溃,完全丧失承载能力。

(3)应用

随着我国经济实力的增强和钢产量的增加,钢结构的应用也日益增多。加之钢结构具有强度高、自重轻、抗震性能好、施工速度快等优点,在现代建筑中钢结构得到了较为广泛的应用,特别是应用于大跨度结构的屋盖、工业厂房、高层建筑、高耸结构等。大跨度的体育场馆的屋盖,几乎都是钢结构的,如北京的奥运场馆"鸟巢"(图1-7),就是钢结构的典型应用。现代高层建筑中钢结构的使用也非常普遍,特别是300m以上的超高层建筑一般都做成钢结构。中国中央电视台总部大楼(图1-8)、上海的金茂大厦、上海东方明珠电视塔等都是钢结构。

图1-7 鸟巢

图 1-8 央视总部大楼

### 3.砌体结构

（1）概念

砌体结构是指由块体和砂浆砌筑而成的墙、柱作为建筑物主要受力构件的结构，是砖砌体、砌块砌体和石砌体结构的统称。块体包括普通黏土砖、承重黏土空心传、硅酸盐砖、混凝土中小型砌块、粉煤灰中小型砌块或料石和毛石等（图 1-9）。

图 1-9 砌体结构材料

（2）特点

砌体结构的最大优点是造价低廉，而且耐火性能好，易于就地取材，施工方便，保温隔热性能比较好。但是，砌体结构除具有上述一些优点外，还存在着自重大、强度低、抗震性能差等缺点，这使得它不能建造层数较高和跨度较大的房屋。

（3）应用

砌体结构在多层建筑中应用很广泛，特别是在多层民用建筑中，砌体结构占大多数。一般五六层以下的民用房屋大多采用砌体结构，中、小型工业厂房也采用砌体结构。此外，砌体结构还被用来建造烟囱、料仓、地沟以及对防水要求不高的水池等。随着硅酸盐砌块、工业废料砌块、轻质混凝土砌块以及配筋砌体、组合砌体的应用，砌体结构必将得到进一步发展。

在实际工程建设中，砌体结构一般与混凝土结构结合使用，采用砌体作墙体，钢筋混凝土作楼、屋盖。这类房屋在我国农村地区广泛采用,也就是通常所说的砖混结构。

**图 1-10　砌体结构建筑**

4.木结构

木结构指的是主要采用木材作为材料建成的结构,木结构在古代应用的比较广泛,但是存在易燃、易腐蚀等缺点,目前国内仅仅在一些仿古建筑中有少量的应用,国外一些国家通常用作乡村别墅,如新西兰国家的许多住宅建筑为木结构。

在考虑是否宜于采用木结构时,应注意木材容易腐朽、焚烧和变形的特点。过湿的场所易使木材腐朽以至完全丧失承载能力,过热则易发生火灾,而且木材在温度较高的环境中将降低其强度和弹性模量。因此,对于温湿度较大、结构跨度较大和具有较大振动荷载的场所都不适合采用木结构。

**图 1-11　木结构房屋**

5.混合结构

混合结构指的是由两种及两种以上材料作为主要承重的房屋结构,如砌体—混凝土结构、钢—混凝土结构等。

混合结构包含的内容较多。多层混合结构一般采用砌体—混凝土结构,即以砌体结构为竖向承重构件(如墙、柱等),而水平承重构件(如梁、板等)采用混凝土结构,有时也采用钢木结构。其中最常见的是由砖墙(柱)和混凝土楼(屋)盖组成的砖混结构。

高层混合结构一般是钢—混凝土结构,即由钢框架或型钢混凝土框架与钢筋混凝土筒体所组成的共同承受竖向和水平作用的结构。它是近年来在我国迅速发展的一种结构形式,不仅具有钢结构建筑自重轻、截面尺寸小、施工进度快、抗震性能好的特点,还兼有钢筋混凝土结构刚度大、防火性能好、成本低的优点,因而被认为是一种符合我国国情的较好的高层建筑结构形式。我国大陆已经建成的最高的混合结构高层建筑为101层、高492m的上海环球金融中心,如图1-12所示。

**图1-12 上海环球金融中心**

(二)根据受力和构造特点分类

1.排架结构

排架结构的承重体系是屋面横梁(屋架或屋面大梁)、柱及基础,主要用于单层工业厂房。屋面横梁与柱的顶端铰接,柱的下端与基础顶面固接,见图1-13。

2.框架结构

框架结构是指由梁、板和柱组成的结构,框架横梁与框架柱为刚性连接,形成整体刚架,底层柱脚也与基础顶面固接。框架结构建筑布置灵活,可任意分割空间,容易满足生产工艺和使用上的要求,多用于10层以下的工业与民用建筑中,如旅馆、办公楼、工业厂房和实验室等,见图1-14。

框架结构体系的最大特点是承重结构和围护、分隔构件完全分开,墙只起围护、分隔作用。框架结构建筑平面布置灵活,空间划分方便,易于满足生产工艺和使用要求,构件便于标准化,具有较高的承载力和较好的整体性。框架结构在水平作用下表现出抗侧移刚度小,水平位移大的特点,属于柔性结构,故随着房屋层数的增加,水平作用逐渐增大,就将因侧移过大而不能满足使用要求,或形成肥梁胖柱的不经济结构。在钢筋混凝土框架结构中,为了使室内墙面平整,便于布置,可将柱截面做成 L 形、T 形、Z 形或十字形,形成所谓异形柱框架结构(图 1-15)。

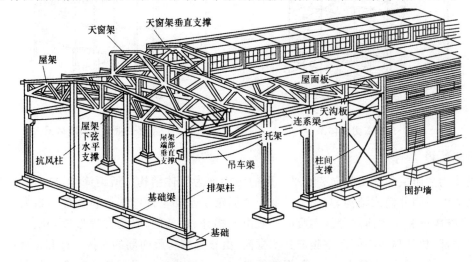

图 1-13　排架结构示意图

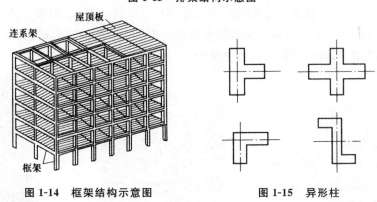

图 1-14　框架结构示意图　　　图 1-15　异形柱

3.墙承重结构

以建筑物墙体作为支撑水平构件和承担水平力的结构体系,称为墙承重结构,如砌体—混凝土结构(砖混结构)、钢筋混凝土剪力墙结构等。

利用钢筋混凝土墙来承受竖向和水平作用的结构称为剪力墙结构。所谓剪力墙,实质上是固结于基础的钢筋混凝土墙片,具有很高的抗侧移能力。因其既承担竖向荷载,又承担水平作用产生的剪力,故名剪力墙。

一般情况下,剪力墙结构楼盖内不设梁,楼板直接支撑在墙上,墙体既是承重构件,又起围护、分隔作用。钢筋混凝土剪力墙结构侧向刚度大,整体性好;无凸出墙面的梁柱,整齐美观,特别适合居住建筑。但剪力墙体结构体系的房间划分受到较大限制,因而一般用于住宅、旅馆等开间要求较小的高层建筑。

当高层剪力墙结构的底部要求有较大空间时,可将底部一层或几层部分剪力墙设计为框支剪力墙,形成部分框支剪力墙体系(图 1-16)。部分框支剪力墙结构属竖向不规则结构,上、下层不同结构的内力和变形通过转换层传递,抗震性能较差,见图 1-17。

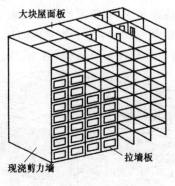

图 1-16　剪力墙体系

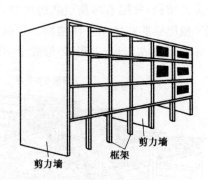

图 1-17　部分框支剪力墙体系

**4. 筒体结构**

由筒体为主组成的承受竖向和水平作用的结构称为筒体结构。所谓筒体，是由若干片剪力墙围合而成的封闭井筒式结构，其受力类似于个固定于基础上的筒形悬臂构件。根据开孔的多少，筒体有空腹筒和实腹筒之分。实腹筒一般由电梯井、楼梯间、管道井等形成，开孔少，因其常位于房屋中部，故又称核心筒。空腹筒又称框筒，由布置在房屋四周的密排立柱和截面高度很大的横梁组成。筒体体系就是由核心筒、框筒等基本单元组成的。根据房屋高度及其所受水平作用的不同，筒体体系可以布置成核心筒结构、框筒结构、筒中筒结构、框架核心筒结构、成束筒结构和多重筒结构等形式。筒中筒结构通常用框筒作外筒，实腹筒作内筒。筒体结构多用于高层或超高层公共建筑中，如饭店、银行、通信大楼等。

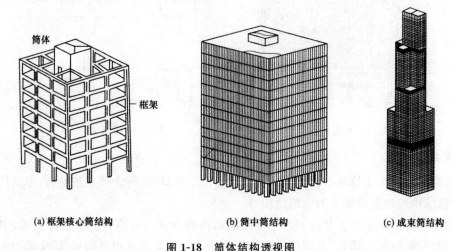

(a) 框架核心筒结构　　　　(b) 筒中筒结构　　　　(c) 成束筒结构

图 1-18　筒体结构透视图

**5. 大跨结构**

大跨结构包括门式刚架、薄腹梁结构、拱形结构、网架结构、空间薄壁结构、悬索结构、薄膜结构等，主要用于大跨度建筑的屋盖结构，如工业厂房、体育馆、展览馆、礼堂、机修库等。

## 二、建筑结构的选型

好的建筑设计，需要有一个好的结构型式去实现。而结构型式的最佳选择，要考虑到建筑上的使用功能、结构上的安全合理、艺术上的造型美观、造价上的经济，以及施工上的可能条件，进行综合分析比较才能最后确定，如图 1-19 的沈阳奥体中心体育馆。

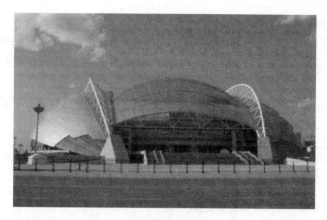

**图 1-19 沈阳奥体中心体育馆**

以下就多层和高层房屋以及单层大跨度房屋的常见结构型式的受力特点、适用范围进行简单介绍,可以作为选择结构型式时的参考。

(一)多层及高层房屋结构

1.混合结构体系

混合结构在多层民用房屋中十分常见,其墙体、基础等竖向构件采用砌体结构,而楼盖、屋盖等水平构件则采用钢筋混凝土梁板结构。结合抗震设计要求,在进行混合结构房屋设计和选型时,应注意以下一些问题。

(1)房屋层数和高度

对非抗震设计和设防烈度为 6 度时,混合结构房屋的层数和总高度不应超过表 1-1 的规定。其中,横墙较少的多层砌体房屋是指同一楼层内开间大于 4.2m 的房间占该层总面积的 40% 以上;横墙很少的多层砌体房屋,是指同一楼层内开间不大于 4.2m 的房间占该层总面积不到 20% 且开间大于 4.8m 的房间占该层总面积的 50% 以上。

**表 1-1 房屋的层数和总高度(m)限值**

| 横墙类型 | 一般情况下 | | 横墙较少时 | | 横墙很少时 | |
|---|---|---|---|---|---|---|
| 房屋类别 | 高度(m) | 层数 | 高度(m) | 层数 | 高度(m) | 层数 |
| 多层砌体房屋 | 21 | 7 | 18 | 6 | <18 | 5 |
| 底层框架—剪力墙砌体房屋 | 22 | 7 | 19 | 6 | <19 | 5 |

(2)层高和房屋最大高宽比

限制房屋的高宽比,是为了保证房屋的刚度和房屋的整体抗弯承载力。普通砖、多孔砖和小砌块砌体房屋的层高不应超过 3.6m;底部框架—抗震墙房屋的底部层高不应超过 4.5m。多层砌体房屋总高度与总宽度的最大比值,宜符合表 1-2 的要求。

**表 1-2 房屋最大高宽比**

| 烈度 | 6 | 7 | 8 | 9 |
|---|---|---|---|---|
| 最大高宽比 | 2.5 | 2.5 | 2.0 | 1.5 |

(3)纵横墙的布置

在进行结构布置时,应优先采用横墙承重或纵横墙共同承重方案;纵横墙的布置宜均匀对称,沿平面内宜对齐,沿竖向应上下连续,同一轴线上的窗间墙宜均匀。楼梯间不宜设置在房屋的尽端和转角处。

房屋的承重横墙,在抗震时通常就是抗震横墙,其间距不应超过表1-3的要求。

表1-3 房屋抗震横墙最大间距(m)

| 房屋类别 | | 烈度 | | | |
|---|---|---|---|---|---|
| | | 6度 | 7度 | 8度 | 9度 |
| 多层砌体房屋 | 现浇或装配整体式钢筋混凝土楼、屋盖 | 15 | 15 | 11 | 7 |
| | 装配式钢筋混凝土楼、屋盖 | 11 | 11 | 9 | 4 |
| | 木屋盖 | 9 | 9 | 4 | — |
| 底部框架—抗震墙 | 上部各层 | 同多层砌体房屋 | | | — |
| | 底层或底部两层 | 18 | 15 | 11 | — |

2.框架结构体系

框架结构可以分为横向框架承重、纵向框架承重及纵横双向框架共同承重等布置形式。一般房屋框架常采用横向框架承重,在房屋纵向设置连系梁与横向框架相连。当楼板为预制板时,楼板顺纵向布置,楼板现浇时,一般设置纵向次梁,形成单向板肋形楼盖体系。当柱网为正方形或接近正方形,或者楼面活荷载较大时,也往往采用纵横双向布置的框架,这时楼面常采用现浇双向板楼盖或井字梁楼盖。

框架结构体系包括全框架结构(一般简称为框架结构)、底部框架上部砖房等结构型式。现浇钢筋混凝土框架结构房屋的适用高度(指室外地面到主要屋面面板的板顶高度,不包括局部突出屋顶部分,下同)分别为60m(设防烈度6度)、50m(设防烈度7度)、40m(设防烈度8度)、35m(设防烈度8度)和24m(设防烈度9度)。

现浇框架结构的整体性和抗震性能都较好,建筑平面布置也相当灵活,广泛用于6~15层的多层和高层房屋,如学校的教学楼、实验楼、商业大楼、办公楼、医院、高层住宅等。

3.剪力墙结构体系

在高层和超高层房屋结构中,水平荷载将起主要作用,房屋需要很大的抗侧移能力。框架结构的抗侧移能力较弱,混合结构由于墙体材料强度低和自重大,只限于多层房屋中使用,故在高层和超高层房屋结构中,需要采用新的结构体系,就是剪力墙结构体系。

钢筋混凝土剪力墙是指以承受水平荷载为主要目的,而在房屋结构中设置的成片钢筋混凝土墙体,其长度可与房屋的总宽度相同,其高度可为房屋的总高,其厚度最薄时可到140mm。《混凝土结构设计规范》规定:当钢筋混凝土墙的长度大于其厚度的4倍时,宜按钢筋混凝土剪力墙要求进行设计。在水平荷载作用下,剪力墙如同一个巨大的悬臂梁,其整体变形为弯曲型。

(1)框架—剪力墙结构

在框架的适当部位(如山墙、楼、电梯间等处)设置剪力墙,组成框架—剪力墙结构。框架—剪力墙结构的抗侧移能力大大优于框架结构,其适用范围见表1-4。在水平荷载作用下,框架—

剪力墙结构的整体变形为弯剪型。

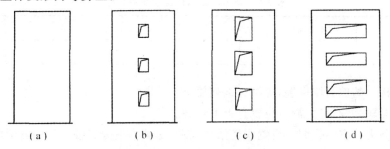

(a)整体墙;(b)整体小开口墙;(c)双肢墙;(d)壁式框架

**图 1-20 钢筋混凝土剪力墙**

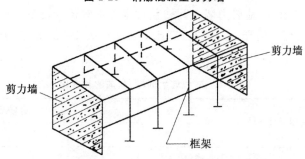

**图 1-21 框架—剪力墙结构**

**表 1-4 现浇钢筋混凝土框架—剪力墙结构房屋的适用最大高度**

| 设防烈度 | ≤6 度 | 7 度 | 8 度(0.2g) | 8 度(0.3g) | 9 度 |
|---|---|---|---|---|---|
| 适用最大高度(m) | 130 | 120 | 100 | 80 | 50 |

由于剪力墙在一定程度上限制了建筑平面布置的灵活性,因此框架剪力墙结构一般用作办公楼、旅馆、公寓、住宅等民用建筑。

在框架—剪力墙结构中,剪力墙宜贯通房屋全高,且横向与纵向剪力墙宜互相连接。剪力墙不应设置在墙面需开大洞口的位置。剪力墙开洞时,洞口面积不大于墙面面积的 1/6,洞口应上下对齐,洞口梁高不小于层高的 1/5。房屋较长时,纵向剪力墙不宜设置在房屋的端开间。

(2)剪力墙结构

当纵横交叉的房屋墙体都由剪力墙组成时,就形成了剪力墙结构。剪力墙结构适用于 40 层以下的高层旅馆、住宅等房屋,其适用高度如表 1-5 所示。

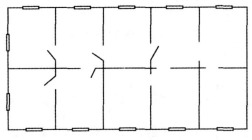

**图 1-22 剪力墙结构**

表 1-5　剪力墙结构房屋总高度限值

| 烈度 | ≤6 | 7 | 8 | 9 |
|---|---|---|---|---|
| 房屋最大高度(m) | 140 | 120 | 100 | 60 |

剪力墙结构中的剪力墙设置,应符合下列要求:

①剪力墙有较大洞口时,洞口位置宜上下对齐。

②较长的剪力墙宜结合洞口设置弱连系梁,将一道剪力墙分成较均匀的若干墙段,各墙段的高宽比不宜小于 2。

③房屋底部有框支层时,落地剪力墙的数量不宜少于上部剪力墙数量的 50%,其间距不大于四开间和 24m 的较小值,落地剪力墙之间楼盖长宽比不应超过表 1-6 规定的数值。

④剪力墙之间无大洞口的楼,屋盖的长宽比不宜超过表 1-6 的规定,否则应考虑楼盖平面内变形的影响。

表 1-6　剪力墙之间楼、屋盖的长宽比

| 楼、屋盖类型 | | 设防烈度 | | | |
|---|---|---|---|---|---|
| | | 6 | 7 | 8 | 9 |
| 框架—抗震墙(剪力墙)结构 | 现浇或叠合楼、屋盖 | 4 | 4 | 3 | 2 |
| | 装配式楼、屋盖 | 3 | 3 | 2 | 不宜采用 |
| 板柱—抗震墙结构的现浇楼、屋盖 | | 3 | 3 | 2 | — |
| 框支层的现浇楼、屋盖 | | 2.5 | 2.5 | 2 | — |

所谓框支层剪力墙,是指为适用房屋下部有大空间的需要而设置的由框架支承的剪力墙。为避免房屋刚度的突然变化,框架一般扩展到 2~3 层,其层高逐渐变化,框架最上一层作为刚度过渡层,可以设置设备层。

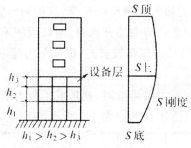

图 1-23　框支层剪力墙

(二)单层大跨度房屋结构

1.钢筋混凝土单层厂房结构

(1)排架结构

排架结构是一般钢筋混凝土单层厂房的常用结构形式。其屋架(薄腹梁)与柱顶铰接,柱下端则嵌固于基础顶面。

作用在排架结构上的荷载包括竖向荷载和水平荷载。竖向荷载除了结构自重及屋面活荷载外，还有吊车的竖向作用；水平荷载包括风荷载（按抗震设计时，则为水平地震力）和吊车对排架的水平刹车力。

由屋架（或屋面大梁）、柱和基础组成的横向排架（即沿跨度方向排列的排架）是厂房的主要承重体系。屋面板、支撑、吊车梁、连系梁等纵向构件将各横向平面排架联结，构成整体空间结构。排架结构的屋面构件及吊车梁、柱间支撑等，都可由相关的建筑设计标准图集选定。排架柱及基础由计算确定，排架柱按偏心受压构件进行计算。

（2）拱结构

拱是以承受轴压力为主的结构。由于拱的各截面上受的内力大致相等，因而拱结构是一种有效的大跨度结构，在桥梁和房屋中都有广泛的应用。

拱可分为三铰、两铰及无铰等几种形式，其轴线常采用抛物线形状（当拱的矢高 $f$ 不超过拱跨度的 1/4 时，也可用圆弧代替）。拱的矢高 $f$ 一般为 $(1/4 \sim 1/2) l_0$。矢高小的拱水平推力大，拱体受力也大；矢高大则相反，但拱体长度增加。合理选择矢高是设计中应充分考虑的问题。

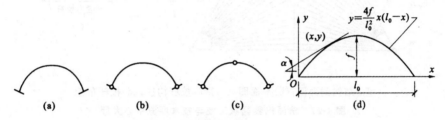

（a）无铰拱；（b）双铰拱；（c）三铰拱；（d）抛物线拱轴

**图 1-24　拱的形式及拱轴线**

拱体截面一般为矩形截面或 I 形截面等实体截面；当截面高度较大时（如大于 1.5m），可做成格构式、折板式或波形截面。

为了可靠地传递拱的水平推力，可以采取如下一些措施。

①推力直接由钢拉杆承担。这种结构方案可靠，应用较多。由于拱下部的柱子不承担推力，柱所需截面也较小。

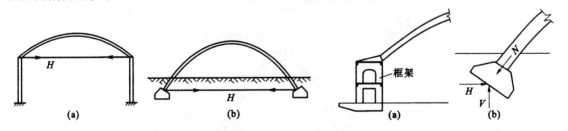

（a）室内拉杆拱；（b）落地拱

**图 1-25　带拉杆的拱**

**图 1-26　水平推力的传递**

②拱推力经由侧边框架（刚架）传至地基。此时框架应有足够的刚度，其基础应为整片式基础。

③当拱的水平推力不大且地基承载力大、压缩性小时，水平推力可直接由地基抵抗。

图 1-27 和图 1-28 所示为拱结构的两个工程实例。

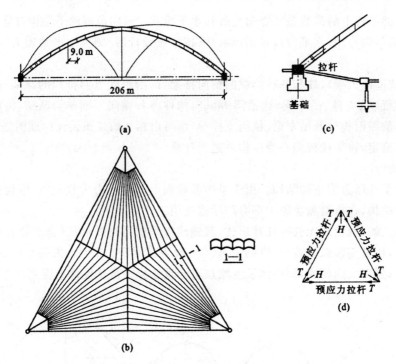

（a）结构剖面图；（b）平面图；（c）拱脚拉杆构造；（d）拉杆布置

图 1-27　法国巴黎国家工业与技术展览中心大厅

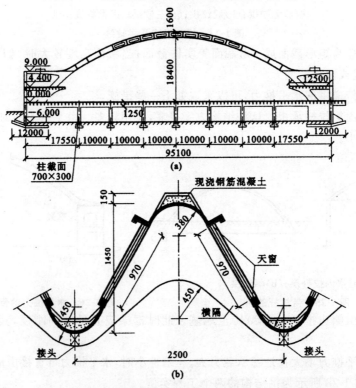

（a）剖面图；（b）屋顶局部构件

图 1-28　意大利都灵展览大厅

（3）刚架结构

刚架是一种梁柱合一的结构构件,钢筋混凝土刚架结构常作为中小型单层厂房的主体结构。它可以有三铰、两铰、无铰等多种形式,可以做成单跨或多跨结构。

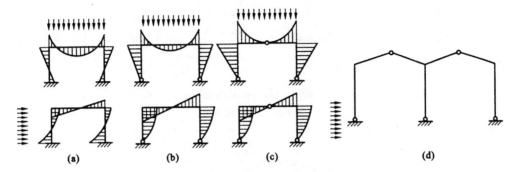

（a）无铰刚架（单跨）;（b）双铰刚架;（c）三铰刚架;（d）双跨刚架

**图 1-29　刚架结构形式和受力**

刚架的横梁和立柱整体浇筑在一起,交接处形成刚结点,该处需要较大截面,因而刚架一般做成变截面。刚架横梁通常为"人"字形（也可以做成弧形）;为了方便排水,其坡度一般取 1/5～1/3;整个刚架呈"门"形（故常称为门式刚架）,可使室内有较大空间。门式刚架的杆件一般采用矩形截面,其截面宽度一般不小于 200mm（无吊车时）或 250mm（有吊车时）;门式结构刚架不宜用于吊车吨位较大的厂房（以不超过 10t 为宜）,其跨度一般为 18m 左右。

**2.其他型式结构**

（1）薄壳结构

薄壳结构是一种以受压为主的空间受力曲面结构。其曲面厚度很薄（壁厚往往小于曲面主曲率半径的 1/20）,不致产生明显的弯曲应力,但可以承受曲面内的轴力和剪力。

薄壳曲面的形式主要有旋转曲面、平移曲面和直纹曲面等。

旋转曲面是平面曲线绕竖轴旋转所形成的曲面。平面曲线不同时,其曲面形状也不相同。典型的旋转曲面是球壳。它是由圆弧绕竖轴旋转而成的。球壳的受力较简单,壳身（壳体）主要承受压力;其边缘构件（支座环）对壳身起箍的作用,约束壳体的变形,承受环向拉力和弯矩。

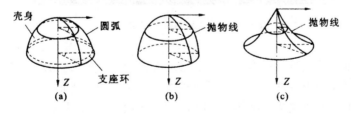

**图 1-30　旋转曲面**

平移曲面是一竖向曲线（母线）沿另一曲线（导线）平行移动时所形成的曲面。当母线和导线都是抛物线并且其凸向相同时,平移形成的曲面称椭圆抛物面这种曲面和水平面的截交曲线为椭圆;当母线和导线都是抛物线并且其凸向相反时,平移所形成的曲面称双曲抛物面。

双曲扁壳是常见的曲面之一,如北京火车站的中央大厅顶盖为 35m×35m 的双曲扁壳,矢高 7m,壳体厚度 80mm;北京网球馆的顶盖跨度为 42m×42m,壳体厚度为 90mm。

双曲扁壳由壳体及周边的四个横隔所组成,四个横隔互相连接,给壳体以有效的约束,在设计和施工时应保证壳体与横隔有可靠的结合。横隔一般是带拉杆的拱,也可以是变高度的梁。

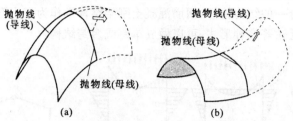

(a)椭圆抛物面;(b)双曲抛物面

图 1-31　平移曲面

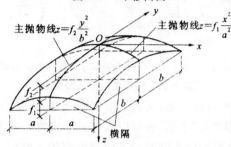

图 1-32　双曲扁壳

薄壳结构的应用十分广泛,著名的悉尼歌剧院就是典型的代表。

图 1-33　悉尼歌剧院的薄壳屋顶

(2)网架结构

网架结构的杆件和节点数量很多。但由于它是由若干规则的几何体(基本单元)所构成,因此在几何组成上有很强的规律性。构成空间网架基本单元的网格平面形状有三角形、四边形和六边形。由这些基本单元所组成的网架,在任何外力作用下都必须是几何不变体系。

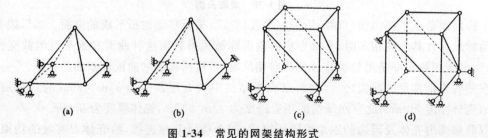

图 1-34　常见的网架结构形式

　　由不稳定单元构成的网架结构一般是几何可变或不稳定的。通过适当加设支承约束,可使它们转化为几何不变的稳定体系。可见,网架结构的组成包括两种类型:一种为结构本身就是几何不变的"自约结构体系",另一种则为需要加设支承链杆才能保持几何不变的"他约结构体系"。

　　可见,以一个几何不变的单元为基础,由连续不断地通过 3 个不共面的杆件交出一个新节点(四面体)所构成的结构,也必然是一个几何不变体系。但要注意,由两根或两根以上的共面杆件交出的新节点,则有一个垂直于杆件所在平面方向的自由度。因此,在网架结构的计算简图中,任何节点不得仅含两根杆件,也不得为共面杆系节点。在进行网架结构的几何不变性分析时,还应注意结构体系不应是瞬变的。根据这些原则不难对各种形式的网架进行几何不变性的分析。

　　网架结构的形式很多。按结构组成分,可分为双层和三层网架;按支承情况,可分为周边支承、点支承、三边支承一边开口、周边支承与点支承相结合等;按网格组成情况,可分为由两向或三向平面桁架组成的交叉桁架体系和由三角锥体、四角锥体组成的空间桁架(角锥)体系、表皮受力体系等。

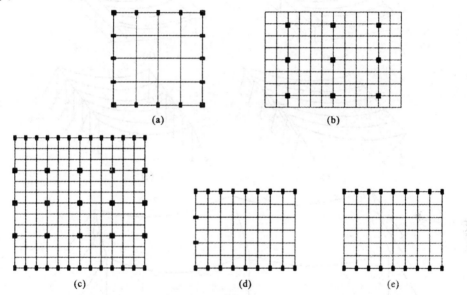

(a)周边支承网架;(b)点支承网架;(c)周边支承与点支承相结合的网架;
(d)三边支承一边开口网架;(e)两边支承两边开口网架
**图 1-35　不同支承的网架**

(3)悬索结构

　　悬索结构是由悬挂在支承结构上的一系列高强度钢索所组成的一种张力结构。它以一系列受拉的索作为主要承重构件,这些索按一定规律组成各种不同形式的体系,并悬挂在相应的支承结构上。索一般采用由高强钢丝组成的钢绞线、钢丝绳或钢丝束,也可采用圆钢筋或带状的薄钢板。可采用不同的支承结构与钢索布置,构成多种结构体形的悬索结构,以适应各种平面形状和外形轮廓的要求。

　　按组成方法和受力特点将悬索结构分为:单层悬索体系、预应力双层悬索体系、预应力鞍形索网、劲性悬索、预应力横向加劲单层索系、预应力索拱体系、组合悬索结构、悬挂薄壳与悬挂薄膜,以及混合悬挂结构等形式。这里就单层悬索和双层悬索体系的受力特点作简单介绍。

①单层悬索网体系

单层悬索的平行布置适用于矩形或多边形的建筑平面,可用于单跨建筑,也可用于两跨或两跨以上的建筑。目前,国外最大的单跨、单层平行悬索结构是德国的多特蒙德展览大厅屋盖,其跨度达 80m。最大的双跨、单层平行悬索结构是德国的法兰克福机场 5 号机库,其单跨跨度达 135m,建于 1972 年。建筑平面为矩形,尺寸为 100m×320m,屋盖采用双跨单向悬索,形成悬挂薄壳结构,每跨由 10 个长 135m、宽 7.5m、厚 8.6cm 的预应力混凝土悬索带组成,每带净距 3m,其间设采光带。索带两端悬挂在 34m 高的钢筋混凝土格构式墩座上,中间则支承在跨度 78m 的箱形截面大梁(7.9m×11m)上。在跨中最低处将 2.2m 宽的悬索带连成整体,做成有组织排水。为控制屋面的变形,在板带中还设置了水平拉索。该机库内部可同时容纳 6 架波音 747 飞机或14 架波音 707 飞机。

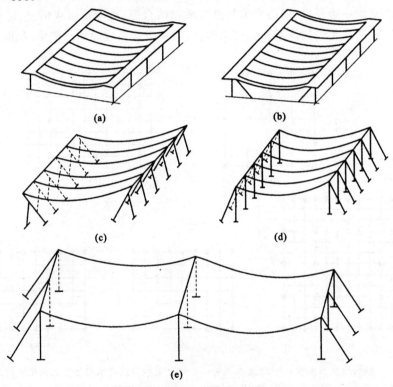

图 1-36　平行布置的单层旋索体系

单索辐射式布置形成下凹的双曲碟形屋面,适用于圆形、椭圆形平面建筑的屋盖。下凹的屋面不便于排水,如果设支柱时,可利用支柱提供中间支承,做成伞形屋面。辐射式布置的单层索系中,要在圆形平面的中心设置中心拉环,在外围设置受压外环梁。索的一端锚在中心环上,另一端锚在外环梁上。在索中拉力的水平分量作用下,内环受拉,外环受压,内环、悬索、外环形成一自平衡体系。这一体系中,受拉内环采用钢制,受拉外环一般采用钢筋混凝土结构,从而充分利用了不同材料的特点。

网状布置的单层索系形成下凹的双曲曲面,两个方向的索一般呈正交布置,可用于圆形、矩形等各种平面。用于圆形平面时,省去了中心拉环。网状布置的单层索系屋面板规格统一,但边缘构件的弯矩大于辐射式布置。

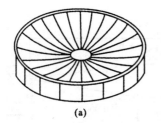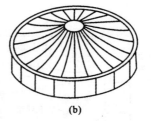

（a）碟形；（b）伞形

**图 1-37　辐射式布置的单层旋索体系**

②双层悬索网体系

双层悬索体系由一系列下凹的承重索和上凸的稳定索，以及它们之间的连系杆组成。

双层悬索网体系的布置也有平行布置、辐射式布置和网状布置等三种形式。

平行布置的双层索系多用于矩形、多边形建筑平面，并可用于单跨、两跨及两跨以下的结构。双层索系的承重索与稳定索要分别锚固在稳固的支承结构上，其支承结构形式与单层索系基本相同，索的水平力不外是采用闭合的边缘构件、支承框架或地锚等来承受。

辐射式布置的双层索系可用于圆形、椭圆形建筑平面。为解决双层索在圆形平面中央的汇交问题，在圆心处要设置受拉内环，双层索一端锚挂于内环上，另一端锚挂在周边的受压外环上。根据所采用的索桁架形式不同，对应承重索和稳定索可能要设置二层外环梁或二层内环梁。

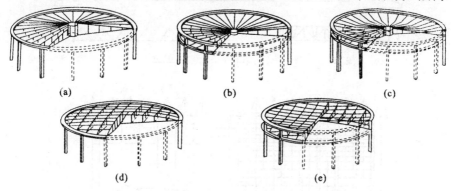

**图 1-38　双层索系的辐射式布置及网状布置**

预应力双层悬索体系在国内外都有十分广泛的应用。世界上最大平行布置的双层索系结构是 1962 年建成的瑞典斯德哥尔摩约翰尼绍夫滑冰场屋盖，跨度达 83m。瑞典工程师 Jawerth 在设计该结构时将连杆斜向布置，以提高体系抵抗不对称变形的能力，也被称为 Jawerth 体系。

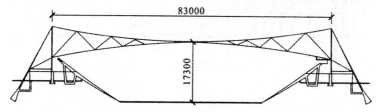

**图 1-39　瑞典斯德哥尔摩约翰尼绍夫滑冰场屋盖**

国内应用双层悬索体系建设的体育场馆主要有 1961 年建成的北京工人体育馆和 1986 年建成的吉林滑冰馆。北京工人体育馆建筑面积 42000m²，容纳观众 15000 席，是当时国内最大的室内体育建筑。吉林滑冰馆总建筑面积达 8456m²，容纳观众 4013 席。图 1-40 和图 1-41 是两个场馆的结构简图。

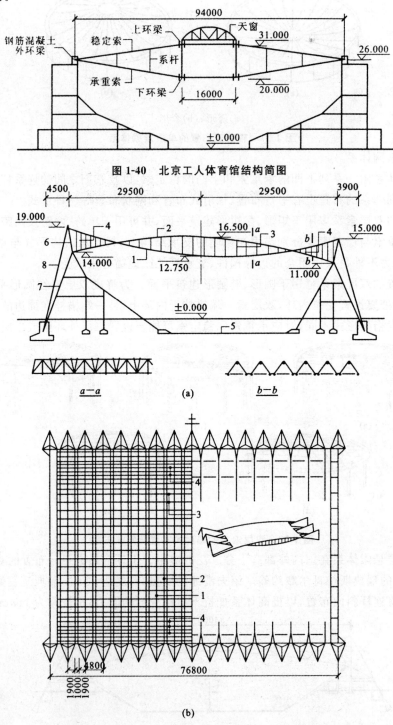

图 1-40　北京工人体育馆结构简图

(a)结构剖面;(b)屋盖结构平面

1—承重索;2—稳定索;3—桁架索;4—波形檩条;5—水平基础梁;

6—压杆;7、8—拉杆

图 1-41　吉林滑冰馆结构简图

## 第四节　建筑结构的发展历史与趋势

### 一、建筑结构的发展历史

建筑结构有着悠久的历史。我国的万里长城（图 1-42）（始建于战国时期）、埃及的金字塔（建于公元前 2700—公元前 2600 年）等都是世界结构发展史上的辉煌之作。

图 1-42　万里长城

我国是世界上最早采用木结构的国家。早在新石器时代，我国黄河中游的民族部落，就在利用黄土层为壁体的土穴上，用人字木架和草泥建造草穴居，成为人类最早的木结构房屋。在很长的历史时期，木结构都是我国建筑的主要结构型式。

砖石结构的应用历史悠久。约在 8000 年以前，人类已开始用晒干的砖坯和木材共同建造房屋。我国在战国时期已开始生产精制砖。在砖石结构方面我国更有其独特的创造发明与成功的经验，为当今世人所仰慕，如万里长城、赵州桥（图 1-43）（建于公元 605—617 年）等。公元 523 年建造的河南省登封县嵩山寺塔，是我国现存的年代最久的密檐式砖塔，塔高 39.5m。

图 1-43　赵州桥

早在公元前 200 多年，我国已经用铸铁建造桥墩。钢结构大量用于房屋建筑是在 19 世纪末 20 世纪初。由于炼钢和轧钢技术的改进，铆钉和焊接连接的相继出现，特别是近些年来高强度螺栓的应用，使钢结构的适用范围产生巨大的突破，并以其日益创新的建筑功能与建筑造型，为现代化建筑结构开创了更加宏伟的前景。目前,最高的钢结构房屋为马来西亚吉隆坡国营石油公司大厦,高度达 450m。

1824 年水泥的发明,使混凝土得以问世,20 多年后出现了钢筋混凝土结构。1928 年预应力混凝土结构的出现,使混凝土结构的应用范围更为广泛。作为后起的钢筋混凝土结构,由于它具有良好的工作性能,特别是其中大部分材料可以就地取材,不仅建造成本低,保养维修费用也较少。随着预应力混凝土的运用,较成功地解决了混凝土抗裂性能差的缺点,从而在 20 世纪,混凝土结构迅速地在各个生产领域中得到广泛应用。近些年来,组合结构(指同一部位的构件由不同结构材料组成的结构)得到了迅猛发展,如钢骨混凝土、钢管混凝土以及组合楼板等。其中钢骨混凝土又称劲性钢筋混凝土,系采用型钢和混凝土浇筑而成,它吸收了钢结构和钢筋混凝土结构的长处,还可以利用型钢骨架承受施工荷载,既省钢、省模板,又具有相当大的抗侧刚度和延性。目前,世界上最高的钢筋混凝土结构房屋为朝鲜平壤柳京饭店,其高度达 305.4m。

值得骄傲的是,近年来我国建筑结构领域尤其是高层建筑结构方面取得世人瞩目的成就。已经建成的国家体育场(鸟巢)工程,因其新颖的设计理念和特殊的结构造型,成为国际关注度最高的奥运工程项目,也是目前国内规模最大、用钢量最多、技术含量最高、结构最为复杂、施工难度空前的超大型钢结构体育设施工程。其中,钢结构工程是整个国家体育场工程中施工难度最大的关键项目,其造型呈双曲面马鞍形,东西向结构高度为 68m,南北向结构高度为 41m,钢结构最大跨度长轴 333m,短轴 297m,构件最大断面尺寸达 1.2m×1.2m,由 24 榀门式桁架围绕体育场内部碗状看台旋转而成,结构组件相互支撑,形成网格状构架,组成体育场整个的"鸟巢"造型。在世界十大高楼中,我国(包括大陆、香港、台湾)占 7 幢。其中,台北 101 大楼以 508m 的高度(屋顶高度 448m)居世界第一,于 1998 年建成,矗立在我国上海浦东陆家嘴的金茂大厦(图 1-44,高 420.5m,地上 88 层,地下 3 层)居亚洲第三,世界第四。

**图 1-44 上海金茂大厦**

## 二、建筑结构的发展趋势

建筑结构的发展趋势表现在诸多方面,具体如下。

（一）理论方面

一是随着研究的不断深入、统计资料的不断积累,结构设计方法将会发展至全概率极限状态设计方法;二是衡量结构安全的可靠度理论不断发展,目前有学者提出全过程可靠度理论,将可靠度理论应用到工程结构设计、施工与使用的全过程中,以保证结构的安全可靠;随着模糊数学的发展,模糊可靠度的概念正在建立;三是随着计算机的发展,工程结构计算正向精确化方向发展,结构的非线性分析是发展趋势。非线性分析的主要方法是有限元法。对混凝土等材料进行非线性有限元分析目前还不太成熟,学者们正在对有关问题进行深入研究。

（二）材料方面

建筑结构材料总的发展趋势是轻质、高强、绿色。

目前美国已制成 C200 的混凝土,我国已制成 C100 的混凝土。估计不久混凝土强度将普遍达到 $100N/mm^2$ ,特殊工程可达 $400N/mm^2$ 。目前高强混凝土的塑性性能不如普通混凝土,研制塑性好的高强混凝土是今后的发展方向。轻质混凝土主要是采用轻质骨料,轻质骨料主要有天然轻骨料(如浮石、凝灰石等)、人造轻骨料(页岩陶粒、黏土陶粒、膨胀珍珠岩等)、工业废料(炉渣、矿渣粉煤灰陶粒等)。轻质混凝土的强度目前一般只能达到 $5\sim20N/mm^2$ ,开发高强度的轻质混凝土是今后的方向。为改善混凝土抗拉性能差、延性差的缺点,在混凝土中掺入纤维是有效的途径。掺入的纤维有钢纤维、耐碱玻璃纤维、聚丙稀纤维或尼龙合成纤维等。除此之外,许多特种混凝土如膨胀混凝土、聚合物混凝土、浸渍混凝土等也在研制、应用之中。

强度达 $400\sim600N/mm^2$ 的高强钢筋已开始应用,今后将会出现强度超过 $1000N/mm^2$ 的钢筋。目前高强钢筋主要是冷轧钢筋,包括冷轧带肋钢筋和冷轧扭钢筋。为减小裂缝宽度,焊成梯格形的双钢筋也在开始应用。

砌体结构材料的发展方向也是轻质高强,途径之一是发展空心砖。国外空心砖的抗压强度普遍可达 $30\sim60N/mm^2$ ,甚至高达 $100N/mm^2$ 以上,孔洞率也达 40% 以上。另一途径是在黏土内掺入可燃性植物纤维或塑料珠,锻烧后形成气泡空心砖,它不仅自重轻,而且隔声、隔热性能好。砌体结构材料另一个发展趋势是高强砂浆。

钢结构材料主要是向高效能方向发展。除提高材料强度外,还应大力发展型钢。如 H 型钢可直接做梁和柱,采用高强度螺栓连接,施工非常方便。压型钢板也是一种新产品,它能直接做屋盖,也可在上面浇上一层混凝土做楼盖。做楼盖时压型钢板既是楼板的抗拉钢筋,又是模板。

（三）结构方面

空间钢网架、悬索结构、薄壳结构成为大跨度结构发展的方向。空间钢网架最大跨度已超过100m。高层砌体结构也开始应用。为克服传统体系砌体结构水平承载力低的缺点,一个途径是使墙体只受竖向荷载,将所有的水平荷载由钢筋混凝土内核芯筒承受,形成砖墙—简体体系;另一个途径就是对墙体施加预应力,形成预应力砖墙。

组合结构也是结构发展的方向,目前型钢混凝土、钢管混凝土、压型钢板叠合梁等组合结构已广泛应用,在超高层建筑结构中还采用钢框架与内核芯筒共同受力的组合体系,能充分利用材料优势。

（四）施工技术方面

预应力混凝土楼盖和预应力混凝土框架结构有较快发展。在高层建筑中,大模板、滑模等施工方法得到广泛推广和应用。碾压混凝土也是近年来发展较快的新型混凝土,它可用于大体积混凝土结构、公路路面及机场跑道面,其特点是施工机械化程度高、效率高、劳动条件好、工期短。

# 第二章 建筑结构的力学知识

## 第一节 力学的基本概念

### 一、力的基本概念

力可以定义为：力是物体之间的机械作用，其作用的效应是使物体的运动状态发生改变，或使物体发生变形。前者称为力的外效应或运动效应，后者称为力的内效应或变形效应。

需要指出，既然力是物体与物体之间的相互作用，因此，力不可能脱离物体而单独存在。有受力物体，必定有施力物体。

实践证明，力对物体的作用效应取决于三个因素：力的大小、方向和作用点。这三个因素通常称为力的三要素。由此可见，力是一个既有大小又有方向的物理量，即为矢量。用图示的方法表示力时，须用一段带箭头的线段来表示，线段的长度表示力的大小；线段与某定直线的夹角表示方位，箭头表示力的指向；线段的起点或终点表示力的作用点。用字母符号表示力矢量时，通常用黑体字母，手写时可用加一横向线的字母，而普通字母只表示力的大小。

力的矢量图示如图 2-1 所示。

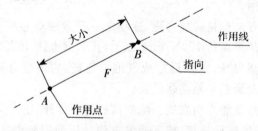

**图 2-1 力矢量图示**

描述一个力时，要全面表明力的三要素，因为任何要素发生改变时，都会改变力对物体的效应。在国际单位制中，力的单位为牛（N）或千牛（kN）。1kN＝1000N。

### 二、内力、应力、应变的概念

（一）内力

当构件受到外力作用时，形状和尺寸都会发生变化，构件内各个截面之间的相互作用力也将发生变化，这种因杆件受力而引起的截面之间相互作用力的变化称为内力。

（二）应力

内力表示的是整个截面的受力情况。在粗细不同的两根钢丝上分别悬挂重量相同的物体，则细钢丝可能被拉断，而粗钢丝不会被拉断，这说明构件的破坏不仅仅与内力的大小有关，而且与内力在整个截面上的分布情况有关。我们将在外力作用下、杆件截面上某点分布内力的集度称为应力。简言之,应力就是杆件截面单位面积上的内力。

根据应力与截面之间的关系和对变形的影响,应力可分为正应力和切应力两种。垂直于截面的应力称为正应力,用 $\sigma$ 表示;相切于截面的应力称为切应力,用 $\tau$ 表示。

在国际单位制中,应力的单位是帕斯卡,简称帕(Pa)。工程实际中常以千帕(kPa)、兆帕(MPa)或吉帕(GPa)为单位。

$$1Pa = 1N/m^2$$
$$1kPa = 10^3 Pa$$
$$1MPa = 10^6 Pa$$
$$1GPa = 10^9 Pa$$
$$1MPa = 1N/mm^2$$

(三)应变

简单地说,应变是构件单位尺寸上的变形。应变通常有两种基本形态:线应变和切应变。

1. 线应变

杆件在轴向拉力或压力作用下,沿杆轴线方向会伸长或缩短,这种变形称为纵向变形;同时,杆的横向尺寸将减小或增大,这种变形称为横向变形。如图 2-2(a)所示杆件的纵向变形为:

$$\Delta l = l_1 - l \qquad (2\text{-}1)$$

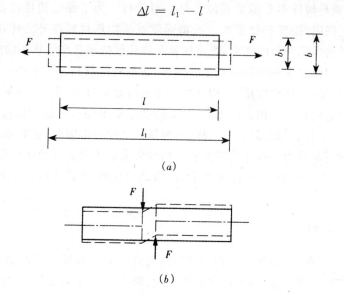

(a)轴心受拉构件的变形;(b)剪切变形

**图 2-2 构件受拉和受剪时的变形**

但是线变形 $\Delta l$ 随杆件的原长不同而不同,为了避免杆件长度的影响,用单位长度的变形量反映变形的程度,称为线应变,用符号 $\varepsilon$ 表示:

$$\varepsilon = \frac{\Delta l}{l} = \frac{l_1 - l}{l} \qquad (2\text{-}2)$$

上式中 $l$、$l_1$ 分别为杆件的原长和变形后的长度。

线应变是一个无量纲的量值。

**2.切应变**

图 2-2(b)为一矩形形状的构件,在一对剪切力的作用下,截面将产生相互的错动,形状变为平行四边形,这种由于角度的变化而引起的变形称为剪切变形。直角的改变量称为切应变,用符号 $\gamma$ 表示,单位为弧度(rad)。

**3.虎克定律**

实验表明,应力和应变之间存在着一定的物理关系。在弹性范围内,应力 $\sigma$ 与应变 $\varepsilon$ 成正比,即:

$$\sigma = E\varepsilon \tag{2-3}$$

上述关系称为虎克定律。其中,比例系数 $E$ 称为材料的弹性模量,它与构件的材料有关,其数值可通过试验得出。

### 三、强度、刚度、稳定性的概念

构件和结构的主要作用是承受和传递荷载。由于荷载的作用,构件产生变形,并且存在着发生破坏的可能性。但是构件本身具有一定的抵抗变形和破坏的能力,即有一定的承载能力。构件承载能力的大小与构件的材料性质、几何形状和尺寸、受力性质、工作条件以及构造情况等有关。构件所受的荷载与构件本身的承载能力是一对矛盾。为了保证构件在荷载作用下正常工作,就必须有足够的强度、刚度和稳定性。所谓强度就是构件材料在外力作用下抵抗破坏的能力,刚度就是构件抵抗单位变形的能力,稳定性就是构件保持原有平衡状态的能力。

强度、刚度和稳定性要求必须同时满足。因为,如果构件材料没有足够的强度,在荷载作用下就会发生破坏。但是,在荷载作用下,构件材料虽然有足够强度不致发生破坏,而如果产生的变形过大,也会影响它的正常使用。例如,吊车梁的变形如果超过一定的限度,吊车就不能在它上面正常地行驶。对于比较细长的轴心受压杆,当压力超过一定值时,会突然从原有的直线形状变成弯曲形状,这种现象称为失去稳定或失稳。构件失稳后将失去继续承受荷载的能力,可能导致整体结构的破坏。对于受压的细长杆件来说,满足稳定性要求是构件正常工作必不可少的条件。

### 四、结构计算简图

实际结构是很复杂的,完全按照结构的实际情况进行力学分析是不可能的,也是不必要的。因此,对实际结构进行力学计算以前,必须加以简化,略去不重要的细节,显示其基本特点,用一个简化的图形来代替实际结构,这种图形叫做结构的计算简图。

计算简图的选择是力学计算的基础,极为重要。计算简图的选择,既要反映实际结构的主要受力特征,又要略去次要因素,便于分析和计算。

计算简图中对结构的简化,主要包括杆件、节点和支座的简化。

(一)杆件的简化

杆系结构中的杆件,由于其截面尺寸通常远比杆件的长度小得多,截面上的应力可根据截面的内力来确定。所以,在计算简图中杆件可用其轴线来表示,杆件的长度则按轴线交点间的距离计取。轴线为直线的梁、柱等构件可用直线表示;曲杆、拱等轴线为曲线的构件则可用相应的曲线表示。

（二）节点的简化

构件或杆件相互连接的部位称为节点。实际工程中,杆件的连接形式很多,但在计算简图中常归纳为铰节点、刚节点和组合节点三种形式。

铰节点的特征是被连接的杆件在连接处不能相对移动,但可绕节点中心相对转动,即可以传递力,但不能传递力矩。在计算简图中,铰节点用一个小圆圈表示,如图 2-3 所示。

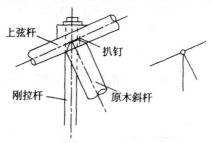

图 2-3　铰节点

刚节点的特征是被连接的杆件在连接处既不能相对移动,又不能相对转动,即既可以传递力,也可以传递力矩,如图 2-4 所示。

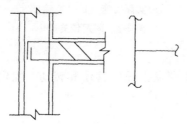

图 2-4　刚节点

若干杆件汇交于同一节点,当其中某些杆件连接视为刚节点,而另一些杆件连接视为铰节点时,便形成组合节点。

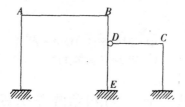

图 2-5　组合节点

（三）支座的简化

将结构与基础或其他支承物联系起来,以固定结构位置的装置,叫做支座。平面杆件结构的支座通常有以下三种形式:

**1.可动铰支座**

这种支座只能阻止结构上的 A 端沿垂直于支承平面方向的移动,结构既可绕铰以转动,又可沿着支承平面水平移动。这种支座在计算简图中常用一根链杆来表示。

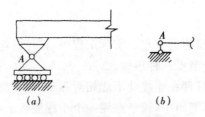

(a)实际支座;(b)计算简图

**图 2-6　可动铰支座**

### 2.固定铰支座

这种支座不允许结构在 $A$ 端发生任何移动,而只能绕铰 $A$ 转动。固定铰支座在计算简图中常用交于一点的两根链杆表示。

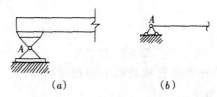

(a)实际支座;(b)计算简图

**图 2-7　固定铰支座**

### 3.固定支座

这种支座不允许结构在在 $A$ 端发生任何移动和转动。固定支座在计算简图中常用图 2-8(b)所示图形表示。

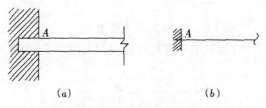

(a)实际支座;(b)计算简图

**图 2-8　固定支座**

# 第二节　力的合成与分解

各力的作用线在同一平面内的力系称为平面力系。在平面力系中,各力作用线都汇交于一点的力系,称为平面汇交力系;各力作用线互相平行的力系,称为平面平行力系;各力作用线既不完全平行又不完全汇交的力系,称为平面一般力系。

求解平面汇交力系的合力称为力的合成。平面汇交力系合成的方法主要有几何法和解析法,这里主要介绍解析法。

## 一、力在坐标轴上的投影

如图 2-9 所示,设力 $F$ 在 $x$ 轴、$y$ 轴上的投影分别为 $F_x$ 和 $F_y$($F_x$、$F_y$ 在图上分别表示为线段 $ab$ 和 $a'b'$),则

$$F_x = F\cos\alpha \qquad\qquad (2\text{-}4)$$
$$F_y = F\sin\alpha \qquad\qquad (2\text{-}5)$$

力在坐标轴上的投影为代数量,其正负号规定如下:力的投影从始端到末端的指向,与坐标轴正向相同为正,反之为负。

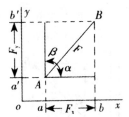

**图 2-9　力在坐标轴上的投影**

从投影的定义可以得出,当力与坐标轴垂直时,力的投影等于零;力与坐标轴平行时,投影的大小为力的实际大小;力偶在坐标轴上的投影恒为零。

反过来,若已知力 $F$ 在 $x$ 轴、$y$ 轴上的投影 $F_x$ 和 $F_y$,则力 $F$ 的大小和它与 $x$ 轴的夹角 $\alpha$ 分别为:

$$F = \sqrt{F_x^2 + F_y^2}$$
$$\alpha = \tan^{-1}\left|\frac{F_x}{F_y}\right| \qquad\qquad (2\text{-}6)$$

力的指向由投影的正负号确定。

## 二、力对点的矩

力可使物体沿作用线方向移动,如果物体有一个固定点,则力(作用线不通过该点)将对物体产生绕该固定点的转动。例如拧螺母时,在扳手上施加一个力 $F$,扳手将绕螺母中心 $O$ 转动(图 2-10)。力使物体绕某固定点转动效应的大小,称为力对该点的矩,简称力矩。在图 2-10 中,计算力 $F$ 对固定点 $O$ 的矩时,$O$ 点称为力矩中心(简称矩心),$O$ 点到力 $F$ 作用线的垂直距离 $d$ 称为力臂,则力 $F$ 对 $O$ 点的矩 $m_0(F)$ 可表示为:

$$m_0(F) = \pm F d m_0(F) = \pm F d \qquad\qquad (2\text{-}7)$$

力矩的正负号表示力偶的转向,规定为:力使物体绕矩心逆时针转动时,力矩为正,反之为负。

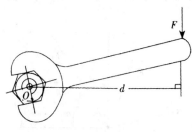

**图 2-10　力矩的概念**

力矩的单位与力偶矩相同,为牛·米(N·m)或者千牛·米(kN·m)。

由力矩的定义可见,力矩的大小与矩心的位置有关。同一个力对于不同矩心的力矩是不相同的。当力的作用线通过矩心时,力矩为零。

### 三、力的分解

利用力的平行四边形法则,可以将一个力分解为任意已知方向的两个分力。但实际应用中,通常是将力分解为相互垂直的两个分力。图 2-11 中力 $F$ 的两个分力 $F_1$ 和 $F_2$ 的大小为:

$$F_1 = F\cos\alpha \tag{2-8}$$

$$F_2 = F\sin\alpha \tag{2-9}$$

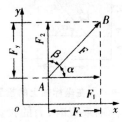

**图 2-11　力的分解**

需要特别强调的是,力的分解和力的投影有着根本的区别:分力是矢量,而投影是代数量。但它们又有联系,分力 $F_1$ 和 $F_2$ 的大小等于该力在垂直坐标轴上的投影 $F_x$ 和 $F_y$ 的绝对值,投影的正负号反映了分力的指向。注意:当坐标轴不垂直时,分力和投影的大小是不相等的,如图 2-12。

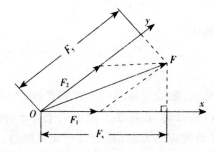

**图 2-12　力在非直角坐标轴上的投影与分力**

### 四、平面汇交力系合成的解析法

如图 2-13 所示,设力 $F_1$、$F_2$、$\cdots$、$F_n$ 组成的平面汇交力系汇交于 $O$ 点,合力为 $F_R$,则有如下结论:合力在任意轴上的投影等于各分力在同一轴上投影的代数和。该结论称为合力投影定理,其数学表达式为:

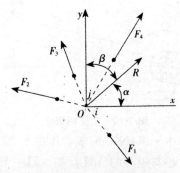

**图 2-13　合力投影定理**

若

$$F_R = F_1 + F_2 + \cdots + F_n \tag{2-10}$$

则有

$$F_{Rx} = F_{1x} + F_{2x} + \cdots + F_{nx} = \sum F_x \tag{2-11}$$

$$F_{Ry} = F_{1y} + F_{2y} + \cdots + F_{ny} = \sum F_y \tag{2-12}$$

合力投影定理是平面汇交力系合成的解析法的依据。

平面汇交力系的合成结果为一合力。当平面汇交力系已知时,首先选定直角坐标系,求出各力在 $x$、$y$ 轴上的投影,然后利用合力投影定理计算出合力的投影 $F_{Rx}$ 融合 $F_{Ry}$,最后根据下式求出合力 $F_R$ 的大小及与 $x$ 轴的夹角:

$$F_R = \sqrt{F_{Rx}^2 + F_{Ry}^2} \tag{2-13}$$

$$\alpha = \tan^{-1}\left|\frac{F_{Ry}}{F_{Rx}}\right| = \tan^{-1}\left|\frac{\sum F_y}{\sum F_x}\right| \tag{2-14}$$

# 第三节 物体的受力分析与受力图

在解决工程实际中的力学问题时,通常需要求解约束反力。这就需要对物体进行受力分析,然后根据平衡条件求解。所谓物体的受力分析,就是确定物体的受力情况(即确定物体受了哪些力,各力的作用位置、方向是什么)的整个分析过程。显然,正确对物体进行受力分析是解决力学问题的前提。

在物体的受力分析中,通常把被研究的物体的约束全部解除后单独画出它的简图(称为隔离体),然后画上所有主动力和约束反力,这样得到的物体受力情况的图形,称为受力图。受力图形象地反映了物体的全部受力情况,它是进一步利用力学规律进行计算的依据。

画受力图应按照以下步骤进行:

(1)明确分析对象,画出分析对象的隔离体图。

(2)在隔离体上画出全部主动力。

(3)识别各种约束,在隔离体上画出其约束反力。必须注意的是,约束力必须与解除的约束一一对应,不能漏画,也不能多画;物体之间的内部作用力不进行分析,也不画出。下面是重量为 $G$ 的小球,将其放置在光滑的斜面上,并用绳子拉住(图 2-14),画小球受力图的步骤如下:

第一步,以小球为研究对象,解除小球的约束,画出隔离体。

第二步,画出主动力。小球受到的主动力为重力 $G$。

第三步,画出约束反力。小球受到的约束反力有两个:一是绳子的约束反力(拉力)$F_{TA}$,二是斜面的约束反力(支持力)$F_{NB}$。

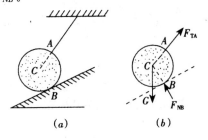

图 2-14 小球的受力分析图

# 第四节　静力学公理

## 一、作用力与反作用力

作用力与反作用力公理：两个物体之间的作用咎背反作用力，总是大小相等，方向相反，沿同一直线，并分别作用在这两个物体上。

作用力与反作用力公理概括了两个物体之间相互作用力之间的关系，在分析物体受力时有重要的作用。必须注意，作用力与反作用力的性质应相同。

## 二、二力平行

二力平衡公理：作用在同一物体上的两个力，使物体平衡的必要和充要条件是，这两个力大小相等，方向相反，且作用在同一直线上。

二力平衡公理说明了作用在物体上两个力的平衡条件。在一个物体上只受两个力而保持平衡时，这两个力一定要满足二力平衡公理。若一根杆件只在两点受力作用而处于平衡，则作用在此两点的二力的方向必在这两点的连线上。

必须注意，不能把二力平衡问题与作用和反作用关系混淆起来。

## 三、加减平衡力系

加减平衡力系公理：作用于刚体的任意力系中，加上或减去任意平衡力系，并不改变原力系的作用效应。

加减平衡力系公理只适应于刚体。对于变形体，力移动时物体将发生不同的变形，因而作用效应不同，如在静止不动的弹簧上，两端同时施加等值反向的平衡力，但弹簧将被压缩或被拉长。

## 四、力的平行四边形法则

力的平行四边形法则：作用于物体上同一点的两个力，可以合成为一个合力，合力也作用于该点，合力的大小和方向为以这两个力为临边所构成的平行四边形的对角线（图2-15）。

两个共点力可以合成为一个力，反之，一个已知力也可以分解为两个力。在工程实际问题中，常常把一个力沿直角坐标方向进行分解。

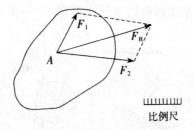

比例尺

**图2-15　力的平行四边形法则**

## 五、两个重要推论

### （一）三力平衡汇交定理

三力平衡汇交定理：一刚体受共面不平行的三个力作用而平衡时，这三个力的作用线必汇交于一点。该定理常常用来确定物体在共面不平行的三个力作用下平衡时，其中未知力的方向。

### （二）力的可传性原理

力的可传性原理：作用在刚体上的力可沿其作用线移动到刚体内的任意点，而不改变原力对刚体的作用效应。

根据力的可传性原理，力对刚体的作用效应与力的作用点在作用线的位置无关。现实生活中的一些现象都可以用力的可传性原理进行解释，例如用绳拉车和用同样大小的力在同一直线沿同一方向推车，对车产生的运动效应相同。

# 第五节 约束与约束反力

建筑工程中，任何构件都受到与它相互联系的其他构件的限制，而不能自由运动，例如房屋中的梁受到两端柱子的约束而保持稳定等。

一个物体的运动受到周围物体的限制时，这些周围物体就称为该物体的约束。约束对物体运动的限制作用是通过约束对物体的作用力实现的，通常将约束对物体的作用力称为约束反力，简称反力。约束反力的方向总是与约束所能限制的运动方向相反。

物体受到的力一般可以分为两类，一类是只与受力物体和施力物体有关，而与其他力无关的力，称为主动力，如重力、水压力等。另一类是不仅与受力物体和施力物体有关，而且与主动力有关，只有依靠一定的条件才能计算的力，称为被动力。约束反力属于被动力。

## 一、柔体约束

由柔软的绳子、链条或胶带所构成的约束称为柔体约束。柔体约束只能承受拉力，所以柔体约束的约束反力必然沿柔体的中心线而背离物体，通常用 $F_T$ 表示。

图 2-16（a）为柔体约束实例，图 2-16（b）为其约束反力。

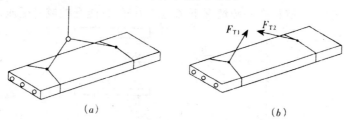

（a）                    （b）

**图 2-16 柔体约束及其约束反力**

## 二、光滑接触面约束

当两个物体直接接触，而接触面处的摩擦力可以忽略不计时，两物体彼此的约束称为光滑接触面约束。光滑接触面对物体的约束反力必然通过接触点，沿该点的公法线方向指向被约束物体,通常用 $F_N$ 表示,如图 2-17 所示。

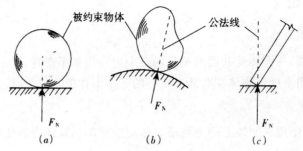

被约束物体    公法线

$(a)$    $(b)$    $(c)$

**图 2-17   光滑接触面约束及其约束反力**

### 三、圆柱铰链约束

圆柱铰链约束是由圆柱形销钉插入两个物体的圆孔而构成,且认为销钉与圆孔的表面是完全光滑的。这种约束只能限制物体在垂直于销钉轴线平面内的移动,而不能限制物体绕销钉轴线的转动。销钉给物体的约束反力 $F_N$ 沿接触点 $K$ 的公法线方向指向受力物体,即沿接触点的半径方向通过销钉中心。但由于接触点的位置与主动力有关,一般不能预先确定,约束反力的方向也不能预先确定。因此通常用通过销钉中心互相垂直的两个分力来表示,具体如图 2-18 所示。

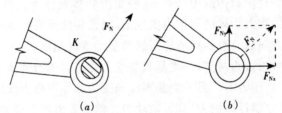

$(a)$    $(b)$

**图 2-18   圆柱铰链约束及其约束反力**

### 四、链杆约束

两端以铰链与不同的两个物体分别相连且自重不计的直杆称为链杆。图 2-19 中 AB、BC 杆都属于链杆约束。这种约束只能限制物体沿链杆中心线趋向或离开链杆的运动。其约束反力沿链杆中心线,指向不确定。链杆在一般情况下都是二力杆,只能受拉或者受压。

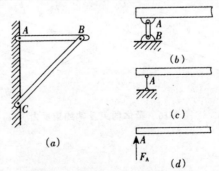

$(a)$    $(b)$    $(c)$    $(d)$

**图 2-19   链杆约束及其约束反力**

### 五、固定铰支座

如果光滑圆柱铰链与底座连接,固定在地面或支架上,即用销钉将物体与支承面或固定支架连接起来,称为固定铰支座,简称铰支座,如图 2-20(a)所示,计算简图如图 2-20(b)所示。固定铰支座的约束反力与圆柱铰链约束相同,可表示为图 2-20(c)。

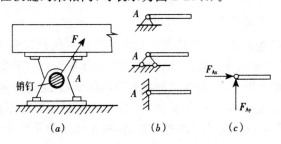

**图 2-20 固定铰支座及其约束反力**

### 六、可动铰支座

在固定铰支座的座体与支承面之间有辊轴就成为可动铰支座,其计算简图可用图 2-21(a)、(b)表示,这种约束的反力必垂直于支承面,如图 2-21(c)。

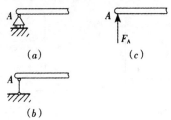

**图 2-21 可动铰支座及其约束反力**

### 七、固定端支座

固定支座既限制被约束体沿任何方向移动,又限制其转动。它除了产生水平和竖直方向的约束反力外,还有一个阻止转动的约束反力偶,如图 2-22 所示。

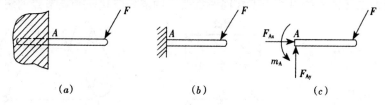

**图 2-22 固定端支座及其约束反力**

# 第六节　平面体系的几何组成与力系平衡

## 一、平面体系的几何组成分析

### (一)几何不变与几何可变体系

若干杆件通过一定的连接方式组成体系。如果体系受到任意荷载作用后,在不考虑材料应变的情况下,其位置和几何形状能保持不变,则称这样的体系为几何不变体系(图 2-23a)。相反,如果在不考虑材料应变的情况下,其位置或形状是可以改变的,这样的体系则称为几何可变体系(图 2-23b)。显然,几何不变体系可以承受荷载,而几何可变体系是不能承受荷载的。图 2-23(a)所示体系在外力作用,除杆件微小的弹性变形外,整个体系的几何形状不会发生显著改变;而图 2-23(b)所示的体系,在外力作用下,会如图中虚线所示情况一直垮下去。瞬变体系是一种特殊的几何可变体系,它可以沿某一方向产生瞬时的微小运动,但瞬时运动后即转化为几何不变体系。一般工程结构必须是几何不变体系,而不能采用几何可变体系。

进行平面体系几何组成分析的目的,就是判别体系是几何不变体系还是几何可变体系;对几何不变体系,则进一步判明有无多余约束。

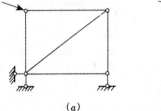
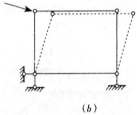

$(a)$　　　　　　　　$(b)$

**图 2-23　几何可变与几何不变体系**

### (二)几何不变体系的组成规则

#### 1.二元体规则

二元体规则:在一个刚片上增加或撤去一个二元体,仍为几何不变体系,且没有多余约束,如图 2-24(a)。所谓二元体是指由两根不在同一直线上的链杆连接一个新节点的装置。

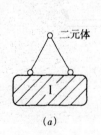
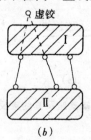
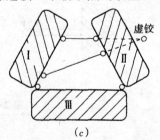

$(a)$　　　　　　　$(b)$　　　　　　　$(c)$

**图 2-24　几何不变体系的基本组成规则**

#### 2.两刚片规则

两刚片规则:两个刚片用一个单铰(实铰或虚铰)和一根所在直线不通过该铰铰心的链杆相连,组成几何不变体系,且没有多余约束,如图 2-24(b)。

所谓刚片,就是较小的几何不变体系;虚铰(或称瞬铰)是指连接两个刚片的两根链杆在其交点处组成的一个假想铰,它的作用相当于一个单铰。

3.三刚片规则

三刚片规则:三个刚片用不在同一直线上的三个铰(实铰或虚铰)两两相连,组成几何不变体系,且没有多余约束,如图2-24(c)。

上述三个基本组成规则虽然表述不同,但实际上可以归纳为一个基本规律:如果三个铰不共线,则一个铰接三角形的形状是不变的,且不存在多于约束。

应当指出,上述三个基本组成规则中所指的刚片是没有多余约束的刚片。

(三)几何组成分析方法

平面体系几何组成分析时,通常采用以下方法:

(1)先找出易于观察的几何不变部分作为刚片,并根据找到的刚片数目套用三个基本组成规则,由此得到一个扩大的几何不变部分;再将该部分作为一个大的刚片进一步分析,直至分析完整个体系。该方法称为扩大刚片法。

(2)如果体系中存在二元体,可逐个撤除二元体,再对余下的部分进行分析。这不会改变原体系的几何组成性质。

(3)如果体系本身与基础之间只用三根既不完全平行也不完全交于一点的支座链杆(或一根链杆和一个不过该链杆的铰)相连,则可以将基础及支座链杆撤除,仅对体系本身进行分析。换句话说,这种体系的几何组成性质仅取决于体系本身。

我们以实例进行说明,如图2-25,对其体系的几何组成的分析,具体如下:

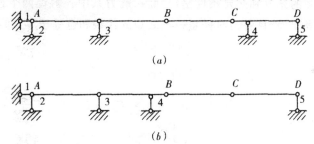

图 2-25 平面体系的几何组成

①图2-25(a)中体系的分析

第一步,把刚片 AB 看作对象。它由三根不共点的链杆1、2、3与基础相连,因而已被固定,且无多余约束。

第二步,把刚片 CD 看作对象,它由不共线的三根链杆日 BC、4、5与扩大了的基础相连。因此整个体系为几何不变,且无多余约束。

②图2-25(b)中体系的分析

第一步,把刚片 AB 看作对象,它与基础之间有四根不共点的链杆,故为几何不变,但有一个多余约束。

第二步,把刚片 CD 看作对象,它与扩大了的基础之间只有两根不共点的链杆 BC 和 5 相连,故为几何可变。

因此,整个体系为几何可变,且有一个多余约束。

### 二、平面力系的平衡

物体在力系的作用下处于平衡状态,力系应满足一定的条件,这个条件称为力系的平衡条件。

#### (一)力的平移定理

由力的性质可知:在刚体内,力沿其作用线移动,其作用效应不改变。如果将力的作用线平行移动到另一位置,其作用效应将发生改变,其原因是力的转动效应与力的位置有直接的关系。

通过证明可以得出以下结论:作用于刚体上的力,可以平移到刚体上任意点,但必须附加一个力偶才能与原力等效,附加的力偶矩等于原力对平移点之矩。这一结论称为力的平移定理。

#### (二)合力矩定理

合力矩定理可表述为:合力对平面内任意一点之矩,等于所有分力对同一点之矩的代数和,即:

若 
$$F_R = F_1 + F_2 + \cdots + F_n \tag{2-15}$$

则 
$$m_0(F_R) = m_0(F_1) + m_0(F_2) + \cdots + m_0(F_n) \tag{2-16}$$

应用合力矩定理可以简化力矩的计算。在求力对某点的力矩时,若力臂不易计算,可将该力分解成两个互相垂直的分力,如果两个分力对点的力臂容易计算,就可以方便地求出两个分力对该点之矩的代数和,从而求出原力对该点之矩。这种方法将是合力矩定理在计算中的主要应用。

#### (三)平面一般力系的平衡条件

平面一般力系平衡的充分和必要条件是:平面一般力系中各力在两个任选的直角坐标轴上的投影的代数和分别等于零,且各力对任意一点之矩的代数和也等于零,即:

$$\sum M_A(F) = 0$$

$$\sum M_B(F) = 0$$

$$\sum M_C(F) = 0 \quad \sum F_x = 0$$

$$\sum F_y = 0$$

$$\sum M_0(F) = 0 \tag{2-17}$$

以上三个方程称为平面一般力系的平衡方程,前两个为投影方程,后一个为力矩方程。这三个方程是完全独立的,利用这三个方程能够并且最多只能求解三个未知量。

式(2-17)为平面一般力系的平衡方程的基本形式。此外,平面一般力系的平衡方程还可以表示为下列二矩式和三矩式。

二矩式

$$\sum F_x = 0$$

$$\sum M_A(F) = 0$$

$$\sum M_B(F) = 0 \tag{2-18}$$

式(2-18)的前提条件是 x 轴不垂直于 A、B 两点的连线。

三力矩式

$$\sum M_A(F) = 0$$
$$\sum M_B(F) = 0$$
$$\sum M_C(F) = 0 \qquad \text{(2-19)}$$

式(2-19)的前提条件是 $A$、$B$、$C$ 三点不共线。

（四）平面力系平衡的特例

1.平面汇交力系的平衡条件

对平面汇交力系,因各力作用线都汇交于一点 $O$,则自然满足 $\sum M_o(F) = 0$ 的条件,于是有：

$$\sum F_x = 0$$
$$\sum F_y = 0 \qquad \text{(2-20)}$$

平面汇交力系有两个独立的方程,能够并且最多可以求解两个未知数。

2.平面平行力系

设各力垂直于 $x$ 轴,则自然满足 $\sum F_x = 0$ 的条件。于是有：

$$\sum F_y = 0$$
$$\sum M_o(F) = 0 \qquad \text{(2-21)}$$

平面平行力系的平衡方程也可表示为：

$$\sum M_A(F) = 0$$
$$\sum M_B(F) = 0 \qquad \text{(2-22)}$$

式(2-23)的前提条件是 $A$、$B$ 两点的连线不平行于力 $F$。

平面平行力系有两个独立的方程,能够并且最多可以求解两个未知数。

3.平面力偶系

在物体的某一平面内同时作用有两个或者两个以上的力偶时,这群力偶称为平面力偶系。

平面力偶系的平衡条件为：平面力偶系中各个力偶的代数和等于零,即：

$$\sum m = 0 \qquad \text{(2-23)}$$

平面力偶系的平衡方程只有一个,只能求解一个未知数。

# 第七节　杆件变形形式与截面几何性质

在工程实际中,构件的形状可以是各种各样的,但经过适当地简化,一般可以归纳为四类,即杆、板、壳和块。本书重点研究的对象是杆件。所谓杆件是指长度远大于其他两个方向尺寸的构件。

杆件的形状和尺寸可由杆的横截面和轴线两个主要几何元素来描述。杆的各个截面的形心连线叫轴线,垂直于轴线的截面叫横截面。轴线为直线、横截面相同的杆称为等截面直杆,简称等直杆。

## 一、杠杆变形的形式

杆件在不同形式的外力作用下,将发生不同形式的变形。杆件变形的基本形式有下列四种:

（一）轴向拉伸与压缩

这种变形是指在一对大小相等、方向相反、作用线与杆轴线重合的外力作用下,杆件将产生长度的改变(伸长与缩短)(图 2-26(a)、(b))。

（二）剪切

这种变形是指在一对相距很近、大小相等、方向相反、作用线垂直于杆轴线的外力作用下,杆件的横截面将沿外力方向发生错动(图 2-26(c))。

（三）弯曲

这种变形是指在横向力或一对大小相等、方向相反、位于杆的纵向平面内的力偶作用下,杆的轴线由直线变成曲线(图 2-26(d))。例如,房屋建筑中梁、楼板等,就以弯曲变形为主。

（四）扭转

这种变形是指在一对大小相等、方向相反、位于垂直于杆轴线的平面内的力偶作用下,杆的任意两横截面将发生相对转动(图 2-26(e))。例如,机械设备中的传动轴主要产生扭转变形。

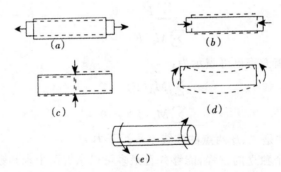

(a)轴向拉伸;(b)轴向压缩;(c)剪切;(d)弯曲;(e)扭转

**图 2-26 杆件变形的基本形式**

## 二、组合变形

工程实际中,许多构件常处于两种或两种以上基本变形的组合情况下,这种变形情况称为组合变形。在小变形条件下。组合变形的总应力等于各基本变形的应力的叠加。

（一）斜弯曲（双向弯曲）

图 2-27 所示的矩形截面檩条,过形心的对称轴为该截面的两个形心主轴。作用在檩条上的荷载 $F$ 虽通过截面形心,但与两形心主轴都不重合。此时梁的弯曲一般不会发生在荷载作用面内,这种由与截面形心主轴成一角度的外力引起的梁的弯曲,称为斜弯曲(或双向弯曲)。

**图 2-27 斜弯曲**

## (二)拉弯(或压弯)组合

当杆件受到与杆轴线平行但不通过其截面形心的集中压力(或拉力)作用时,杆就处于偏心压缩(或偏心拉伸)的受力状态。图 2-28(a)所示为单向偏心受压,图 2-28(b)所示为双向偏心受压。此外,图 2-28(c)所示的轴向力和横向力联合作用的构件也属拉弯(或压弯)组合变形。

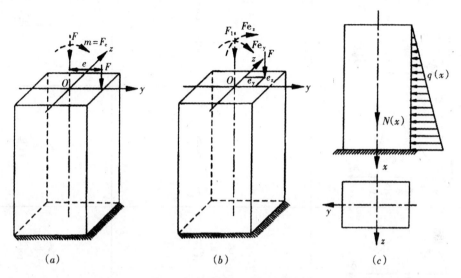

**图 2-28 拉弯(或压弯)组合变形**

## (三)弯扭组合

图 2-29(a)所示为一端固定另一端自由的折杆,自由端 C 处作用一竖向集中荷载 F。对 AB 杆而言,相当于受到图 2-29(b)所示荷载作用,其中力偶 m 的作用面垂直于 AB 杆轴线,故为一扭矩,因此 AB 杆属于弯曲和扭转的组合变形情况。

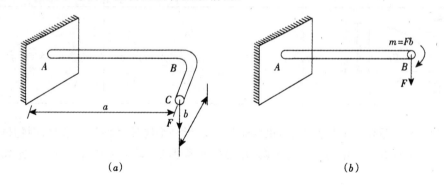

**图 2-29 弯扭组合构件**

## 三、截面图形的几何性质

在计算杆件的应力和变形时,需要用到与截面尺寸和形状有关的几何量值,称为截面图形的几何性质或几何参数。截面的几何性质包括面积、形心、惯性矩、极惯性矩、面积矩等物理量,现将几种常见图形的形心及面积列于表 2-1。

表 2-1　常见图形的形心与面积

| 图形 | 形心位置 | 面积 |
|---|---|---|
| | $x_c = \dfrac{a}{3}$<br>$y_c = \dfrac{h}{3}$ | $A = \dfrac{2ab}{3}$ |
| | $y_c = \dfrac{h}{3}$ | $A = \dfrac{ah}{2}$ |
| | $y_c = \dfrac{4r}{3\pi}$ | $A = \dfrac{\pi r^2}{2}$ |
| | $x_c = \dfrac{3a}{4}$<br>$y_c = \dfrac{3b}{10}$ | $A = \dfrac{ab}{3}$ |
| | $x_c = \dfrac{3a}{5}$<br>$y_c = \dfrac{3b}{8}$ | $A = \dfrac{2ab}{3}$ |

　　任何几何图形都有一个几何中心,也就是形心。当一个物体是均匀分布时,则物体的几何形状的形心与物体的中心是相同的。对于圆、矩形等对称图形,其形心就在其中心,比如圆的形心就在其圆心。

# 第八节　静定结构与超静定结构

## 一、静定结构的内力分析

### (一)静定梁

以弯曲变形为主的构件称为梁。房屋建筑中的楼(屋)面梁、楼(屋)面板、雨篷板、挑檐板、挑梁等都是梁的工程实例(图 2-30)。

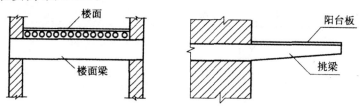

图 2-30 梁举例

实际工程中常见的梁,其横截面往往具有竖向对称轴(图 2-31(a)、(b)、(c)),它与梁轴线所构成的平面称为纵向对称平面(图 2-31(d))。若作用在梁上的所有外力(包括荷载和支座反力)和外力偶都位于纵向对称平面内,则梁变形时,其轴线将变成该纵向对称平面内的一条平面曲线,这样的弯曲称为平面弯曲。

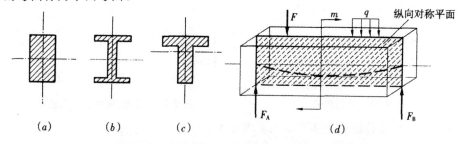

图 2-31 梁横截面的竖向对称轴及梁的纵向对称平面

静定梁可以分为单跨静定梁和多跨静定梁,而单跨静定梁又包括悬臂梁、简支梁、外伸梁三类,其计算简图如图 2-32 所示。梁相邻两支座间的距离称为梁的跨度。

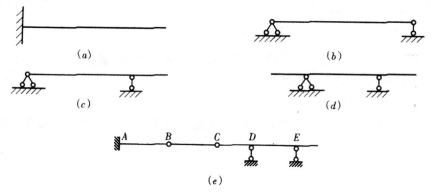

图 2-32 静定梁的计算简图

1. 梁的内力

图 2-33(a)为一平面弯曲梁。现用一假想平面将梁沿 $m-m$ 截面处切开成左、右两段。现考察左段(图 2-33(b))。由平衡条件可知,切开处应有竖向力 $V$ 和约束力偶 $M$。若取右段分析,由作用与反作用关系可知,截面上竖向力 $V$ 和约束力偶 $M$ 的指向如图 2-33(c)。$V$ 是与横截面相切的竖向分布内力系的合力,称为剪力;$M$ 是垂直于横截面的合力偶矩,称为弯矩。

剪力的单位为牛(N)或千牛(kN);弯矩的单位是牛·米(N·m)或千牛·米(kN·m)。

剪力和弯矩的正负规定如下:剪力使所取隔离体有顺时针方向转动趋势时为正,反之为负(图 2-34(a)、(b));弯矩使所取隔离体产生上部受压,下部受拉的弯曲变形时为正,反之为负(图 2-34

(c)、(d))。

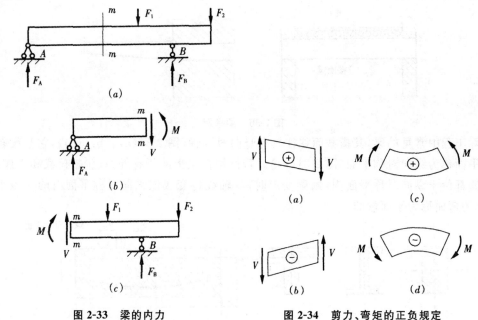

图 2-33 梁的内力 　　图 2-34 剪力、弯矩的正负规定

用截面法计算指定截面剪力和弯矩的步骤如下:

(1)计算支座反力。

(2)用假想截面在需要求内力处将梁切成两段,取其中一段为研究对象。

(3)画出研究对象的受力图,截面上未知剪力和弯矩均按正向假设。

(4)建立平衡方程,求解内力。

**2.梁的内力图**

梁的内力图包括剪力图和弯矩图,可直观地反映出梁的内力随截面位置变化的规律,并可据此确定最大剪力和最大弯矩的大小及所在位置。

(1)静力法绘制梁的内力图

若用沿梁轴线的坐标 $x$ 表示横截面的位置,则各横截面上的剪力和弯矩都可以表示为坐标 $x$ 的函数,即:

$$V_x = V(x) \tag{2-24}$$

$$M_x = M(x) \tag{2-25}$$

$V(x)$、$M(x)$ 分别称为剪力方程和弯矩方程。根据剪力方程和弯矩方程,用描点的方法即可绘出相应剪力图和弯矩图,这种方法称为静力法。

习惯上,正剪力画在 $x$ 轴上方,负剪力画在 $x$ 轴下方,并分别标注 $\oplus$ 或 $\ominus$;弯矩图画在梁的受拉侧,可不标注 $\oplus$ 或 $\ominus$。

用静力法画梁内力图的步骤如下:

①求支座反力(悬臂梁可不必求出支座反力)。

②根据静力平衡条件,分段列出剪力方程和弯矩方程;在集中力(包括支座反力)、集中力偶作用处,以及分布荷载的起止点处内力分布规律将发生变化,这些截面称为控制截面。应将梁在控制截面处分段。

③求出各控制截面的内力值,描点绘图。

(2)直杆的内力图特征

梁在常见荷载作用下,剪力图、弯矩图形状特征有以下规律:

①在无荷载梁段,$V$ 图为平行于杆轴的直线,$M$ 图为斜直线或平行于杆轴的直线。

②在均布荷载作用的梁段,$V$ 图为斜直线,$M$ 图为二次抛物线。

③在集中力作用处,$V$ 图发生突变,突变值等于集中力的大小,肘图发生转折(即出现尖点)。

④在集中力偶作用处,$V$ 图无变化,$M$ 图有突变,突变值等于该力偶矩的大小。

⑤剪力等于零处,弯矩存在极值。

上述关系可以用表 2-2 来表示。

表 2-2　荷载与内力图间的关系

| $q$ | 零 | 向上的均布荷载 | | | 向下的均布荷载 | | |
|---|---|---|---|---|---|---|---|
| $V$ 水平直线 | | | | | | | |
| $M$ 斜直线或水平直线 | | 顶点 | 顶点 | 顶点 | 顶点 | 顶点 | 顶点 |

参照上述规律,还可得出轴力图($N$ 图)的图形形状特征规律:在无轴向荷载作用的区段,$N$ 图为平行于杆轴的直线;在均布轴向荷载作用的区段,$N$ 图为斜直线;在集中轴向力作用处,$N$ 图发生突变,突变值等于集中力的大小,在集中力偶作用处,$N$ 图无变化。

荷载与内力图之间的上述关系,适用于梁、刚架、组合结构等各类结构的直杆。利用这些关系,可使画出剪力图和弯矩图更为便捷。

(3)叠加法绘制梁的内力图

当梁上有几个荷载作用时,可先分别作出各简单荷载作用下的剪力图和弯矩图,然后将它们相应的纵坐标叠加,就得到在所有荷载共同作用下的剪力图和弯矩图,这种方法称叠加法。

静定梁在各种简单荷载作用下的剪力图、弯矩图见表 2-3。

表 2-3　静定梁在简单荷载作用下的剪力图和弯矩图

| 静定梁的类型 | 简单荷载形式 | 剪力图 | 弯矩图 |
|---|---|---|---|
| 悬臂梁 | $F$ | $F$ | $Fl$ |
| | $q$ | $ql$ | $ql^2/2$ |
| | $m$ | — | $m$ |

| 静定梁的类型 | 简单荷载形式 | 剪力图 | 弯矩图 |
|---|---|---|---|
| 简支梁 | $F$ $a$ $b$ | $Fb/l$ $\oplus$ $\ominus$ $Fa/l$ | $Fab/l$ |
| | $q$ $l$ | $ql/2$ $\oplus$ $\ominus$ $ql/2$ | $ql^2/8$ |
| | $m$ $a$ $b$ | $\oplus$ $m/l$ | $mb/l$ $ma/l$ |
| 外伸梁 | $F$ | $\ominus$ $F$ $Fa/l$ | $Fa$ |
| | $q$ | $qa$ $\oplus$ $qa^2/2l$ | $qa^2/2$ |
| | $m$ | $\oplus$ $m/l$ | $m$ |

### (二)静定桁架

**1.概述**

桁架是指由若干直杆在两端用铰链彼此连接而成的结构。建筑工程中的屋架、起重机的塔架、建筑工地用的支架等,都属桁架结构。桁架上边缘的。杆件称为上弦杆,下边缘的杆件称为下弦杆,上下弦杆之间的杆件称为腹杆,各杆端的结合点称为节点,如图 2-35(a)。

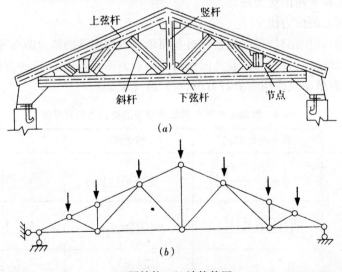

(a)原结构;(b)计算简图

**图 2-35　桁架**

如图 2-35(a)所示的桁架,通过必要简化后得到图 2-35(b)所示的计算简图。它具有如下特点:

(1)各杆都只在两端由理想铰相互连接;

(2)各杆都是直杆;

(3)荷载和支座反力都只作用在节点上并位于桁架平面内。

显然,桁架的所有杆件都是二力杆,其内力只有轴力 $N$。

**2.零杆的判断**

内力为零的杆件称为零杆。准确地判断零杆,有助于准确快捷地求解桁架内力。通过分析,不难得出以下结论:

(1)成 L 形汇交的两杆节点上若无荷载作用,则这两杆皆为零杆(图 2-36(a));

(2)成 T 形汇交的三杆节点上若无荷载作用,则非共线的一杆必为零杆(图 2-36(b))。

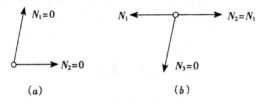

**图 2-36　节点平衡的特殊情况**

**3.求解静定平面桁架内力的方法**

求解静定平面桁架内力的方法有截面法和节点法,两种方法也经常联合应用。截面法在静定梁中已有介绍,在静定桁架中,截面法适用于求解少数特定杆件的内力。例如,欲求图 2-37 中杆件 35 的内力 $N_{35}$,则可沿 I—I 截面将桁架截开,取左边部分为隔离体。因杆件 34、25 的内力汇交于节点 1,故由 $\sum M_1 = 0$ 即可直接求出 $N_{35}$。

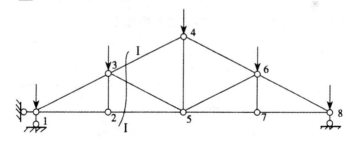

**图 2-37　截面法**

节点法即截取桁架的某一节点为隔离体,利用该节点的静力平衡条件来求解各杆内力的方法。由于桁架的杆件为二力杆,故必有 $N_{ij} = N_{ji}$。

**(三)静定刚架**

刚架是指梁和柱之间由刚节点相连的结构。静定平面刚架的常见形式有简支刚架、悬臂刚架、三铰刚架和多跨(或多层)刚架(图 2-38)。

确定静定平面刚架的内力与内力图,仍采用截面法。对刚架水平梁,其截面内力计算方法与前述静定梁相似。对刚架竖柱,假想将其旋转后水平放置,即可利用前述静定梁的方法计算截面内力。

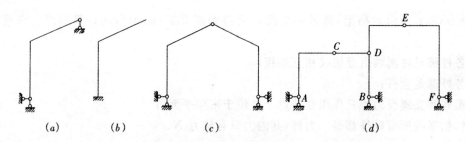

(a)简支刚架；(b)悬臂刚架；(c)三铰刚架；(d)多跨刚架

**图 2-38 静定刚架的类型**

（四）三铰拱

在竖向荷载作用下，产生水平推力的轴线为曲线的静定结构，称为三铰拱。它由两片曲杆与基础间通过三个铰两两铰接而成，如图 2-39(a)。为避免产生水平推力，有时在三铰拱的两个拱脚间设置拉杆来消除支座所承受的推力，从而形成带拉杆的三铰拱，如图 2-39(b)。

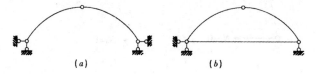

(a)                    (b)

**图 2-39 三铰拱**

三铰拱具有如下受力特点：

(1)在竖向荷载作用下，拱有水平推力（图 2-40）。

(2)由于水平推力的存在，拱截面上的弯矩比相应简支梁的弯矩要小，从而使拱结构主要承受轴向压力，这样能更好地发挥材料性能。

对于图 2-41 所示的结构，由于在竖向荷载作用下不产生水平推力，因此不属于拱结构，而只是一般的曲梁结构。

求解三铰拱内力的方法仍然采用截面法，这里不再赘述。

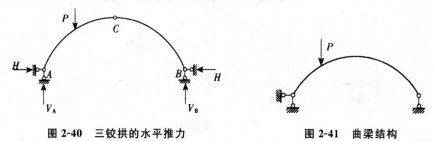

**图 2-40 三铰拱的水平推力**          **图 2-41 曲梁结构**

（五）静定结构的特性

从几何组成方面看，静定结构是没有多余约束的几何不变体系。从静力学方面看，静定结构的全部内力和反力均可由静力平衡条件完全确定，且解答唯一，这是静定结构的基本静力特性。由此可派生出其他几个特性：

(1)零荷载零内力特性。除荷载以外，其他任何外因，如温度改变、支座位移、材料收缩、制造误差等，均不引起静定结构的反力和内力。

(2)局部平衡特性。静定结构受平衡力系作用时，其影响范围只限于该力系所作用的最小几何不变部分，在此范围之外不受影响。

(3)荷载等效特性。当静定结构的一个内部几何不变部分上的荷载在该部分范围内作静力等效变换时,其影响范围只限于该部分之上,对其余部分没有影响。

(4)静定杆件结构的反力和内力只与荷载以及结构的整体形状和尺寸有关,而与构件的材料以及截面形状、尺寸无关。对称结构在对称荷载作用,其反力和内力也是对称的。

## 二、超静定结构的概念

凡只利用静力平衡条件就能确定全部未知力(约束反力和杆件的内力)的结构,称为静定结构;而只利用静力平衡条件不能计算出全部未知力的结构称为超静定结构。

### (一)超静定次数

超静定结构是具有多余约束的几何不变体系。超静定结构中多余约束(或多余未知力)的数目称为超静定次数。由于存在多余约束,超静定结构的反力和内力单靠静力平衡条件不能完全确定,须同时考虑变形协调条件(即位移条件)。

确定结构超静定次数的方法是,去掉结构中的多余约束,使之成为一个静定结构,则所去掉的约束的数目就是超静定次数。如图 2-42(a)所示的单跨超静定梁,撤去一个固定支座(相对于去掉三个约束)即成为一个静定结构,因此,其超静定次数为 3 次。需要说明的是,同一超静定结构,可以按照不同方式去掉多于约束,从而得到不同的静定结构,但多余约束的数目即超静定次数是唯一的。

### (二)超静定结构的特性

(1)超静定结构是具有多余约束的几何不变体系,在多余约束被破坏后,一般仍能进一步承受荷载,因此与相应的静定结构相比,超静定结构具有更强的防护能力。

(2)超静定结构的内力分布一般比相应的静定结构均匀,内力峰值较小,结构的刚度也有一定提高,如图 2-42(a)所示的单跨超静定梁,因固定端具有负弯矩,因而使得梁的弯矩分布较相应简支梁(图 2-42(b))均匀,其跨中挠度也较相应简支梁小。

(3)超静定结构的内力状态与结构的材料性质及截面尺寸有关。在荷载作用下,超静定结构的内力只与各杆刚度的相对比值有关,而与其绝对值无关。

(4)在超静定结构中,温度改变、支座位移、材料收缩、制造误差等均会引起反力和内力。内力的大小一般与各杆刚度的绝对值成正比。

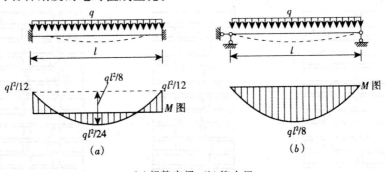

(a)超静定梁;(b)简支梁

**图 2-42 单跨超静定梁**

# 第三章　建筑结构材料的性能分析

## 第一节　常用建筑材料的力学性能分析

### 一、砌体材料的力学性能

砌体的受力性能不仅取决于块体和砂浆的性能,还取决于块体在砌体中的受力状态,并且和砌筑质量密切相关。以下用砖砌体进行说明。

（一）砌体的受压性能

1. **砌体受压破坏的三个受力阶段**

在砌体开始受荷到破坏的过程中,可分为三个受力阶段,以砖砌体为例（图 3-1）,这三个受力阶段是:

（1）单砖内出现裂缝

第一批裂缝在单砖内出现,此时的荷载值为破坏荷载的 50％～70％,其大小与砂浆强度有关。

（2）裂缝通过若干皮砖,形成连续裂缝

随着荷载增加,单块砖内的个别裂缝发展成通过若干皮砖的连续裂缝,同时有新的裂缝发生。当荷载为破坏荷载的 80％～90％时,连续裂缝的发展将进一步导致贯通裂缝,它也标志着第二个受力阶段的结束。

（3）形成贯通裂缝,砌体完全破坏

继续增加荷载时,连续裂缝的发展形成贯穿整个砌体的贯通裂缝,砌体被分割为几个 1/2 砖的小柱体,砌体明显向外鼓出,柱体受力极不均匀,最后由于柱体丧失稳定而导致砌体破坏,个别砖也可能被压碎。

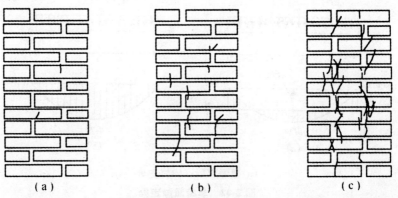

（a）　　　　　　　（b）　　　　　　　（c）

**图 3-1　砌体的贯通裂缝**

2. 影响砌体抗压强度的主要因素

上述砖砌体的受压试验表明:由于砖在砌体中的应力状态不同于单砖的均匀受压情况(砖在砌体中受弯曲应力和剪应力作用,还受横向拉应力的作用),因而砖砌体的受压强度低于单砖受压时的强度。影响砌体抗压强度的因素是多方面的,它可概括为:

(1)块体和砂浆的强度

块体和砂浆的强度是影响砌体强度的主要因素,也是确定砌体抗压强度的主要参数。块体和砂浆的强度越高,砌体的抗压强度越高。

在一般砖砌体中,提高砖的强度等级比提高砂浆强度等级对增加砌体抗压强度的效果好,而在毛石砌体中,提高砂浆强度等级的效果较好。

(2)块体尺寸和几何形状的影响

块体的高度大时,其受弯受剪能力高,因而砌体的抗压强度高;块体表面越平整,受力越均匀,砌体的抗压强度也越高。

(3)砂浆性能的影响

铺砌时砂浆的和易性好、流动性大时,容易形成厚度均匀和密实的灰缝,减少块体的弯曲应力和剪应力,因而可以提高砌体的抗压强度;砂浆的弹性模量越低时(即变形率越大时)块体受到的横向拉应力越大,使砌体的强度降低。

(4)砌筑质量的影响

水平灰缝的饱满度越好时,砌体抗压强度越高,通常要求水平灰缝的饱满度不小于 80%。水平灰缝薄而均匀时,砌体的抗压强度较高,砖砌体的水平灰缝厚度一般为 10～12mm。在保证质量的前提下快速砌筑有利于提高砌体的抗压强度。对于砖砌体,砖的含水率较大时易于保证砌筑质量,干砖砌筑和用含水饱和的砖砌筑都会降低砖与砂浆的粘结强度,从而降低砌体的抗压强度。

此外,强度差别较大的砖混合砌筑时,砌体在同样荷载下将引起不同的压缩变形,因而使砌体在较低荷载下破坏。在此时,应按砖的较低强度等级去估算砌体抗压强度。在一般情况下,不同强度等级的砖不应该混合使用。

(二)材料的强度等级和砌体的计算指标

1. 材料强度等级

按照块体的立方体抗压强度标准值的大小(烧结普通砖还包括抗折强度),烧结砖的强度等级分为 MU30、MU25、MU20、MU15 和 MU10 共 5 个等级;蒸压砖有 MU25、MU20、MU15 和 MU10 共 4 个等级;砌块有 MU20、MU15;MU10、MU7.5 和 MU5 等 5 个等级;石材有 MU100、MU80、MU60、MU50、MU40、MU30、MU20 等 7 个等级。

砂浆的强度等级有 M15、M10、M7.5、M5 和 M2.5 等 5 个等级。确定砂浆强度等级时,应采用同类块体为砂浆强度试块的底模;砂浆试块为边长 70.7mm 的立方体。

2. 砌体的计算指标

砌体的抗压强度设计值是砌体的主要计算指标。龄期为 28d 的以毛截面计算的各类砌体抗压强度设计值,当施工质量控制等级为 B 级时,是根据块体和砂浆的强度等级确定的。烧结砖的抗压强度设计值见表 3-1。

表 3-1　烧结普通砖和烧结多孔砖的抗压强度设计值　　　　　单位:MPa

| 砖强度等级 | 砂浆强度等级 | | | | | |
|---|---|---|---|---|---|---|
| | M15 | M10 | M7.5 | M5 | M2.5 | |
| MU30 | 3.94 | 3.27 | 2.93 | 2.59 | 2.26 | 1.15 |
| MU25 | 3.6 | 2.98 | 2.68 | 2.37 | 2.06 | 1.05 |
| MU20 | 3.22 | 2.67 | 2.39 | 2.12 | 1.84 | 0.94 |
| MU15 | 2.79 | 2.31 | 2.07 | 1.83 | 1.60 | 0.82 |
| MU10 | — | 1.89 | 1.69 | 1.50 | 1.30 | 0.67 |

**3. 砌体的受拉、受弯和受剪性能**

砌体的受拉、受弯和受剪的破坏一般发生在砂浆和块体的连接面上,即取决于砂浆和块体的粘结性能。但当块体强度低时,也可能发生沿块体截面的破坏。砌体的抗拉、抗弯和抗剪性能都较差。

**(三)强度调整系数 $\gamma_a$**

考虑不同因素对砌体强度的影响,在设计时对下列情况的各种砌体,其强度设计值应乘以调整系数 $\gamma_a$:

(1)有吊车房屋砌体、跨度不小于 9m(对烧结普通砖)或 7.5m(其他砖砌体及砌块砌体)的梁下砌体,$\gamma_a$ 为 0.9。

(2)无筋砌体构件截面面积 $A$ 小于 $0.3m^2$ 时,$\gamma_a = A + 0.7$($A$ 的单位为 $m^2$)。

(3)当采用水泥砂浆砌筑时,砌体抗压强度设计值 $f$ 应乘以调整系数 $\gamma_a = 0.9$;对 $f_t$、$f_{tm}$、$f_v$、$\gamma_a$ 为 0.8。

(4)当验算施工中房屋的构件时,$\gamma_a$ 为 1.1;施工阶段砂浆尚未硬化的新砌砌体,可按砂浆强度为零确定其砌体强度。

(5)当施工质量控制等级为 C 级时,$\gamma_a$ 为 0.89。

**(四)砌体的其他性能**

**1. 砌体的干缩变形**

砌体在浸水时体积膨胀、失水时体积收缩。收缩变形较膨胀变形大很多,尤以硅酸盐砖、轻混凝土砌块更显著,工程中应对干缩变形予以重视。

**2. 砌体的受热性能**

砂浆在受热作用时,当温度不超过 400℃时,强度不降低;但当温度达 600℃时,其强度降低约 10%。而砂浆受冷却作用时,其强度则明显降低:如当温度自 400℃冷却,其强度降低约 50%。砖在受热时强度提高。对于采用普通黏土砖和普通砂浆砌筑的砌体,不考虑受热时的砌体抗压强度的提高,且在一面受热的状态下(如砖烟囱内壁),其最高受热温度应低于 400℃。

砌体的温度线膨胀系数,对烧结黏土砖砌体为 $5 \times 10^{-6}/℃$,对蒸压砖砌体、石砌体为 $8 \times 10^{-6}/℃$,对混凝土砌块砌体为 $10 \times 10^{-6}/℃$。

## 二、钢筋的力学性能

钢筋的力学性能指钢筋的强度和变形性能。钢筋的强度和变形性能可以由钢筋单向拉伸的应力—应变曲线来分析说明。钢筋的应力—应变曲线可以分为两类：一是有明显流幅的，即有明显屈服点和屈服台阶的；二是没有流幅的，即没有明显屈服点和屈服台阶的。热轧钢筋属于有明显流幅的钢筋，强度相对较低，但变形性能好；热处理钢筋、钢丝和钢绞线等属于无明显屈服点的钢筋，强度高，但变形性能差。图 3-2 是有明显屈服阶段的钢筋一次拉伸的应力—应变曲线。

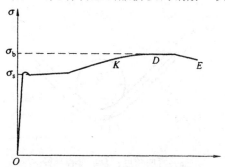

**图 3-2 钢筋的应力—应变曲线**

混凝土结构中所使用的钢筋既要有较高的强度（提高混凝土结构或构件的承载能力）又要有良好的塑性（改善混凝土结构或构件的变形性能）。衡量钢筋强度的指标有屈服强度和极限强度，衡量钢筋塑性性能的指标有延伸率和冷弯性能。钢筋的屈服强度、极限强度和延伸率指标通过单向拉伸试验测得，冷弯性能通过冷弯试验来检验。

（一）屈服强度与极限强度

钢筋的屈服强度是混凝土结构设计的重要指标。钢筋的屈服强度是钢筋应力—应变曲线下屈服点对应的强度（有明显屈服点的钢筋）或名义屈服点对应的强度（无明显屈服点的钢筋）。达到屈服强度时钢筋的强度还有富余，是为了保证混凝土结构或构件正常使用状态下的工作性能和偶然作用下（如地震作用）的变形性能。钢筋拉伸应力—应变曲线对应的最大应力为钢筋的极限强度。钢筋在弹性阶段的应力与应变之比称为弹性模量，用 Es 表示，钢筋的弹性模量见表 3-2。

**表 3-2 钢筋弹性模量** 单位：$\times 10^5 \, N/mm^2$

| 种类 | Es |
|------|-----|
| HPB235 级钢筋 | 2.1 |
| HRB335 级钢筋、HRB400 级钢筋、RRB400 级钢筋、热处理钢筋 | 2.0 |
| 消除应力光面钢丝、螺旋肋钢丝、刻痕钢丝 | 2.05 |
| 钢绞线 | 1.95 |

（二）伸长率与冷弯性能

钢筋拉断后的伸长值与原长的比值为钢筋的伸长率。国家标准规定了合格钢筋在给定标距（量测长度）下的最小伸长率，分别用 $\delta_{10}$ 或 $\delta_5$ 表示。$\delta$ 表示断后伸长率，下标分别表示标距为 10d

和 5d,d 为被检钢筋直径。一般 $\delta_5$ 大于 $\delta_{10}$,因为残留应变主要集中在"颈缩"区域,而"颈缩"区域与标距无关。

为增加钢筋与混凝土之间的锚固性能,混凝土结构中的钢筋往往需要弯折。有脆化倾向的钢筋在弯折过程中容易发生脆断或裂纹、脱皮等现象,而通过拉伸试验不能检验其脆化性质,应通过冷弯试验来检验。合格的钢筋经过绕直径为 D〔D = 1d(HPB235)、D = 3d(HRB335、HRB400),d 为被检钢筋的直径〕的弯芯弯曲到规定的角度 $\alpha$ 后,钢筋应无裂纹、脱皮现象。钢筋塑性越好,钢辊直径 D 可越小,冷弯角 $\alpha$ 就越大(图 3-3)。冷弯检验钢筋弯折加工性能,且更能综合反映钢材性能的优劣。

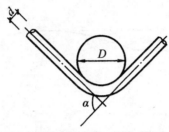

$\alpha$—弯曲角度; $D$—弯心半径

**图 3-3　钢筋弯曲角度与弯心半径的关系**

(三)钢筋的强度指标

钢筋的强度具有变异性。按同标准生产的钢筋,不同时生产的各批钢筋之间的强度不会完全相同;即使同一炉钢轧制的钢筋,其强度也会有差异。因此,在结构设计中采用其强度标准值作为基本代表值。所谓强度标准值,是指正常情况下可能出现的最小材料强度值。

材料强度标准值除以材料分项系数 $\gamma_s$ 即为材料强度设计值,各类热轧钢筋材料分项系数 $\gamma_s$ 的取值大约为 1.15。普通钢筋的强度标准值、强度设计值见表 3-3。

**表 3-3　普通钢筋的强度标准值、强度设计值**

| 种类 | | 符号 | 强度标准值 | | 强度设计值 | | |
|---|---|---|---|---|---|---|---|
| | | | $f_{yk}$ | $f'_{yk}$ | $f_y$ | $f'_y$ | |
| 热轧钢筋 | HPB235(Q235) | φ | 235 | 235 | 210 | 210 | |
| | HRB335(20MnSi) | Φ | 335 | 335 | 300 | 300 | |
| | HRB400(20MnsiV、20MnsiNb、20MnTi) | Φ | 400 | 400 | 360 | 360 | |
| | RRB400(20MnSi) | $Φ^R$ | 400 | 400 | 360 | 360 | |

## 三、混凝土的力学性能

(一)混凝土的强度

混凝土是一种不均匀、不密实的混合体,且其内部结构复杂。混凝土的强度受到许多因素的影响,诸如水泥的品质和用量、骨料的性质、混凝土的级配、水灰比、制作的方法、养护环境的温湿度、龄期、试件的形状和尺寸、试验的方法等等。因此,在建立混凝土的强度时要规定一个统一的标准作为依据。

### 1.立方体抗压强度

我国《混凝土规范》规定,混凝土强度等级应按立方体抗压强度标准值确定。立方体抗压强度标准值系指按照标准方法制作和养护的边长均为 150mm 的立方体试块,养护环境温度为 20℃±3℃,相对湿度≥90％的条件下,在 28 天龄期,用标准试验方法测得的具有 95％保证率的抗压强度。用 $f_{cu,k}$ 来表示。

《混凝土规范》将混凝土的强度按照其立方体抗压强度标准值的大小划分为 14 个强度等级,它们是 C15、C20、C25、C30、C35、C40、C45、C50、C55、C60、C65、C70、C75 和 C80。14 个等级中的数字部分即表示以 $N/mm^2$ 为单位的立方体抗压强度数值。

### 2.轴心抗压强度

在实际工程中,钢筋混凝土受压构件往往是棱柱体,即高度 h 比截面的边长 b 大很多,端部的摩擦力的约束作用减小。当 h/6＝3～4 时,轴心抗压强度即摆脱了摩擦力的作用而趋稳定,达到纯压状态。由棱柱体测得的强度称为混凝土的轴心抗压强度 $f_c$,$f_c$ 能更好地反映混凝土的实际抗压能力,所以轴心抗压强度的试件往往取 $150×150×450mm$、$150×150×600mm$ 等尺寸。另外,试件尺寸也不宜取得过高,过高后如产生偏心,则对轴心抗压强度试验数据的干扰就大了。根据大量试验资料且考虑到混凝土构件强度与试件强度之间的差异,规范对 C50 及以下的混凝土取 $f_{c,k}＝0.67f_{c,k}$,对 C80 取系数为 0.72,中间按线性变化。对于 C40～C80 混凝土再考虑乘以脆性折减系数 1.0～0.870。

### 3.三向受压强度

混凝土试件三向受压则由于变形受到相互间有利的制约,形成约束混凝土,其强度有较大的增长,根据圆柱体试件周围加侧向液压试验结果,三向受压时混凝土纵向抗压强度的经验公式为:

$$f_{cc} = f_c + 4\sigma_r \tag{3-1}$$

式中:$f_c$——无侧向压应力时的混凝土轴心抗压强度;

$\sigma_r$——侧向压应力。

混凝土三向受压时强度提高的原因是:侧向压应力约束了混凝土的横向变形,从而延迟和限制了混凝土内部裂缝的发生和发展,使试件不易破坏。

### 4.抗拉强度 $f_t$

混凝土是一种脆性材料,它的抗拉强度很低。

### (二)混凝土的变形

### 1.混凝土在一次短期加荷作用下的变形性能

(1)混凝土的应力—应变曲线

混凝土在一次短期加荷作用下的应力—应变曲线是其最基本的力学性能,可通过对混凝土棱柱体的受压或受拉试验测定。混凝土受压时典型的应力—应变曲线如图 3-4 所示。曲线包括上升段和下降段两部分,对应于顶点 c 的应力为轴心抗压强度 $f_c$。在上升阶段中,当应力小于 0.3f 时,应力—应变曲线可视为直线,混凝土处于弹性阶段。随着应力的增加,应力—应变曲线逐渐偏离直线,表现出越来越明显的塑性性质,此时,混凝土的应变由弹性应变和塑性应变两部分组成,且后者占的比例越来越大;在下降段,随着应变的增大,应力反而减少,当应变达到极限值时,混凝土破坏。

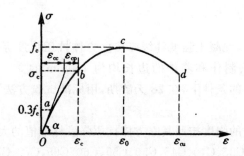

**图 3-4 混凝土在一次短期加荷下的应力—应变曲线**

(2)混凝土的弹性模量、变形模量和剪变模量

由混凝土应力—应变曲线的原点作曲线的切线,该曲线的斜率为原点弹性模量,简称弹性模量,用 $Ec$ 表示(图 3-4)。《混凝土规范》用如下公式计算混凝土的弹性模量。

$$Ec = \frac{10^5}{2.2 + \frac{34.7}{f_{c,k}}} \ (\text{N/mm}^2) \tag{3-2}$$

作原点 $O$ 与曲线的任一点连线,其所形成的割线的斜率为混凝土的割线模量,也称变形模量,用 $Ec$ 表示。

剪变模量是指剪应力和剪应变的比值。即

$$Gc = \frac{\tau}{\gamma} \tag{3-3}$$

2.混凝土在重复荷载作用下的变形性能

混凝土在重复荷载作用下表现出来的变形性能,称为混凝土的疲劳性能。应力—应变曲线斜率降低是混凝土发生疲劳破坏的一个主要征兆。混凝土疲劳时除变形模量减少外,其强度也有所减小。

通常把试件承受 200 万次(或更多次)重复荷载时发生破坏的压应力值,称为混凝土的疲劳强度,用 $f_c^f$ 表示。

3.混凝土在荷载长期作用下的变形性能

混凝土在长期荷载作用下,应力不变,应变随时间的增长而继续增长的现象称为混凝土的徐变现象。加载时产生的瞬时应变为 $\varepsilon_e$,加载后应力不变,应变随时间的增长而继续增长,增长速度先快后慢,最终徐变量可达到瞬时应变的 1~4 倍。通常最初 6 个月内可完成徐变 70%~80%,一年以后趋于稳定,三年以后基本终止。如果将荷载在作用一定时间后卸去,会产生瞬时恢复应变,另外还有一部分应变在以后一段时间内逐渐恢复,称为弹性后效,最后还剩下相当部分不能恢复的塑性残余变形(图 3-5)。

4.混凝土的非受力变形

混凝土在空气中结硬时会产生体积收缩,而在水中结硬时会产生体积膨胀。两者相比,前者数值较大,且对结构有明显的不利影响,故必须予以注意;而后者数值很小,且对结构有利,一般可不予考虑。

混凝土的收缩变形先快后慢,一个月约可完成 1/2,两年后趋于稳定,最终收缩应变约为 $(2\sim5)\times10^{-4}$。

在钢筋混凝土结构中,当混凝土收缩受到结构内部钢筋或外部支座的约束时,会在混凝土中

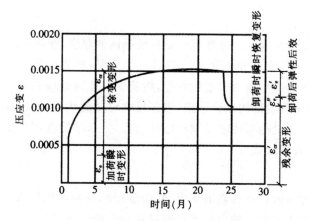

图 3-5　混凝土的徐变应变—时间关系曲线

产生拉应力,从而加速了裂缝的出现和开展。在预应力混凝土结构中,混凝土的收缩会引起预应力损失。故而,我们应采取各种措施,减小混凝土的收缩变形。

混凝土的热胀冷缩变形称为混凝土的温度变形,混凝土的温度线膨胀系数约为 $1 \times 10^{-5}$,与钢筋的温度线膨胀系数接近,故当温度变化时两者仍能共同变形。但温度变形对大体积混凝土结构极为不利,由于大体积混凝土在硬化初期,内部的水化热不易散发而外部却难以保温,故而混凝土内外温差很大而造成表面开裂。因此,对大体积混凝土应采用低热水泥、表面保温等措施,必要时还需采取内部降温措施。

## 四、钢结构用钢的力学性能

### (一)钢结构用钢的主要力学指标

钢结构在使用过程中要受到各种作用,这就要求钢材必须具有抵抗各种作用而不产生过大变形和不会引起破坏的能力。钢材在各种作用下所表现出的各种特征称为钢材的机械性能。钢材的机械性能指标有五项,即抗拉强度、伸长率、屈服强度、冷弯性能和冲击韧性。

#### 1.抗拉强度

钢材的抗拉强度是指钢材破坏前所能承受的最大应力。抗拉强度能直接反映钢材内部组织的优劣,同时还可作为钢材的强度储备,是衡量钢材抵抗拉伸断裂和塑性破坏的性能指标。

#### 2.伸长率

伸长率是指断裂前试件的永久变形与原标定长度的百分比,是衡量钢材塑性性能的重要指标。钢材的塑性是在外力作用下产生永久变形时抵抗断裂的能力。伸长率越大,说明钢材的塑性越好。承重结构用钢材,无论在静力荷载作用下还是在动力荷载作用下,除了应具有较高的强度外,还应要求具有足够的伸长率。

#### 3.屈服强度

钢材的屈服强度(或屈服点)是建筑钢材的另一个重要力学特性,是衡量结构承载能力和确定强度设计值的重要指标。普通低碳钢和低合金结构钢在受力到达屈服强度后,应变急剧增长,从而使结构的变形迅速增加,以致丧失继续承担更大荷载的能力,所以钢材的强度设计值是以钢材的屈服强度为依据而制定的。

**4. 冷弯性能**

冷弯性能由冷弯试验来确定。冷弯试验是按根据试件厚度,按规定的弯心直径,将试件弯曲至180°,如试件弯曲处的外表面和侧面不出现裂纹和分层,即为冷弯试验合格。冷弯试验一方面能直接检验钢材的弯曲变形能力或塑性性能,检验钢材能否适应构件制作中的冷加工工艺过程,另一方面还能暴露钢材内部的冶金缺陷,直接反映材质的优劣,同时在一定程度上也是鉴定焊接性能的一个指标。所以冷弯性能是钢材塑性指标之一,结构在制作安装过程中需要进行冷加工时,应有冷弯试验合格保证。

**5. 冲击韧性**

韧性是钢材抵抗冲击或振动荷载的能力,其衡量指标是冲击韧性值。钢材的韧性常采用带缺口的标准试件进行冲击试验。冲击韧性是钢材在冲击荷载或多向拉应力下可靠性能的保证,可间接反映钢材抵抗低温、应力集中、重复荷载等因素导致脆断的能力。

钢材的抗拉、抗压和抗弯强度设计值 $f$ 等于钢材的屈服点除以钢材的抗力分项系数 $\gamma R$。钢材的抗力分项系数 $\gamma R$ 取为,Q235 钢为 1.087;Q345、Q390、Q420 钢为 1.111。《钢结构设计规范》(GB 50017—2003)(以下简称"钢结构规范")规定,钢材的强度设计值,应根据钢材厚度或直径按表 3-4 选用。

表 3-4　钢材的强度设计值

| 钢材 | | 抗拉、抗压和抗弯 $f$ | 抗剪 $f_v$ | 端面承压(刨平顶紧) $f_{ce}$ |
|---|---|---|---|---|
| 牌号 | 厚度或直径/mm | | | |
| Q235 钢 | ≤16 | 215 | 125 | 325 |
| | >16~40 | 205 | 120 | |
| | >40~60 | 200 | 115 | |
| | >60~100 | 190 | 110 | |
| Q345 钢 | ≤16 | 310 | 180 | 400 |
| | >16~35 | 295 | 170 | |
| | >35~50 | 265 | 155 | |
| | >50~100 | 250 | 145 | |
| Q390 钢 | ≤16 | 350 | 205 | 415 |
| | >16~35 | 335 | 190 | |
| | >35~50 | 315 | 180 | |
| | >50~100 | 295 | 170 | |
| Q420 钢 | ≤16 | 380 | 220 | 440 |
| | >16~35 | 360 | 210 | |
| | >35~50 | 340 | 195 | |
| | >50~100 | 325 | 185 | |

（二）影响钢材性能的主要因素

钢结构有性质完全不同的两种破坏形式，即塑性破坏和脆性破坏。塑性破坏的主要特征是其破坏前具有较大的、明显可见的塑性变形，且仅在构件中的应力到达抗拉强度后才发生。脆性破坏的主要特征是破坏前的塑性变形很小，甚至没有塑性变形，破坏前无任何征兆，无法及时察觉予以补救，危险性较大。故讨论影响钢材性能的因素时，应特别注意导致钢材变脆的因素。

1. 化学成分的影响

化学成分是影响钢材性能的主要因素。钢材的主要成分是铁（Fe），其次是碳（C）。碳素结构钢中纯铁含量占 99％以上。除铁和碳外，还有冶炼过程中留下来的杂质，如硅（Si）、锰（Mn）、硫（S）、磷（P）、氮（N）、氧（O）等元素。低合金高强度结构钢中还含合金元素，如锰（Mn）、硅（Si）、钒（V）、铜（Cu）、铌（Nb）、钛（Ti）、铝（Al）、铬（Cr）、钼（Mo）等。合金元素通过冶炼工艺以一定的结晶形式存在于钢中，可以改善钢材的性能。

碳是形成钢材强度的主要成分。碳含量提高，则钢材强度提高，而塑性、韧性、冷弯性能、可焊性及抗锈蚀能力下降，尤其是低温下的冲击韧性也会降低。硫和磷是冶炼过程中留在钢中的杂质，是有害元素。硫能生成易于熔化的硫化铁，当热加工及焊接使温度达 800℃～1000℃时，钢材会出现裂纹、变脆，称为"热脆"现象。而在低温时，磷使钢材的冲击韧性降低很多，称为"冷脆"现象，这对低温下工作的结构不利。因此，对硫和磷的含量必须严加控制，一般硫的含量不得超过 0.045％～0.05％，而磷的含量不得超过 0.045％。锰和硅是钢中的有益元素，它们都是脱氧剂，既可提高强度又不会过多降低塑性和冲击韧性。

2. 冶炼、轧制过程中工艺缺陷的影响

钢材在冶炼、轧制过程中的工艺缺陷，如偏析、夹层、裂纹等，对钢材的材质也会产生较大的影响。钢材冶炼后按脱氧方法的不同而分为沸腾钢、镇静钢、半镇静钢和特殊镇静钢。沸腾钢采用锰铁作脱氧剂，脱氧不完全，钢材的质量较差，但成本较低；镇静钢用锰铁加硅或铝脱氧，脱氧较彻底，材质好，但成本较高；半镇静钢脱氧程序、质量和成本介于沸腾钢和镇静钢之间；特殊镇静钢的脱氧程序比镇静钢更好，质量最好，但成本也最高。

3. 应力集中

实际钢结构中，构件常存在孔洞、缺口、凹角、截面改变及钢材内部缺陷等，在构件形状突然改变或材料不连续的截面，应力分布不再均匀，出现应力局部增大的现象称为应力集中。构件形状变化越是急剧，应力集中就越严重，钢材的塑性也就降低得越厉害。应力集中是导致钢材发生脆性破坏的主要因素之一。

4. 温度变化的影响

钢材的力学性能对温度变化非常敏感。钢材约在 200℃以内时，随着温度的升高，钢材的强度降低，塑性增大，但数值变化不大。当温度在 250℃左右时，钢材呈脆性，称为"蓝脆现象"（表面氧化膜呈蓝色）。当温度达到 600℃时，强度几乎为零。当温度低于常温时，随着温度的下降，钢材的强度有所提高，而塑性和冲击韧性下降。当温度下降至某一负温值时，钢材的塑性和韧性急剧下降，这种现象称为钢材的低温冷脆。

5. 钢材硬化

钢材的硬化主要是指钢材的时效硬化和冷作硬化。时效硬化是指高温时溶于铁中的氮或碳,随时间的增长形成氮化物或碳化物,对钢材的塑性变形起抑制作用,从而使钢材的强度提高、塑性和冲击韧性下降。冷作硬化是指钢材在间歇重复荷载作用下,钢材的屈服点提高,塑性韧性下降。钢结构设计中不考虑硬化后强度提高的有利因素,相反,对重要的结构和构件要考虑硬化后塑性和冲击韧性下降的不利影响。

6.反复荷载作用

钢材在连续反复荷载作用下,截面上的拉、压应力不断交替变化,其承载能力较在静力荷载作用下低得多,常常在低于屈服点时就断裂了。这种材料强度降低,破坏提早的现象称为疲劳破坏。

## 五、常用建筑材料的力学性能总结

建筑材料具有一般的物理性能,如容积密度、孔隙率、与水有关的性能(如透水、防水)、热工性能(如耐火、导热)等。对结构所用材料而言,基本的是它们的力学性能和耐久性能。钢材、混凝土、砖或硅酸盐制品、木材等各种材料在经受荷载及其他作用的过程中所呈现的受力和变形的规律以及破坏的形态,通常是以弹性、塑性、延性等性能和应力 $\sigma$、应变 $\varepsilon$、弹性模量等参数及其相关图形来表达,并作为结构设计的依据。图 3-6 表示常用结构材料的应力—应变关系和结构的荷载挠度关系。

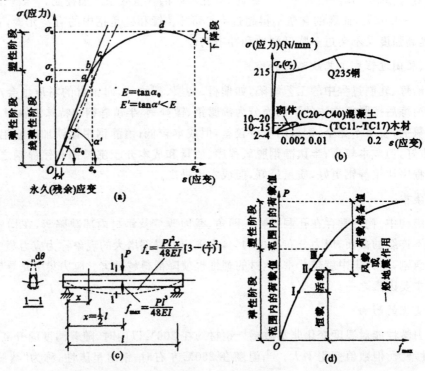

(a) 常用结构材料应力-应变关系;(b) 不同材料轴心受压时应力-应变关系比较;
(c) 简支梁受载后挠曲变形情况;(d) 结构的荷载挠度关系

图 3-6　材料的应力—应变关系和结构的荷载挠度关系

（1）弹性和线弹性。

结构材料在应力小时都具有弹性，即有应力就有应变，应力降为零时应变消失；弹性极限点处（图上 b 点）的应力称为弹性极限（$\sigma$ 轴上的 $\sigma e$），材料从开始受力到弹性极限间称为弹性阶段。弹性阶段内应力与应变间不一定都呈直线关系，只是在应力较小时才呈直线图形（图上 Oa 段），说明材料具有线弹性。线弹性阶段的极限应力称为线弹性极限应力（$\sigma$ 轴上的 $\sigma_l$）。

（2）塑性、脆性和破坏。

许多材料往往在应力较大时（图上 c 点相应的应力）呈塑性，表现为应力降为零时应变并不消失，留有永久变形或称残余变形。从弹性极限到材料达到最大应力阶段称为塑性阶段，这时应变增长速率比应力增长快，最大的极限应力 $\sigma_u$ 称强度极限（即材料的强度）。随后应力下降，应变还可继续增加，直到材料达到极限应变值 $\varepsilon_u$（相应于图上 f 点的应变）而破坏。这个曲线的下降段是材料的破坏阶段。个别材料没有塑性阶段，破坏前应力—应变关系为直线或近似直线，破坏突然发生，这种材料为脆性材料，如玻璃就属于这类材料。纯脆性材料不能作为结构材料使用。

（3）延性。

延性是指材料超越弹性极限后至破坏前耐受变形的能力，以（$\varepsilon_u - \varepsilon_e$）或 $\left(\dfrac{\varepsilon_u}{\varepsilon_e}\right)$ 表示。$\varepsilon_e$ 为弹性极限时的应变。延性愈大，材料破坏前的塑性变形愈大；延性愈小，材料破坏前的塑性变形愈小。具有塑性的材料必然有延性，脆性材料几乎没有延性。

（4）弹性模量和变形模量。

弹性模量指材料在线弹性极限范围内的应力—应变关系，这时应力与应变成正比例，这个关系称为弹性定律，比例常数称为弹性模量：

$$E = \frac{\sigma}{\varepsilon} = 常数 - tana_o \tag{3-4}$$

式中：$a_o$——材料应力—应变曲线的直线段 Oa 与应变坐标间的夹角。

当材料应力大于线弹性极限后，应力与应变的关系不再成正比例，应力—应变曲线上任一点 c 与原点 O 连线 $O_c$ 的斜率 $E' = tana'$ 称为变形模量。变形模量 $E'$ 是变数，随应力增大而减小（$a' < a_o$）。

从材料的一般应力—应变关系图可以看出：材料的极限应力反映材料的强度；材料的极限应变表现材料的变形能力；材料的弹性、塑性、延性和弹性模量说明材料的变形特征。由于材料的延性，材料在达到极限应力时并不具有极限应变。反过来说，材料达到极限应变时应力并不是它的最大值。

（5）好的建筑结构所用材料要求

①极限应力高（尤其弹性极限高），意味着用它做成的结构强度（承载力）高。

②弹性模量大，意味着用它做成的结构变形小。

③延性好，意味着用它做成的结构在破坏前有较大的变形。这一点对结构的抗震作用十分有利。因为在结构发生较大变形的同时吸收能量，可以减小地震影响。

（6）钢材、混凝土、砖或硅酸盐砌体、木材的应力—应变关系虽各有不同，但形状大体相似，见图 3-6（b）。其中钢材在到达弹性极限 $\sigma_e$ 后有一个明显的屈服台阶，这时应力不变但应变有极大增长。钢材的弹性极限应力 $\sigma_e$ 也称屈服应力 $\sigma_y$。由图 3-6（b）可见钢材的弹性极限强度为普通混凝土抗压强度的 10 余倍(也为混凝土抗拉强度的百余倍)。钢材的弹性模量为混凝土弹性模量的 6～8 倍。钢材的延性为混凝土受压时的百余倍,为混凝土受拉时的千余倍。所以,纯混凝土不宜用作结构的材料,在混凝土结构构件中往往必须设置钢筋,代替混凝土承受内拉力,形成钢筋混凝土结构。

# 第二节　常用建筑材料的耐久性能分析

## 一、耐久性的含义

材料在长期使用过程中,能保持其原有性能而不变质、不破坏的性质,统称为耐久性。它是一种复杂的、综合的性质。

## 二、材料受到的破坏作用

材料在使用过程中,除受到各种外力作用外,还要受到环境中各种自然因素的破坏作用,这些破坏作用可分为物理作用、化学作用和生物作用等。

物理作用主要有干湿交替、温度变化、冻融循环等。这些变化会使材料体积产生膨胀或收缩,或导致内部裂缝的扩展,长久作用后会使材料产生破坏。

化学作用主要是指材料受酸、碱、盐等物质的水溶液或有害气体的侵蚀作用,使材料的组成成分发生质的变化而引起材料的破坏。

生物作用主要是指材料受到虫蛀或菌类的腐朽作用而产生的破坏。

## 三、常用建筑材料的的耐久性能

### (一)钢材

钢材被腐蚀主要通过两个途径:一是直接与干燥气体如 $O^2$、$SO^2$ 等接触,生成氧化层而受蚀;二是与周围介质如酸性介质、含氯离子介质、潮湿大气、土壤等发生还原反应,形成电化学腐蚀。腐蚀使钢材起锈皮、减小截面、降低强度,甚至断裂。因而钢材常用保护膜法使其与周围介质隔离,如在钢材表面喷漆、涂搪瓷、涂塑料或镁锌金属层等加以保护。

### (二)混凝土

混凝土主要会因干湿或冻融循环、温度变化等物理作用和长期处于有酸、盐质侵蚀水或蒸气环境中使水泥水化后的水泥石溶解而受蚀,从而导致混凝土疏松、剥落、强度降低。一般来说,可以从提高混凝土的强度、密实性、抗冻性入手,谨慎选择水泥材料,还可通过采用外加剂,使用涂层材料等措施来改善其耐久性。

### (三)木材

木材易受虫菌腐蚀,主要与树种、木材含水量、大气温湿度变化等因素有关。防护措施以材面喷漆最为普遍,浸注药剂更好(但易产生环境污染)。如能将木结构置于干燥、通风好的环境下则更能耐久。我国应县木塔(高 67.3 m)经历了近 1000 年历史,但至今木结构材料未受腐蚀,主要原因之一是其处于干燥、通风情况良好的环境中。

# 第四章 建筑结构的设计

## 第一节 建筑结构的设计原则

### 一、建筑结构的设计基准与使用年限

我国规定,建筑结构设计计算采用概率极限状态设计法,并且将我国建筑结构的设计基准期规定为 50 年,在这规定的时间内结构在规定的条件下完成预定功能的概率称为结构的可靠度。

必须指出,结构的可靠度与使用期有关。这是因为设计中所考虑的基本变量,如荷载(尤其是可变荷载)和材料性能等,大多是随时间而变化的,因此,在计算结构可靠度时,必须确定结构的使用期,即设计基准期。换句话说,设计基准期是为确定可变作用及与时间有关的材料性能等取值而选用的时间参数。还需说明,当结构的使用年限达到或超过设计基准期后,并不意味着结构立即报废,而只意味着结构的可靠度将逐渐降低。

设计使用年限是设计规定的一个期限,在这一规定的时期内,结构或结构构件只需进行正常的维护(包括必要的检测、维护和维修)而不需进行大修就能满足预期的功能,即结构在正常设计、正常施工、正常使用和维护下所应达到的使用年限。换句话说。在设计使用年限内,结构和结构构件在正常的维护下应能保持其使用功能,而不需进行大修加固。结构的设计使用年限应按表 4-1 采用。若建设单位提出更高要求,也可按建设单位的要求确定。

**表 4-1 建筑结构的设计实用年限**

| 类别 | 设计使用年限/年 | 示例 |
|------|------|------|
| 1 | 5 | 临时性建筑 |
| 2 | 25 | 易于替换的结构构件 |
| 3 | 50 | 普通房屋的构筑物 |
| 4 | 100 以上 | 纪念性建筑和特别重要的建筑结构 |

### 二、建筑结构的功能要求

建筑结构设计的基本目的是在一定经济条件下,使结构在预定的使用期限内,能满足设计所预期的各种功能要求。结构的功能要求包括安全性、适用性和耐久性。

(一)安全性

建筑结构的要求能够承受正常施工和正常使用时可能出现的各种作用(例如:荷载、温度、地震等),以及在偶然事件发生时及发生后,结构仍能保持必需的整体稳定性,即结构只产生局部损坏而不会发生连续倒塌。

（二）适用性

建筑结构的适用性要求在正常使用时具有良好的工作性能（例如：不发生影响使用的过大变形或振幅；不发生过宽的裂缝）。

（三）耐久性

建筑结构的耐久性要求在正常的维护下具有足够的耐久性，不发生锈蚀和风化现象。

以上结构三方面的功能要求又总称为结构的可靠性。

## 三、建筑结构的极限状态

在建筑结构使用中，整个结构或结构的一部分超过某一特定状态就不能满足设计的某一功能要求，此特定状态称为该功能的极限状态。极限状态是区分结构工作状态可靠或失效的标志。结构的极限状态可分为两类：承载力极限状态和正常使用极限状态。

（一）承载力极限状态

承载力极限状态是指对应于结构或结构构件达到最大承载力，出现疲劳破坏或不适于继续承载的变形。包括：当结构构件或连接因超过材料强度而破坏（包括疲劳破坏），或因为过度变形而不适于继续承载；整个结构或结构的一部分作为刚体失去平衡（如倾覆等）；结构转变为机动体系；结构或结构构件丧失稳定（如压屈等）；地基丧失承载力而破坏（如失稳等）。超过承载力极限状态后，结构或构件就不能满足安全性的要求。

（二）正常使用极限状态

正常使用极限状态是指对应于结构或结构构件达到正常使用或耐久性能的某项规定的极限值。当结构或结构构件出现下列状态之一时，应认为超过了正常使用极限状态。影响正常使用或外观的过大变形；影响正常使用或耐久性能的局部损坏（包括裂缝）；影响正常使用的其他特定状态。超过了正常使用极限状态，结构或构件就不能保证适用性和耐久性的功能要求。

结构构件按承载力极限状态进行计算后，再根据设计状况，按正常使用极限状态进行验算。

## 四、建筑结构的可靠度与极限状态方程

（一）结构的作用效应与结构抗力

任何结构或构件中都存在对立的两个方面：作用效应 S 和结构抗力 R——这是结构设计中必须解决的两个问题。

作用效应 S 是指作用引起的结构或结构构件的内力、变形和裂缝等。

结构抗力 R 是指结构或结构构件承受作用效应的能力，如结构构件的承载力、刚度和抗裂度等。它主要与结构构件的材料性能和几何参数以及计算模式的精确性有关。

结构上的作用分为直接作用和间接作用两种。直接作用是指施加在结构上的荷载，如恒荷载、活荷载和雪荷载等。间接作用是指引起结构外观变形和约束变形的其他作用，如地基沉降、混凝土收缩、温度变化和地震等。

结构上的作用，也可按下列原则分类。

1. 按随时间的变异性分类

永久作用。在设计基准期内量值不随时间变化，或其变化与平均值相比可以忽略的作用，如

结构自重、土压力、预加应力等。

可变作用。在设计基准期内量值随时间变化且其变化与平均值相比不可忽略的作用,如安装荷载、楼面活荷载、风荷载、雪荷载、吊车荷载和温度变化等。

偶然作用。在设计基准期内不一定出现,而一旦出现,其量值很大且持续时间很短的作用,如地震、爆炸、撞击等。

2.按随空间位置的变异分类

固定作用。在结构上具有可以固定分布的作用,如工业与民用建筑楼面上的固定设备荷载、结构构件自重等。

自由作用。在结构上一定范围内可以任意分布的作用,如工业与民用建筑楼面上的人员荷载、吊车荷载等。

3.按结构的反应特点分类

静态作用。使结构产生的加速度可以忽略不计的作用,如结构自重、住宅和办公楼的楼面活荷载等。

动态作用。使结构产生的加速度不可忽略的作用,如地震、吊车荷载、设备振动等。

（二）结构的可靠度

如前所述,结构和结构构件在规定的时间内、规定的条件下完成预定功能的概率,称为结构的可靠度,可靠度就是对结构可靠性的概率度量。结构的作用效应小于结构抗力时,结构处于可靠工作状态。反之,结构处于失效状态。

由于作用效应和结构抗力都是随机的,因而结构不满足或满足其功能要求的事件也是随机的。一般把出现前一事件(不满足其功能要求)的概率称为结构的失效概率,记为 $P_f$;把出现后一件事件(满足其功能要求)的概率称为可靠度,记为 $P_z$,由于可靠概率 $P_z$ 和失效概率 $P_f$ 是互补的,所以, $P_z + P_f = 1$ 。

（三）结构的极限状态方程

结构的极限状态可用极限状态方程来表示。

当只有作用效应 $S$ 和结构抗力 $R$ 两个基本变量时,可令:

$$Z = R - S \tag{4-1}$$

显然,当 $Z > 0$ 时,结构可靠;当 $Z < 0$ 时,结构失效;当 $Z = 0$ 时,结构处于极限状态。 $Z$ 是 $S$ 和 $R$ 的函数,一般记为 $Z = g(S, R)$ ,称为极限状态函数。相应的, $Z = g(S, R) = R - S = 0$ ,称为极限状态方程。所以结构的失效概率为:

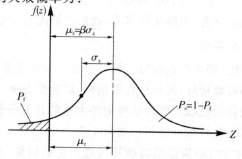

图 4-1　结构功能函数分布曲线

$$P_f = P(Z = R - S < 0) = \int_{-\infty}^{0} f(Z) dZ \qquad (4-2)$$

图 4-1 中所示为结构功能函数的分布曲线。

图中纵坐标以左($Z < 0$)分布曲线所围成的阴影面积表示结构的失效概率 $P_f$，纵坐标以右 ($Z \geqslant 0$)分布曲线所围成的面积表示结构的可靠概率 $P_z$。

## 五、可靠指标与目标可靠指标

### （一）可靠指标

如果已知 $S$ 和 $R$ 的理论分布函数，则可由式(4-2)求得结构失效概率 $P_f$。由于 $P_f$ 的计算在数学上比较复杂以及目前对于 $S$ 和 $R$ 的统计规律研究深度还不够，要按上述方法求得失效概率是有困难的。因此，《统一标准》采用了可靠指标 $\rho$ 来代替结构的失效概率 $P_f$。

结构的可靠指标 $\beta$ 是指 $Z$ 的平均值 $\mu_z$ 与标准差 $\sigma_z$ 的比值，即：

$$\beta = \frac{\mu_z}{\sigma_z} \qquad (4-3)$$

可以证明，$\sigma_z = \sqrt{\sigma_R^2 + \sigma_S^2}$ 与 $P_f$ 具有一定的对应关系。表 4-2 表示了 $\beta$ 与 $P_f$ 在数值上的对应关系。

**表 4-2 可靠指标 $\beta$ 与失效概率 $P_f$ 的对应关系**

| $\beta$ | 2.7 | 3.2 | 3.7 | 4.2 |
|---|---|---|---|---|
| $P_f$ | $3.4 \times 10^{-3}$ | $6.8 \times 10^{-4}$ | $1.0 \times 10^{-4}$ | $1.3 \times 10^{-5}$ |

假定 $S$ 和 $R$ 是互相独立的随机变量，且都服从于正态分析，则极限状态函数 $Z = R - S$ 亦服从正态分析，于是可得：

$$\mu_z = \mu_R - \mu_S$$
$$\sigma_z = \sqrt{\sigma_R^2 + \sigma_S^2}$$

则：

$$\beta = (\mu_R - \mu_S) / \sqrt{\sigma_R^2 + \sigma_S^2} \qquad (4-4)$$

式中：$\mu_S$、$\sigma_S$ ——结构构件作用效应的平均值和标准差；

$\mu_R$、$\sigma_R$ ——结构构件抗力的平均值和标准差。

由式(4-4)可看出，可靠指标不仅与作用效应及结构抗力的平均值有关，而且与两者的标准差有关，$\mu_z$ 愈大，$\beta$ 也愈大，结构愈可靠，这与传统的安全系数法要领是一致的；在 $\mu_z$ 固定的情况下，$\sigma_z$ 愈小（即离散性愈小），$\beta$ 就愈大，结构愈可靠，这是传统的安全系数法无法反映的。

### （二）目标可靠指标与安全等级

在解决可靠性的定量尺度（即可靠指标）后，另一个必须解决的重要问题是选择结构的最优失效概率或作为设计依据的可靠指标，即目标可靠指标，以达到安全与经济上的最佳平衡。

根据对各种荷载效应组合情况以及各种结构构件大量的计算分析后，对于一般工业与民用建筑，当结构构件属延性破坏时，目标可靠指标取为 3.7。

此外，根据建筑物的重要性，即根据结构破坏可能产生的后果（危及人的生命、造成经济损失、产生社会影响等）的严重性，将建筑物划分为三个安全等级，同时，结构构件承载力极限状态的可靠指标不应小于表 4-3 的规定。由表 4-3 可见,不同安全等级之间的值相差 0.5,这大体上相当于结构失效概率相差一个数量级。

建筑物中各类结构构件的安全等级宜与整个结构的安全等级相同,对其中部分结构构件的安全等级,可根据其重要程度适当调整,但不得低于三级。

表 4-3　建筑结构的安全等级及结构构件承载力极限状态的目标可靠指标[①]

| 建筑结构的安全等级 | 破坏后果 | 建筑物类型 | 结构构件承载力极限状态的目标可靠指标 | |
| --- | --- | --- | --- | --- |
| | | | 延性破坏 | 脆性破坏 |
| 一级 | 很严重 | 重要的建筑 | 3.7 | 4.2 |
| 二级 | 严重 | 一般的建筑 | 3.2 | 3.7 |
| 三级 | 不严重 | 次要的建筑 | 2.7 | 3.2 |

## 六、极限状态表达式

根据上述规定的目标可靠指标,即可按照结构可靠度的概率分析方法进行结构设计。但是,直接采用目标可靠指标进行设计的方法过于繁琐,计算工作量很大,为了实用上简便,并考虑到工程技术人员的习惯,本书采用了以基本变量(荷载和材料强度)标准值和相应的分项系数来表示的设计表达式,其中,分项系数是按照目标可靠指标,并考虑工程经验,经优选确定的。从而,使实用设计表达式的计算结果近似地满足目标可靠指标的要求。

(一)承载能力极限状态设计表达式

任何结构构件均应进行承载力设计,以确保安全。承载能力极限状态设计表达式为:

$$\gamma_0 S \leqslant R \tag{4-5}$$
$$R = R(f_c, f_s, a_k \cdots) \tag{4-6}$$

式中:$\gamma_0$——结构构件的重要性系数,对安全等级为一级或设计使用年限为 100 年及以上的结构构件,不应小于 1.1;对安全等级为二级或设计使用年限为 50 年的结构构件,不应小于 1.0;对安全等级为三级或设计使用年限为 5 年及以下的结构构件,不应小于 0.9;

$S$——荷载效应组合的设计值;

$R$——结构构件抗力的设计值;

$R = R(f_c, f_s, a_k \cdots)$——结构构件的抗力函数;

$f_c$、$f_s$——分别为混凝土、钢筋强度设计值;

$a_k$——几何参数标准值,当几何参数的变异性对结构性能有明显的不利影响时,可另增减一个附加值。

对于承载力极限状态,结构构件应按荷载效应的基本组合进行计算,必要时尚应按荷载效应的偶然组合进行计算。

---

① (1)延性破坏是指结构构件在破坏前有明显的变形或其他预兆;脆性破坏是指结构构件在破坏前无明显变形或其他预兆。(2)当承受偶然作用时,结构构件的可靠指标应符合专门规范的规定。(3)当有特殊要求时,结构构件的可靠指标不受本表限制。

对于基本组合,其内力组合设计值可按式(4-7)和式(4-8)中最不利值确定:

由可变荷载效应控制的组合

$$\gamma_0 S = \gamma_0 (\gamma_G S_{GK} + \gamma_{Q1} S_{Q1K} + \sum_{i=2}^{n} \gamma_{Qi} \varphi_{ci} S_{QiK}) \tag{4-7}$$

由永久荷载效应控制的组合

$$\gamma_0 S = \gamma_0 (\gamma_G S_{GK} + \sum_{i=1}^{n} \gamma_{Qi} \varphi_{ci} S_{QiK}) \tag{4-8}$$

按上述要求,设计排架和框架结构时,往往是相当复杂的。因此,对于一般排架和框架结构,可采用下列简化公式

$$\gamma_0 S = \gamma_0 (\gamma_G S_{GK} + \varphi \sum_{i=1}^{n} \gamma_{Qi} S_{QiK}) \tag{4-9}$$

式中:$\gamma_G$——永久荷载分项系数,当永久荷载效应对结构构件不利时,对式(4-7)取 1.2,对由永久荷载效应控制的组合取 1.35 久荷载效应对结构构件承载能力有利时,不应大于 1.0;

$\gamma_{Q1}$、$\gamma_{Qi}$——第 1 个和第 i 个可变荷载分项系数,当可变荷载效应对结构构件承载能力不利时,在一般情况下取 1.4,当可变荷载效应对结构构件承载能力有利时,取为 0;

$S_{GK}$——永久荷载标准值的效应;

$S_{Q1K}$——在基本组合中其控制作用的一个可变荷载标准值的效应;

$S_{QiK}$——第 i 个可变荷载标准值的效应;

$\varphi_{ci}$——第 i 个可变荷载的组合值系数,其值不应大于 1.0;

$n$——可变荷载的个数;

$\varphi$——简化设计表达式中采用的荷载组合值系数,一般情况下可取 $\varphi = 0.9$,当只有一个可变荷载时,取 $\varphi = 1.0$

采用式(4-7)和式(4-8)时,应根据结构可能同时承受的可变荷载进行荷载效应组合,并取其中最不利的组合进行设计。

此外,根据结构的使用条件,在必要时,还应验算结构的倾覆、滑移等。

式(4-5)中的 $\gamma_0 S$,在本书各章中用内力设计值($N$、$M$、$V$ 等)表示;对预应力混凝土结构,还应考虑预应力效应。

(二)正常使用极限状态设计表达式

按正常使用极限状态设计时,应验算结构构件的变形、抗裂度或裂缝宽度。由于结构构件达到或超过正常使用极限状态时的危害程度不如承载力不足引起结构破坏时大,故对其可靠度的要求可适当降低。因此,按正常使用极限状态设计时,对于荷载组合值,不需要乘以荷载分项系数,也不再考虑结构的重要性系数‰。同时,由于荷载短期作用和长期作用对于结构构件正常使用性能的影响不同,对于正常使用极限状态,应根据不同的设计目的,分别按荷载效应的标准组合和准永久组合,或标准组合并考虑长期作用影响,采用下列极限状态表达式:

$$S \leqslant C \tag{4-10}$$

式中:$C$——结构构件达到正常使用要求所规定的限值,例如变形、裂缝和应力等限值;

$S$——正常使用极限状态的荷载效应(变形、裂缝和应力等)组合值。

1. 荷载效应的组合

在计算正常使用极限状态的荷载效应组合值 S 时，需首先确定荷载效应的标准组合和准永久组合。荷载效应的标准组合和准永久组合应按下列规定计算：

(1)标准组合

$$S = S_{GK} + S_{Q1K} + \sum_{i=2}^{n} \varphi_{ci} S_{QiK} \tag{4-11}$$

(2)准永久组合

$$S = S_{GK} + \sum_{i=1}^{n} \varphi_{qi} S_{QiK} \tag{4-12}$$

式中：$S$——分别为荷载效应的标准组合和准永久组合；

$\varphi_{ci}$、$\varphi_{qi}$——分别为第 i 个可变荷载的组合值系数和准永久值系数。

必须指出，在荷载效应的准永久组合中，只包括了在整个使用期内出现时间很长的荷载效应值，即荷载效应的准永久值 $\varphi_{qi} S_{iK}$；而在荷载效应的标准组合中，既包括了在整个使用期间内出现时间很长的荷载效应值，也包括了在整个使用期内出现时间不长的荷载效应值。因此，荷载效应的标准组合值出现的时间是不长的。

2. 极限状态的验算内容

正常使用极限状态的验算内容有如下几项：变形验算和裂缝控制验算（抗裂验算和裂缝宽度验算）。

(1)变形验算

根据使用要求需控制变形的构件，应进行变形验算。对于受弯构件，按荷载效应的标准组合，考虑荷载的长期作用影响计算的最大挠度厂不应超过挠度限值 $f_{\lim}$。

$$f \leqslant f_{\lim} \tag{4-13}$$

(2)钢筋混凝土结构裂缝控制验算

结构构件设计时，应根据所处环境和使用要求，选用相应的裂缝控制等级，并按下列规定进行验算。裂缝控制等级分为三级，其要求分别如下：

一级。严格要求不出现裂缝的构件，按荷载效应标准组合计算时，构件受拉边缘混凝土不应产生拉应力，即构件受拉边缘混凝土的应力 $\sigma_{ctk}$ 应满足下列要求：

$$\sigma_{ctk} \leqslant 0 \tag{4-14}$$

二级。一般要求不出现裂缝的构件，按荷载效应标准组合计算时，构件受拉边缘混凝土拉应力不应大于混凝土轴心抗拉强度标准值，即构件受拉边缘混凝土的应力 $\sigma_{ctk}$ 应满足下列要求：

$$\sigma_{ctk} \leqslant f_{tk} \tag{4-15}$$

式中：$f_{tk}$——混凝土轴心抗拉强度标准值。

按荷载效应准永久组合计算时，构件受拉边缘混凝土不应产生拉应力，即构件受拉边缘混凝土的拉应力氏 k 应满足下列要求：

$$\sigma_{ctk} \leqslant 0 \tag{4-16}$$

当有可靠经验时可适当放宽要求。

三级。允许出现裂缝的构件，按荷载效应标准组合，并考虑长期作用影响计算时，构件的最大裂缝宽度 $\omega_{\max}$ 不应超过裂缝宽度限值 $\omega_{\lim}$。

$$\omega_{max} \leqslant \omega_{lim} \tag{4-17}$$

（三）材料强度和承载的取值

**1.材料强度指标的取值**

由上述极限状态设计表达式可知，材料的强度指标有两种：标准值和设计值。

在钢筋混凝土结构中，钢筋和混凝土的强度标准值系按标准试验方法测得的具有不小于95%的保证率的强度值，即：

$$f_k = f_m - 1.645\sigma = f_m(1 - 1.645\delta) \tag{4-18}$$

式中：$f_k$、$f_m$——分别为材料强度的标准值和平均值；

$\sigma$、$\delta$——分别为材料强度的均方差和变异系数。

钢筋和混凝土的强度设计值系由强度标准值除以相应的材料分项系数确定，即：

$$f_d = f_k/\gamma_d \tag{4-19}$$

式中：$f_d$——材料强度设计值；

$\gamma_d$——材料分项系数。

钢筋和混凝土的材料分项系数及其强度设计值主要是通过对可靠指标的分析及工程经验标准确定。

为了明确起见，式（4-19）可改写为：

$$f_s = f_{sk}/\gamma_s \tag{2-20a}$$

$$f_c = f_{ck}/\gamma_c \tag{2-20b}$$

式中：$f_s$、$f_c$——分别为钢筋强度设计值和混凝土强度设计值；

$f_{sk}$、$f_{ck}$——分别为钢筋强度标准值和混凝土强度标准值；

$\gamma_s$、$\gamma_c$——分别为钢筋材料分项系数和混凝土材料的分项系数。

**2.荷载代表值**

荷载都存在着变异性，如同样形状、材料的两块预制板，若称其重量，一般总会有差异；办公楼楼板上每平方米承受的活荷载更是会千差万别，有时可能为零（没有人员和设备），有时又可能相当大（如召开临时性的多人员会议）；风载与雪载也都是变化的。因此说荷载是随机变量。

结构设计时，为了适应不同极限状态下的设计要求，对永久荷载应采用标准值作为代表值；对可变荷载应根据设计要求采用标准值、组合值、频遇值或准永久值作为代表值。

（1）荷载标准值

荷载标准值指结构在使用期间，正常情况下可能出现的最大荷载统计分布的特征值（如均值、众值、中值或某个分位值）。荷载标准值是结构设计时采用的荷载基本代表值，荷载的其他代表值是以其为基础乘以适当的系数后得到的。

①永久荷载的标准值

永久荷载变异性不大，一般以平均值作为荷载的标准值，即可按结构设计规定的尺寸和材料的平均密度确定。对自重变异大的材料，在设计时应根据荷载对结构有利或不利，分别取其自重的下限值或上限值。

②可变荷载的标准值

可变荷载的标准值可根据数理统计方法确定，通常要求具有95%的保证率。表4-4、表4-5给出了有关楼面、屋面均布活荷载的标准值等。

表 4-4　民用建筑楼面均布活荷载标准值及其组合值、频遇值和准永久值系数

| 项次 | 类别 | | 标准值（KN/m²） | 组合值系数 $\varphi_c$ | 频遇值系数 $\varphi_f$ | 准永久值系数 $\varphi_q$ |
|---|---|---|---|---|---|---|
| 1 | 住宅、宿舍、旅馆、办公楼、医院、病房、托儿所、幼儿园 | | 2.0 | 0.7 | 0.5 | 0.4 |
| | 教室、实验室、阅览室、会议室、医院门诊室 | | | | 0.6 | 0.5 |
| 2 | 食堂、餐厅、一般资料档案室 | | 2.5 | 0.7 | 0.6 | 0.5 |
| 3 | 礼堂、剧场、影院、有固定座位的看台 | | 3.0 | 0.7 | 0.5 | 0.3 |
| | 公共洗衣房 | | 3.0 | 0.7 | 0.6 | 0.5 |
| 4 | 商店、展览厅、车站、巷口、机场大厅及其旅客等候室 | | 3.5 | 0.7 | 0.6 | 0.5 |
| | 无固定座位的看台 | | 3.5 | 0.7 | 0.5 | 0.3 |
| 5 | 健身房、演出舞台 | | 4.0 | 0.7 | 0.6 | 0.5 |
| | 舞厅 | | 4.0 | 0.7 | 0.6 | 0.3 |
| 6 | 书库、档案库、贮藏室 | | 5.0 | 0.9 | 0.9 | 0.8 |
| | 密集柜书库 | | 12.0 | | | |
| 7 | 通风机房、电梯机房 | | 7.0 | 0.9 | 0.9 | 0.8 |
| 8 | 汽车通道及停车库 | 单向板楼盖（板跨不小于 2m） | | | | |
| | | 客车 | 4.0 | 0.7 | 0.7 | 0.6 |
| | | 消防车 | 35.0 | 0.7 | 0.7 | 0.6 |
| | | 双向板楼盖和无梁楼盖（柱网尺寸不小于 6m×6m） | | | | |
| | | 客车 | 2.5 | 0.7 | 0.7 | 0.6 |
| | | 消防车 | 20.0 | 0.7 | 0.7 | 0.6 |
| 9 | 厨房 | 一般的 | 2.0 | 0.7 | 0.6 | 0.5 |
| | | 餐厅的 | 4.0 | 0.7 | 0.7 | 0.7 |
| 10 | 浴室、厕所、盥洗室 | 第 1 项中的民用建筑 | 2.0 | 0.7 | 0.5 | 0.4 |
| | | 其他民用建筑 | 2.5 | 0.7 | 0.6 | 0.5 |
| 11 | 走廊、门厅、楼梯 | 宿舍、旅馆、医院病房托儿所、幼儿园、住宅 | 2.0 | 0.7 | 0.5 | 0.4 |
| | | 办公楼、教室、餐厅，医院门诊部 | 2.5 | 0.7 | 0.6 | 0.5 |
| | | 消防疏散楼梯，其他民用建筑 | 3.5 | 0.7 | 0.5 | 0.3 |
| 12 | 阳台 | 一般情况 | 2.5 | 0.7 | 0.6 | 0.5 |
| | | 当人群有可能密集时 | 3.5 | | | |

　　注:本表所给各项活荷载适用于一般使用条件,当使用荷载较大或情况特殊时,应按实际情况采用。第 6 项书库活荷载当书架高度大于 2m 时,书库活荷载尚应按每米书架高度不小于 25kN/m² 确定。第 8 项中的客车活荷载只适用于停放载人少于 9 人的客车;消防车活荷载是适用于满载总重为 300kN 的大型车辆;当不符合本表的要求时,应将车轮的局部荷载按结构效应的等效原则,换算为等效均布荷载。第 11 项楼梯活荷载,对预制楼

梯踏步平板,尚应按1—5kN集中荷载验算。本表各项荷载不包括隔墙自重和二次装修荷载。对固定隔墙的自重应按恒荷载考虑,当隔墙位置可灵活自由布置时,非固定隔墙的自重应取每延米长墙重(kN/m)的1/3作为楼面活荷载的附加值(kN/m²)计入,附加值不小于1.0kN/m²。

**表 4-5  屋面均布活荷载**

| 项次 | 类别 | 标准值<br>(KN/m²) | 组合值系数<br>$\varphi_c$ | 频遇值系数<br>$\varphi_f$ | 准永久值系数<br>$\varphi_q$ |
|------|------|------|------|------|------|
| 1 | 不上人的屋面 | 0.5 | 0.7 | 0.5 | 0 |
| 2 | 上人的屋面 | 2.0 | 0.7 | 0.5 | 0.4 |
| 3 | 屋顶花园 | 30. | 0.7 | 0.5 | 0.5 |

注:不上人的屋面,当施工和维修荷载较大时,应按实际情况采用;对不同结构应按有关设计规范的规定,将标准值作0.2KN/m.的增减。上人的屋面,当兼作其他用途时,应按相应楼面活荷载采用。对于因屋面排水不畅、堵塞等引起的积水荷载,应采取构造措施加以防止;必要时,应按积水的可能深度确定屋面活荷载。屋顶花园活荷载不包括花圃土石等材料自重。

(2)可变荷载准永久值

对可变荷载,在设计基准期(或称预期使用年限)内,其达到和超过的总时间为设计基准期一半的荷载值称为可变荷载准永久值,可变荷载准永久值可写成:

$$Q_q = \varphi_q \cdot Q_K \tag{4-21}$$

式中:$Q_q$ ——可变荷载准永久值;

$Q_K$ ——可变荷载标准值;

$\varphi_q$ ——准永久值系数,按表4-4、表4-5采用。

(3)可变荷载频遇值

对可变荷载,在设计基准期内,其超越的总时间为规定的较小比率或超越频率为规定频率的荷载值称为可变荷载频遇值。其大小等于可变荷载标准值乘以频遇值系数 $\varphi_f$,按表4-4、表4-5采用。

(4)可变荷载组合值

当考虑两种或两种以上可变荷载在结构上同时作用时,由于所有荷载同时达到其单独出现的最大值的可能性极小,因此,除主导荷载仍以其标准值为代表值外,其他伴随荷载应取其标准值乘以小于1的荷载组合系数 $\varphi_c$(按规定采用),即取组合值。

# 第二节  建筑结构的竖向荷载与水平作用

## 一、建筑结构的竖向荷载

(一)竖向荷载

作用于建筑结构上的竖向荷载主要有:

(1)永久荷载即恒载,由结构构件和建筑构造层的自重产生的荷载。

(2)楼(屋)面活荷载,由楼(屋)面物体、人引起的荷载。楼面活荷载可分为民用建筑(如住宅、办公楼、医院等)楼面活荷载和工业建筑楼面活荷载。一般地,工业建筑楼面活荷载大于民用建筑楼面活荷载。屋面活荷载又可分为不上人的屋面活荷载、上人的屋面活荷载和屋顶花园活荷载等类型。（由于第一节中已经讲过，因此本节将不再论述）

（3）屋面积灰荷载，它是针对生产中有大量排灰的厂房及其邻近建筑的屋面荷载，如机械厂铸造车间、炼钢车间等的屋面积灰荷载。

（4）雪荷载，有雪的地区，屋面应考虑雪荷载。雪荷载应根据积雪深度和积雪密度进行确定，同时，由于建筑物所在地区的纬度、高程、降雪持续时间，屋面几何形状以及屋面倾斜度等多种因素的不同而有所不同。

此外，竖向荷载还有施工或检修集中荷载，有吊车厂房的吊车竖向荷载等。

上述竖向荷载中，除永久荷载为恒载外，其他均为可变荷载。

（二）竖向荷载的传递路线

建筑结构上的各种荷载在时间和空间上都是相互独立的，当它们密切相关并经常以其最大值出现时（一般指恒载和一种可变荷载），可将它们叠加起来考虑。

如图 4-2 所示，屋面活荷载、屋面及顶棚构造层自重恒载和屋面板自重恒载可以叠加在一起成为屋面板承受的均布面荷载（kN/m²）；屋面板施加于屋面梁的反力一般是直线形分布，它可以与屋面梁自身恒载叠加成为屋面梁承受的均布线荷载（kN/m）；屋面梁施加于桁架的反力一般呈集中力状态，它又与桁架自身恒载叠加起来成为桁架承受的桁架节点集中荷载（kN）；桁架施加于柱的反力呈集中力状态，它又与柱自身恒载叠加起来为柱承受的集中荷载（kN）；柱再将此集中荷载通过基础传给地基。

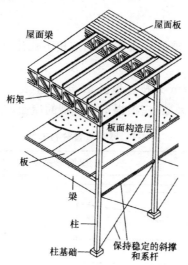

图 4-2　竖向荷载传递路线

对于楼面荷载，楼面活荷载、楼面及顶棚构造层自身恒载和楼板自身恒载可以叠加在一起成为楼板承受的均布面荷载（kN/m²）；楼板施加于楼面梁的反力一般呈直线分布，它又可以与梁自身恒载叠加成为楼面梁承受的均布线荷载（kN/m）；楼面梁施加于柱的反力呈集中力状态，它又与柱自重荷载叠加起来成为柱承受的集中荷载（kN）；同样，柱再将此集中荷载通过基础传给地基。

可见，一般建筑物中的竖向荷载传递路线为：

屋面荷载 → 屋面板 → 屋盖系统
楼面荷载 → 楼 板 → 梁 系 统
→ 柱 → 柱基础
→ 墙 → 墙基础
→ 地基

在竖向荷载的传递过程中，每个结构构件都承受着自己应该承受的荷载，有着在这些荷载作用下相应的内力效应（如构件截面上的弯矩 M、剪力 V、轴力 N）和变形效应（如构件受力后的挠度、侧移或裂缝开展情况），这些内力效应和变形效应是设计结构构件的基础。

（三）恒载

恒载标准值的计算，对结构构件或非承重结构构件的自重，可按结构构件的设计尺寸与材料单位体积（或单位面积）的自重计算确定。对于自重变异较大的材料和构件（如现场制作的保温材料、混凝土薄壁构件等），自重的标准值应根据对结构的不利状态，取上限值或下限值。

恒载标准值常用 $g_k$ 或 $G_k$ 表示，下标 k 代表标准值；而活荷载标准值常用 $g_k$ 或 $Q_k$ 表示。

常用材料和构件的自重，我国《建筑结构荷载规范》作了具体规定，如表 4-6 所示列出部分。

表 4-6　常用材料和构件自重

| 名称 | 自重(KN/m³) | 备注 | 名称 | 自重(KN/m³) | 备注 |
|---|---|---|---|---|---|
| 水泥砂浆 | 20 | | 普通砖 | 18 | 24011552 |
| 素混凝土 | 22～24 | 振捣或不振捣 | 灰砂砖 | 18 | 砂:石灰＝92:8 |
| 矿渣混凝土 | 20 | | 水泥炉渣 | 12～14 | |
| 铁屑混凝土 | 28～65 | | 石灰砂浆 | 17 | |
| 钢筋混凝土 | 24～25 | | 混合砂浆 | 17 | |

（四）雪荷载

屋面水平投影上的雪荷载标准值 $\leqslant a \leqslant S_K$，应按下式计算：

$$S_K = \mu_r S_0 \tag{4-22}$$

式中：$S_0$——基本雪压(kN/m²)，按各地区 50 年一遇（即重现期为 50 年）的雪压确定。

$\mu_r$——屋面积雪分布系数，应根据不同类别的屋面形式而确定，如表 4-7 所示。

表 4-7　屋面积雪分布系数

| 项次 | 类别 | 屋面形式及积雪分布系数 $\mu_r$ | | |
|---|---|---|---|---|
| 1 | 单跨单坡屋面 | 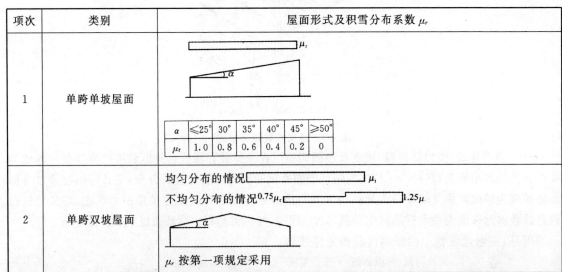 | | |

| $\alpha$ | ≤25° | 30° | 35° | 40° | 45° | ≥50° |
|---|---|---|---|---|---|---|
| $\mu_r$ | 1.0 | 0.8 | 0.6 | 0.4 | 0.2 | 0 |

注：第 2 项单跨双坡屋面仅当 20°≤$\alpha$≤30°时，可采用不均与系数。

雪荷载的组合值系数为 0.7；频遇值系数为 0.6；准永久值系数应按雪荷载分区的不同而确定。

对于雪荷载敏感的结构（如轻型屋盖，其雪荷载有时会远超过结构自身），为保证结构的可靠度，其基本重压应适当提高。在高低屋面交汇处、在屋面某些突出处、在折线形或曲线形屋面低谷处的积雪都会增厚，如图 4-3 所示，故在雪荷载计算中 $\mu_r$，值要大于 1。

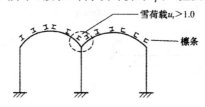

**图 4-3　屋面雪荷载**

由屋面积雪分布系数表可知，积雪有均匀分布和不均匀分布情况，故在设计建筑结构及屋面的承重构件时，应考虑积雪的分布情况。

## 二、建筑结构的水平作用

建筑结构不仅承受竖向荷载，还承受风荷载和水平地震作用产生的水平作用力，特别是高层建筑结构，水平作用力对其影响更明显。除了风、水平地震产生的水平作用力外，承受竖向荷载的斜向支承构件也会产生水平作用力。

### （一）风荷载

风荷载施加给建筑结构的是外部侧向力。当风作用在建筑物墙、屋面上时，会产生风压力或风吸力，空气流动时还会产生涡流，对建筑物局部产生较大的风压力或风吸力，如图 4-4(a)，迎风面为压力，侧风面及背风面为吸力，并且各表面上的风压分布是不均匀的，这与建筑物的体型和尺度等有关。为此，引入风载体型系数 $\mu_s$ 的概念，它即为建筑物表面受到的平均风压与大气中的基本风压 $\omega_0$ 的比值。风为压力，其风载体型系数为正（＋）；风为吸力，其风载体型系数为负（一），并且建筑物同一表面上某些部分风压力（或风吸力）较大，另一些部分较小，如图 4-4(b)。

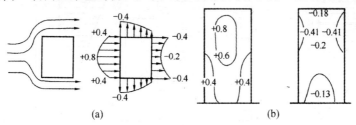

（a）空气流经建筑物时风压对建筑物的作用（平面）；
（b）迎风面风压分布系数（左），背风面风压分布系统（右）

**图 4-4　风压分布**

风压随高度而变化，风速在地面处为零，沿高度按曲线逐渐增大，直到距地面某高度处达到最大值（约 400～450m），上层风速受地面影响小，风速较稳定。风压随高度变化与地面的粗糙度（指地貌、树木、房屋等）有关，其实际上形成了地表摩擦层。由于地表摩擦层，使越接近地表的风速越小；同时，地面的粗糙度愈大，对气流的干扰也越厉害，所以不同的地面粗糙度，同一高度的风速、风压也不完全相同。为了反映风压随高度而变化的特征，引入了风压高度变化系数 $\mu_z$。

风对建筑物的作用是不规则的,风压随风速、风向的紊乱而不停地改变。通常将风作用的平均值看成平均风压,实际风压是在平均风压上下波动的(图 4-5),平均风压使建筑物产生一定的侧移.而波动风压使建筑物在该侧移附近左右振动。可见,风振是波动风压对结构所产生的动力现象。在波动风压作用下,也常会伴随着产生横风向振动,甚至还会出现扭转振动,但对建筑结构的影响主要是顺风向振动。

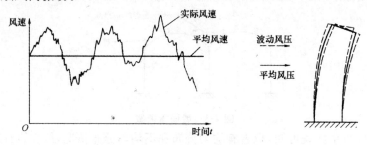

图 4-5 平均风压与波动风压

在波动风压作用下,结构的刚度越小,即结构基本自振周期 $T_1$ 越长,波动风压对结构的影响也越大。波动风压产生的动力效应还与建筑物的高度、高宽比、跨度等有关。研究表明,当高度大于 30m 且高宽比大于 1.5 的房屋建筑,基本自振周期 $T_1$ 大于 0.25s 的高耸结构,以及跨度在 36m 以上的屋盖结构,应考虑波动风压的动力效应。为此,引入了风振系数 $\beta_z$ 的概念。在设计时采用加大风荷载的方法,即在按规范求得的一般风荷载值基础上乘以一个大于 1 的风振系数 $\beta_z$。对于低层、多层建筑不考虑波动风压的动力效应,因此取风振系数位为 1.0。

可见,风荷载值与基本风压值 $w_0$、风荷载体型系数 $\omega_0$、风压高度变化系数 $\mu_s$,以及风振系数 $\beta_z$ 有关。

作用在建筑物上的风荷载沿高度呈阶梯形分布(图 4-6(a)),在结构分析中,通常按基底弯矩相等的原则,把阶梯形分布的风荷载换算成等效均布荷载(图 4-6(b));在结构方案设计时,估算风荷载对结构受力的影响时,可近似简化为沿高度呈三角形分布线荷载(图 4-6(c))。

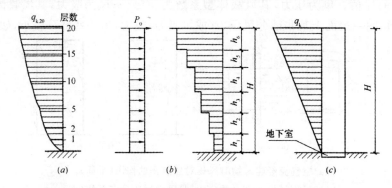

图 4-6 风荷载

(二)水平地震作用

地震是一种自然现象,地球每年平均发生 500 万次左右地震。地震可以划分为诱发地震和天然地震。前者指由于人类活动所引发的地震,如人工爆破引发的地震;后者又可分为构造地震和火山地震。其中,构造地震是地震工程的主要研究对象。由于地球由几大板块构成,由于板块的构造运动是构造地震产生的根本原因,即地球板块在运动过程中,板块之间的相互作用力会使

地壳中的岩层发生变形,当这种变形积聚到超过岩石所能承受的程度时,该处岩体就会发生突然断

### 1.地震的基本概念

如图 4-7 所示,震源是指地球内部断层错动并引起周围介质振动的部位。震源正上方的地面位置称为震中。地面某处距震中的水平距离称为震中距。地震时,地下岩体断裂、错动产生振动,并以波的形式从震源向外四周传播,即地震波。地震波导致地面和设置在地面上的所有建筑产生振动,通常称为地震动。建筑结构的地震破坏与地震动的峰值(最大幅值)、频谱和持续时间密切相关。在地震波中存在体波和面波,体波包括纵坡(其周期短、振幅小)和横波(其周期长、振幅大);面波的周期长,振幅大。

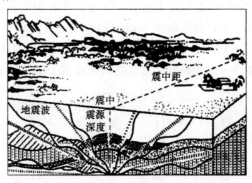

**图 4-7　震源**

地震震级是表示地震本身大小的一种度量,其数值是根据地震仪记录到的地震波图确定的。震级 $M$ 与震源释放能量 $E$(单位为 erg,称为尔格)之间的关系为 $\log E = 1.5M + 11.8$,$1\,\text{erg} = 1 \times 10^{-7}\,\text{J}$,此时的震级 $M$ 也称为里氏震级。大于 1.5 级的浅震,在震中附近的人有感受,$1\,\text{erg}$ 称为有感地震;5 级以上的地震会造成明显的不同程度的破坏,称为破坏性地震。

地震烈度,是指某一区域的地表和各类建筑物遭受某一次地震影响的平均强弱程度。一次地震,只有一个震级,但距震中的远近会出现多种不同的地震烈度。一般地,距震中近,地震烈度就高;距震中远,地震烈度也越低。震中区的烈度称为震中烈度。

基本烈度,是指一个地区在一定时期(如我国为 50 年)内在一般场地条件下按一定的概率(如我国取 10%)可能遭遇到的最大地震烈度。基本烈度是一个地区进行抗震设防的依据。

### 2.在地震作用下结构的基本现象

随着建筑物的振动,在建筑结构中就会产生一种作用力,这种作用力实质是建筑物各质点抵抗这种运动倾向而产生的惯性力。因此,地震引起的地面运动施加给建筑结构的是内部侧向力(一般忽略竖向的地震作用)。如图 4-8 所示,假定该建筑物是绝对刚性的,根据牛顿第二定律,侧向惯性力 $F$ 为建筑物质量与地面加速度 $a$ 的乘积:$F = \dfrac{a}{g} \times W$,式中,$g$ 为重力加速度,$W$ 为建筑物的重量。为了达到平衡,在该建筑物底部会产生一个剪力 $V$:$V = \dfrac{a}{g} \times W$,这也是该建筑结构必须承受的力。可见,地震运动中最为重要的因素是它所引起地面运动加速度的大小。

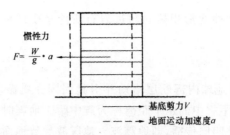

图 4-8　建筑物侧向惯性力

由于实际建筑结构是柔性的并非绝对刚性。在柔性结构中的地震作用大小不仅与地面运动加速度有关,还与结构自身的相对刚度及振动特性有关。如图 4-9 所示为一个简单结构,使其结构顶部有一位移并放松,该结构将自由振动起来。该结构具有固定振动周期 $T$ 和固有频率 $f(=1/T)$,由物理知识可知,其固有频率直接取决于该结构的质量及其立柱在水平力作用下的相对刚度。同时,该结构的振荡会随时间逐渐衰竭,这是因为结构中存在有阻尼机制,所有建筑结构都具有吸收能量的阻尼机制,正如图 4-9 中横梁和立柱之间铰接接头里的摩擦力就导致了阻尼的存在。

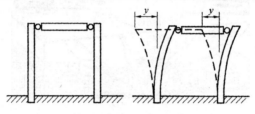

图 4-9　简单的建筑结构

对于图 4-9,假若该结构底部象地震时那样连续地来回移动,显然,该结构自身的质量(特别是横梁平面内的质量)就会因惯性而有着抗拒移动的倾向,导致该结构也会随地面运动而不断地连续振动。此时,该结构所发生的实际振动已不单纯是一种自由振动,而是一种在很大程度上受到地面运动特征影响的振动,特别是当地面运动的频率近似等于该结构自由振动时的固有频率时,会产生共振现象,此时地面和结构之间就会发生振幅大于地面移动幅度,即结构的振幅被放大。因此,为防止建筑物发生共振,在选择建筑物的质量和刚度时,应使建筑物固有振动周期远离其所在场地振动的周期。

3. 高层建筑物地震作用的特点

高层建筑比低层建筑柔软,属柔性结构,其基本自振周期 $T_1$,相对较长[如高层剪力墙结构,$T_i=(0.05\sim0.06)n$,20 层时,其 $T_1=1\sim1.2s$],在地震作用下的加速度反应比低层建筑小得多,但当高层建筑的基本自振周期接近地面振动周期时,其所承受的地震作用就会很大。一般地,最强的地震波往往发生在最初几秒钟,随后的时间里,长周期波的振动周期可能开始接近高层建筑的基本自振周期,此时地震的影响就会很严重。

地震观测表明,不同性质的场地土对地震波中各种频率成分的吸收和过滤效果不同。地震波在传播过程中,高频成分易被吸收,特别是在软土中更是如此。因此,在震中附近或在岩石等坚硬地层中,地震波短周期成分丰富,其周期可在 $0.1\sim0.3s$ 左右。在距震中很远的地方,或者冲积土层很厚、土层又较弱时,由于短周期成分被吸收而导致长周期成分为主,特征周期可能在 $1\sim2s$ 之间,这对具有较长周期的柔性高层建筑十分不利。

柔性高层建筑对水平地震作用的结构反应要采用能代表结构性能的力学模型——一个由弹

簧和阻尼相互连接在一起的质量群,如图 4-10(a)所示,模型化为在每层楼板处有一个集中质量的竖向杆,典型的集中质量包括本层楼盖系统承受的重力荷载,附属于本层的上下各半层墙体、竖柱的重力荷载。当该集中质量多自由系统受到地面激振时,可能产生许多不同形式的运动,每种运动都有不同的振型[指反映体系自由振动形状的向量,用图形表示则称为振型图,如图 4-10(b)。这种结构体系就会有许多个自由度(或变形形式),其中每一种变形形式对应一个固有周期。研究表明,建筑结构的基本自振周期(也称为第一自振周期)对柔性高层建筑的地震反应产生的影响最大,对刚性结构的地震反应起到决定作用。

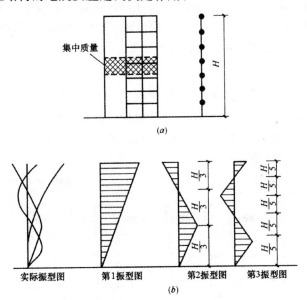

图 4-10 柔性高层建筑某一质量群受地震作用

4.建筑物的体型、平面布置与地震作用之间的关系

对于一个规则的矩形建筑物,即每层的质量和高度大致相等,在竖向和水平向上的几何形状、质量和刚度没有不规则的变化,由地面水平地震运动引起的侧向力可采用为三角形分布的等效地震作用,如图 4-11(a),而其他建筑体型由地震作用引起的等效地震作用分布,如图 4-11(b)、图 4-11(c)。

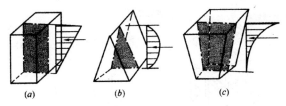

图 4-11 地震作用分布

建筑物的平面布置和竖向质量的分布所体现出的建筑形状和质量,决定了侧向地震作用的合力作用点;结构的抗侧力结构分体系的形状及其在建筑物内的布置,决定了地震作用的类型。若建筑物的质量中心同结构抗力中心不重合,就会使建筑物产生扭转(图 4-12)。

综上所述,施加于建筑结构上的水平地震作用,其大小取决于以下两个方面:

第一,地面运动的强度和特征,即震源、震中距及其向建筑物的传递、场地条件。

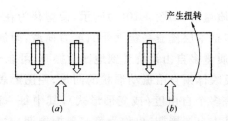

图 4-12　建筑物质量分布

第二,建筑物的动力特征,即振型、自振周期和阻尼,它们与建筑物的质量和刚度有关,通常质量大、刚度大、周期短的建筑,其惯性力较大;刚度小,周期长的建筑,其位移较大。

地震作用的计算方法有反应谱法、时程分析法等。

(三)水平作用的传递路线

现以高层建筑作为分析对象,水平作用(风荷载、水平地震作用)施加于高层建筑时,可将高层建筑视为一个从其自身地基上升起的竖向悬臂构件。在水平作用下,建筑物可能发生倾覆或滑移,其支承体系(如柱或墙)的某些部位被压屈、压碎或拉断,整体被水平剪断,侧向位移(弯曲侧移量、剪切侧移量)过大等(图 4-13)。

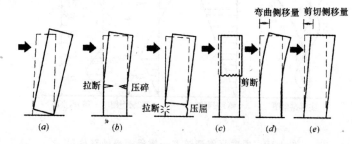

(a)倾覆;(b)拉伸或压缩破坏;(c)剪切破坏;(d)弯曲破坏;(e)剪切变形

图 4-13　水平作用的破坏方式

因此,该竖向悬臂式建筑物必须有一个既能抗弯,又能抗剪切,并能使其基础和地基承受上部传来各种作用力的结构体系。同时,由于风荷载和水平地震作用对于高层建筑物都是动荷载,使得建筑结构抗弯曲和抗剪切都处于运动状态。

水平作用力(也称为水平侧向力)传递给基础与地基的路线(图 4-14):

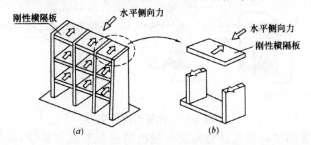

图 4-14　剪力墙结构传递水平作用力

(1)水平分体系中的楼盖(或屋盖)将水平侧向力传递给竖向抗侧力分体系(如剪力墙、交叉支撑、刚节点框架)。

(2)竖向抗侧力分体系将分配到的侧向力向下传给基础和地基。

显然,楼盖、屋盖在水平侧向力传递过程中起关键作用,一般将楼(屋)盖视为刚性水平横隔板,如同一根水平超薄深梁构件。刚性横隔板的作用在于将内部无侧向承载能力的竖向面所承受的水平作用力传递给能承受侧向作用的剪切面上去(图 4-14(b))。此外,在水平分体系与竖向抗侧力分体系之间应设有抗剪连接件,用于传递侧向力。

水平侧向力一旦分布到竖向抗侧力分体系的平面上,这些结构就如同竖向悬臂构件那样抵抗外力,并将其传递至基础与地基。图 4-15 中各类二维或三维结构体系表明了不同的由实体墙或框架组成的悬臂构件是怎样抵抗水平侧向力在建筑物底部产生的倾覆力矩的。

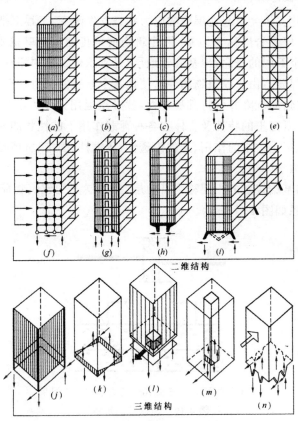

图 4-15　各类结构体系抗倾覆状况

如图 4-15(b)、图 4-15(d)、图 4-15(e),结构内部抵抗弯矩是直接通过拉杆、压杆产生力偶有效地抵抗倾覆力矩。同样,根据图 4-15(k)、图 4-15(n)三维结构体系,筒体结构体系的外柱对所有水平侧向力产生的倾覆力矩提供抵抗弯矩,其内柱设计成只承受竖向重力荷载。

此外,高宽比对建筑物抗倾覆会产生较大的影响。如图 4-16,在相同的结构体系下,图 4-16(a)高宽比大,其内部抗倾覆能力相对较弱,故其可能发生倾覆。

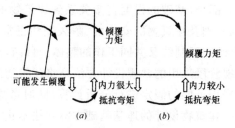

图 4-16　建筑物的抗倾覆能力

# 第三节　建筑结构的地基与基础

## 一、总论

### （一）地基与基础的概念及内涵

建筑物建造在地层上，将会引起地层中的应力状态发生改变，工程上把因承受建筑物荷载而应力状态发生改变的土层或岩层称为地基.把建筑物荷载传递给地基的那部分结构称为基础。因此，地基与基础是两个不同的概念，地基属于地层，是支承建筑物的那一部分地层；基础则属于结构物，是建筑物的一部分。由于建筑物的建造使地基中原有的应力状态发生变化，因此土层发生变形。为了控制建筑物的沉降并保持其稳定性，就必须运用力学方法来研究荷载作用下地基土的变形和强度问题。研究土的特性及土体在各种荷载作用下的性状的一门力学分支称为土力学。土力学主要内容包括土中水的作用、土的渗透性、压缩性、固结、抗剪强度、土压力、地基承载力、土坡稳定等土体的力学问题。

在地基中把直接与基础接触的土层称为持力层，持力层下受建筑物荷载影响范围内的土层称为下卧层，其相互关系如图 4-17 所示。

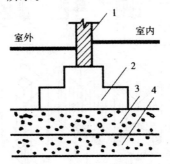

1—上部结构；2—基础；3—持力层；4—下卧层

**图 4-17　地基基础示意**

基础的结构形式很多，按埋置深度和施工方法的不同，可分为浅基础和深基础两大类。通常把埋置深度不大（一般不超过 5 m），只需经过挖槽、排水等普通施工程序，采用一般施工方法和施工机械就可施工的基础称为浅基础，如条形基础、独立基础、筏形基础等；而把基础埋置深度超过一定值。需借助特殊施工方法施工的基础称为深基础，如桩基础、地下连续墙、沉井基础等；如果土质不良，需要经过人工加固处理才能达到使用要求的地基称为人工地基；不加处理就可以满足使用要求的地基称为天然地基。

基础是建筑物的一个组成部分，基础的强度直接关系到建筑物的安全与使用。而地基的强度、变形和稳定更直接影响到基础及建筑物的安全性、耐久性和正常使用。建筑物的上部结构、基础、地基三部分构成了一个既相互制约又共同工作的整体。目前，要把三部分完全统一起来进行设计计算还有一定困难。现阶段采用的常规设计方法是将建筑物的上部结构、基础、地基三部分分开，按照静力平衡原则，采用不同的假定进行分析计算，同时考虑建筑物的上部结构、基础、地基相互共同作用。满足同一建筑物设计的地基基础方案往往不止一个，应通过技术经济比较，选取安全可靠、经济合理、技术先进、施工简便又能保护环境的方案。

（二）地基与基础在建筑工程中的地位及作用

地基和基础是建筑物的根本，又位于地面以下，属地下隐蔽工程。它的勘察、设计及施工质量的好坏，直接影响建筑物的安全，一旦发生质量事故，补救和处理都很困难，甚至不可挽救。此外，花费在地基和基础上的工程造价与工期在建筑物总造价和总工期中所占的比例，视其复杂程度和设计、施工的合理与否，可以在百分之几到百分之几十之间变动，造价高的约占总造价的1/3，相应工期约占总工期的1/4。在中外建筑史上，有举不胜举的地基基础事故的例子，下面列举几个典型的例子。

1. 建筑物倾斜

苏州虎丘塔为全国重点文物保护单位，该塔建于公元961年，共7层，高47.5m，塔平面呈现八角形，由外壁、回廊和塔心三部分组成，主体结构为砖木结构，采用黄泥砌砖，浅理式独立砖墩基础，坐落在人工夯实的土夹石覆盖层上，覆盖层南薄北厚，变化范围为0.9～3.6m，基岩弱风化。土夹石覆盖层压实后引起不均匀沉降，因此造成塔身倾斜，据实测，塔顶偏离中心线2.34m。由于过大的沉降差（根据塔顶偏离计算的不均匀沉降量应为66.9cm）引起塔楼从底层到第2层产生了宽达17cm的竖向劈裂，北侧壶门拱顶两侧裂缝发展到了第3层。砖墩压酥、碎裂、崩落，堪称危如累卵。经过精心治理，将危塔加固，才使古塔得以保存。

2. 建筑物地基下沉

上海锦江饭店北楼（原名华懋公寓），建于1929年，共14层，高57m，是当时上海最高的一幢建筑。基础坐落在软土地基上，采用桩基础，由于工程承包商偷工减料，未按设计桩数施工，造成了大幅度沉降，建筑物的绝对沉降达2.6m，致使原底层陷入地下，成了半地下室，严重影响使用。

3. 建筑物地基滑动

加拿大特朗斯康谷仓，平面呈矩形，南北向长59.44m，东西向宽2.47m，高31.00m，容积36368m³。谷仓为圆筒仓，每排13个，5排共计65个。谷仓基础为钢筋混凝土筏形基础，厚度61cm，埋深3.66m。谷仓于1941年动工，1943年秋完工。谷仓自重20000t，相当于装满谷物后满载总重量的42.5%。1943年9月装谷物，10月17日当谷仓已装了32822m³谷物时，发现1h内竖向沉降达30.5cm。结构物向西倾斜，并在24h内谷仓倾倒，仓身倾斜26°53′，谷仓西端下沉7.32m，东端上抬1.52m，上部钢筋混凝土筒仓坚如磐石。建谷仓前未对谷仓地基进行调查研究，而是据邻近结构物基槽开挖试验结果，计算地基承载力为352kPa，应用到此谷仓。1952年经勘察试验与计算，谷仓地基实际承载力为193.8～276.6kPa，远小于谷仓破坏时发生的压力（329.4kPa），因此，谷仓地基因超载发生强度破坏而滑动 n

4. 建筑物墙体开裂

天津市人民会堂办公楼东西向长约27.0m，南北向宽约5.0m，高约5.6m，为两层楼房，工程建成后使用正常。1984年7月在办公楼西侧新建天津市科学会堂学术楼。此学术楼东西向长约34.0m，南北宽约18.0m，高约22.0m。两楼外墙净距仅30cm。当年年底，人民会堂办公楼西侧北墙发现裂缝，此后，裂缝不断加长、展宽。最大的一条裂缝位于办公楼西北角，上下墙体于1986年7月已断开错位150mm，在地面以上高2.3m处，开裂宽度超过100mm。这条裂缝朝东向下斜向延伸至地面，长度超过6m。这是相邻荷载影响导致事故的典型例子，新建学术楼的附加应力扩散至人民会堂办公楼西侧软弱地基，引起严重沉降，造成墙体开裂。

**5.建筑物地基溶蚀**

徐州市区东部新生街居民密集区,于1992年4月12日发生一次大塌陷。最大的塌陷长25m、宽19m,最小的塌陷直径3m,共7处塌陷,深度普遍为4m左右。整个塌陷范围长210m,宽140m。位于塌陷内的78间房屋全部陷落倒塌。塌陷周围的房屋墙体开裂达数百问。塌陷区地基为黄河泛滥沉积的粉砂与粉土,厚达2m。其底部为古生代奥陶系灰岩,中间缺失老黏土隔水层,灰岩中存在大量深洞与裂隙。徐州市过量开采地下水导致水位下降,对灰岩的覆盖层粉土与粉砂形成潜蚀与空洞,并不断扩大。在下大雨后雨水渗入地下,导致大型空洞上方土体失去支承而塌陷。

**6.土坡滑动**

香港宝城大厦建在香港山坡上,1972年5到6月出现连续大暴雨,特别是6月份雨量高达1658.6mm,引起山坡因残积土软化而滑动。1972年7月18日早晨7点钟,山坡下滑,冲毁宝城大厦,居住在该大厦的120位银行界人士当场死亡,这一事故引起全世界的震惊,从而对岩土工程倍加重视。

从以上工程实例可见,基础工程属百年大计,必须慎重对待。只有详细掌握勘察资料,深入了解地基情况,精心设计、精心施工,抓好每一个环节,才能使基础工程做到既经济合理又保证质量。

**(三)地基与基础的设计要求**

要保证建筑物的质量,首先必须保证有可靠的地基与基础,否则整个建筑物就可能遭到损坏或影响正常使用。例如:地基的不均匀沉降,可导致上部结构产生裂缝或建筑物发生倾斜;如果地基设置不当,地基承载力不够,还有可能使整个结构物倒塌。而已建成的建筑物一旦由于地基基础方面的原因而出现事故,往往很难进行加固处理。此外,地基与基础部分的造价在建筑物总造价中往往也占很大比重。所以不管从保证建筑物质量方面,还是从建筑物的经济合理性方面考虑,地基和基础的设计和施工都是建筑物设计和施工中十分重要的组成部分。为了使全国各地都有一个统一的设计依据和标准,各基本建设部门都有一定的设计规范,这些规范是根据我国的现有生产技术水平、实际经验和科学研究成果,结合各专业的特殊要求编制出来的。地基和基础设计应符合以下几个要求。

(1)保证地基有足够的强度,也就是说地基在建筑物等外荷载作用下,不允许出现过大的、有可能危及建筑物安全的塑性变形或丧失稳定性的现象。

(2)保证地基的压缩变形在允许范围以内,以保证建筑物的正常使用。地基变形的允许值决定于上部结构的结构类型、尺寸和使用要求等因素。

(3)防止地基土从基础底面被水流冲刷掉。

(4)防止地基土发生冻胀。当基础底面以下的地基土发生严重冻胀时,对建筑物往往是十分有害的。冻胀时地基虽有很大的承载力,但其所产生的冻胀力有可能将基础向上抬起,而冻土一旦融化,土体中含水量很大,地基承载力突然大幅降低,地基有可能发生较大沉降,甚至发生剪切破坏。所以对寒冷地区,这一点必须予以考虑。

(5)保证基础有足够的强度和耐久性。基础的强度和耐久性与砌筑基础的材料有关,只要施工能保证质量,一般比较容易得到保证。

(6)保证基础有足够的稳定性。基础稳定性包括防止倾覆和防止滑动两方面,这个问题与荷载作用情况、基础尺寸和埋置深度及地基土的性质均有关系。此外,整个建筑物还必须处于稳定的地层上,否则上述要求虽然都得到满足,也可能导致整个建筑物出现事故。

## 二、基础的类型分析

基础一般可分为两类:浅基础和深基础。开挖基坑后可以直接修筑基础的地基,称为天然地基。而那些不能满足要求而需要事先进行人工处理的地基,称为人工地基。

浅基础根据结构形式可分为扩展基础、联合基础、柱下条形基础、柱下交叉条形基础、筏形基础、箱形基础和壳体基础等。根据基础所用材料的性能可分为无筋基础(刚性基础)和钢筋混凝土基础。深基础主要有桩基础和沉井基础。

### (一)扩展基础

墙下条形基础和柱下独立基础(单独基础)统称为扩展基础。扩展基础的作用是把墙或柱的荷载侧向扩展到土中,使之满足地基承载力和变形的要求。扩展基础包括无筋扩展基础和钢筋混凝土扩展基础。

#### 1.无筋扩展基础

无筋扩展基础是指由砖、毛石、混凝土或毛石混凝土、灰土和三合土等材料组成的无需配置钢筋的墙下条形基础及柱下独立基础(图 4-18)。无筋基础的材料都具有较好的抗压性能,但抗拉、抗剪强度都不高,为了使基础内产生的拉应力和剪应力不超过相应的材料强度设计值,设计时需要加大基础的高度。因此,这种基础几乎不发生挠曲变形,故习惯上把无筋基础称为刚性基础。无筋扩展基础适用于多层民用建筑和轻型厂房。

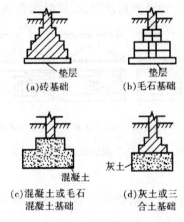

(a)砖基础　(b)毛石基础

(c)混凝土或毛石
混凝土基础

(d)灰土或三
合土基础

**图 4-18　无筋扩展基础**

采用砖或毛石砌筑无筋基础时,在地下水位以上可用混合砂浆,在水下或地基土潮湿时则应用水泥砂浆。当荷载较大,或要减小基础高度时,可采用混凝土基础,也可以在混凝土中掺入体积占 25%～30% 的毛石(石块尺寸不宜超过 300mm),即做成毛石混凝土基础,以节约水泥。灰土基础宜在比较干燥的土层中使用,多用于我国华北和西北地区。灰土由石灰和土配制而成,石灰以块状为宜,经熟化 1～2 天后过 5mm 筛立即使用:土料用塑性指数较低的粉土和黏性土,土料团粒应过筛,粒径不得大于 15mm。石灰和土料按体积比 3:7 或 2:8 拌和均匀,在基槽内分层夯实(每层虚铺 220～250mm,夯实至 150mm)。在我国南方则常用三合土基础。三合土是由石灰、砂和骨料(矿渣、碎砖或碎石)加水泥混合而成的。

### 2.钢筋混凝土扩展基础

钢筋混凝土扩展基础常简称为扩展基础,是指墙下钢筋混凝土条形基础和柱下钢筋混凝土独立基础。这类基础的抗弯和抗剪性能良好,可在竖向荷载较大、地基承载力不高以及承受水平力和力矩荷载等情况下使用。与无筋基础相比,其基础高度较小,因此更适宜在基础埋置深度较小时使用。

(1)墙下钢筋混凝土条形基础

墙下钢筋混凝土条形基础的构造如图 4-19 所示。一般情况下可采用无肋的墙基础.如地基不均匀,为了增强基础的整体性和抗弯能力,可以采用有肋的墙基础,见图 4-19(b),肋部配置足够的纵向钢筋和箍筋,以承受由不均匀沉降引起的弯曲应力。

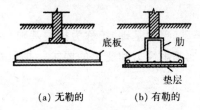

(a) 无肋的　　　　(b) 有肋的

**图 4-19　墙下钢筋混凝土条形基础**

(2)柱下钢筋混凝土独立基础

柱下钢筋混凝土独立基础的构造如图 4-20 所示。现浇注的独立基础可做成锥形或阶梯形,预制柱则采用杯口基础。杯口基础常用于装配式单层工业厂房。砖基础、毛石基础和钢筋混凝土基础在施工前常在基坑底面敷设强度等级为 C10 的混凝土垫层,其厚度一般为 100mm。垫层的作用在于保护坑底土体不被人为扰动和雨水浸泡.同时改善基础的施工条件。

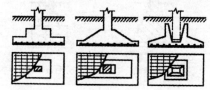

(a) 阶梯形基础　　(b) 锥形基础　(c) 杯口基础

**图 4-20　柱下钢筋混凝土独立基础**

(二)联合基础

联合基础主要指同列相邻二柱公共的钢筋混凝土基础,即双柱联合基础(图 4-21),但其设计原则,可供其他形式的联合基础参考。

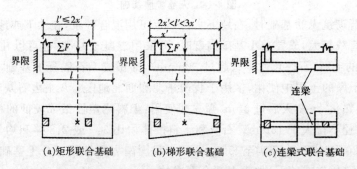

(a)矩形联合基础　　(b)梯形联合基础　　(c)连梁式联合基础

**图 4-21　典型的双柱联合基础**

在为相邻二柱分别配置独立基础时,常因其中一柱靠近建筑界线,或因二柱间距较小,而出现基底面积不足或荷载偏心过大等情况,此时可考虑采用联合基础。联合基础也可用于调整相邻两柱的沉降差,或防止两者之间的相向倾斜等。

（三）柱下条形基础

当地基较为软弱、柱荷载或地基压缩性分布不均匀,以致采用扩展基础可能产生较大的不均匀沉降时,常将同一方向（或同一轴线）上若干柱子的基础连成一体而形成柱下条形基础（图4-22）。这种基础的抗弯刚度较大,因而具有调整不均匀沉降的能力,并能将所承受的集中柱荷载较均匀地分布到整个基底面积上。柱下条形基础是常用于软弱地基上框架或排架结构的一种基础形式。

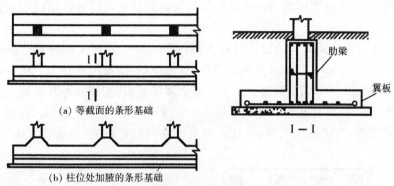

(a) 等截面的条形基础

(b) 柱位处加腋的条形基础

图 4-22　柱下条形基础

（四）柱下交叉条形基础

如果地基软弱且在两个方向分布不均,需要基础在两方向都具有一定的刚度来调整不均匀沉降,则可在柱网下沿纵横两向分别设置钢筋混凝土条形基础,从而形成柱下交叉条形基础（图4-23）。

如果单向条形基础的底面积已能满足地基承载力的要求,则为了减少基础之间的沉降差,可在另一方向加设连梁,组成如图4-24所示的连梁式交叉条形基础。为了使基础受力明确,连梁不宜着地。这样,交叉条形基础的设计就可按单向条形基础来考虑。连梁的配置通常是带经验性的,但需要有一定的承载力和刚度,否则作用不大。

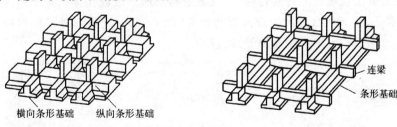

横向条形基础　　纵向条形基础

图 4-23　柱下交叉条形基础

图 4-24　连梁式交叉条形基础

（五）筏形基础

当柱下交叉条形基础底面积占建筑物平面面积的比例较大,或者建筑物在使用上有要求时,可以在建筑物的柱、墙下方做成一块满堂的基础,即筏形（片筏）基础。筏形基础由于其底面积大,故可减小基底压力,同时也可提高地基土的承载力,并能更有效地增强基础的整体性,调整不均匀沉降。此外,筏形基础还具有前述各类基础所不完全具备的良好功能,例如:能跨越地下浅层小洞穴和局部软弱层;提供比较宽敞的地下使用空间;作为地下室、水池、油库等的防渗底板;增强建筑物的整体抗震性能;满足自动化程度较高的工艺设备对不允许有差异沉降的要求以及工艺连续作业和设备重新布置的要求,等等。

但是,当地基有显著的软硬不均情况,例如地基中岩石与软土同时出现时,应首先对地基进行处理,单纯依靠筏形基础来解决这类问题是不经济的,甚至是不可行的。筏形基础的板面与板底均配置受力钢筋,因此经济指标较高。

按所支承的上部结构类型可分为用于砌体承重结构的墙下筏形基础和用于框架、剪力墙结构的柱下筏形基础。前者是一块厚度约 200~300mm 的钢筋混凝土平板,埋深较浅,适用于具有硬壳持力层(包括人工处理形成的)、比较均匀的软弱地基上六层及六层以下承重横墙较密的民用建筑。

柱下筏形基础分为平板式和梁板式两种类型(图 4-25)。平板式筏板基础的厚度不应小于400mm,一般为 0.5~2.5m。其特点是施工方便、建造快,但混凝土用量大。建于新加坡的杜那士大厦是高 96.62m、29 层的钢筋混凝土框架—剪力墙体系,其基础即为厚 2.44m 的平板式筏形基础。当柱荷载较大时,可将柱位下部板厚局部加大或设柱墩,见图 4-25(a),以防止基础发生冲切破坏。若柱距较大,为了减小板厚,可在柱轴两个方向设置肋梁,形成梁板式筏形基础,见图4-25(b)。

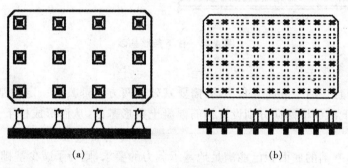

(a)                                      (b)

**图 4-25　连梁式交叉条形基础**

(六)壳体基础

为了发挥混凝土抗压性能好的特性,可以将基础的形式做成壳体。常见的壳体基础形式有三种,即正圆锥壳、M 形组合壳和内球外锥组合壳(图 4-26)。壳体基础可用作柱基础和筒形构筑物(如烟囱、水塔、料仓、中小型高炉等)的基础。

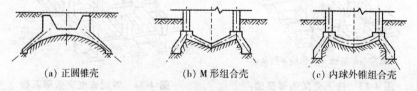

(a) 正圆锥壳　　　　　(b) M 形组合壳　　　　　(c) 内球外锥组合壳

**图 4-26　壳体基础的结构形式**

壳体基础的优点是材料省、造价低。根据统计,中小型筒形构筑物的壳体基础,可比一般梁、板式的钢筋混凝土基础少用混凝土 30%~50%,节约钢筋 30% 以上。此外,一般情况下施工时不必支模,土方挖运量也较少。不过,由于较难实行机械化施工,因此施工工期长。同时施工工作量大,技术要求高。

（七）箱形基础

箱形基础是由钢筋混凝土的底板、顶板、外墙和内隔墙组成的有一定高度的整体空间结构（图4-27）,适用于软弱地基上的高层、重型或对不均匀沉降有严格要求的建筑。与筏形基础相比,箱形基础具有更大的抗弯刚度,只能产生大致均匀的沉降或整体倾斜,从而基本上消除了因地基变形而使建筑物开裂的可能性。箱基埋深较大,基础中空,从而使开挖卸去的土重部分抵偿了上部结构传来的荷载（补偿效应）,因此,与一般实体基础相比,它能显著减小基底压力、降低基础沉降量。此外,箱基的抗震性能较好。高层建筑的箱基往往与地下室结合考虑,其地下空间可作人防、设备间、库房、商店以及污水处理等。冷藏库和高温炉体下的箱基有隔断热传导的作用,以防地基土产生冻胀或干缩。但由于内墙分隔,箱基地下室的用途不如筏基地下室广泛,例如不能用作地下停车场等。

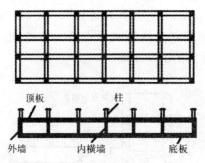

**图4-27 箱形基础**

箱基的钢筋水泥用量很大,工期长、造价高、施工技术比较复杂,在进行深基坑开挖时.还需考虑降低地下水位、坑壁支护及对周边环境的影响等问题。因此,箱基的采用与否,应在与其他可能的地基基础方案做技术经济比较之后再确定。

（八）桩基础

一般建筑物应充分利用天然地基或人工地基的承载能力,尽量采用浅基础。但遇软弱土层较厚,建筑物对地基的变形和稳定要求较高,或由于技术、经济等各种原因不宜采用浅基础时,就得采用桩基础。桩是一种埋入土中,截面尺寸比其长度小得多的细长构件,桩群的上部与承台连接而组成桩基础,通过桩基础把竖向荷载传递到地层深处坚实的土层上去,或把地震力等水平荷载传到承台和桩前方的土体中。房屋建筑工程的桩基础通常为低承台桩,如图4-28所示,其承台底面一般位于土面以下。

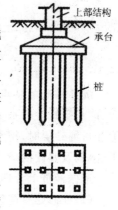

**图4-28 低桩承台**

从工程观点出发,桩可以用不同的方法分类。就其材料而言,有木桩、钢筋混凝土桩和钢桩。由于木材在地下水位变动部位容易腐烂,且其长度和直径受限制,承载力不高,目前已很少使用。近代主要制桩材料是混凝土和钢材,这里仅按桩的承载性状、施工方法及挤土效应进行分类。

随着高层和高耸建（构）筑物如雨后春笋般地涌现,桩的用量、类型、桩长、桩径等均以极快的速度向纵深方面发展。桩的最大深度在我国已达104m,最大直径已达6000mm。这样大的深度与直径并非设计者的标新立异,而是上部结构与地质条件结合情况下势在必行的客观要求。建（构）筑物越高,则采用桩（墩）的可能性就越大。因为每增高一层,就相当于在地基上增加12～

14kPa的荷载,数十层的高楼所要求的承载力高的土层往往埋藏很深,因而常常要用桩将荷载传递到深部土层去。

(九)沉井基础

沉井基础是一种历史悠久的基础形式,适用于地基浅层较差而深部较好的地层,既可以用作陆地基础,也可用作较深的水中基础。所谓沉井基础,就是用一个事先筑好的以后能充当桥梁墩台或结构物基础的井筒状结构物,一边井内挖土,一边靠它的自重克服井壁摩擦阻力后不断下沉到设计标高,经过混凝土封底并填塞井孔,浇筑沉井顶盖,沉井基础便告完成。然后即可在其上修建墩身,沉井基础的施工步骤如图4-29所示。

沉井是桥梁工程中较常采用的一种基础形式。南京长江大桥正桥1号墩基基础就是钢筋混凝土沉井基础。它是从长江北岸算起的第一个桥墩。那里水很浅,但地质钻探结果表明在地面以下100m以内尚未发现岩面,地面以下50m处有较厚的砾石层,所以采用了尺寸为20.2m×24.9m的长方形的井底沉井。沉井在土层中下沉了53.5m,在当时来说,是一项非常艰巨的工程,而1999年建成通车的江阴长江大桥的北桥塔侧的锚链,也是个沉井基础,尺寸为69m×51m,是目前世界上平面尺寸最大的沉井基础。

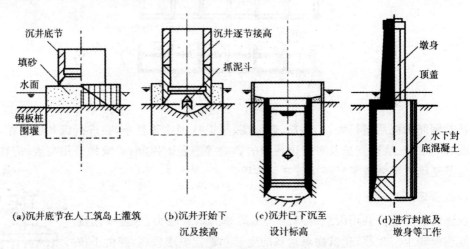

**图4-29 沉井基础施工步骤**

沉井基础的特点是其入土深度可以很大,且刚度大、整体性强、稳定性强,有较大的承载面积,能承受较大的垂直力、水平力及挠曲力矩,施工工艺也不复杂。缺点是施工周期较长,如遇到饱和粉细砂层时,排水开挖会出现翻浆现象,往往会造成沉井歪斜;下沉过程中,如遇到孤石、树干、溶洞及坚硬的障碍物及井底岩层表面倾斜过大时,施工有一定的困难,需做特殊处理。

遵循经济上合理、施工上可能的原则,通常在下列情况下,可优先考虑采用沉井基础。

(1)在修建负荷较大的建筑物时,其基础要坐落在坚固、有足够承载能力的土层上,且当这类土层距地表面较深(8~30m),天然基础和桩基础都受水文地质条件限制时。

(2)山区河流中浅层地基土虽然较好,但冲刷大,或河中有较大卵石不便桩基施工时。

(3)倾斜不大的岩面,在掌握岩面高差变化的情况下,可通过高低刃脚与岩面倾斜相适应或岸面平坦且覆盖薄,但河水较深,采用扩大基础施工围堰有困难时。

沉井有着广泛的工程应用范围,不仅大量用于铁路及公路桥梁中的基础工程,市政工程中给、排水泵房;地下电厂,矿用竖井,地下储水、储油设施中也广泛应用,而且在建筑工程中还用于基础或开挖防护工程,尤其适用于软土中地下建筑物的基础。

### 三、我国不同地区土质的地基土特点

由于土的原始沉积条件、地理环境、沉积历史、物质成分及其组成的不同,某些区域所形成的土具有明显的特殊性质。例如云南、广西的部分区域有膨胀土、红黏土,西北和华北的部分区域有湿陷性黄土,东北和青藏高原的部分区域有多年冻土等。工程上把这些具有特殊工程性质的土称为特殊土。膨胀土中的亲水性矿物含量高。具有显著的吸水膨胀、失水收缩的变形特性。湿陷性黄土指在自重压力下或在自重压力加附加压力下遇水会产生明显沉陷的土,在干旱或半干旱的气候条件下由风、坡积所形成。充分认识特殊土地基的特性及其变化规律,能正确地设计和处理好地基基础问题。经过多年的工程实践和总结,我国制定和颁发了一些相应的工程勘察及工程设计规范,使勘察设计做到了有章可循。区域性地基包括特殊土地基和山区地基。山区地基的主要特点是:

(1)地表高差悬殊,平整场地后,建筑物基础常会一部分位于挖方区,另一部分却在填方区。

(2)基岩埋藏较浅,且层面起伏变化大,有时会出露地表,覆盖土层薄厚不均。

(3)常会遇到大块孤石、局部石芽或软土情况。

(4)不良地质现象较多,如滑坡、崩塌、泥石流以及岩溶和土洞等,常会给建筑物造成直接或潜在的威胁。

由此看出,山区地基最突出的问题是地基的不均匀性和场地的不稳定性。这就要求认真进行工程地质勘察,详细查明地层的分布、岩土性质及地下水和地表水的情况,查明不良地质现象的规模和发展趋势,必要时可加密勘探点或进行补勘,最终提供完整、准确、可靠的地质资料。

对于区域性地基设计,要求充分认识和掌握其特点和规律,正确处理地基土的胀缩性、湿陷性和不均匀性等不良特性,并采取一定措施保证场地的稳定性。

(一)岩石地基及其特点

对于山区地基,有时会遇到埋藏较浅甚至出露地表的岩石,此时,岩石将成为建筑物地基持力层。

岩石地基的工程勘察应根据工程规模和建筑物荷载大小及性质,采用物探、钻探等手段,探明岩石类型、分布、产状、物理性质、风化程度、抗压强度等有关地质情况,尤其应注意是否存在软弱夹层、断层,并对基岩的稳定性进行客观的评价。在多数情况下,对稳定的、风化程度不严重的岩石地基,其强度和变形一般都能满足上部结构的要求。

对岩石风化破碎严重,或重要的建筑物,应按载荷试验确定承载力。在岩石地基上的基础设计中,对于荷载或偏心较大的,或基岩面坡度较大的工程,常采用嵌岩灌注桩(墩),甚至采用桩箱(板)联合基础。对荷载或偏心都较小,或基岩面坡度较小的工程可采用如图 4-30 所示的基础形式。

(二)土岩组合地基及其特点

在建筑地基或被沉降缝分隔区段的建筑地基的主要受力层范围内,遇有下列情况之一者,属于土岩组合地基:

(1)下卧基岩表面坡度较大的地基。

(2)石芽密布并有出露的地基。

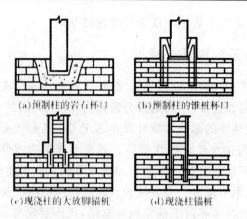

(a)预制柱的岩石杯口　　　　(b)预制柱的锥桩杯口

(c)现浇柱的大放脚锚桩　　　　(d)现浇柱锚桩

**图 4-30　岩石地基的基础形式**

（3）大块孤石或个别石芽出露的地基。

对稳定的土岩组合地基，当变形验算值超过允许值时，可采用调整基础密度、埋深或采用褥垫等方法进行处理。褥垫可采用炉渣、中砂、粗砂、土夹石或黏性土等材料，厚度一般为 300～500mm，并控制其密度。褥垫一般构造如图 4-31 所示。

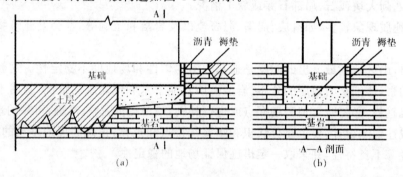

**图 4-31　褥垫构造**

对于石芽密布并有出露的地基，当石芽间距小于 2m，其间为硬塑或坚硬状态的红黏土时，对于房屋为 6 层和 6 层以下的砌体承重结构、3 层和 3 层以下的框架结构、或具有 15t 和 15t 以下吊车的单层排架结构，其基底压力小于 200kPa，可不进行地基处理。如不能满足上述要求，可考虑利用稳定性可靠的石芽作为支墩式基础，也可在石芽出露部位作褥垫。当石芽间有较厚的软弱土层时，可用碎石、土夹石等压缩性低的土料进行置换处理。

对于大块孤石或个别石芽出露的地基，当土层的承载力特征值大于 150kPa，房屋为单层排架结构或一、二层砌体承重结构时，宜在基础与岩石接触的部位采用褥垫进行处理；对于多层砌体承重结构，应根据土质情况，采用桩基或梁、拱跨越，局部爆破等综合处理措施。

总之，对土岩组合地基上基础的设计和地基处理，应重点考虑基岩上覆盖土的稳定性和不均匀沉降或倾斜的问题。对地基变形要求严的建筑物或地质条件复杂，难以采用合适有效的处理措施时，可考虑适当调整建筑物平面位置。对地基压缩性相差较大的部位，除进行必要的地基处理外，还需结合建筑平面形状、荷载情况设置沉降缝，沉降缝宽度宜取 30～50mm，特殊情况可适当加宽。

（三）岩溶地基及其特点

岩溶（或称喀斯特）指可溶性岩石经水的长期作用形成的各种奇特地质形态，如石灰岩、泥灰岩、大理岩、石膏、盐岩受水作用可形成溶洞、溶沟、暗河、落水洞等一系列形态(图 4-32)。

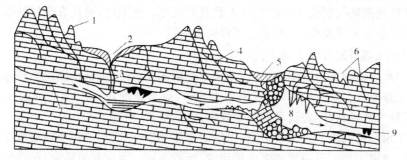

1—石芽、石林；2—漏斗；3—落水洞；4—溶蚀裂隙；5—塌陷洼地；
6—溶沟、溶槽；7—暗河；8—溶洞；9—钟乳石

**图 4-32　岩溶岩层剖面图**

我国的可溶性岩分布很广，在南北方均有成片或零星的分布，其中以云南、广西、贵州分布最广。其规模与地下水作用的强弱程度和时间关系密切，如有的整座小山体内被溶洞、溶沟所掏空。

岩溶地区的工程地质勘察工作，重点是揭示岩溶的发育规律、分布情况和稳定程度，查明溶洞、溶蚀裂隙和暗河的界限及场地内有无涌水、淹没的可能性，对建设场地的适宜性作出评价。对于地面石芽、溶沟、溶槽发育、基岩起伏剧烈，其间有软土分布的情况；或是存在规模较大的浅层溶洞、暗河、漏斗、落水洞的情况；或是溶洞水流路堵塞造成涌水时有可能使场地暂时淹没的情况，均属于不良地质条件的场地。一般情况下，应避免在该地段修建建筑物。

岩溶地区的地基基础设计，应全面、客观地分析与评价地基的稳定性，如基础底面以下的土层厚度大于 3 倍单独基础的宽度，或大于 6 倍条形基础底宽，且在使用期间不可能形成土洞时；或基础位于微风化硬质岩石表面，对于宽度小于 1 m 的竖向溶蚀裂隙和落水洞内充填情况及岩溶水活动等因素需进行洞体稳定性分析。如地质条件符合下列情况之一时，可以不考虑溶洞对地基的稳定性影响，但必须按土岩组合地基的要求设计：溶洞被密实的沉积物填满，其承载力超过 150kPa，且不存在被水冲蚀的可能性；洞体较小，基础尺寸大于洞的平面尺寸，并有足够的支承力度；微风化硬质岩石中，洞体顶板厚度接近或大于洞跨。

对地基稳定性有影响的岩溶洞隙，应根据其位置、大小、埋深、围岩稳定性和水文地质条件综合分析，因地制宜采取处理措施：对洞口较小的洞隙，宜采用镶补、嵌塞与跨盖的方法处理；对洞口较大的洞隙，宜采用梁、板和拱结构跨越处理，也可采用浆砌块石等堵塞措施；对规模较大的洞隙，可采用洞底支撑或调整柱距等方法处理；对于围岩不稳定风化裂隙破碎的岩体，可采用灌浆加固或清爆等措施。

(四)土洞地基及其特点

土洞一般指岩溶地区覆盖土层中，由于地表或地下水的作用形成的洞穴。土洞是岩面以上的土体在水的潜蚀作用下遭到迁移流失而形成。根据地表水和地下水的作用可将土洞分为：a.地表水形成的水洞：由于地表水下渗，土体内部被冲蚀而逐渐形成土洞或导致地表塌陷；b.地下水形成的土洞——当地下水位随季节升降频繁或人工降低地下水位时，水对结构性差的松软土产生潜蚀作用而形成的土洞。由于土洞具有埋藏浅、分布密、发育快、顶部覆盖土层强度低的特征，因而对建筑物场地或地基的危害程度往往大于溶洞。在土洞发育和地下水强烈活动于岩

土交界面的岩溶地区,工程勘测应着重查明土洞和塌陷的形状、大小、深度及其稳定性,并预估地下水位在建筑物使用期间变化的可能性及土洞发育规律。施工时,需认真做好钻探工作,仔细查明基础下土洞的分布位置及范围,再采取处理措施。

土洞常用的处理措施有以下两个:

(1)由地表水形成的土洞或塌陷地段,当土洞或陷坑较浅时,可进行填挖处理,边坡应挖成台阶形,逐层填土夯实。当洞穴较深时,可采用水冲砂、砾石或灌注 C15 细石混凝土。灌注时,需在洞顶上设置排气孔。另外,应认真做好地表水截流、防渗、堵漏工作。

(2)由地下水形成的塌陷及浅埋土洞,先应清除底部软土部分,再抛填块石作反滤层,面层可用黏性土夯填;深埋土洞可采用灌填法或采用桩、沉井基础。采用灌填法时,还应结合梁、板或拱跨越办法处理。

(五)红黏土地基及其特点

红黏土是指石灰岩、白云岩等碳酸盐类岩石,在湿热气候条件下经长期风化作用形成的一种以红色为主的黏性土。我国红黏土多属于第四纪残积物,也有少数原地红黏土经间隙性水流搬运再次沉积于低洼地区,当搬运沉积后仍能保持红黏土基本特征,且液限大于 45% 者称为次生物黏土。

红黏土是一种物理力学性质独特的高塑性黏土,其化学成分以 $SiO_2$、$Fe_2O_3$、$Al_2O_3$ 为主,矿物成分以高岭石或伊利石为主,主要分布于云南、贵州、广西、湖南、湖北、安徽部分地区。

1.红黏土的工程性质及特征

含有较多黏粒,孔隙比较大,天然含水量高。尽管红黏土的含水量高,却常处于坚硬或硬塑状态,具有较高的强度和较低的压缩性。有些地区的红黏土受水浸湿后体积膨胀,干燥失水后体积收缩。

红黏土的厚度与下卧基岩面关系密切,常因岩石表面石芽、溶沟的存在,导致红黏土的厚度变化很大,因此对红黏土地基的不均匀性应给予足够重视。

2.红黏土地基设计的要点分析

确定合适的持力层,尽量利用浅层坚硬、硬塑状态的红黏土作为地基的持力层。控制地基的不均匀沉降。当土层厚度变化大或土层中存在软弱下卧层、石芽、土洞时.应采取必要的措施,如换土、填洞、加强基础和上部结构刚度等,使不均匀沉降控制在允许值范围内。

控制红黏土地基的胀缩变形。当红黏土具有明显的胀缩特性时,可参照膨胀土地基,采取相应的设计、施工措施,以便保证建筑物的正常使用。

(六)膨胀土地基及其特点

膨胀土地基是指黏粒成分主要由强亲水性矿物组成,同时具有显著的吸水膨胀和失水收缩两种变形特征的黏性土。其黏粒成分主要是以蒙脱石或以伊利石为主,并在北美、北非、南亚、澳洲、中国黄河流域及以南地区均有不同程度的分布。膨胀土一般强度较高,压缩性低,容易被误认为是良好的天然地基。实际上,由于它具有较强烈的膨胀和收缩变形性质,往往威胁建筑物和构筑物的安全,尤其对低层轻型房屋、路基、边坡的破坏作用更甚。膨胀土地基上的建筑物如果开裂,则不易修复。我国自 1973 年开始,对这种特殊土进行了大量的试验研究,形成了较系统的理论和较丰富的工程经验,使勘察、设计和施工等方面的工作有章可循,对保证建筑物的安全和正常使用具有重要作用。

1.膨胀土的特征分析

(1)分布特征

膨胀土多分布于二级或二级以上的河谷阶地、山前和盆地边缘及丘陵地带。一般地形坡度平缓,无明显的天然陡坎,如分布在盆地边缘与丘陵地带的膨胀土地区有云南蒙自、云南鸡街、广西宁明、河北邯郸、河南平顶山、湖北襄樊等地,而且所含矿物成分以蒙脱石为主,胀缩性较大;分布在河流阶地或平原地带的膨胀土地区有安徽合肥、山东临沂、四川成都、江苏、广东等地,且多含有伊利石矿物。在丘陵、盆地边缘地带,膨胀土常分布于地表,而在平原地带的膨胀土常被第四纪冲积层所覆盖。

(2)物理性质特征

膨胀土的黏粒含量很高,粒径小于 $0.002mm$ 的胶体颗粒含量往往超过 $20\%$.塑性指数 $I_p >$ 17,且多在 $22\sim35$ 之间;天然含水量与塑限接近,液性指数 $I_L$ 常小于零,呈坚硬或硬塑状态;膨胀土的颜色有灰色、黄褐、红褐等色,并在土中常含有钙质或铁锰质结核。

(3)裂隙特征

膨胀土中的裂隙发育,有竖向、斜交和水平裂隙 3 种。常呈现光滑和带有擦痕的裂隙面,显示出土相对运动的痕迹。裂隙中多被灰绿、灰白色黏土所填充。裂隙宽度为上宽下窄,且旱季开裂,雨季闭合,呈季节性变化。

在膨胀土地基上建筑物常见的裂缝有:山墙口对称或不对称的倒八字形缝,这是因为山墙两侧下沉量较中部大的缘故;外纵墙外倾并出现水平缝;胀缩交替变形引起的交叉缝等(图 4-33)。

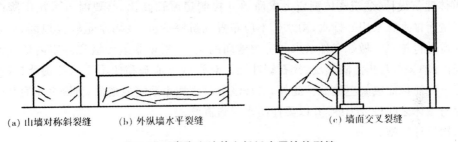

(a)山墙对称斜裂缝　　　(b)外纵墙水平裂缝　　　　　　　　(c)墙面交叉裂缝

**图 4-33　膨胀土地基上低矮房屋墙的裂缝**

2.膨胀土地基的勘察与评价分析

(1)地基勘察要求

膨胀土地基勘察除应满足一般工程勘察要求外,还需着重揭示下列内容。

第一,查明膨胀土的地质时代、成因和胀缩性能,对于重要的和有特殊要求的建筑场地,必要时应进行现场浸水载荷试验,进一步确定地基土的性能及其承载力。

第二,查明场地内有无浅层滑坡、地裂、冲沟和隐状岩溶等不良地质现象。

第三,调查地表水排泄、积聚情况,植被影响地下水类型和埋藏条件,多年水位和变化幅度。

第四,调查当地多年的气象资料,包括降水量和蒸发量、雨季和干旱持续时间、气温和地温等情况,并了解其变化特点。

第五,注意了解当地建设经验,分析建筑物(群)损坏的原因,考察成功的工程措施。

(2)地基承载力

膨胀土地基承载力的确定,考虑土的膨胀特性、基础大小和埋深、荷载大小、土中含水量变化等影响因素,膨胀土地区的基础设计,应充分利用土的承载力,尽量使基底压力不小于土的膨胀力。另外,对防水排水情况,或埋深较大的基础工程,地基土的含水量不受季节变化的影响,土的膨胀特征就难以表现出来,此时可选用较高的承载力值。

(3)地基变形

膨胀土地基的变形,除与土的膨胀收缩特性(内在因素)有关外,还与地基压力和含水量的变化(外在因素)情况有关。地基压力大,土体则不会膨胀或膨胀小;地基土中的含水量基本不变化,土体胀缩总量则不大。而含水量的变化又与大气影响程度、地形、覆盖条件等因素相关。如气候干燥,土的天然含水量低,或基坑开挖后经长时间曝晒的情况都有可能引起(建筑物覆盖后)土的含水量增加,导致地基产生膨胀变形。如果建房初期土中含水量偏高,覆盖条件差,不能有效地阻止土中水分的蒸发。或是长期受热源的影响,如砖瓦窑等热工构筑物或建筑物,就会导致地基产生收缩变形。在亚干旱、亚湿润的平坦地区,浅埋基础的地基变形多为膨胀、收缩周期性变化。这就需要考虑地基土的膨胀和收缩的总变形。

(4)膨胀土地基的工程措施

①建筑设计措施。

A.场址选择:应选择地面排水畅通或易于排水处理、地形条件比较简单、土质均匀的地段。尽量避开地裂、溶沟发育、地下水位变化大及存在浅层滑坡可能的地段。

B.总平面布置:竖向设计宜保持自然地形,避免大开大挖,造成含水量变化大的情况出现,做好排水、防水工程,对排水沟、截水沟应确保沟壁的稳定,并对沟进行必要的防水处理。根据气候条件、膨胀土等级和当地经验,合理进行绿化设计,宜种植吸水量和蒸发量小的树木、灰草。

C.单体建筑设计:建筑物体型应力求简单并控制房屋长高比,必要时可采用沉降缝分隔措施隔开。屋面排水宜采用外排水,雨水管不应布置在沉降缝处,在雨水量较大地区,应采用雨水明沟或管道进行排水。做好室外散水和室内地面的设计,根据胀缩等级和对室内地面的使用要求,必要时可增设石灰焦渣隔热层、碎石缓冲层。对膨胀土地基和使用要求特别严格的地面,可采取混凝土配筋地面或架空地面。此外,对现浇混凝土散水或室内地面,分隔缝不宜超过3m,散水或地面与墙体之间设变形缝.并以柔性防水材料嵌缝。

②结构设计措施。

A.上部结构方面:应选用整体性好,对地基不均匀胀缩变形适应性较强的结构.而不宜采用砖拱结构、无砂太孔混凝土砌块或无筋中型砌块等对变形敏感的结构。对砖混结构房屋可适当设置圈梁和构造柱,并注意加强较宽的门窗洞口部位和底层窗位砌体的刚度,提高其抗变形能力。对外廊式房屋宜采用悬挑外廊的结构形式。

B.基础设计方面:同一工程房屋应采用同类型的基础形式。对于排架结构,可采用独立柱基将围护墙、山墙及内隔墙砌在基础梁上,基础梁下应预留100~150mm的空隙,并进行防水处理。对桩基础,其桩端应伸入非膨胀土层或大气影响急剧层下一定长度。选择合适的基础埋深,往往是减小或消除地基胀缩变形的很有效的途径,一般情况埋深不小于1m,可根据地基胀缩等级和大气影响强烈程度等因素按变形规定确定。对坡地场地,还需考虑基础的稳定性。

C.地基处理:应根据土的胀缩等级、材料供给和施工工艺等情况确定处理方法,一般可采用灰土、砂石等非膨胀土进行换土处理。对平坦场地膨胀土地基,常采用砂、碎石垫层处理方法,垫层厚度不小于300mm,宽度应大于基底宽度;并宜采用与垫层材料相同的土进行回填,同时做好防水处理。

#### 四、地基承载力

各种土木工程在整个使用年限内都要求地基稳定,即要求地基不致因承载力不足、渗流破坏而失去稳定性,也不致因变形过大而影响正常使用。地基承载力是指地基承担荷载的能力。在荷载作用下,地基要产生变形,随着荷载的增大,地基变形逐渐增大,初始阶段地基尚处在弹性平衡状态,具有安全承载能力。当荷载增大到地基中开始出现某点、或小区域内各点某一截面上的剪应力达到土的抗剪强度时,该点或小区域内各点就产生剪切破坏而处在极限平衡状态,土中应力将发生重分布。这种小范围的剪切破坏区称为塑性区。地基小范围的极限平衡状态大都可以恢复到弹性平衡状态,地基尚能趋于稳定,仍具有安全的承载能力。但此时地基变形稍大,尚须验算变形的计算值不超过允许值。当荷载继续增大,地基出现较大范围的塑性区时,将显示地基承载力不足而失去稳定。此时地基达到极限承载能力。地基承载力是地基土抗剪强度的一种宏观表现,影响地基土抗剪强度的因素对地基承载力也产生类似影响。

地基承载力问题是土力学中的一个重要的研究课题,其目的是为了掌握地基的承载规律,发挥地基的承载能力,合理确定地基承载力,确保地基不致因荷载作用而发生剪切破坏,产生变形过大而影响建筑物或土工建筑物的正常使用。为此,地基基础设计一般都限制基底压力最大不超过地基容(允)许承载力或地基承载力特征值(设计值)。

确定地基承载力的方法一般有原位试验法、理论公式法、规范表格法和当地经验法四种。原位试验法是一种通过现场直接试验确定承载力的方法,现场直接试验包括(静)载荷试验、静力触探试验、标准贯入试验、旁压试验等,其中以载荷试验法最为直接、可靠;理论公式法是根据土的抗剪强度指标以理论公式计算确定承载力的方法;规范表格法是根据室内试验指标、现场测试指标或野外鉴别指标,通过查规范所列表格得到承载力的方法;当地经验法是一种基于地区的使用经验,进行类比判断确定承载力的方法。规范不同(包括不同部门、不同行业、不同地区的规范),其承载力值不会完全相同,应用时需注意各自的使用条件。

## 第四节　建筑结构的抗震

#### 一、地震破坏的现象

(一)地表的破坏现象

1.地裂缝

在强烈地震作用下,常常在地面产生裂缝。地裂缝分为重力地裂缝和构造地裂缝两种。重力地裂缝是由于在强烈的震作用下,地面作剧烈震动引起的惯性力超过了土的抗剪能力所致。这种裂缝长度可由几米到几十米,断续总长可达几公里,但一般不深,多为1~2m。构造地裂缝是地壳深部断层错动延伸至地面的裂缝。

2.喷砂冒水

在地下水位较高、砂层或粉土层埋深较浅的平原地区,地震时地震波韵强烈振动使地下水压力急剧增高,地下水夹带砂土或粉土经地裂缝或土质松软的地方冒出地面,形成喷砂冒水现象。

3.地面下沉

在强烈地震作用下,地面往往发生沉陷,使建筑物破坏。

4.河岸、陡坡滑坡

在强烈地震作用下,常引起河岸、陡坡滑坡,有时规模很大,造成公路堵塞、岸边建筑物破坏。

(二)建筑物的破坏

在强烈地震作用下,各类建筑物会遭到程度不同的破坏,按其破坏形态及直接原因,可分以下几类。

1.结构丧失整体性

房屋建筑或构筑物是由许多构件组成的,在强烈地震作用下,构件连接不牢,支承长度不够和支撑失稳等都会使结构丧失整体性而破坏。

2.承重构件强度不足引起破坏

任何承重构件都有各自的特定功能,以适应承受一定的外力作用。对于设计时未考虑抗震设防或抗震设防不足的结构,在强烈地震作用下,不仅构件的内力增大很多,其受力性质往往也将改变,致使构件因强度不足而破坏。

3.地基失效

当建筑物地基内含饱和砂层、粉土层时,在强烈地面运动作用下,土中孔隙水压力急剧增高,致使地基土发生液化,地基承载力下降,甚至完全丧失,从而导致上部结构破坏。

(三)次生灾害

所谓次生灾害是指地震时给排水管网、煤气管道、供电线路的破坏,以及易燃、易爆、有毒物质、核物质容器的破裂,造成的水灾、火灾、污染、瘟疫等严重灾害。同时,地震造成交通和通信的中断,医院、电厂、消防等部门工作无法正常进行,更加剧了抗震救灾工作的困难。这些次生灾害,有时比地震直接造成的损失还大。在城市,尤其是大城市这个问题已越来越引起人们的关注。

## 二、抗震设防的一般目标

抗震设防是指对房屋进行抗震设计和采取抗震措施,以达到抗震效果。抗震设防的依据是抗震设防烈度和建筑使用功能的重要性。房屋抗震设防的方针是预防为主,其目的是在现有科学技术水平和经济条件下,减轻建筑的地震破坏、避免人员伤亡、减少经济损失。

结合我国具体情况,抗震规范提出了"三水准"的抗震设防目标是:

(1)当遭受低于本地区设防烈度的多遇地震影响时,建筑物一般不受损坏或不需修理仍可继续使用(第一水准)。

(2)当遭受本地区设防烈度的地震影响时,建筑物可能损坏,但经一般修理或不需修理仍可继续使用(第二水准)。

(3)当遭受到高于本地区设防烈度预估的罕遇地震影响时,建筑物不致倒塌或发生危及生命的严重破坏(第三水准)。

根据目前对地震规律的认识,抗震设计的指导思想是:建筑物在使用期间,对不同强度的地震应具有不同的抵抗能力,一般小震发生的可能性较大,因此要求做到结构不损坏,这在技术上,经济上是可以做到的;而大震发生的可能性较小,如果要求结构遭受大震时不损坏,这在经济上是不合理的,因此可以允许结构破坏。但是在任何情况下,不应导致建筑物倒塌。概括起来说,抗震设防的一般目标就是要做到"小震不坏、中震可修、大震不倒"。

为了达到上述三项抗震设防目标,《建筑抗震设计规范》采用了二阶段设计法,即:

第一阶段设计:按小震作用效应和其他荷载效应的基本组合验算构件的承载力,以及在小震作用下验算结构的弹性变形。以满足第一水准抗震设防目标的要求,保证小震不坏。

第二阶段设计:在大震作用下验算结构的弹塑性变形。以满足第三水准抗震设防目标的要求,保证大震不倒。

至于第二水准抗震设防目标的要求,《建筑抗震设计规范》是以抗震构造措施来加以保证的。

## 三、抗震设防的范围

我国是一个多地震国家,基本烈度为 6 度以上(包括 6 度)的地区占国土面积的 63%。结合我国具体情况,以烈度 6 度为设防起点,即设防烈度小于 6 度时不设防,对 10 度以上地区,由于地震过于强烈,即使采取重大措施和花费很大投资,也难确保地震发生时的结构安全。因此,应避免在烈度过高的地区进行工程建设。

我国《建筑结构抗震规范》规定的抗震设防范围为地震烈度为 6、7、8 和 9 度的地区,烈度大于 9 度的地区和行业有特殊要求的建筑几其抗震设计应按有关专门规定执行。

## 四、建筑抗震设防分类和设防标准

### (一)建筑抗震设防分类

建筑应根据其使用功能的重要性分为以下四类:

甲类建筑——属于重大建筑工程和地震时可能发生严重次生灾害的建筑。

乙类建筑——属于地震时使用功能不能中断或需要尽快恢复的建筑,包括医疗、广播、通讯、交通、供水、供电、供气、消防、粮食等建筑。

丙类建筑——属于除甲、乙、丁类以外的一般建筑,如工厂、机关、学校、住宅、商店等。

丁类建筑——属于抗震次要建筑,如遇地震破坏不易造成人员伤亡和较大经济损失的建筑,例如一般性仓库、人员较少的辅助性建筑等。

### (二)抗震设防标准

抗震设防是对建筑进行抗震设计,包括地震作用、地震承载力计算和采取抗震措施,以达到抗震的效果。

抗震设防标准的依据是设防烈度,各类建筑抗震设防标准,应符合下列要求:

甲类建筑——地震作用应高于本地区抗震设防烈度的要求,其值应按批准的地震安全性评价结果确定;抗震措施,当抗震设防烈度为 6～8 度时,应符合本地区抗震设防烈度提高一度的要求。当为 9 度时,应符合比 9 度抗震设防更高的要求。

乙类建筑——地震作用应符合本地区抗震设防烈度的要求;抗震措施,一般情况下,当抗震设防烈度为 6～8 度时,应符合本地区抗震设防烈度提高一度的要求。当为 9 度时,应符合比 9 度抗震设防更高的要求;地基基础的抗震措施,应符合有关规定。

对较小的乙类建筑(如工矿企业的变电所、水泵房等),当其结构改用抗震性较好的结构类型时,应允许仍按本地区设防烈度的要求采取抗震措施。

丙类建筑——地震作用和抗震措施均应符合本地区抗震设防烈度的要求。

丁类建筑——一般情况下,地震作用仍应符合本地区抗震设防烈度的要求;抗震措施应允许比本地区抗震设防烈度的要求适当降低,但抗震设防烈度为 6 度时不应降低。

抗震设防烈度为 6 度时,除抗震规范有具体规定外,对乙、丙、丁类建筑可不进行地震作用计算。

## 五、抗震设计的基本要求

地震是一种自然现象,地震的破坏作用和建筑结构的破坏机理是十分复杂的。20 世纪 70 年代以来,人们在总结大地震灾害经验中提出了"概念设计",并认为它比"数值设计"更为重要。这是因为地震的不确定性和复杂性,以及结构计算模型的假定与实际情况的差异,使"数值设计"很难有效地控制结构的抗震性能,因此不能完全依赖于计算。

"概念设计"是指正确地解决总体方案、材料的使用和细部构造的处理,以达到合理抗震设计的目的。根据概念设计的原理,进行抗震设计、施工及材料选择时,应遵守以下几个要求。

（一）注意场地、地基和基础的选择

建筑结构的抗震设计要注意选择有利的场地、地基和基础。建筑抗震有利地段,一般是指稳定基岩、坚硬土或开阔平坦、密实均匀的中硬土等地段。不利地段,一般是指软弱土,液化土,条状突出的山嘴,高耸孤立的山丘,非岩质的陡坡,河岸和边坡边缘,在平面分布上成因、岩性、状态明显不均匀的土层（如故河道、断层破碎带、暗埋的塘浜沟谷及半填半挖地基）等地段。危险地段,一般是指地震时可能发生滑坡、崩塌、地陷、地裂、泥石流等及地震断裂带上可能发生地表位错的部位等地段。

确定建筑场地时,应选择有利地段;避开不利地段（无法避开时应适当采取措施）;不应在危险地段建造甲、乙、丙类建筑。

地基和基础的设计要求是:同一结构单元的基础不宜设置在性质截然不同的地基上;同一结构单元宜采用同一类型基础,不宜部分采用天然地基,部分采用桩基;地基为软弱粘性土、液化土、新近填土或严重不均匀土时,应估计地震时对地基不均匀沉降或其他不利影响,并采取相应的措施。

（二）注意建筑平面和立面的选择

建筑及抗侧力结构的平面布置宜规则对称,并应具有良好的整体性;建筑的立面和竖向剖面宜规则,结构的侧向刚度宜均匀变化,竖向抗侧力构件的截面尺寸和材料强度宜自下而上逐渐减小,避免抗侧力结构的侧向刚度和承载力突变。平面不规则类型见表 4-8,竖向不规则类型见表 4-9。

**表 4-8　平面不规则的类型**

| 不规则类型 | 定义 |
|---|---|
| 扭转不规则 | 楼层的最大弹性水平位移（或层间位移）,大于该楼层两端弹性水平位移（或层间位移）平均值的 1.2 倍 |
| 凹凸不规则 | 结构平面凹进的一侧尺寸,大于相应投影方向总尺寸的 30% |
| 楼板局部不连续 | 楼板的尺寸和平面刚度急剧变化,例如,有效板楼宽度小于该层楼板典型宽度的 50%,或开洞面积大于该层楼面面积的 30%,或较大的楼层错层 |

体型复杂、平立面特别不规则的建筑结构,可按实际需要在适当部位设置防震缝,将建筑分成规则的抗侧力结构单元。防震缝应根据抗震设防烈度、结构材料种类、结构类型、结构单元的高度和高差情况,留有足够的宽度,防震缝两侧的上部结构应完全分开。伸缩缝、沉降缝应符合防震缝的要求。

表 4-9　竖向不规则类型

| 不规则类型 | 定义 |
| --- | --- |
| 侧向刚度不规则 | 该层的侧向刚度小于相邻上一层的70%,或小于其上相邻三个楼层侧向刚度平均值的80%;除顶层外,局部吸进的水平尺寸大于相邻下一层的25% |
| 竖向抗侧力构件不连续 | 竖向抗侧力构件(柱、抗震墙、抗震支撑)的内力由水平转换构件(梁、桁架等)向下传递 |
| 楼层承载力突变 | 抗侧力结构的层间受剪承载力小于相邻上一楼层的80% |

(三)注意非结构构件和主体结构关系的处理

非结构构件如女儿墙、高低跨封墙、雨篷、贴面、顶棚、围护墙、隔墙等。在抗震设计中,处理好非结构构件与主体结构之间的关系,可防止附加震害,减少损失。附着于楼、屋面结构上的非结构构件,应与主体结构有可靠的连接或锚固,避免地震时倒塌伤人或砸坏重要设备。围护墙和隔墙应考虑对结构抗震的不利影响,避免不合理设置而导致主体结构的破坏。幕墙、装饰贴面与主体结构应有可靠的连接,避免地震时脱落伤人。

(四)注意技术上、经济上合理的抗震结构关系的选择

抗震结构体系应根据建筑的抗震设防类别、抗震设防烈度、建筑高度、场地条件、地基、结构材料和施工等因素,经技术、经济和使用条件综合比较确定。

1.结构体系的选择要求

结构体系的选择,应符合以下要求:

第一,应具有明确的计算简图和合理的地震作用传递途径。

第二,宜有多道抗震防线,避免因部分结构或构件破坏而导致整个结构丧失抗震能力或对重力荷载的承载能力。

第三,应具有必要的抗震承载力,良好的变形能力和消耗地震能量的能力。

第四,宜具有合理的刚度和承载力分布,避免因局部削弱或突变形成薄弱部位,产生过大应力集中或塑性变形集中。对可能出现的薄弱部位,应采取措施提高抗震能力。

第五,结构在两个主轴方向的动力特征宜相近。

2.抗震结构构件的选择要求

抗震结构构件的选择主要有下面四个要求:

首先,砌体结构构件,应按规定设置钢筋混凝土圈梁和构造柱、芯柱,或采用配筋砌体等,以改善结构的抗震能力。

其次,混凝土结构构件,应合理地选择尺寸、配置纵向受力钢筋和箍筋,避免剪切破坏先于弯曲破坏、混凝土的压溃先于钢筋的屈服、钢筋锚固粘结破坏先于构件破坏等。

再次,钢结构构件应合理控制尺寸,防止局部或整个构件失稳。

最后,预应力混凝土的抗侧力构件,应配有足够的非预应力钢筋。

**3.设计结构各构件之间在连接时应符合的要求**

在设计结构各构件之间的连接时,应符合下列要求:

(1)构件节点的强度,不应低于其连接构件的强度。

(2)预埋件的锚固强度,不应低于被连接件的强度。

(3)装配式结构的连接,应能保证结构的整体性。

(4)预应力混凝土构件的预应力钢筋,宜在节点核心区以外锚固。

**(五)注意材料的选择和施工质量的把握**

抗震结构在材料选用、施工质量,特别是在材料代用上,有特殊的要求。这是抗震结构施工中一个十分重要的问题,在抗震设计和施工中应当引起足够的重视,结构材料性能指标应符合下列要求。

**1.砌体结构材料应符合的规定**

(1)烧结普通黏土砖和烧结多孔黏土砖的强度等级不应低于 MU10,其砌筑砂浆强度等级不应低于 M5。

(2)混凝土小型空心砌块的强度等级不应低于 MU7.5;其砌筑砂浆强度等级不应低于 M7.5。

**2.混凝土结构材料应符合的规定**

(1)混凝土强度等级,框支梁、框支柱及抗震等级为一级的框架梁、柱节点核芯区,不应低于 C30;构造柱、芯柱、圈梁及其他各类构件不应低于 C20;由于高强、昆凝土具有脆性性质,故规定 9 度时不宜超过 C60;8 度时不宜超过 C70。

(2)普通钢筋宜优先采用延性、韧性和可焊性较好的钢筋;纵向受力钢筋宜选用 HRB400 级和 HRB335 级热轧钢筋。箍筋宜选用 HRB335、HRB400 和 HPB235 级热轧钢筋。

(3)对抗震等级为一、二级的框架结构,其纵向受力钢筋采用普通钢筋时,钢筋的抗拉强度实测值与屈服强度实测值的比值不应小于 1.25;且钢筋的屈服强度实测值与强度标准值的比值不应大于 1.3。

**3.钢结构的钢材应符合的规定**

(1)钢材的抗拉强度实测值与屈服点强度实测值的比值不应小于 1.2;钢材应有明显的屈服台阶,且伸长率应大于 20%;钢材应有良好的可焊性和合格的韧性。

(2)钢结构的钢材宜采用 Q235 等级 B、C、D 的碳素钢及 Q345 等级 B、C、D、E 的低合金钢;当有可靠依据时,尚可采用其他钢种钢号。

(3)在钢筋混凝土结构中,往往因缺乏设计规定的钢筋型号而采用另外型号的钢筋代替。当需要以强度等级较高的钢筋代替原设计中的纵向受力钢筋时,应按照钢筋受拉承载力设计值相等的原则换算,并满足正常使用极限状态和抗震构造措施的要求。这样,可以避免造成薄弱部位的转移,以及构件在有影响的部位混凝土发生脆性破坏,如混凝土被压碎和被剪切破坏等。

构造柱、芯柱和底层框架砖房的砖填充墙和框架的施工,应先砌墙后浇混凝土柱。

## 六、多层砌体房屋的抗震规定研究

多层砌体房屋是我国目前房屋建筑中的主要结构类型之一,特别是在住宅、办公楼、学校、商店等建筑中,应用十分广泛。由于其材料的脆性性质,抗拉、抗剪、抗弯能力较低,所以这种房屋的抗震能力较差,特别是在强烈地震作用下易开裂、倒塌、破坏率较高。因此,提高多层砌体房屋的抗震性能,有着十分现实的意义。

（一）多层砌体房屋的震害及其分析

在强烈地震作用下,多层砌体房屋的破坏部位,主要是墙身和构件间的连接处。楼盖、屋盖结构本身的破坏较少。

墙体的破坏。在砌体房屋中,与水平地震作用方向平行的墙体是主要承担地震作用的构件。这类墙体往往因为主拉应力强度不足而引起斜裂缝破坏。由于水平地震反复作用,两个方向的斜裂缝组成交叉型裂缝,这种裂缝在多层砌体房屋中一般规律是下重上轻。这是因多层房屋墙体下部地震剪力大的缘故。

墙体转角处的破坏。由于墙角位于房屋尽端,房屋对它的约束作用减弱,使该处抗震能力相对降低,因此比较容易破坏。此外,在地震过程中当房屋发生扭转时,墙角处位移反应较房屋其他部位大,这也是造成墙角破坏的一个原因。

楼梯间墙体的破坏。楼梯间除顶层外,一般层墙体计算高度较房屋其他部位小,其刚度较大,因而该处分配的地震剪力大,故容易造成震害;而顶层墙体的计算高度又较其他部位大,稳定性差,所以也易发生破坏。

内外墙连接处的破坏。内外墙连接处是房屋的薄弱部位,特别是有些建筑内外墙分别砌筑,以直槎或马牙槎连接,这些部位在地震中极易拉开,造成外纵墙和山墙外闪、倒塌等现象。

楼盖预制板的破坏。由于预制板整体性差,当板的搭接长度不足或无可靠拉结时,在强烈地震过程中极易塌落,并造成墙体倒塌。

突出屋面的屋顶间等附属结构的破坏。在房屋中,突出屋面的屋顶间（电梯机房、水箱间等）、水烟囱、女儿墙等附属结构,由于地震"鞭端效应"的影响,所以一般较下部主体结构破坏严重,几乎在6度区就发现有所破坏。特别是较高的女儿墙和出屋面的烟囱,在7度区普遍破坏,8～9度区几乎全部损坏或倒塌。

（二）多层砌体房屋抗震的一般规定

1. 房屋高度的限制

多层砌体房屋的总高度和层数,不应超过表4-10的限值。对医院、教学楼等横墙较少的房屋总高度,应比表4-10的规定相应降低3m,层数相应减少一层;各层横墙很少的房屋,应根据具体情况,再适当降低总高度和减少层数。

普通砖、多孔砖和小砌块砌体承重房屋的层高,不应超过3.6m。

表 4-10　房屋的层数和总高度限制（m）

| 房屋类别 | | 最小墙厚度（mm） | 烈度 | | | | | | | |
|---|---|---|---|---|---|---|---|---|---|---|
| | | | 6 | | 7 | | 8 | | 9 | |
| | | | 高度 | 层数 | 高度 | 层数 | 高度 | 层数 | 高度 | 层数 |
| 多层砌体 | 普通砖 | 240 | 24 | 8 | 21 | 7 | 18 | 6 | 12 | 4 |
| | 多孔砖 | 240 | 21 | 7 | 21 | 7 | 18 | 6 | 12 | 4 |
| | 多孔砖 | 190 | 21 | 7 | 18 | 6 | 15 | 5 | — | — |
| | 小砌块 | 190 | 21 | 7 | 21 | 7 | 18 | 6 | — | — |

注：①房屋的总高度指室外地面到主要屋面板板顶或檐口的高度,半地下室从地下室室内地面算起,全地下室和嵌固条件好的半地下室应允许从室外地面算起;对带阁楼的坡屋面应算到山尖墙的1/2高度处;

②室内外高差大于0.6m时,房屋总高度应允许比表中数据适当增加,但不应多于1m;

③本表小砌块砌体房屋不包括配筋混凝土小型空心砌块砌体房屋。

**2.房屋最大高宽比的限制**

为了保证砌体房屋整体弯曲承载力,房屋总高度与总宽度的最大比值,应符合表4-11的要求。

表4-11　房屋最大高度比

| 烈度 | 6 | 7 | 8 | 9 |
|---|---|---|---|---|
| 最大高宽比 | 2.5 | 2.5 | 2.0 | 1.5 |

注：①单面走廊房屋的总宽度不包括走廊宽度;

②建筑平面接近正方形时,其高宽比宜适当减小。

**3.抗震横墙间距的限制**

横向水平地震作用主要由横墙来承受,横墙除应具有抗震承载能力外,其间距还应能满足楼盖传递水平地震作用所需的刚度要求。规范规定,多层砌体房屋抗震横墙的最大间距,不应超过表4-12的要求。

表4-12　房屋的层数和总高度限值(m)

| 房屋类别 | | 最小墙厚度 | 烈度① | | | | | | | |
|---|---|---|---|---|---|---|---|---|---|---|
| | | | 6 | | 7 | | 8 | | 9 | |
| | | | 高度 | 层数 | 高度 | 层数 | 高度 | 层数 | 高度 | 层数 |
| 多层砌体 | 普通砖 | 240 | 24 | 8 | 21 | 7 | 18 | 6 | 12 | 4 |
| | 多孔砖 | 240 | 21 | 7 | 21 | 7 | 18 | 6 | 12 | 4 |
| | 多孔砖 | 190 | 21 | 7 | 18 | 6 | 15 | 5 | — | — |
| | 小砌块 | 190 | 21 | 7 | 21 | 7 | 18 | 6 | — | — |

注：①房屋的总高度指室外地面到主要屋面板板顶或檐口的高度,半地下室从地下室室内地面算起,全地下室和嵌固条件好的半地下室应允许从室外地面算起;对带阁楼的坡屋面应算到山尖墙的1/2高度处;

②室内外高差大于0.6m时,房屋总高度应允许比表中数据适当增加,但不应多于1m;

③本表小砌块砌体房屋不包括配筋混凝土小型空心砌块砌体房屋。

表4-13　房屋最大宽度比

| 烈度 | 6 | 7 | 8 | 9 |
|---|---|---|---|---|
| 最大高度比 | 2.5 | 2.5 | 2.0 | 1.5 |

注：①单面走廊房屋的总宽度不包括走廊宽度;

②建筑平面接近正方形时,其高宽比宜适当减小。

① 表中烈度即指抗震设防烈度,在规范中,"设防烈度为6度、7度、8度、9度",简称为"6度、7度、8度、9度",本书的表达与规范相同。

表 4-14　房屋抗震横墙最大间距(m)

| 房屋类别 | | 烈度 | | | |
|---|---|---|---|---|---|
| | | 6 | 7 | 8 | 9 |
| 多层砌体 | 现浇或装配整体式钢筋混凝土楼、屋盖 | 18 | 18 | 15 | 11 |
| | 装配式钢筋混凝土楼、屋盖 | 15 | 15 | 11 | 7 |
| | 木楼、屋盖 | 11 | 11 | 7 | 4 |

注:①多层砌体房屋的顶层,最大横墙间距应允许适当放宽;
　　②表中木楼、屋盖的规定,不适用于小砌块砌体房屋。

**4. 房屋局部尺寸的限值**

在强烈地震作用下,房屋首先在薄弱部位破坏。这些薄弱部位是窗间墙、尽端墙段、突出屋顶的女儿墙等。因此,对窗间墙、尽端墙段、女儿墙的尺寸应加以限制。多层砌体房屋的局部尺寸限值,应符合表 4-15 的要求。

表 4-15　房屋局部尺寸的限值(m)

| 部位 | 烈度 | | | |
|---|---|---|---|---|
| | 6 | 7 | 8 | 9 |
| 承重窗间墙最小宽度 | 1.0 | 1.0 | 1.2 | 1.5 |
| 承重外墙尽端至门窗洞边的最小距离 | 1.0 | 1.0 | 1.2 | 1.5 |
| 非承重外墙尽端至门窗洞边的最小距离 | 1.0 | 1.0 | 1.0 | 1.0 |
| 内墙阳脚至门窗洞边的最小距离 | 1.0 | 1.0 | 1.5 | 2.0 |
| 无锚固女儿墙(非出入口处)的最大高度 | 0.5 | 0.5 | 0.5 | 0.0 |

注:①局部尺寸不足时应采取局部加强措施弥补;
　　②出入口处的女儿墙应有锚固;
　　③多层多排柱内框架房屋的纵向窗间墙宽度,不应小于1.5m。

**5. 其他规定**

多层砌体房屋的结构体系,应符合下列要求:

(1)应优先采用横墙承重或纵、横墙共同承重的结构体系。

(2)纵、横墙的布置宜均匀对称,沿水平面内宜对齐,沿竖向应上下连续,同一轴线上的窗间墙宜均匀。

(3)房屋有下列情况之一时宜设置防震缝,缝两侧均应设置墙体,缝宽可采用 50~100mm:房屋高差在 6m 以上;房屋有错层,且楼板高差较大;各部分结构刚度、质量截然不同。

(4)楼梯间不宜设置在房屋的尽端和转角处。

(5)烟道、通风道、垃圾道等不应削弱墙体,当墙体被削弱时,应对墙体采取加强措施,不宜采用无竖向配筋的附墙烟囱及出屋面的烟囱。

(6)不宜采用无锚固的钢筋混凝土预制挑檐。

**(三)钢筋混凝土构造柱的设置**

在多层砖房中的适当部位设置钢筋混凝土构造柱(图 4-34,简称构造柱)并与圈梁连接使之共同工作,可以增加房屋的延性,提高房屋的抗侧力能力,防止或延缓房屋在地震作用下发生突然倒塌,减轻房屋的损坏程度。构造柱——圈梁抗震砌体结构也称为约束砌体体系。

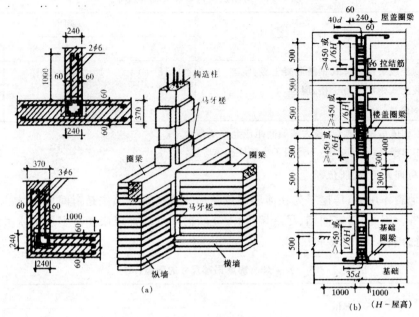

**图 4-34　构造柱**

构造柱应符合下列规定:

**1.构造柱设置部位**

构造柱设置部位,一般情况下应符合表 4-16 的要求。外廊式或单面走廊式的多层砖房,应根据房屋增加一层后的层数,按表 4-16 要求设置构造柱,且单面走廊两侧的纵墙均应按外墙处理;教学楼、医院等横墙较少的房屋,应根据房屋增加一层后的层数,按上述要求设置构造柱。当教学楼、医院等横墙较少的房屋为外廊式或单面走廊式时,对于 6 度不超过四层、7 度不超过三层和 8 度不超过二层的多层房屋,应按增加二层后的层数对待。

**表 4-16　砖房构造柱设置要求**

| 房屋层数 | | | | 设置部位 | |
|---|---|---|---|---|---|
| 6 度 | 7 度 | 8 度 | 9 度 | | |
| 四、五 | 三、四 | 二、三 | | 外墙四角,错层部位横墙与外纵墙交接处,大房间内外墙交接处,较大洞口两侧 | 7、8 度时,楼、电梯间的四角;隔 15m 或单元横墙与外纵墙交接处 |
| 六、七 | 五 | 四 | 二 | | 隔开间横墙(轴线)与外墙交接处,山墙与内纵横墙交接处;7~9 度时,楼、电梯间的四角 |
| 八 | 六、七 | 五、六 | 三、四 | | 内墙(轴线)与外墙交接处,内墙的局部较小墙垛处;7~9 度时,楼、电梯间的四角;9 度时内纵墙与横墙(轴线)交接处 |

**2.构造柱截面尺寸、配筋和连接**

(1)构造柱最小截面可采用 240~180mm,纵向钢筋宜采用 4φ12,箍筋间距不宜大于 250mm,且在柱上下端宜适当加密;7 度时超过六层、8 度时超过五层和 9 度时,构造柱纵向钢筋宜采用 4φ14，箍筋间距不应大于 200mm；房屋四角的构造柱可适当加大截面及配筋。

（2）构造柱与墙连接处宜砌成马牙槎，并应沿墙高每隔 500mm 设 2φ6 拉结钢筋，每边伸入墙内不宜小于 1m。

（3）构造柱与圈梁连接处，构造柱的纵筋应穿过圈梁，保证构造柱纵筋上下贯通。构造柱与圈梁相交处，宜适当加密构造柱箍筋，加密范围在圈梁上下 450mm 或 H/6（H 为层高），箍筋间距不大于 100mm（图 4-34b）。

（4）构造柱可不单设基础，但应伸入室外地面下 500mm，或锚入浅于 500mm 的基础圈梁内。

房屋高度和层数接近表 4-12 的限值时，纵、横墙内构造柱间距尚应符合下列要求：

第一，横墙内的构造柱间距不宜大于层高的两倍；下部 1/3 楼层的构造柱间距适当减小。

第二，当外纵墙开间大于 3.9m 时，应另设加强措施。内纵墙的构造柱间距不宜大于 4.2m。

（四）钢筋混凝土圈梁的设置

1. 圈梁设置的要求

圈梁设置的要求主要有以下两个。

（1）装配式钢筋混凝土楼、屋盖或木楼、屋盖的砖房，横墙承重时应按表 4-17 的要求设置圈梁；纵墙承重时每层均应设置圈梁，且抗震横墙上的圈梁间距应比表内要求适当加密。

表 4-17　砖房现浇钢筋混凝土圈梁设置要求

| 墙类 | 烈度 | | |
|---|---|---|---|
| | 6、7 | 8 | 9 |
| 外墙及内纵墙 | 屋盖处及每层楼盖处 | 屋盖处及每层楼盖处 | 屋盖处及每层楼盖处 |
| 内横墙 | 屋盖处及每层楼盖处；屋盖处间距不应大于 7m；楼盖处间距不应大于 15m；构造柱对应部位 | 屋盖处及每层楼盖处；屋盖处沿所有横墙，且间距不应大于 7m；楼盖处间距不应大于 7m；构造柱对应部位 | 屋盖处及每层楼盖处；各层所有横墙 |

（2）现浇或装配整体式钢筋混凝土楼、屋盖与墙体有可靠连接的房屋，应允许不另设圈梁，但楼板沿墙体周边应加强配筋并应与相应的构造柱钢筋可靠连接。

2. 圈梁的构造

圈梁应闭合，遇有洞口应上下搭接，圈梁宜与预制板设在同一标高处或紧靠板底。在表 4-17 要求的间距内无横墙时，应利用梁或板缝中配筋替代圈梁（图 4-35）。

图 4-35　梁或板缝配筋与圈梁相连

圈梁的截面高度一般不应小于 120mm,配筋应符合表 4-18 的要求,但在软弱粘性土、液化土、新近填土或严重不均匀土层上砌体房屋的基础圈梁,其截面高度不应小于 180mm,配筋不应少于 4φ12。

表 4-18　砖房圈梁配筋要求

| 配筋 | 烈度 | | | 配筋 | 烈度 | | |
|---|---|---|---|---|---|---|---|
| | 6、7 | 8 | 9 | | 6、7 | 8 | 9 |
| 最小纵筋 | 4φ10 | 4φ12 | 4φ14 | 最大箍筋间距 | 250mm | 200mm | 150mm |

(五)墙体之间要有可靠的连接

墙体之间的连接要符合下列要求:

(1)7 度时层高超过 3.6m 或长度大于 7.2m 的大房间及 8 度和 9 度时,外墙转角及内、外墙交接处,当未设构造柱时,应沿墙高每隔 500mm 配置 2声6 拉结钢筋,并每边伸入墙内不应小于 lm,见图 4-36。

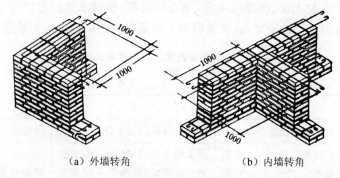

(a)外墙转角　　　　　(b)内墙转角

图 4-36　墙体间的连接

(2)后砌的非承重砌体隔墙应沿墙高每隔 500mm 配置 2φ6 拉结钢筋与承重墙或柱拉结,并每边伸入墙内不应小于 500mm(图 4-37);8 度和 9 度时长度大于 5m 的后砌非承重砌体隔墙的墙顶,尚应与楼板或梁拉结。

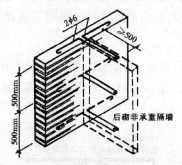

图 4-37　后砌非承重墙与承重墙的拉结

(六)楼盖构件应具有足够的搭接长度和可靠的连接

现浇钢筋混凝土楼板或屋面板伸进纵、横墙内的长度,均不应小于 120mm。

装配式钢筋混凝土楼板或屋面板,当圈梁未设在板的同一标高时。板端伸进外墙的长度不应小于 120mm,伸进内墙的长度不宜小于 100mm,在梁上不应小于 80mm。

当板的跨度大于4.8m并与外墙平行时,靠外墙的预制板侧边应与墙或圈梁拉结(图4-38)。

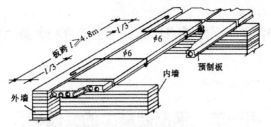

**图4-38　墙与预制板的拉结**

房屋端部大房间的楼盖,8度时房屋的屋盖和9度时房屋的楼(屋)盖,当圈梁设在板底时,钢筋混凝土预制板应相互拉结,并且应与梁、墙或圈梁拉结。

楼(屋)盖的钢筋混凝土梁或屋架,应与墙、柱(包括构造柱)或圈梁可靠连接,梁与砖柱的连接不应削弱柱截面,各层独立砖柱顶部应在两个方向均有可靠连接。

坡屋顶房屋的屋架应与顶层圈梁可靠连接,檩条或屋面板应与墙及屋架可靠连接,房屋出入口的檐口瓦应与屋面构件锚固;8度和9度时,顶层内纵墙顶宜增砌支撑端山墙的踏步式墙垛。

预制阳台应与圈梁和楼板的现浇板带可靠连接。

门窗洞处不应采用无筋砖过梁;过梁支承长度,6～8度时不应小于240mm,9度时不应小于360mm。

(七)加强楼梯间的整体性

楼梯间应符合下列要求:

(1)8度和9度时,顶层楼梯间横墙和外墙宜沿墙高每隔500mm设2φ6通长钢筋,9度时其他各层楼梯间可在休息平台或楼层半高处设置60mm厚的钢筋混凝土带或配筋砖带,砂浆强度等级不宜低于M7.5,钢筋不应少于2φ10。

(2)8度和9度时,楼梯间及门厅内墙阳角处的大梁支承长度不应小于500mm,并应与圈梁连接。

(3)装配式楼梯段应与平台板的梁可靠连接,不应采用墙中悬挑式踏步或踏步竖肋插入墙体的楼梯,不应采用无筋砖砌栏板。

(4)突出屋顶的楼梯、电梯间、构造柱应伸到顶部,并与顶部圈梁连接,内外墙交接处应沿墙高每隔500mm设2φ6拉结钢筋,且每边伸入墙内不应小于1m。

同一结构单元的基础(或桩承台),宜采用同一类型的基础,底面宜埋在同一标高上,否则应增设基础圈梁并应按1:2的台阶逐步放坡。

# 第五章 钢筋混凝土构件的性能分析

## 第一节 钢筋混凝土的受压构件

### 一、受压构件的基本概念

（一）受压构件及其分类

受压构件：主要承受以轴向压力为主，通常还有弯矩和剪力作用，柱子是其代表，按照纵向压力在截面上作用位置的不同可分为轴心受压构件和偏心受压构件两种。

轴心受压构件：纵向压力作用线与构件轴线重合的构件称为轴心受压构件，实际工程中，几乎没有真正意义上的轴心受力构件，但设计时，桁架中受拉、受压腹杆等可简化为轴心受力构件计算，如框架结构中的中柱等。

偏心受压构件：纵向压力作用线与构件轴线不重合的构件称为偏心受压构件，偏心受压构件又可分为单向偏心受压构件和双向偏心受压构件，如框架结构中的边柱和角柱等。

建筑工程中，受压构件是最重要最常见的承重构件之一，如图5-1所示。本节只介绍轴心受压构件和单向偏心受压构件。

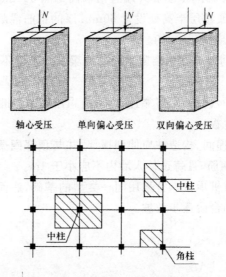

图 5-1 受压构件的类型

（二）钢筋混凝土柱的类别划分

钢筋混凝土柱的分类按配置箍筋形式不同可分为如图5-2所示。(1)普通箍筋柱：纵筋＋普通箍筋（矩形箍筋），实际工程中常用。(2)螺旋箍筋柱：纵筋与螺旋式或焊环式箍筋，实际工程中很少用。

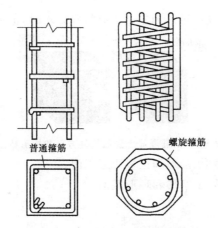

普通箍筋　　　　　　　螺旋箍筋

图 5-2　钢筋混凝土柱的类别划分

　　另外,受压构件(柱)往往在结构中具有重要作用,一旦产生破坏,往往导致整个结构的损坏,甚至倒塌,如图 5-3 所示。

图 5-3　受压构件柱被破坏

## 二、受压构件的构造要求

### (一)材料强度等级

　　受压构件的承载力主要取决于混凝土强度,采用较高强度等级的混凝土可以减小构件截面尺寸,节省钢材,因而柱中混凝土一般宜采用较高强度等级,但不宜选用高强度钢筋。其原因是受压钢筋要与混凝土共同工作,钢筋应变受到混凝土极限压应变的限制,而混凝土极限压应变很小,所以高强度钢筋的受压强度不能充分利用。《混凝土规范》规定受压钢筋的最大抗压强度为 $400\text{N}/\text{mm}^2$。一般柱中采用 C25 及以上等级的混凝土,对于高层建筑的底层柱可采用更高强度等级的混凝土,例如采用 C40 或以上等级;纵向钢筋一般采用 HRB335 级和 HRB400 级热轧钢筋。

### (二)截面形式和尺寸

#### 1.截面形式

　　钢筋混凝土受压构件通常采用方形或矩形截面,如图 5-4 所示,以便制作模板。一般轴心受压柱以正方形为主，偏心受压柱以矩形为主。当有特殊要求时，也可采用其他形式的截面。

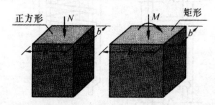

**图 5-4 钢筋混凝土受压构件方形和矩形截面**

轴压：一般采用正方形、矩形、圆形和正多边形截面。

偏压：一般采用矩形、梯形、工字形和环形截面。

2. 截面尺寸

为了充分利用材料强度，避免构件长细比太大而过多降低构件承载力，柱截面尺寸不宜过小。一般应符合 $\frac{l_0}{h} \leqslant 25$ 及 $\frac{l_0}{b} \leqslant 30$（其中 $l_0$ 为柱的计算长度，见表 5-1。$h$ 和 $b$ 分别为截面的高度和宽度）。对于正方形和矩形截面，其尺寸不宜小于 250mm×250mm。为了便于模板尺寸模数化，柱截面边长在 800mm 以下者，宜取 50mm 的倍数；在 800mm 以上者，取为 100mm 的倍数。

钢筋混凝土结构中的框架柱：一般取，截面高度 h=($\frac{1}{20} \sim \frac{1}{15}$)$H_i$($H_i$ 为层高)；

宽度 b=($\frac{2}{3} \sim 1$)h。

**表 5-1 柱的计算长度 $l_0$ 取值**

| 楼盖类型 | 柱类别 | 计算长度 |
|---|---|---|
| 现浇楼盖 | 底层柱 | 1.0H |
| | 其余各层柱 | 1.25H |
| 装配式楼盖 | 底层柱 | 1.25H |
| | 其余各层柱 | 1.5H |
| 建筑力学中计算跨度的取值 | | |
| 两端不动铰支 | | $l_0 = 1.0l$ |
| 两端固定 | | $l_0 = 0.5l$ |
| 一端不动铰支，一端固定 | | $l_0 = 0.7l$ |
| 一端固定，一端自由 | | $l_0 = 2.0l$ |

注：表中 H 对底层柱为从基础顶面到一层楼盖顶面的高度或取一层层高加室内地面下 500mm；对其余各层柱为上下两层楼盖顶面之间的高度，如图 5-5 所示。

（三）纵向受力钢筋

设置纵向受力钢筋的作用。协助混凝土承受压力；承受可能的弯矩以及混凝土收缩和温度变形引起的拉应力；防止构件突然的脆性破坏，如图 5-6 所示。

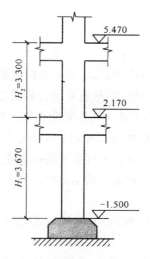

**图 5-5　柱长的取值**

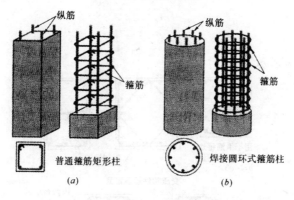

**图 5-6　设置纵向受力钢筋的作用**

布置方式(图 5-7)。轴心受压柱的纵向受力钢筋应沿截面四周均匀对称布置；偏心受压柱的纵向受力钢筋放置在弯矩作用方向的两对边；圆柱中纵向受力钢筋宜沿周边均匀布置。

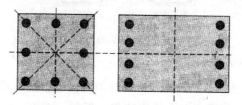

**图 5-7　纵向受力钢筋的布置方式**

构造要求。纵向受力钢筋直径蠹不宜小于 12mm，通常采用 12～32mm。一般宜采用根数较少、直径较粗的钢筋，以保证骨架的刚度。正方形和矩形截面柱中纵向受力钢筋不少于 4 根，圆柱中不宜少于 8 根且不应少于 6 根。纵向受力钢筋的净距不应小于 50mm，偏心受压柱中垂直于弯矩作用平面的侧面上的纵向受力钢筋及轴心受压柱中各边的纵向受力钢筋的中距不宜大于 300mm。对水平浇筑的预制柱，其纵向钢筋的最小净距可按梁的有关规定采用。

全部纵向钢筋的配筋率不宜超过 5%。受压钢筋的配筋率一般不超过 3%，也不宜小于 0.6%，配筋率通常在 0.5%～2% 之间比较经济。

（四）箍筋

**1.箍筋设置的作用及其构造要求**

箍筋的设置能够保证纵向钢筋的位置正确；防止纵向钢筋压屈，从而提高柱的承载能力。

受压构件中的周边箍筋应做成封闭式，箍筋末端应做成135°弯钩且弯钩末端平直段长度不应小于直径的10d。箍筋直径不应小于 d/4(d 为纵向钢筋的最大直径)，且不应小于6mm。箍筋间距不应大于400ram及构件截面的短边尺寸，且不应大于15d(d 为纵向受力钢筋的最小直径)。在纵筋搭接长度范围内，箍筋的直径不宜小于搭接钢筋直径的 0.25 倍。箍筋间距，当搭接钢筋为受拉时，不应大于 5d(d 为受力钢筋中最小直径)，且不应大于100mm；当搭接钢筋为受压时，不应大于 10d，且不应大于200mm。

当搭接受压钢筋直径大于 25mm 时，应在搭接接头两个端面外50mm 范围内各设置 2 根箍筋。

普通箍筋柱中的箍筋是构造钢筋，由构造确定；螺旋箍筋柱中的箍筋既是构造钢筋又是受力钢筋。

**2.箍筋的形式**

箍筋的形式如图 5-8 所示。

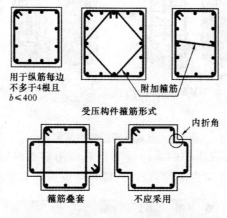

图 5-8 箍筋的形式

（五）偏压柱构造纵筋的设置

当偏心受压柱的截面高度 $h \geqslant 600mm$ 时，在柱的侧面应设置直径为 $10 \sim 16mm$ 的纵向构造钢筋，其间距不大于 500mm，并相应设置拉筋或复合箍筋，如图 5-9 所示，拉筋的直径和间距可与箍筋基本相同。

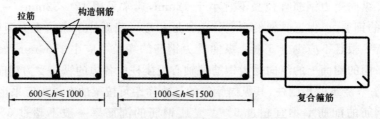

图 5-9 偏压构造纵筋的设置

其建筑工程实例，如图 5-10 所示。

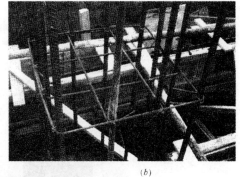

*(a)*　　　　　　　　　　　　　　　　　*(b)*

*(c)*

**图 5-10　钢筋混凝土柱现场施工**

## 三、轴心受压构件正截面承载力计算

### (一)试验分析

根据长细比 $l_0/b$ 的大小,轴心受压柱可分为短柱和长柱两类。对正方形和矩形柱,当 $l_0/b \leqslant 8$ 时属于短柱,$l_0/b > 8$ 为长柱。其中 $l_0$ 为柱的计算长度,$b$ 为矩形截面的短边尺寸。

1. 轴心受压短柱

临近破坏时,柱子表面出现纵向裂缝,箍筋之间的纵筋压屈外凸,混凝土被压碎崩裂而破坏。混凝土达到 $f_c$,$f'_y$;钢筋达到 $f'_y$。

2. 轴心受压长柱

临近破坏时,首先在凹边出现纵向裂缝,接着混凝土压碎,纵筋压弯外凸,侧向挠度急速发展,最终柱子失去平衡,凸边混凝土拉裂而破坏。

在同等条件下(即截面相同,配筋相同,材料相同),长柱受压承载能力低于短柱受压承载能力。柱的长细比愈大,其承载力愈低,对于长细比很大的长柱,还有可能发生"失稳破坏"的现象,如图 5-11 所示。《混凝土规范》采用稳定系数 $\varphi$ 来表示长柱承载力的降低程度。

图 5-11 "失稳破坏"现象

**(二)基本公式**

钢筋混凝土轴心受压柱的正截面承载力由混凝土承载力及钢筋承载力两部分组成,《混凝土规范》将钢筋混凝土短柱和长柱的轴心受压承载力写成统一的公式,如图 5-12。

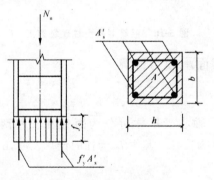

图 5-12 纵向力平衡条件

由图 5-12 中纵向力平衡条件可得:

$$N \leqslant N_u = 0.9\varphi(f_c A + f'_y A'_s) \tag{5-1}$$

式中:$N$——轴心压力设计值;

0.9——为保持与偏心受压构件正截面承载力计算有相近的可靠度而取的调整系数;

$\varphi$——稳定系数,见表 5-2;

$f_c$——混凝土轴心抗压强度设计值;

$f'_y$——纵向钢筋抗压强度设计值;

$A$——构件截面面积,当纵向钢筋配筋率,$\rho' \geqslant 3\%$时,$A$ 应改为 $A_c$,$A_c = A - A'_s$;

$A'_s$——纵向受压钢筋截面面积;

$\rho'$——纵向受压钢筋配筋率,$\rho' = \dfrac{A'_s}{A}$。

表 5-2　钢筋混凝土受压构件的稳定系数 φ

| $l_0/b$ | ≤8 | 10 | 12 | 14 | 16 | 18 | 20 | 22 | 24 | 26 | 28 |
|---|---|---|---|---|---|---|---|---|---|---|---|
| $l_0/d$ | ≤7 | 8.5 | 10.5 | 12 | 14 | 15.5 | 17 | 19 | 21 | 22.5 | 24 |
| $l_0/i$ | ≤28 | 35 | 42 | 48 | 55 | 62 | 69 | 76 | 83 | 90 | 97 |
| $\varphi$ | 1.0 | 0.98 | 0.95 | 0.92 | 0.87 | 0.81 | 0.76 | 0.70 | 0.65 | 0.60 | 0.56 |
| $l_0/b$ | 30 | 32 | 34 | 36 | 38 | 40 | 42 | 44 | 46 | 48 | 50 |
| $l_0/d$ | 26 | 28 | 29.5 | 31 | 33 | 34.5 | 36.5 | 38 | 40 | 41.5 | 43 |
| $l_0/i$ | 104 | 111 | 118 | 125 | 132 | 139 | 146 | 153 | 160 | 167 | 174 |
| $\varphi$ | 0.52 | 0.48 | 0.44 | 0.40 | 0.36 | 0.32 | 0.29 | 0.26 | 0.23 | 0.21 | 0.19 |

## 四、偏心受压构件正截面承载力

### （一）偏心受压构件破坏特征

同时承受轴向压力 N 和弯矩 M 作用的构件称为偏心受压构件,它等效于承受一个偏心距为 $e_0 = M/N$ 的偏心压力 N 的作用,当 $e_0$ 很小时,构件接近于轴心受压,当 $e_0$ 很大时,构件接近于受弯,因此,随着 $e_0$ 的改变,偏心受压构件的受力性能和破坏形态介于轴心受压和受弯之间。按照轴向力的偏心距和配筋情况的不同,偏心受压构件的破坏可分为受拉破坏(习惯上称为大偏心受压破坏)和受压破坏(习惯上称为小偏心受压破坏)两种情况。

当偏心距 $e_0$ 较大,且受拉钢筋不太多时,发生受拉破坏。

当偏心距 $e_0$ 较小,且受拉钢筋配置过多时,均发生受压破坏。

### 1. 受拉破坏（大偏心受压破坏）

破坏特征:加载后首先在受拉区出现横向裂缝,裂缝不断发展,裂缝处的拉力转由钢筋承担,受拉钢筋首先达到屈服,并形成一条明显的主裂缝,主裂缝延伸,受压区高度减小,最后受压区出现纵向裂缝,混凝土被压碎导致构件破坏。

类似于正截面破坏中的适筋梁。

属于延性破坏,如图 5-13 所示。

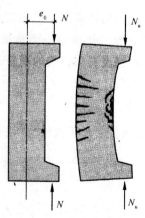

图 5-13　大偏心受压破坏

2.受压破坏(小偏心受压破坏)

破坏特征:加荷后全截面受压或大部分受压,离力近侧混凝土压应力较高,离力远侧压应力较小甚至受拉。随着荷载增加,近侧混凝土出现纵向裂缝被压碎,受压钢筋屈服,远侧钢筋可能受压,也可能受拉,但都未屈服。

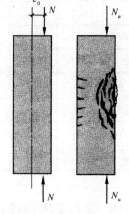

类似于正截面破坏中的超筋梁。

属于脆性破坏,如图 5-14 所示。

3.受拉破坏与受压破坏的界限

(1)破坏的起因不同

受拉破坏(大偏心受压)是受拉钢筋先屈服而后受压混凝土被压碎;

受压破坏(小偏心受压)是受压部分先发生破坏。

(2)与正截面破坏类似处

受拉破坏(大偏心受压)与受弯构件正截面适筋破坏类似;

**图 5-14 小偏心受压破坏**

受压破坏(小偏心受压)类似于受弯构件正截面的超筋破坏。

(3)用界限相对受压区高度 $\xi_b$ 作为界限

当 $\xi \leqslant \xi_b$ 时,则为大偏心受压破坏(受拉破坏);当 $\xi > \xi_b$ 时,则为小偏心受压破坏(受压破坏)。

(二)附加偏心距 $e_a$

由于施工误差、计算偏差及材料的不均匀等原因,实际工程中不存在理想的轴心受压构件。为考虑这些因素的不利影响,引入附加偏心距 $e_a$,即在正截面压弯承载力计算中,偏心距取计算偏心距 $e_0 = M/N$ 与附加偏心距 $e_a$ 之和称为初始偏心距 $e_i$。

$$e_i = e_0 + e_a \tag{5-2}$$

参考以往工程经验和国外规范,附加偏心距 $e_a$ 取 20mm 与 h/30 两者中的较大值,此处 h 是指偏心方向的截面尺寸。M 和 N 分别为计算截面的弯矩和轴力设计值。

(三)偏心距增大系数 $\eta$

1.压弯效应

在偏心压力作用下,钢筋混凝土受压构件将产生纵向弯曲变形,即会产生侧向挠度,从而导致截面的初始偏心距增大,如 1/2 柱高处的初始偏心距将增大为 $e_i + f$,截面最大弯矩也将由 $Ne_i$ 增大为 N($e_i + f$),致使柱的承载力降低。这种偏心受压构件截面内的弯矩受轴向压力和侧向挠度变化影响的现象称为"压弯效应"。

2.偏心距增大系数 $\eta$ 的确定

对于矩形、T 形、工字形和圆形截面偏心受压构件,其偏心距增大系数可按下列公式计算:

$$\eta = 1 + \frac{1}{1400\frac{e_i}{h_0}}\left(\frac{l_0}{h}\right)^2 \zeta_1 \zeta_2 \tag{5-3}$$

$$\zeta_1 = \frac{0.5 f_c A}{N} \leqslant 1.0 \tag{5-4}$$

$$\zeta_2 = 1.15 - 0.01 \frac{l_0}{h} \leqslant 1.0 \tag{5-5}$$

式中：$l_0$——构件计算长度；

   $h$——截面高度；

   $A$——构件截面面积；

   $h_0$——截面的有效高度；

   $\zeta_1$——考虑偏心距对截面曲率的影响系数；

   $\zeta_2$——考虑长细比对截面曲率的影响系数，$\dfrac{l_0}{h} < 15$ 时，取 $\zeta_2 = 1.0$。

（四）对称配筋矩形截面偏心受压构件正截面承载力计算

实际工程中，受压构件经常承受变号弯矩的作用，对于装配式柱来讲，采用对称配筋比较方便，吊装时不容易出错，设计和施工都比较简便。从实际工程来看，对称配筋的应用更为广泛。

对称配筋就是截面两侧的钢筋数量和钢筋种类都相同，即 $A_s = A'_s$，$f_y = f'_y$

1. 基本假定

大、小偏心受压构件正截面承载力计算也可仿照受弯构件正截面承载力计算作如下基本假定：

（1）截面应变符合平面假定。

（2）不考虑混凝土的受拉作用，拉力全部由钢筋承担。

（3）受压区混凝土采用等效矩形应力图，等效矩形应力图的强度为 $a_1 f_c$。

2. 基本公式

（1）大偏心受压（$\xi \leqslant \xi_b$）

大偏心受压如图 5-15。

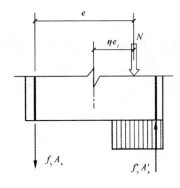

**图 5-15  大偏心受压**

由图 5-15 所示，根据平衡条件得：

$$N = a_1 f_c b x + f'_y A'_s - f_y A_s \tag{5-6}$$

$$Ne = a_1 f_c b x \left(h_0 - \frac{x}{2}\right) + f'_y A'_s (h_0 - a'_s) \tag{5-7}$$

$$e = \eta e_i + \frac{h}{2} - a_s \tag{5-8}$$

(2)小偏心受压($\xi < \xi_b$)

矩形截面小偏心受压的基本公式可按大偏心受压的方法建立。但应注意,小偏心受压构件在破坏时,远离纵向力一侧的钢筋 $A_s$ 未达到屈服,其应力用 $\sigma_s$ 来表示,如图 5-16。

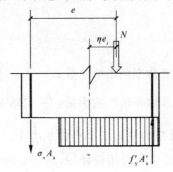

图 5-16  小偏心受压

由图 5-16 所示,根据平衡条件得:

$$N = a_1 f_c bx + f'_y A'_s + \sigma_s A_s \tag{5-9}$$

$$N_e = a_1 f_c bx \left(h_0 - \frac{x}{2}\right) + f'_y A'_s (h_0 - a'_s) \tag{5-10}$$

(3)垂直于弯矩作用平面的承载力验算

纵向压力 N 较大且弯矩平面内的偏心距 $e_i$ 较小,若垂直弯矩平面的长细比 $l_0/b$ 较大时,则可能产生侧向失稳破坏,《混凝土规范》规定,偏心受压构件除应计算弯矩平面内的偏心受压承载力外,尚应按轴心受压构件验算垂直于弯矩作用平面的轴心受压承载力,一般只需对小偏心受压柱进行验算,其公式为:

$$N = 0.9\varphi [f'_y (A'_s + A_s) + f_c A] \tag{5-11}$$

3.公式的适应条件

(1)大偏心受压

为了保证受压钢筋和受拉钢筋在构件破坏时能达到相应的屈服强度 $f_y$,$f'_y$ 必须满足下列适用条件:①$\xi \leqslant \xi_b$

②$x \geqslant 2a'_s$

(2)小偏心受压

必须满足的适用条件:$\xi > \xi_b$ 且 $x \leqslant h$

## 五、偏心受压构件斜截面承载力

偏心受压构件除受有轴力 N 和弯矩 M 作用外,还有剪力 V 的作用,则偏心受压构件尚须进行斜截面受剪承载力的计算。

轴向压力 N 对斜截面受剪强度的影响:与受弯构件的抗剪性能相比,偏心受压构件还有轴向压力的作用。试验表明,轴向压力对斜截面的受剪承载力起有利作用,且轴向压力对构件斜截面的受剪承载力的有利作用是有限的。《混凝土规范》规定,矩形截面钢筋混凝土偏心受压构件的斜截面承载力按下式计算:

$$V = \frac{1.75}{\lambda + 1} f_t bh_0 + f_{yv} \frac{nA_{sv1}}{s} h_0 + 0.07N \tag{5-12}$$

式中:λ——偏心受压力构件计算截面的剪跨比;

$N$——与剪力设计值相应的轴向压力设计值;当 $N>0.3f_cA$ 时,取 $N=0.3f_cA$,$A$ 为构件截面面积。

## 第二节　钢筋混凝土的受扭构件

凡是在构件截面中有扭矩作用的构件,都称为受扭构件。扭转是构件受力的基本形式之一,也是钢筋混凝土结构中常见的构件形式,工程中如钢筋混凝土雨篷梁、平面曲梁或折梁、现浇框架边梁、吊车梁、螺旋楼梯等结构构件都是受扭构件(图 5-18)。受扭构件根据截面上存在的内力情况可分为纯扭、剪扭、弯扭、弯剪扭等多种受力情况。在实际工程中弯、剪、扭的受力构件较普遍,钢筋混凝土受扭构件大都是矩形截面。

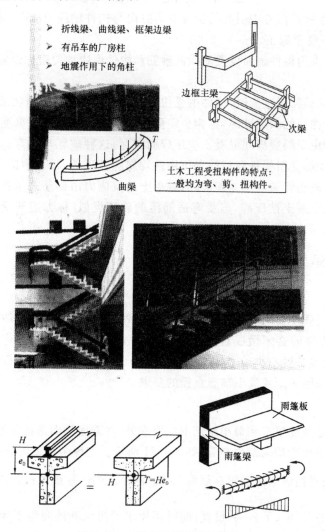

图 5-18　工程中常见的受扭构件

## 一、钢筋混凝土纯扭构件的破坏特征

开裂前：主拉应力最大值在长边中间，主拉应力与轴线成45°角。

开裂后：钢筋混凝土构件三面开裂，一面受压，如图5-19所示。

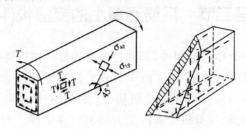

**图 5-19　纯受扭构件的破坏特征**

扭矩在匀质弹性材料构件中引起的主拉应力方向与构件轴线成45°。最合理的配筋方式为45°螺旋形配筋，但不便于施工。

在实际工程中，采用构件表面设置的横向箍筋和构件周边均匀对称设置纵向钢筋，共同形成抗扭钢筋骨架。

当受扭箍筋和纵筋配置过少时，构件的受扭承载力与素混凝土没有实质差别，破坏过程迅速而突然，类似于受弯构件的少筋破坏，称为少筋受扭构件。如果箍筋和纵筋配置过多，钢筋未达到屈服强度，构件即由于斜裂缝间混凝土被压碎而破坏，这种破坏与受弯构件的超筋梁类似，称为超筋受扭构件。少筋受扭构件和超筋受扭构件均属脆性破坏，设计中应予避免。当受扭箍筋和纵筋配置合适，混凝土开裂后不立即破坏，混凝土的拉应力由钢筋来承担，随扭矩增大纵筋和箍筋屈服，侧压面上混凝土被压碎，与受弯适筋梁的破坏类似，称为适筋受扭构件，属于延性破坏，在工程设计中采用。

## 二、配筋的构造要求

### （一）受扭箍筋

受扭箍筋除满足强度要求和最小配箍率的要求外，其形状还应满足图5-20所述的要求，即箍筋必须做成封闭式，箍筋的末端必须做成135°的弯钩，弯钩的端头平直端长度不小于$10d$，箍筋的间距$s$及直径$d$均应满足受弯构件的最大箍筋间距$s_{max}$及最小箍筋直径的要求。

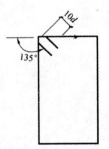

**图 5-20　受扭箍筋**

### （二）受扭纵筋

受扭纵筋除满足强度要求和最小配筋率的要求外，在截面的四角必须设置受扭纵筋，其余的受扭纵筋则沿截面的周边均匀对称布置，如图5-21所示。工程中常采用如下分配方法设置受扭纵筋：当$h \leqslant b$时，则受扭纵筋按受扭纵筋面积$A_{stl}$的上、下各$\frac{1}{2}$设置；当$h > b$时，则受扭纵筋按受扭纵筋面积$A_{stl}$的上、中、下各$\frac{1}{3}$设置，同时还要求受扭纵筋的间距不大于200mm和梁的截面宽度。如梁的截面尺寸为$b \times h = 250mm \times 600mm$，则受扭纵筋按受扭纵筋面积$A_{stl}$的上、中、下各$\frac{1}{4}$设置。配置钢筋时，可将相重叠部位的受弯纵筋和受扭纵筋面积进行叠加。

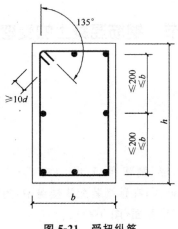

**图 5-21　受扭纵筋**

### 三、在弯、剪、扭共同作用下的承载力计算方法

在弯矩、剪力和扭矩的共同作用下,各项承载力是相互关联的,其相互影响十分复杂。为了简化:《混凝土结构设计规范》规定,构件在弯矩、剪力和扭矩共同作用下的承载力可按下述叠加方法进行计算,如图 5-22 所示。

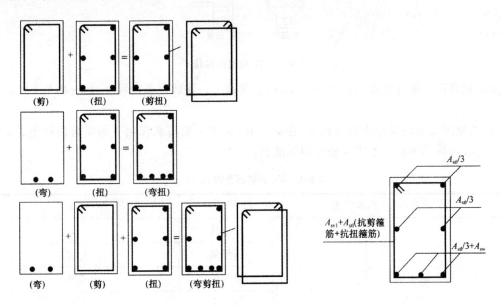

**图 5-22　受扭构件钢筋叠加**

(1)按受弯构件计算在弯矩作用下所需的纵向钢筋的截面面积 $A_s$ 与按受扭构件计算在扭矩作用下所需的受扭纵向分配的面积叠加后设置在构件的受拉区。

(2)按剪扭构件计算在承受剪力作用下所需的箍筋截面面积与承受扭矩作用下所需的箍筋截面面积叠加后重新设箍筋。

# 第三节 钢筋混凝土的受弯构件

## 一、梁和板的一般构造

### (一)梁的构造及要求

#### 1. 截面形状和尺寸

梁的截面形式主要有矩形、T 形、倒 T 形、L 形、工字形、十字形、花篮形等。对于现浇整体式结构,为便于施工,常采用矩形截面;在预制装配式楼盖中,为搁置预制板可采用矩形、花篮形、十字形截面,薄腹梁则可采用工字形截面(图 5-23)。

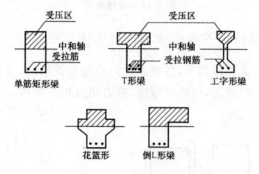

**图 5-23 梁的截面形状**

梁的截面尺寸通常沿梁全长保持不变,以方便施工。在确定截面尺寸时,应满足下述的构造要求。

(1)按挠度要求的梁最小截面高度:在设计时,对于一般荷载作用下的梁可参照表 5-3 初定梁的高度,此时,梁的挠度要求一般能得到满足。

**表 5-3 梁、板截面高跨比 $h/l_0$**

| 构件种类 | | | $h/l_0$ |
|---|---|---|---|
| 梁 | 整体肋形梁 | 主梁 简支梁 | 1/12 |
| | | 主梁 连续梁 | 1/15 |
| | | 主梁 悬臂梁 | 1/6 |
| | | 次梁 简支梁 | 1/20 |
| | | 次梁 连续梁 | 1/25 |
| | | 次梁 悬臂梁 | 1/8 |
| | 矩形截面独立梁 | 简支梁 | 1/12 |
| | | 连续梁 | 1/15 |
| | | 悬臂梁 | 1/6 |

| 构件种类 | | | $h/l_0$ |
|---|---|---|---|
| 板 | 单向板 | | $1/35\sim1/40$ |
| | 双向板 | | $1/40\sim1/50$ |
| | 悬臂板 | | $1/10\sim1/12$ |
| | 无梁楼板 | 有柱帽 | $1/32\sim1/40$ |
| | | 无柱帽 | $1/30\sim1/35$ |

（2）常用梁高：常用梁高为 200、250、300、350……750、800、900、1000mm 等。

截面高度：$h\leqslant800$mm 时，取 50mm 的倍数；

　　　　　$h>800$mm 时，取 100mm 的倍数。

（3）常用梁宽：梁高确定后，梁宽度可由常用的高宽比来确定：

矩形截面：$h/b=2.0\sim3.5$

T 形截面：$h/b=2.5\sim4.0$

常用梁宽为 150mm、180mm、200mm……，如宽度 $b>200$mm，应取 50mm 的倍数。

## 2. 梁的支承长度

当梁的支座为砖墙或砖柱时，可视为简支座，梁伸入砖墙、柱的支承长度应满足梁下砌体的局部承压强度，且当梁高 $h\leqslant500$mm 时，$a\geqslant180$mm；$h>500$mm 时，$a\geqslant240$mm。

当梁支承在钢筋混凝土梁（柱）上时，其支承长度应不小于 180mm。

## 3. 梁的钢筋

在一般的钢筋混凝土梁中，通常配置有纵向受力钢筋、箍筋、弯起钢筋及架立钢筋。当梁的截面高度较大时，尚应在梁侧设置构造钢筋。

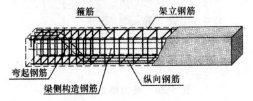

**图 5-24　梁的钢筋骨架**

（1）纵向受力钢筋

纵向受力钢筋的作用主要是承受弯矩在梁内所产生的拉力，应设置在梁的受拉一侧，其数量应通过计算来确定，宜优先采用 HRB400 级或 HRB335 级钢筋，鼓励采用 HRB400 级钢筋。梁纵筋常用直径 $d=12\sim28$mm。当设置纵向受力筋时，一排实在放不下，也可以设置两排，第二排钢筋常用短钢筋架起，如图 5-25 所示。

纵向钢筋的常用直径如表 5-4 所示。

**表 5-4　纵向钢筋的常用直径**

| 板 | 6 | 8 | 10 | 12 | | | | | |
|---|---|---|---|---|---|---|---|---|---|
| 梁 | 12 | 14 | 16 | 18 | 20 | 22 | 25 | | |
| 柱 | 12 | 14 | 16 | 18 | 20 | 22 | 25 | 28 | 32 |

图 5-25　第二排钢筋常用短钢筋架起

单筋截面和双筋截面：前者指只在受拉区配置纵向受力钢筋的受弯构件；后者指同时在梁的受拉区和受压区配置纵向受力钢筋的受弯构件。

为了保证钢筋周围的混凝土浇筑密实，避免钢筋锈蚀而影响结构的耐久性，梁的纵向受力钢筋间必须留有足够的净间距，如图 5-26 所示。

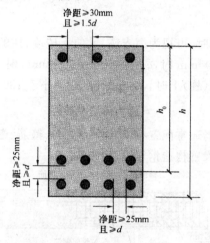

图 5-26　受力钢筋的间距

（2）弯起钢筋

弯起钢筋在跨中是纵向受力钢筋的一部分，在靠近支座的弯起段弯矩较小处则用来承受弯矩和剪力共同产生的主拉应力，即作为受剪钢筋的一部分，如图 5-27 所示。

图 5-27　弯起钢筋各段受力情况

钢筋的弯起角度一般为 45°，当梁高 $h>800mm$ 时，可采用 60°。

（3）架立筋

架立钢筋一般为两根，布置在梁截面受压区的角部，是由构造确定的。架立钢筋的作用：固定箍筋的正确位置，与纵向受力钢筋构成钢筋骨架，并承受因温度变化、混凝土收缩而产生的拉力;以防止发生裂缝,另外受压区配置的纵向受压钢筋可兼做架立钢筋。根据工程经验:架立筋的面积不小于(1/3~1/4) $A_S$ 。架立筋的最小直径如表 5-5 所示。

表 5-5　架立筋的最小直径(mm)

| 梁跨(m) | <4 | 4~6 | >6 |
|---|---|---|---|
| 最小直径(mm) | 8 | 10 | 12 |

(4)箍筋

箍筋主要用来承受由剪力和弯矩在梁内引起的主拉应力,应根据计算确定,并通过绑扎或焊接把其他钢筋连接在一起,形成空间骨架(图 5-28)。

图 5-28　箍筋的弯制过程

箍筋的形式:可分为开口式和封闭式两种。

箍筋的肢数:当梁的宽度 $b$≤150mm 时,可采用单肢;当 $b$≤400mm,且一层内的纵向受压钢筋不多于 4 根时,采用双肢箍筋。当 $b$>400mm,且一层内的纵向受压钢筋多于 3 根,或当梁的宽度不大于 400mm,但一层内的纵向受压钢筋多于 4 根时,应设置复合箍筋。梁中一层内的纵向受拉钢筋多于 5 根时,宜采用复合箍筋。

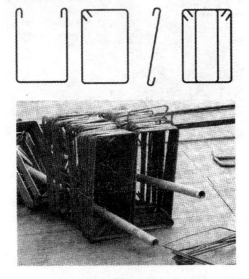

图 5-29　箍筋的形式和肢数

梁内箍筋宜采用 HPB235 级钢筋,有时也采用 HRB400 级钢筋。箍筋直径,当梁截面高度 $h \leqslant 800\text{mm}$ 时,不宜小于 6mm;当 $h > 800\text{mm}$ 时,不宜小于 8mm。

(5)梁侧构造钢筋

当梁的腹板高度 $h_w > 450\text{mm}$ 时,在梁的两个侧面应沿高度配置纵向构造钢筋,每侧纵向构造钢筋的截面面积不应小于腹板截面面积的 0.11%,一般 $d = 12 \sim 16\text{mm}$,间距不宜大于 200mm。

梁侧构造钢筋的作用:承受因温度变化、混凝土收缩在梁的中间部位引起的拉应力,防止混凝土在梁中间部位产生裂缝,如图 5-30 所示。

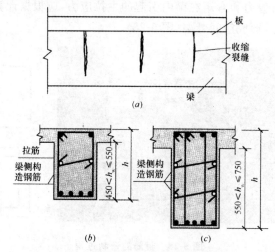

图 5-30 梁侧构造钢筋及拉筋布置

梁两侧的纵向构造钢筋宜用拉筋连接,拉筋的直径与箍筋直径相同,间距通常取箍筋间距的两倍(图 5-31)。

图 5-31 梁钢筋的绑扎图

(二)板的构造及要求

1.板的截面形状和尺寸

板的截面形式一般为矩形、空心板、槽形板等,如图 5-32 所示。

按刚度要求,根据经验,板的截面高度 h 不宜小于表 5-3 所列数值。现浇板的厚度还应不小于表 5-6 的数值,现浇板的厚度一般取为 10mm 的倍数。

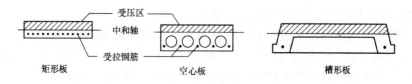

图 5-32 板的截面形式

表 5-6 现浇钢筋混凝土板的最小厚度(mm)

| 板的类别 | | 厚度 |
|---|---|---|
| 单向板 | 屋面板 | 60 |
| | 民用建筑楼板 | 60 |
| | 工业建筑楼板 | 70 |
| | 行车道下的楼板 | 80 |
| 双向板 | | 80 |
| 密肋板 | 肋间距小于或等于700mm | 40 |
| | 肋间距大于700mm | 50 |
| 悬臂板 | 板的悬臂长度小于或等于500mm | 60 |
| | 板的悬臂长度大于500mm | 80 |
| 无梁楼板 | | 150 |

**2.板的支承长度**

现浇板搁置在砖墙上时,其支承长度 $a$ 应满足 $a \geq h$(板厚)且 $\geq 120$mm。预制板的支承长度应满足以下条件:搁置在砖墙上时,其支承长度 $a \geq 100$mm;搁置在钢筋混凝土屋架或钢筋混凝土梁上时,$a \geq 80$mm;搁置在钢屋架或钢梁上时,以 $a \geq 60$mm。支承长度尚应满足板的受力钢筋在支座内的锚固长度 $a \geq 5d \geq 50$mm。

**3.板的钢筋**

因为板所受到的剪力较小,截面相对又较大,在荷载作用下通常不会出现斜裂缝,所以不需依靠箍筋来抗剪,同时板厚较小也难以配置箍筋。故板仅需配置受力钢筋和分布钢筋(图 5-33)。

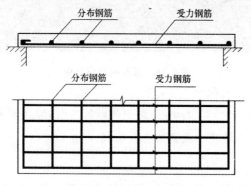

图 5-33 板的钢筋示意图

（1）受力钢筋：用来承受弯矩产生的拉力，是由计算确定的。

直径：板中的受力钢筋通常采用 HPB235 级或 HRB335 级钢筋，常用的直径为 6mm、8mm、10mm、12mm。目前工程中优先采用 HRB400 级钢筋，直径为 4mm、6mm、8mm，能节省钢材。在同一构件中，当采用不同直径的钢筋时，其种类不宜多于 2 种，以免施工不便。

间距：板内受力钢筋的间距不宜过小或过大，过小则不易浇筑混凝土且钢筋与混凝土之间的可靠粘结难以保证；过大则不能正常分担内力，板的受力不均匀，钢筋与钢筋之间的混凝土可能会引起局部损坏。当板厚不大于 150mm 时，间距为 70～200mm；当板厚大于 150mm 时，间距为 70～250mm 且≤1.5 万。

（2）分布钢筋：垂直于板的受力钢筋方向布置的构造钢筋称为分布钢筋，配置在受力钢筋的内侧。分布钢筋的作用是将板面上承受的荷载更均匀地传给受力钢筋，一并用来抵抗温度、收缩应力沿分布钢筋方向产生的拉应力，同时在施工时可固定受力钢筋的位置（图 5-34、图 5-35）。

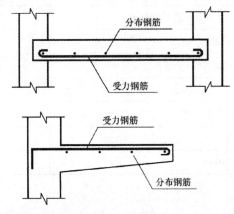

图 5-34　板的配筋

图 5-35　板的钢筋绑扎图

直径：分布筋的直径不小于 6mm。

间距：分布筋的间距为 200～250mm；当集中荷载较大时，分布钢筋截面面积应适当增加。

（三）梁、板混凝土保护层厚度和截面的有效高度

**1. 梁、板的保护层厚度**

保护层的作用：一是保护钢筋不致锈蚀，保证结构的耐久性；二是保证钢筋与混凝土间的粘结；三是在火灾等情况下，避免钢筋过早软化。混凝土梁保护层厚度的形成如图 5-36。

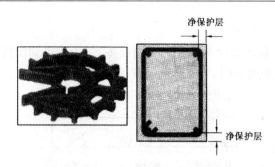

**图 5-36 混凝土梁保护层厚度的形成图**

实际工程中,一类环境中梁、板的混凝土保护层厚度一般取为:混凝土强度等级不大于 C20 时,梁为 30mm,板为 20mm,柱为 30mm;混凝土强度等级不小于 C25 时,梁为 25mm,板为 15mm,柱为 30mm。当梁、柱中纵向受力钢筋的混凝土保护层厚度大于 40mm 时,应对保护层采取有效的防裂构造措施。见表 5-7 中的数据。

**表 5-7 纵向受力筋的混凝土保护层最小厚度(mm)**

| 环境类别 | | 板、墙、壳 | | | 梁 | | | 柱 | | |
|---|---|---|---|---|---|---|---|---|---|---|
| | | ≤C20 | C25~C45 | ≥C50 | ≤C20 | C25~C45 | ≥C50 | ≤C20 | C25~C45 | ≥C50 |
| 一 | | 20 | 15 | 15 | 30 | 25 | 25 | 30 | 30 | 30 |
| 二 | a | — | 20 | 20 | 30 | 30 | 30 | — | 30 | 30 |
| | b | — | 25 | 20 | — | 35 | 30 | — | 35 | 30 |
| 三 | | — | 30 | 25 | — | 40 | 35 | — | 40 | 35 |

**2. 梁、板截面的有效高度($h_0$)**

有效高度($h_0$)是指受拉钢筋的重心至混凝土受压边缘的垂直距离,如图 5-37 所示,它与受拉钢筋的直径及排放有关。在室内正常环境下,设计计算时可近似取:

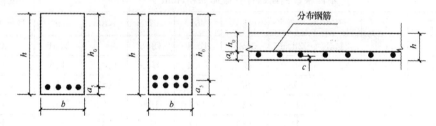

**图 5-37 梁、板的有效高度**

对于板:当混凝土强度>C20 时,有效高度 $h_0 = h - 20$;

对于梁:当混凝土强度>C20 时,单排 $h_0 = h - 35$;双排 $h_0 = h - 60$。

## 二、受弯构件正截面承载力

混凝土受弯构件的计算理论是建立在试验基础上的。通过试验并辅以相应的理论分析,确定截面的应变和应力分布,建立正截面承载力计算理论和方法。

（一）受弯构件两种截面的破坏

一是由弯矩 M 引起，破坏截面与构件的纵轴线垂直，为沿正截面破坏；二是由弯矩 M 和剪力 V 共同引起，破坏截面是倾斜的，为沿斜截面破坏，如图 5-38 所示。

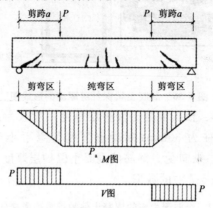

**图 5-38　梁的试验分析图**

（二）受弯构件正截面破坏特征及适筋梁的正截面工作阶段

**1. 受弯构件正截面的破坏特征**

受弯构件正截面的破坏特征主要由纵向受拉钢筋的配筋率 ρ 的大小确定。受弯构件的配筋率用 ρ 来表示，即纵向受拉钢筋的截面面积与正截面的有效面积的比值。但在验算最小配筋率时，有效面积应改为全面积。

$$\rho = \frac{A_3}{bh_0} \tag{5-13}$$

式中：$A_3$——纵向受力钢筋的截面面积（$mm^2$），查表 5-8、表 5-9。

**表 5-8　钢筋的计算截面面积及公称质量**

| 直径 d(mm) | 不同根数钢筋的计算截面面积（$mm^2$） | | | | | | | | | 单根钢筋公称质量（kg/m） |
|---|---|---|---|---|---|---|---|---|---|---|
| | 1 | 2 | 3 | 4 | 5 | 6 | 7 | 8 | 9 | |
| 3 | 7.1 | 14.1 | 21.2 | 28.3 | 35.3 | 42.4 | 49.5 | 56.5 | 63.6 | 0.055 |
| 4 | 12.6 | 25.1 | 37.7 | 50.2 | 62.8 | 75.4 | 87.9 | 100.5 | 113 | 0.099 |
| 5 | 19.6 | 39 | 59 | 79 | 98 | 118 | 138 | 157 | 177 | 0.154 |
| 6 | 28.3 | 57 | 85 | 113 | 142 | 170 | 198 | 226 | 255 | 0.222 |
| 6.5 | 33.2 | 66 | 100 | 133 | 166 | 199 | 232 | 265 | 299 | 0.260 |
| 7 | 38.5 | 77 | 115 | 154 | 192 | 231 | 269 | 308 | 346 | 0.302 |
| 8 | 50.3 | 101 | 151 | 201 | 252 | 302 | 352 | 102 | 453 | 0.395 |
| 8.2 | 52.8 | 106 | 158 | 211 | 264 | 317 | 370 | 423 | 475 | 0.432 |
| 9 | 63.6 | 127 | 191 | 254 | 318 | 382 | 445 | 509 | 572 | 0.499 |
| 10 | 78.5 | 157 | 236 | 314 | 393 | 471 | 550 | 628 | 707 | 0.617 |
| 12 | 113.1 | 226 | 339 | 452 | 565 | 678 | 791 | 904 | 1017 | 0.888 |
| 14 | 153.9 | 308 | 461 | 615 | 769 | 923 | 1077 | 1230 | 1387 | 1.21 |
| 16 | 201.1 | 402 | 603 | 804 | 1005 | 1206 | 1407 | 1608 | 1809 | 1.58 |

续表

| 直径<br>d(mm) | 不同根数钢筋的计算截面面积(mm²) | | | | | | | | | 单根钢筋公<br>称质量(kg/m) |
|---|---|---|---|---|---|---|---|---|---|---|
| | 1 | 2 | 3 | 4 | 5 | 6 | 7 | 8 | 9 | |
| 18 | 254.5 | 509 | 763 | 1017 | 1272 | 1526 | 1780 | 2036 | 2290 | 2.00 |
| 20 | 314.2 | 628 | 942 | 1256 | 1570 | 1884 | 2200 | 2513 | 2827 | 2.47 |
| 22 | 380.1 | 760 | 1140 | 1520 | 1900 | 2281 | 2661 | 3041 | 3421 | 2.98 |
| 25 | 490.9 | 982 | 1473 | 1964 | 2454 | 2945 | 3436 | 3927 | 4418 | 3.85 |
| 28 | 615.3 | 1232 | 1847 | 2463 | 3079 | 3695 | 4310 | 4926 | 5542 | 4.83 |
| 32 | 804.3 | 1609 | 2418 | 3217 | 4021 | 4826 | 5630 | 6434 | 67238 | 6.31 |
| 36 | 1017.9 | 2036 | 3054 | 4072 | 5089 | 6017 | 7123 | 8143 | 9161 | 7.99 |
| 40 | 1256.1 | 2513 | 3770 | 5027 | 6283 | 7540 | 8796 | 10053 | 11310 | 9.87 |

表 5-9 每米板宽内的钢筋截面面积

| 钢筋间距<br>(mm) | 当钢筋直径(mm)为下列数值时的钢筋截面面积(mm²) | | | | | | | | | | | | | |
|---|---|---|---|---|---|---|---|---|---|---|---|---|---|---|
| | 3 | 4 | 5 | 6 | 6/8 | 8 | 8/10 | 10 | 10/12 | 12 | 12/14 | 14 | 14/16 | 16 |
| 70 | 101 | 179 | 281 | 404 | 561 | 719 | 920 | 1121 | 1369 | 1616 | 1908 | 2199 | 2536 | 2872 |
| 75 | 94.3 | 167 | 262 | 377 | 524 | 671 | 859 | 1047 | 1277 | 1508 | 1780 | 2053 | 2367 | 2681 |
| 80 | 88.4 | 157 | 245 | 354 | 491 | 629 | 805 | 981 | 1198 | 1414 | 1669 | 1924 | 2218 | 2513 |
| 85 | 83.2 | 148 | 231 | 333 | 462 | 592 | 758 | 924 | 1127 | 1331 | 1571 | 1811 | 2088 | 2365 |
| 90 | 78.5 | 140 | 218 | 314 | 437 | 559 | 716 | 872 | 1064 | 1257 | 1484 | 1710 | 1972 | 2234 |
| 95 | 74.5 | 132 | 207 | 298 | 414 | 529 | 678 | 826 | 1008 | 1190 | 1405 | 1620 | 1868 | 2116 |
| 100 | 70.6 | 126 | 196 | 283 | 393 | 503 | 644 | 785 | 958 | 1131 | 1335 | 1539 | 1775 | 2011 |
| 110 | 64.2 | 114 | 178 | 257 | 357 | 457 | 585 | 714 | 871 | 1028 | 1214 | 1399 | 1614 | 1828 |
| 120 | 58.9 | 105 | 163 | 236 | 327 | 419 | 537 | 654 | 798 | 942 | 1112 | 1283 | 1480 | 1676 |
| 125 | 56.5 | 100 | 157 | 226 | 314 | 402 | 515 | 628 | 766 | 905 | 1068 | 1231 | 1420 | 1608 |
| 130 | 54.4 | 96.6 | 161 | 218 | 302 | 387 | 495 | 604 | 737 | 870 | 1027 | 1184 | 1366 | 1547 |
| 140 | 50.5 | 98.7 | 140 | 202 | 281 | 359 | 460 | 561 | 684 | 808 | 954 | 1100 | 1268 | 1436 |
| 150 | 47.1 | 83.8 | 131 | 189 | 262 | 335 | 429 | 523 | 639 | 754 | 890 | 1026 | 1183 | 1340 |
| 160 | 44.1 | 78.5 | 123 | 177 | 246 | 314 | 403 | 491 | 599 | 707 | 834 | 962 | 1110 | 1257 |
| 170 | 41.5 | 73.9 | 115 | 166 | 231 | 296 | 379 | 462 | 564 | 665 | 786 | 909 | 1044 | 1183 |
| 180 | 39.2 | 69.8 | 109 | 157 | 218 | 279 | 358 | 436 | 532 | 628 | 742 | 855 | 985 | 1117 |
| 190 | 37.2 | 66.1 | 103 | 149 | 207 | 265 | 336 | 413 | 504 | 595 | 702 | 810 | 934 | 1058 |
| 200 | 35.3 | 62.8 | 8.2 | 141 | 196 | 251 | 322 | 393 | 479 | 565 | 607 | 770 | 888 | 1005 |
| 220 | 32.1 | 57.1 | 893 | 129 | 178 | 228 | 392 | 357 | 436 | 514 | 607 | 700 | 807 | 914 |
| 240 | 29.4 | 52.4 | 81.9 | 118 | 164 | 209 | 268 | 327 | 399 | 471 | 556 | 641 | 740 | 838 |
| 250 | 28.3 | 50.2 | 78.5 | 113 | 157 | 201 | 257 | 314 | 383 | 452 | 534 | 616 | 710 | 804 |
| 260 | 27.2 | 48.3 | 75.5 | 109 | 151 | 193 | 248 | 302 | 368 | 435 | 514 | 592 | 682 | 773 |
| 280 | 25.2 | 44.9 | 70.1 | 101 | 140 | 180 | 230 | 281 | 342 | 404 | 477 | 550 | 634 | 718 |
| 300 | 23.6 | 41.9 | 66.5 | 94 | 131 | 168 | 215 | 262 | 320 | 377 | 445 | 513 | 592 | 670 |
| 320 | 22.1 | 39.2 | 61.4 | 88 | 123 | 157 | 201 | 245 | 299 | 353 | 417 | 481 | 554 | 628 |

$b$——截面的宽度（mm）；

$h_0$——截面的有效高度，$h_0 = h - a_3$（mm）；

$a_3$——受拉钢筋合力作用点到混凝土受拉边缘的距离（mm）。

随着纵向受拉钢筋配筋率的不同，对受弯构件受力性能和破坏形态有很大影响，一般会产生三种破坏形式：超筋梁破坏、少筋梁破坏、适筋梁破坏，如图 5-39 所示。

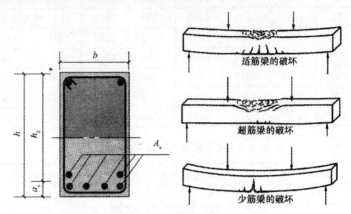

**图 5-39 梁的破坏形式**

（1）超筋梁：纵向受力钢筋的配筋率 $\rho$ 过大的梁称为超筋梁。

超筋梁的破坏特征是：受压区混凝土压碎时，受拉钢筋未充分利用，破坏前无预兆，属脆性破坏。故工程实际中不允许设计成超筋梁。

（2）少筋梁：纵向受力钢筋的配筋率 $\rho$ 过小的梁称为少筋梁。

少筋梁的破坏特征是：受拉区混凝土一开裂，受拉钢筋即屈服，材料不能利用，破坏前无预兆，属脆性破坏。故在实际工程中不允许采用少筋梁。

（3）适筋梁：纵向受力钢筋的配筋率 $\rho$ 合适的梁称为适筋梁。

适筋梁的破坏特征是：受拉钢筋先屈服，受压区混凝土后压碎，材料充分利用，破坏前有预兆，属延性破坏。由于适筋梁的材料强度能充分发挥，符合安全可靠、经济合理的要求，故梁在实际工程中都应设计成适筋梁。

2.适筋梁的正截面工作阶段

通过对钢筋混凝土梁的观察和试验表明，适筋梁从施加荷载到破坏可分为三个阶段，如图 5-40 所示。

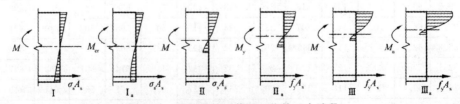

**图 5-40 适筋梁的正截面工作的三个阶段**

Ⅰa 阶段的应力状态是抗裂验算的依据。

Ⅱ 阶段的应力状态是裂缝宽度和变形验算的依据。

Ⅲa 阶段的应力状态作为构件承载力计算的依据。

（三）单筋矩形截面受弯构件正截面承载力计算

仅在截面受拉区配置受力钢筋的受弯构件称为单筋受弯构件。混凝土受弯构件正截面受弯承载力计算是以适筋梁破坏阶段的Ⅲa受力状态为依据。

1. 基本假定

（1）截面应变保持平面。构件正截面在受荷前的平面，在受荷弯曲变形后仍保持平面，即截面中的应变按线性规律分布，符合平截面假定。

（2）不考虑混凝土的抗拉强度。由于混凝土的抗拉强度很低，在荷载不大时就已开裂，在Ⅲa阶段受拉区只在靠近中和轴的地方存在少许的混凝土，其承担的弯矩很小，计算中不考虑混凝土的抗拉作用。这一假定，对我们选择梁的合理截面有很大的意义。

（3）钢筋和混凝土采用理想化的应力—应变关系，如图5-41及图5-42所示。

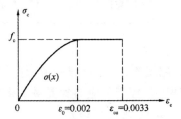　　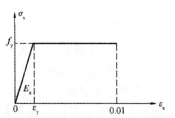

图5-41　混凝土 $\sigma_c - \varepsilon_c$ 设计曲线　　　图5-42　钢筋 $\sigma_s - \varepsilon_s$ 设计曲线

2. 受压区混凝土的等效矩形应力图

受弯构件正截面承载力是以适筋梁Ⅲa阶段的应力状态的图为计算依据的，受压区混凝土压应力的曲线分布，为了简化计算，规范在试验的基础上，采用以等效矩形应力图形代换受压区混凝土应力图形。

等效原则：按照受压区混凝土的合力大小不变、受压区混凝土的合力作用点不变的原则。

$\alpha_0$ 为等效矩形应力图形中混凝土的抗压强度与混凝土轴心抗压强度 $f_c$ 的比值；$\beta_1$ 为等效试验区高度 $x$ 与实际受压区高度 $x_0$ 的比值（表5-10）。

表5-10　系数 $\alpha_1$、$\beta_1$

| 混凝土等级 | ≤C50 | C55 | C55～C80 | C80 |
|---|---|---|---|---|
| $\beta_1$ | 0.8 | 0.79 | 中间插入 | 0.74 |
| $\alpha_1$ | 1-0 | 0.99 | 中间插入 | 0.94 |

3. 界限受压区高度与最小配筋梁

（1）适筋梁与超筋梁的界限——界限相对受压区高度 $\zeta_b$

受弯构件等效矩形应力图形的混凝土受压区高度 $x$ 与截面有效高度 $h_0$ 之比，称为相对受压区高度 $\zeta\left(\dfrac{x}{h_0}\right)$。

界限相对受压区高度鼠，是指在适筋梁的界限破坏时，等效受压区高度矶与截面有效高度 $h_0$ 之 $\zeta_b\left(\dfrac{x_b}{h_0}\right)$。

适筋梁的破坏——受拉钢筋屈服后混凝土压碎;超筋梁的破坏——混凝土压碎时,受拉钢筋尚未屈服;界限破坏的特征是受拉钢筋达到屈服强度的同时,受压区的混凝土边缘达到极限压应变。

当 $\zeta \leqslant \zeta_b$ 时,则为适筋梁;

当 $\zeta > \zeta_b$ 时,则为超筋梁(表 5-11)。

表 5-11　钢筋混凝土构件的 $\zeta_b$ 值

| 钢筋级别 | ≤C50 | C60 | C70 | C80 |
|---|---|---|---|---|
| HPB235 | 0.614 | 0.594 | 0.575 | 0.555 |
| HRB335 | 0.550 | 0.531 | 0.512 | 0.493 |
| HRB400 RRB400 | 0.518 | 0.499 | 0.481 | 0.463 |

(2)适筋梁与少筋梁的界限——截面最小配筋率 $\rho_{\min}$

为了保证受弯构件不出现少筋梁,必须控制截面的配筋率 $\rho$ 不小于某一界限配筋率 $\rho_{\min}$。由配最小配筋率时受弯构件正截面破坏时所能承受的弯矩 $M_u$ 等于相应的素混凝土梁所能承受的弯矩 $M_{cu}$,即 $M_u = M_{cu}$,可求得梁的最小配筋率 $\rho_{\min}$,如表 5-12 或表 5-13 所示。

表 5-12　钢筋混凝土结构构件中纵向受力钢筋的最小配筋率 $\rho_{\min}$(1)

| 受力类型 | | 最小配筋率 $\rho_{\min}$(%) |
|---|---|---|
| 受压构件 | 全部纵向钢筋 | 0.6 |
| | 一侧纵向钢筋 | 0.2 |
| 受弯构件、偏心受拉、轴心受拉构件一侧的受拉钢筋 | | 0.2 和 $45 f_t / f_y$ 中较大者 |

表 5-13　最小配筋率 $\rho_{\min}$(2)(%)

| | C15 | C20 | C25 | C30 | C35 | C40 | C45 |
|---|---|---|---|---|---|---|---|
| HPB235 | 0.200 | 0.236 | 0.272 | 0.306 | 0.336 | 0.336 | 0.386 |
| HRB35 | 0.200 | 0.200 | 0.200 | 0.215 | 0.236 | 0.257 | 0.270 |
| HRB40 RRB400 | 0.200 | 0.200 | 0.200 | 0.200 | 0.200 | 0.214 | 0.225 |
| | C50 | C55 | C60 | C65 | C70 | C75 | C80 |
| HPB235 | 0.405 | 0.420 | 0.437 | 0.448 | 0.459 | 0.467 | 0.467 |
| HRB335 | 0.284 | 0.292 | 0.306 | 0.314 | 0.321 | 0.327 | 0.333 |
| HRB400 RRB400 | 0.236 | 0.245 | 0.255 | 0.261 | 0.268 | 0.273 | 0.278 |

当 $\rho \leqslant \rho_{\min}$ 时,则为少筋梁,梁的破坏与素混凝土梁类似,属于受拉脆性破坏特征;

当 $\rho > \rho_{\min}$ 时,则为适筋梁。

例如:现有一钢筋混凝土梁,混凝土强度等级采用 C30,配置 HRB335 级钢筋作为纵向受力钢筋，最小配筋率为 $0.214\%$。在大多数情况下，受弯构件的最小配筋率 $\rho_{\min}$ 均大于 $0.2\%$，即由 $45f_t/f_y(\%)$ 控制。

4．基本公式

单筋矩形截面受弯构件承载力计算简图如图 5-43 所示。

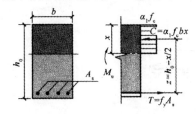

**图 5-43　单筋矩形截面受弯构件承载力计算简图**

由平衡条件可得：

由 $\sum X = 0$ 得

$$a_1 f_c bx = f_y A_s \tag{5-14}$$

由 $\sum M = 0$ 得

$$M \leqslant M_u = a_1 f_c bx \left( h_0 - \frac{x}{2} \right) \tag{5-15}$$

或

$$M \leqslant M_u = f_y A_s \left( h_0 - \frac{x}{2} \right) \tag{5-16}$$

将 $\xi = x/h_0$ 代入上式得：$M \leqslant M_u = a_1 b h_0^2 \xi (1 - 0.5\xi)$ （5-17）

$$M \leqslant M_u = f_y A_s h_0 (1 - 0.5\xi) \tag{5-18}$$

式中：$M$——婉拒设计值；

　　　$x$——等效举行应力图形的受压区高度；

　　　$b$——矩形截面宽度；

　　　$h_0$——矩形截面的有效高度；

　　　$f_y$——受拉钢筋的强度设计值；

　　　$A_s$——受拉钢筋截面面积，查表 5-8、5-9。

　　　$f_c$——混凝土轴心抗压强度设计值。

5．适用条件

为了防止截面出现超筋梁破坏，应满足：

$$\xi \leqslant \xi_b \tag{5-19}$$

或

$$\rho \leqslant \rho_{\min} \tag{5-20}$$

或

$$x \leqslant \xi_b h_0 \tag{5-21}$$

或

$$M \leqslant M_{u,\max} = a_1 f_c b h_0^2 \xi_b (1 - 0.5\xi_b) \tag{5-22}$$

## 三、受弯构件斜截面承载力

（一）斜截面的受力特征

受弯构件梁在荷载作用下，同时产生弯矩和剪力，在弯矩区段，产生正截面受弯破坏，梁在剪力较大的剪弯区段内,则梁会产生斜截面受剪破坏,梁在弯矩 M 和剪力 V 共同作用下产生的主应力轨迹线,其中实线为主拉应力轨迹线,虚线为主压应力轨迹线,如图 5-44(b)所示。随着荷载的增加,当主拉应力的值超过混凝土复合受力下的抗拉极限强度时,就会在沿主应力垂直方向产生斜向裂缝,梁在剪力较大的剪弯区段内,则梁会产生斜截面受剪破坏。

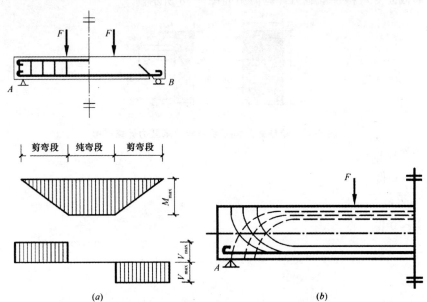

图 5-44　钢筋混凝土简支梁开裂前的主应力轨迹线和内力图

为了防止梁发生斜截面破坏,除了梁的截面尺寸应满足一定的要求外,还需在梁中配置与梁轴线垂直的箍筋(必要时还可采用由纵向钢筋弯起而成的弯起钢筋),以承受梁内产生的主拉应力,箍筋和弯起钢筋统称为腹筋。

斜截面受剪承载力——通过计算配置腹筋(箍筋、弯起钢筋)来保证;斜截面受弯承载力——通过构造措施(纵筋的截断、弯起钢筋的位置)来保证。

(二)影响斜截面受剪承载力的因素分析

影响斜截面承载力的因素很多,其中剪跨比和配箍率是影响斜截面承载力的两个重要参数。剪跨比是一个无量纲的参数。

广义剪跨比是指计算截面的弯矩 M 与剪力 V 和相应截面的有效高度 $h_0$ 乘积的比值,即:

$$\lambda = \frac{M}{Vh_0} \tag{5-23}$$

集中荷载作用截面的弯矩 $M = V_a$,因此该截面的剪跨比就为:

$$\lambda = \frac{M}{Vh_0} = \frac{V_a}{Vh_0} = \frac{a}{h_0} \tag{5-24}$$

式中:a——集中荷载作用点至支座之间的距离,称为剪跨。

配箍率是箍筋截面面积与对应的混凝土面积的比值,用 $\rho_{sv}$ 表示,如图 5-45 所示,即

$$\rho_{sv} = \frac{nA_{svl}}{bs} \tag{5-25}$$

式中:n——同一截面内箍筋的肢数;

　　　　$A_{svl}$ ——单肢箍筋的截面面积;

$b$——截面宽度,如是 $T$ 形截面,$b$ 则是梁腹宽度;

$s$——箍筋沿梁轴线方向的间距。

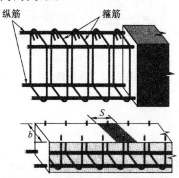

图 5-45　矩形截面梁配箍率示意图

（三）梁的斜截面破坏形态

试验表明,在不同的弯矩和剪力组合下,随混凝土的强度、腹筋(箍筋和弯起钢筋)和纵筋含量、截面形状、荷载种类和作用方式,以及剪跨比(集中荷载至支座距离 a 称为剪跨,剪跨口与梁的有效高度之比称为剪跨比,$\lambda = \dfrac{a}{h_0}$) 的不同,可能有下列三种破坏形式。

1. 斜压破坏

斜压破坏如图 5-46 所示。

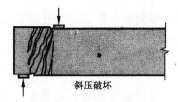

图 5-46　斜压破坏

破坏前提:剪跨比较小($\lambda < 1$),箍筋配置过多,配箍率 $\rho_{sv}$ 较大。

破坏特征:首先在梁腹出现若干条较陡的平行斜裂缝,随着荷载的增加,斜裂缝将梁腹分割成若干斜向的混凝土短柱,最后由于混凝土短柱达到极限抗压强度而破坏。"混凝土被压坏,箍筋不屈服",类似于超筋梁。

破坏性质:属于脆性破坏。

防止斜压破坏:通过控制梁的最小截面尺寸。

2. 剪压破坏

剪压破坏,如图 5-47 所示。

破坏前提:剪跨比适中($\lambda = 1 \sim 3$),箍筋配置适量,配箍率 $\rho_{sv}$ 适中。

破坏特征:截面出现多条斜裂缝,其中一条延伸最长,开展最宽的斜裂缝,称为"临界斜裂缝",与此裂缝相交的箍筋先达到屈服强度,后剪压区混凝土达到极限强度而破坏。"箍筋先屈服,剪压区混凝土被压碎而破坏",类似于适筋梁。

破坏性质:属于塑性破坏。

防止剪压破坏:通过斜截面承载力计算,配置适量腹筋。

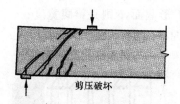

**图 5-47 剪压破坏**

### 3. 斜拉破坏

斜拉破坏,如图 5-48 所示。

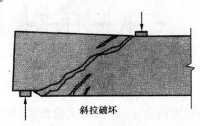

**图 5-48 斜拉破坏**

破坏前提:剪跨比较大($\lambda > 3$),箍筋配置过少,配箍率 $\rho_{sv}$ 较小。

破坏特征:一旦梁腹出现一条斜裂缝,就很快形成"临界斜裂缝",与其相交的箍筋随即屈服,梁将沿斜裂缝裂成两部分。即使不裂成两部分,也因临界斜裂缝的宽度过大而不能继续使用。"构件很快达到破坏,承载力很低",类似于少筋梁。

破坏性质:属于脆性破坏。通过控制最小配箍率防止斜拉破坏。

### (四)斜截面受剪承载力的计算

### 1. 基本公式

在梁斜截面的各种破坏形态中,可以通过配置一定数量的箍筋(即控制最小配箍率),且限制箍筋的间距不能太大来防止斜拉破坏;通过限制截面尺寸不能太小(相当于控制最大配箍率)来防止斜压破坏。

对于常见的剪压破坏,因为它们承载能力的变化范围较大,设计时要进行必要的斜截面承载力计算。《混凝土规范》给出的基本计算公式就是根据剪压破坏的受力特征建立的。

如图 5-49 所示,其斜截面的受剪承载力是由混凝土、箍筋和弯起钢筋三部分组成的。即:

$$V_u = V_c + V_{sv} + V_{sb} \tag{5-26}$$

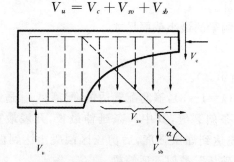

**图 5-49 斜截面受剪承载力组成**

式中:$V_u$——受弯构件斜截面受剪承载力设计值;

$V_c$——剪压区混凝土受剪承载力设计值；

$V_{sv}$——与斜裂缝相交的箍筋受剪承载力设计值；

$V_{sb}$——与斜裂缝相交的弯起钢筋受剪承载力设计值。

以 $V_{cs}$ 表示混凝土和箍筋的总受剪承载力。即斜截面受剪承载力为：

$$V_u = V_{cs} + V_{sb}$$

（1）当仅配箍筋时，如图5-50所示。

**图5-50　梁中配箍筋**

①矩形、T形和工字形截面的一般受弯构件，其斜截面的受剪承载力计算公式为：

$$V = V_u \leqslant 0.7 f_t b h_0 + 1.25 f_{yv} \frac{n A_{svl}}{s} h_0 \tag{5-27}$$

式中受弯构件斜截面上的最大剪力设计值；

式中：$V$——受弯构件斜截面上的最大剪力设计值；

　　　$f_{yv}$——箍筋的抗拉强度设计值；

　　　$f_t$——混凝土轴心抗拉强度设计值。

②对集中荷载作用下的矩形截面独立梁

《混凝土规范》规定：对于集中荷载作用下（包括作用有多种荷载，且其中集中荷载对支座截面或节点边缘所产生的剪力值占总剪力值的75％以上的，情况）的矩形截面独立梁，其斜截面的受剪承载力计算公式为：

$$V = V_u \leqslant \frac{1.75}{\lambda + 1.0} f_t b h_0 + f_v \frac{n A_{svl}}{s} h_0 \tag{5-28}$$

式中：$\lambda$——计算截面的剪跨比，$\lambda = \dfrac{a}{h_0}$。

当 $\lambda < 1.5$ 时，取 $\lambda = 1.5$；当 $\lambda > 3$ 时，取 $\lambda = 3$；

$a$——集中荷载作用点处的截面（该点处的截面即为计算截面）至支座截面的距离，计算截面至支座之间的箍筋应均匀配置。

（2）同时配有箍筋和弯起钢筋，如图5-51所示。

弯起钢筋抵抗的剪力为弯起钢筋所承受的拉力 $T_{sb}$ 在垂直于梁轴方向的分力，因此受剪承载力计算公式如下所示。

①矩形、T形和工字形截面的一般受弯构件：

$$V = V_u \leqslant 0.7 f_t b h_0 + 1.25 f_v \frac{n A_{svl}}{s} h_0 + 0.8 f_y A_{sb} \sin\alpha \tag{5-29}$$

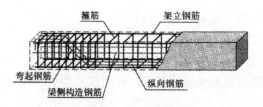

**图 5-51　梁中同时配箍筋和弯起钢筋**

式中：$A_{sb}$——同一弯起平面内的弯起钢筋截面面积；

　　　$f_y$——弯起钢筋的抗拉强度设计值；

　　　$\alpha$——弯起钢筋与纵向梁轴线的夹角，当 $h \leqslant 800\text{mm}$ 时，$\alpha$ 常取为 $45°$；当 $h > 800\text{mm}$ 时，$\alpha$ 常取为 $60°$；

　　　0.8——考虑到弯起钢筋与破坏斜截面相交位置的不确定性，其应力可能达不到屈服强度时的应力不均匀系数；

　　　$b$——矩形截面的宽度，$T$ 形或 $I$ 形截面的腹板宽度。

（注：忽略受压翼缘的有利作用，偏于安全。）

②对集中荷载作用下的矩形截面独立梁：

$$V = V_u \leqslant \frac{1.75}{\lambda + 1.0} f_t b h_0 + f_v \frac{n A_{svl}}{s} h_0 + 0.8 f_y A_{sb} \sin\alpha \tag{5-30}$$

**2. 适用条件**

受弯构件斜截面受剪承载力计算公式是根据剪压破坏的受力状态确定的，因此只能在一定条件下适用，而不适用于斜压破坏和斜拉破坏的情况，对此《混凝土规范》作出了如下规定：

（1）上限值——最小截面尺寸限制条件

为了避免斜压破坏的发生，梁的截面尺寸应满足下列要求，否则箍筋配置再多也不能提高斜截面受剪承载力（如不能满足下列要求，则应加大截面尺寸）。

当 $\dfrac{h_w}{b} \leqslant 4$ 时（一般梁），$V \leqslant 0.25 \beta_c f_c b h_0$

当 $\dfrac{h_w}{b} \geqslant 6$ 时（薄腹梁），$V \leqslant 0.25 \beta_c f_c b h_0$

当 $4 < \dfrac{h_w}{b} < 6$ 时，按线性内插入法取用。

式中：$V$——截面最大剪力设计值；

　　　$b$——矩形截面的宽度，$T$ 形、工字形截面的腹板宽度；

　　　$h_w$——截面的腹板高度：矩形截面取有效高度 $0$；$T$ 形截面取有效高度减去翼缘高度；工字形截面取腹板净高；

　　　$\beta_c$——混凝土强度影响系数：当混凝土强度等级不超过 C50 时，取 $\beta_c = 1.0$；当混凝土强度等级为 C80 时，取 $\beta_c = 0.8$；其间按线性内插法确定。

（2）下限值——最小配箍率

当出现斜裂缝后，斜裂缝上的主拉应力全部转移给箍筋，如果箍筋配置过少，或箍筋的间距过大，斜裂缝一出现，箍筋应力会立即达到屈服强度而发生斜拉破坏。为此，《混凝土规范》规定了箍筋配箍率的下限值（即最小配箍率）为：

$$\rho_{vs} = \frac{nA_{svl}}{bs} \geqslant \rho_{vs,\min} = 0.24 \frac{f_t}{f_{yv}} \qquad (5\text{-}31)$$

**3.斜截面受剪承载力的计算位置**

斜截面受剪承载力的计算位置,如图 5-52 所示。

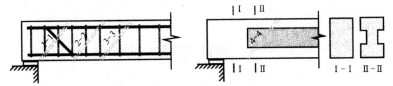

1—1 支座边缘处斜截面;2—2 弯起钢筋弯起点的斜截面;

3—3 箍筋直径间距改变处的斜截面;4—4 腹板宽度改变处的斜截面

**图 5-52　斜截面受剪承载力剪力设计值的计算位置**

在计算斜截面的受剪承载力时,其剪力设计值的计算截面应按下列规定采用:

(1)支座边缘处的截面,必须都要验算的。

(2)受拉区弯起钢筋下弯点的截面。

(3)箍筋直径或间距改变处的截面。

(4)截面腹板宽度改变处的截面。

# 第六章  钢筋混凝土结构

## 第一节  钢筋混凝土的构件

### 一、钢筋混凝土的土梁

#### （一）土梁的截面形式及尺寸

梁的截面通常为矩形、T 形、工字形、花篮形等对称和不对称形式。如图 6-1 所示。

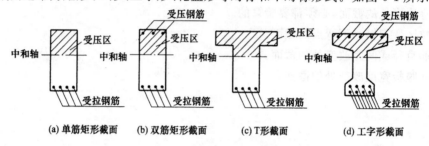

(a) 单筋矩形截面　　(b) 双筋矩形截面　　(c) T形截面　　(d) 工字形截面

**图 6-1　梁的常用截面形状**

梁的截面尺寸除应满足强度条件外，还应满足刚度条件和方便施工。梁截面高度 $h$ 可根据高跨比（$h/l_0$）来估计，如简支梁可取梁高为梁跨的 1/12 左右，独立的悬臂梁可取梁高为梁跨的 1/6 左右，设计时可参照表 6-1 初步确定梁的高度。

**表 6-1　梁的截面高度 $h$**

| 项次 | 构件种类 | | 简支 | 两端连续 | 悬臂 |
|---|---|---|---|---|---|
| 1 | 整体肋形梁 | 次梁 | $l_0/20$ | $l_0/25$ | $l_0/8$ |
| | | 主梁 | $l_0/12$ | $l_0/15$ | $l_0/6$ |
| 2 | 独立梁 | | $l_0/12$ | $l_0/15$ | $l_0/6$ |

为了施工方便，梁高一般按 50mm 的模数递增，对较大的梁（如 $h>800$mm）按 100 mm 的模数递增。常用的梁高有 250mm、300mm、350mm、400 mm、450mm、500 mm、550 mm、600 mm、650 mm、700mm、750mm、800mm、900 mm、1000mm 等尺寸。

梁截面的宽度 $b$ 可用梁的高宽比估算，如矩形截面梁，其高宽比 $h/b$ 一般取 2.0～3.5，T 形截面梁，其高宽比 $h/b$ 一般取 2.5～4.0（此处 $b$ 为梁肋宽）。上述要求并非严格规定，设计时，宜根据具体情况灵活调整。目前，常用的梁宽有 100mm、120mm、150mm、180mm、200 mm、250mm 和 300mm 等尺寸。一般梁宽 300 mm 以上的级差为 50mm。

#### （二）梁内钢筋

如图 6-2、图 6-3 所示，钢筋混凝土梁内钢筋主要有上部纵筋、中部纵筋、下部纵筋、箍筋和弯起钢筋。

　　钢筋混凝土梁内钢筋的位置不同,作用也不相同。上部纵筋配置在梁的上部,承受拉应力或压应力,或者仅起架立箍筋和承受温度应力的作用;下部纵筋主要承受拉应力或压应力;箍筋主要承受剪力和扭矩,同时固定上下纵筋,形成钢筋骨架。

　　在受拉区配置受力纵筋,在受压区配置架立筋的梁称为单筋梁;在受拉区配置受拉纵筋在受压区配置受压纵筋的梁称为双筋梁。

　　当梁受扭时,可根据计算需要配置中部受扭纵筋,如图 6-3(a)所示;当梁的截面高度较大时($h_w > 450mm$),要配置中部构造钢筋,如图 6-3(b)所示,每侧纵向构造钢筋的截面面积不应小于腹板截面面积的 0.1%,间距不宜大于 200mm。两侧纵向构造钢筋的作用是承受因温度变化、混凝土收缩在梁中部引起的应力,防止混凝土在梁的中部产生裂缝。两侧的纵向构造钢筋宜用拉筋联系,拉筋的直径与箍筋的直径相同,间距为 300~500mm。

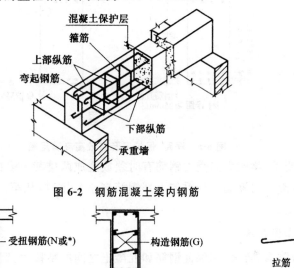

图 6-2　钢筋混凝土梁内钢筋

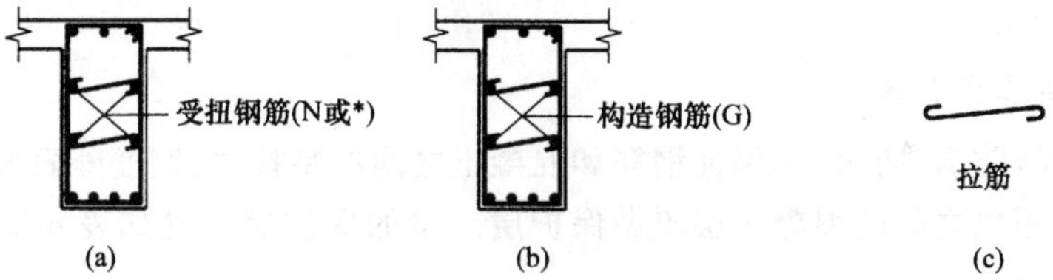

图 6-3　钢筋混凝土梁中部钢筋

　　梁内纵筋宜采用 HRB335 级钢筋(二级)和 HRB400 级钢筋(三级),常用钢筋直径有 12 mm、14mm、16mm、18mm、20mm、22mm、25mm 等类型,设计中可以采用两种不同直径的钢筋。箍筋宜采用 HPB235 级钢筋(一级)和 HRB335 级钢筋,常用的直径有 6mm、8mm、10mm、112mm。

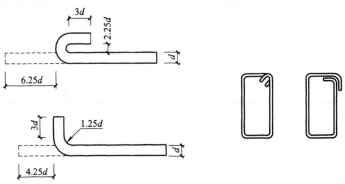

图 6-4　钢筋和箍筋的弯钩

为保证钢筋和混凝土之间的黏结力,防止钢筋在受拉时滑动,对承受拉力的光圆钢筋,其两端要做成弯钩。弯钩的形式有半圆弯钩和直弯钩等,如图 6-4 所示。另外,对螺纹钢筋,两端可不做弯钩。

(三)钢筋混凝土的净距、保护层及截面有效高度

1.钢筋混凝土的净距

为了便于浇筑混凝土,保证钢筋周围混凝土的密实性,纵筋的净距应满足图 6-5 的要求,下部钢筋水平净距不应小于钢筋直径,同时不小于 25mm;上部钢筋水平净距不应小于 1.5 倍钢筋直径,同时不应小于 30mm;钢筋竖向净距不小于钢筋直径,同时不应小于 25mm。

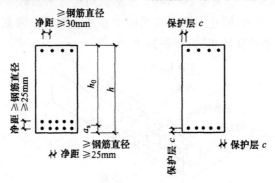

图 6-5　净距、保护层及有效高度满足图

为了满足上述要求,梁的纵向受力钢筋有时须放置成两排甚至多排,此时,上下钢筋须对齐,不能错列,以方便混凝土的浇捣。当梁的下部钢筋多于两排时,从第三排起,钢筋的中距比下面两层的中距增大一倍。

2.钢筋的混凝土保护层

为了保护钢筋(防腐、防火)和保证钢筋和混凝土之间的粘接力,钢筋外表面至构件表面要保持一定距离,这个距离之间的混凝土层叫做保护层。梁的保护层厚度如表 6-2 所示[1](环境类别的界定如表 6-3 所示)。

表 6-2　纵向受力钢筋的混凝土保护层最小厚度 c(单位 mm)

| 环境类别 | | 板、墙、壳 | | | 梁 | | | 柱 | | |
|---|---|---|---|---|---|---|---|---|---|---|
| | | ≤C20 | C25~C45 | ≥C50 | ≤C20 | C25~C45 | ≥C50 | ≤C20 | C25~C45 | ≥C50 |
| 一 | | 20 | 15 | 15 | 30 | 25 | 25 | 30 | 30 | 30 |
| 二 | a | — | 25 | 20 | — | 30 | 30 | — | 30 | 30 |
| | b | — | 25 | 20 | — | 35 | 30 | — | 35 | 30 |
| 三 | | — | 30 | 25 | — | 40 | 35 | — | 40 | 35 |

---

[1]　要注意的是基础的保护层厚度不应小于 40mm,当无垫层时不应低于 70mm。

表 6-3　混凝土结构的使用环境类别

| 环境类别 | | 说明 |
|---|---|---|
| 一 | | 室内正常环境:无侵蚀性介质、无高温高湿影响、不与土层直接接触的环境 |
| 二 | a | 室内潮湿环境:非严寒和非寒冷地区的露天环境、与无侵蚀性得水或土直接接触的环境 |
| | b | 严寒和寒冷地区的露天环境、与无侵蚀性得水或土壤直接接触的环境 |
| 三 | | 使用除冰盐的环境:严寒及寒冷地区冬季水位变动的环境;滨海室外环境 |
| 四 | | 海水环境 |
| 五 | | 受人或自然的侵蚀性物质影响的环境 |

3.钢筋的截面有效高度

在计算梁的承载力时,因为混凝土开裂后拉应力完全由钢筋承担,这时梁能发挥作用的截面高度应为受拉钢筋合力点至混凝土受压区边缘的距离,称为截面有效高度 $h_0$。

$$h_0 = h - a_s \tag{6-1}$$

在(6-1)式中,h 为梁的截面高度,单位为 mm; $a_s$ 为纵向受拉钢筋合力点至受拉区混凝土边缘的距离,单位为 mm。根据钢筋净距和混凝土保护层最小厚度,并考虑到梁常用钢筋的平均直径,在室内正常环境下,梁的有效高度 $h_0$。(当混凝土保护层厚度为 25mm 时),可按下述方法近似确定:

(1)受拉钢筋按一排布置时,$h_0 = h - 35mm$;

(2)受拉钢筋按二排布置时,$h_0 = h - 60mm$。

## 二、钢筋混凝的土板

(一)钢筋混凝的土板分类

钢筋混凝的土板按受力特征分类可分为以单向板和双向板。

(1)单向板。是指主要在一个方向受力的板,板上荷载主要沿短跨方向传递。常见的有三种形式:一是两对边支撑板,如预制楼板;二是两方向跨度相差较大的四边支撑板,如走道板;三是悬臂板,如一边支撑的板式雨篷和一边支撑的板式阳台等。

(2)双向板。主要是指两个方向受力的板,常见的是两方向跨度相差不大的四边支撑板,荷载沿两个方向传递。

(二)钢筋混凝板内的钢筋

单向板一个方向配受力钢筋,另一方向配分布构造钢筋,形成钢筋网,如图 6-6 所示。受力筋承受板跨方向的拉应力,分布筋的作用是把板上的荷载均匀地分散到各受力钢筋上,同时承担因混凝土收缩和温度变化在垂直于板跨方向产生的拉应力,固定受力钢筋的位置。

分布筋的截面面积应不小于板中受力钢筋截面面积的 15%,且不应小于该方向板截面面积的 0.15%,分布钢筋的间距不宜大于 250mm,直径不宜小于 6mm。当板上有集中荷载时,分布钢筋截面面积应适当增加,间距不宜大于 200mm。

双向板两个方向均为受力钢筋,形成双向受力钢筋网。板内钢筋直径通常采用 6mm、8mm、

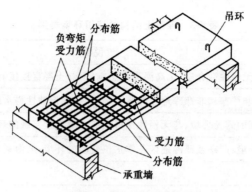

图 6-6　板内钢筋示意图

10mm、12mm。为便于施工，同一板中的钢筋种类越少越好，直径差应不小于 2mm。为了使板中的受力钢筋受力均匀，配置时宜采用小直径钢筋，当板厚 $h \leq 150$mm 时受力钢筋间距不宜大于 200mm，当 $h > 150$mm 时受力钢筋间距不宜大于 1.5h 且不宜大于 250mm。

（三）板与混凝土保护层的厚度

现浇钢筋混凝土板的厚度与板上荷载及跨度有关。为了满足刚度要求，对单跨简支板，最小厚度应不小于 $l_0/35$（$l_0$ 为板的跨度），对多跨连续板，最小厚度应不小于 $l_0/40$，悬臂板最小厚度应不小于 $l_0/12$。对现浇单向板最小厚度：屋面板应不小于 60mm；民用建筑楼盖应不小于 60mm；工业建筑楼盖应不小于 70mm。现浇双向板最小厚度应不小于 80mm。

板的混凝土保护层最小厚度如表 6-2 所示。当混凝土保护层厚度为 15mm 时，板的有效高度 $h_0$ 可近似取为：$h_0 = h - 20$mm。

## 三、钢筋混凝土柱

（一）钢筋混凝土柱分类

钢筋混凝土的柱按受力特征的分类，如按照轴向压力作用的位置不同分为轴心受压柱和偏心受压柱。当轴向压力 $N$ 的作用线与柱截面形心轴线重合时称为轴心受压柱，如图 6-7（a）所示；当轴向压力 $N$ 的作用线与柱截面形心轴线不重合或柱截面上既有轴向压力，又有弯矩、剪力作用时称为偏心受压柱，当 $N$ 沿某一轴线偏心时，为单向偏心受压，如图 6-7（b）所示；当 $N$ 不在两形心轴上时，为双向偏心受压，如图 6-7（c）所示。

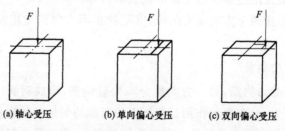

(a) 轴心受压　　(b) 单向偏心受压　　(c) 双向偏心受压

图 6-7　受压构件

（二）柱中受压构件的用料等级

由于混凝土的强度等级对柱的承载力影响较大，因此为了充分利用混凝土抗压强度，节约钢材，减小截面面积，混凝土柱宜采用较高强度等级的混凝土。一般柱中采用 C20～C40 级或更高等级的混凝土。受压构件不宜采用高强钢筋,一般设计中常采用 HRB335 和 RRB400 级钢筋。

（三）柱的截面形式及尺寸

轴心受压构件的截面形式一般采用正方形或边长接近的长方形,有特殊要求的情况下亦可采用圆形或多边形;偏心受压柱的截面形式一般采用矩形。为了节省混凝土及减轻自重,装配式受压构件也常用工字形截面等形式。

受压构件的截面尺寸不宜小于 250mm×250mm。为了施工制作方便,在 800mm 以内时,宜取 50mm 为模数;在 800mm 以上时,可取 100mm 为模数。

为了避免长细比太大而过多降低构件承载力,一般取构件长细比 $l_0/b \leqslant 30$ 及 $l_0/h \leqslant 25$（$l_0$ 为柱的计算长度,$b$ 和 $h$ 分别为截面的宽度和高度）。

（四）钢筋混凝土柱内钢筋

如图 6-8 所示为钢筋混凝土柱内钢筋,主要有纵筋和箍筋。其中,纵筋直径不宜小于 12mm,亦不宜大于 32mm;为便于施工宜选用较大直径的钢筋,以减少纵向弯曲,并防止在临近破坏时钢筋过早曲屈。

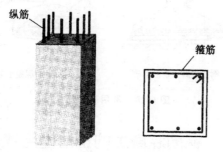

图 6-8　柱内钢筋示意图

轴心受压构件纵向钢筋应沿截面周边均匀布置,钢筋净距不应小于 50mm,钢筋中距亦不应大于 350mm。圆柱中纵向钢筋宜在周边均匀布置,根数不宜少于 8 根,且不应少于 6 根。偏心受压柱纵向钢筋应沿弯矩作用方向布置。

钢筋混凝土受压构件中箍筋的作用是为了防止纵向钢筋受压时曲屈,同时保证纵向钢筋的正确位置并与纵向钢筋组成整体骨架。

柱中箍筋应做成封闭式箍筋。如图 6-9 所示为常见柱的箍筋类型。柱的混凝土最小保护层厚度如表 6-2 所示。

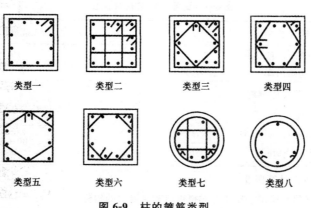

图 6-9　柱的箍筋类型

### 四、钢筋混凝土的基础

基础是在建筑物地面以下承受房屋全部载荷的构件,由它把载荷传给地基。地基是基础下面受建筑物荷载影响的土层。基坑是为基础施工开挖的坑槽,基底就是基础底面。

基础施工图是表达房屋内地面以下基础部分的平面布置和详细构造的图样,通常包括基础平面图和基础断面详图。

基础的形式一般取决于上部结构的形式,常用的形式有钢筋混凝土条形基础和钢筋混凝土独立基础,如图 6-10 所示。现浇独立基础内钢筋主要有底板钢筋和上部插筋(接柱纵筋),如图 6-10(b)所示。

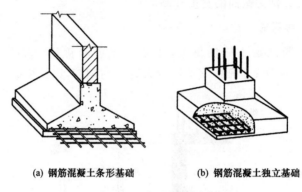

(a) 钢筋混凝土条形基础        (b) 钢筋混凝土独立基础

图 6-10  常用基础形式

## 第二节  钢筋混凝土的正常使用状态验算

### 一、钢筋混凝土受弯构件的挠度验算

进行受弯构件的挠度验算时,要求满足下面的条件:

$$a_{f,\max} \leqslant a_{f,\lim} \tag{6-2}$$

在上式中,$a_{f,\max}$ 受弯构件按荷载效应的标准组合并考虑荷载长期作用影响计算的挠度最大值;$a_{f,\lim}$ 受弯构件的挠度限值,受弯构件的挠度取值如表 6-3 所示。

表 6-3  受弯构件的挠度限值 $l_0$

| 构件类型 | 挠度限值 |
|---|---|
| 吊车梁:手动吊车 | $l_0/500$ |
| 电动吊车 | $l_0/600$ |
| 屋盖、楼盖及楼梯构件:<br>当 $l_0 < 7\text{m}$ 时<br>当 $7\text{m} \leqslant l_0 \leqslant 9\text{m}$ 时<br>当 $l_0 > 9\text{m}$ 时 | $l_0/200$($l_0/250$)<br>$l_0/250$($l_0/300$)<br>$l_0/300$($l_0/400$) |

注:(1)表中 $l_0$ 为构件的计算跨度。

(2)表中括号内的数值适用于使用上对挠度有较高要求的构件。

(3)如果构件制作时预先起拱,且使用上也允许,则在验算挠度时,可将计算所得的挠度减去起拱值;对预应力混凝土构件,尚可减去预加力所产生的反拱值。

(4)计算悬臂构件的挠度限值时,其计算跨度 $l_0$ 按实际悬臂长度的 2 倍取用。

因此,受弯构件挠度验算主要计算其按荷载效应的标准组合并考虑荷载长期作用影响的挠度最大值 $a_{f,\max}$ ,待 $a_{f,\max}$ 求得后,按公式(6-2)即可知其挠度是否符合限值规定。

(一)受弯构件挠度计算的特点

承受均布荷载 $g_k + q_k$ 的简支弹性梁,其跨中挠度为:

$$a_f = \frac{5(g_k + q_k)l_0^4}{384EI} = \frac{5M_K l_0^2}{48EI} \tag{6-3}$$

式中 $EI$ 为匀质弹性材料梁的抗弯刚度。

当梁的材料、截面和跨度一定时,挠度与弯矩呈线性关系,如图 6-11 中的 1 号曲线所示。

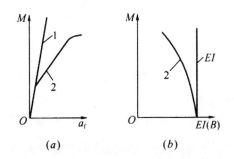

(a)$M—a_f$ 关系曲线;(b)$M—EI$(B)关系曲线

1—均质弹性材料;2—钢筋混凝土适筋梁

**图 6-11 $M—a_f$ 与 $M—EI$(B)的关系曲线**

钢筋混凝土梁的挠度与弯矩的关系是非线性的(图 6-1),因为梁的截面刚度不仅随弯矩变化,而且随荷载持续作用的时间变化,因此不能用 $EI$ 这个常量来表示。通常用 $B_s$ 表示钢筋混凝土梁在荷载短期效应组合作用下的截面抗弯刚度,简称短期刚度。而用 $B$ 表示荷载长期效应组合影响的截面抗弯刚度,简称长期刚度。由于在钢筋混凝土受弯构件中可采用平截面假定,故在变形计算中可以直接引用材料力学中的计算公式。不同的是,钢筋混凝土受弯构件的抗弯刚度不再是常量 $EI$,而是变量 $B$。

(二)短期刚度 $B_s$ 的计算

在混凝土未裂之前,通常可偏安全地取钢筋混凝土构件的短期刚度为:

$$B_s = 0.85 E_c I_0 \tag{6-4}$$

构件受拉区混凝土开裂后,由于裂缝截面受拉区混凝土逐步退出工作,截面抗弯刚度比弹性阶段明显下降。钢筋混凝土受弯构件一般允许带裂缝工作,因此,其变形(刚度)计算就以第 II 阶段的应力应变状态为根据。

图 6-12 为适筋构件纯弯段应变及内力分布图,以下来分析刚度的计算方法。

在荷载标准效应组合作用下,该区段内裂缝基本稳定,裂缝分布实际上并不十分均匀,但可理想化为图示均匀分布状态,其间距 $l_{cr}$ 可视为平均裂缝间距。

裂缝出现后,受压混凝土和受拉钢筋的应变沿构件长度方向的分布是不均匀的(图 6-12),中和轴呈波浪状,曲率分布也是不均匀的。裂缝截面曲率最大,裂缝中间截面曲率最小。为简化计算,截面上的应变、中和轴位置、曲率均采用平均值。

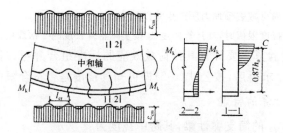

**图 6-12　构件中混凝土和钢筋应变分析**

矩形、T 形、倒 T 形、工字形截面受弯构件短期刚度的公式为：

$$B_S = \frac{E_s A_s h_0^2}{1.15\varphi + 0.2 + \dfrac{6\alpha_\rho}{1 + 3.5\gamma'_f}} \tag{6-5}$$

$$\varphi = 1.1 - 0.65 \frac{f_{tk}}{\rho_{te}\sigma_{sk}} \tag{6-6}$$

$$\rho_{te} = \frac{A_s}{A_{te}} \tag{6-7}$$

式中：$\rho$ 为纵向受拉钢筋配筋率；

$\gamma'_f$ 为 T 形、工字形截面压翼缘面积与腹板有效面积之比。计算公式为 $\gamma'_f = \dfrac{(b'_f - b)h'_f}{bh_0}$，$b'_f$、$h'_f$ 分别为截面受压翼缘的宽度和高度，当 $h'_f > 0.2h_0$ 时，取 $h'_f = 0.2h_0$；矩形截面，取 $\gamma'_f = 0$；

$\varphi$ 为裂缝间纵向受拉钢筋应力不均匀系数，它反映了钢筋与混凝土之间的黏结性能的好坏，当 $\varphi < 0.2$ 时，取 $\varphi = 0.2$；当 $\varphi > 1.0$ 时，取 $\varphi = 1.0$。

$\rho_{te}$ 按有效受拉混凝土截面面积计算的纵向受拉钢筋配筋率，在最大裂缝宽度计算时，当 $\rho_{te} < 0.01$，取 $\rho_{te} = 0.01$；

$A_{te}$ 为有效受拉混凝土截面面积：对轴心受拉构件，取构件截面面积；对其他情况，取 $A_{te} = 0.5bh + (b_f - b)h_f$，此处，$b_f$、$h_f$ 为受拉翼缘的宽度、高度。

（三）长期刚度 $B$ 的计算

构件在持续荷载作用下，裂缝之间受拉混凝土松弛、受拉钢筋和混凝土之间的滑移徐变使裂缝之间的受拉混凝土退出工作，从而引起受拉钢筋在裂缝之间的应变不断增长，导致变形随时间不断缓慢增长。

关于变形验算的条件，是要求在荷载标准效应作用下并考虑荷载长期作用影响后的构件挠度不超过规定的允许挠度值，即用长期刚度来计算构件的挠度，受弯构件的长期刚度可按下式计算：

$$B = \frac{M_K}{M_q(\theta - 1) + M_k} B_s \tag{6-8}$$

式中，$M_k$ 按荷载效应标准组合算得，$M_q$ 按荷载效应准永久组合算得。在荷载效应标准组合，荷载取标准值，在效应准永久组合中，恒荷载取标准值，活荷载取标准值乘以准永久值系数 $\varphi_q$。活荷载的标准值和准永久值系数 $\varphi_q$ 可以查有关表格求得。

根据试验结果，对于荷载长期作用下的挠度增大系数 $\theta$，可按下式计算

$$\theta = 2.0 - 0.4\rho'/\rho \tag{6-9}$$

式中,$\rho = A_s/(bh_o)$ 和 $\rho' = A'_s/(bh_o)$ 分别为纵向受拉和受压钢筋的配筋率。当 $\rho'/\rho > 1$ 时,取 $\rho'/\rho = 1$。由于受压钢筋能够阻碍受压混凝土的徐变,因而可以减少长期挠度,上式的 $\rho'/\rho$ 反映了受压钢筋的这一有利影响。此外,根据国内试验结果,翼缘在受拉区的 $T$ 形截面的 $\theta$ 值比配筋率相同的矩形截面的 $\theta$ 值大,故相关规范规定,对翼缘在受拉区的 $T$ 形截面,$\theta$ 值应在式(6-7)的基础上增大 $20\%$

（四）受弯构件挠度的计算

钢筋混凝土受弯构件截面的抗弯刚度随弯矩增大而减小。因此,即使对于等截面梁,由于各截面的弯矩并不相同,故其抗弯刚度都不相等。例如,承受均布荷载的简支梁,当中间部分开裂后,其抗弯刚度分布情况如图 6-13(a)所示。按照这样的变刚度来计算梁的挠度显然是十分烦琐的。在实用计算中,考虑到支座附近弯矩较小区段虽然刚度较大,但它对全梁变形的影响不大,故一般取同号弯矩区段内弯矩最大截面的抗弯刚度作为该区段的抗弯刚度。对于简支梁即取最大正弯矩截面按式(6-8)计算的截面刚度,并以此作为全梁的抗弯刚度(图 6-13b)。对于带悬挑的简支梁、连续梁或框架梁,则取最大正弯矩截面和最小负弯矩截面的刚度,分别作为相应弯矩区段的刚度。这就是挠度计算中通称的"最小刚度原则",据此可很方便地确定构件的刚度分布。例如,受均匀荷载作用的带悬挑的等截面简支梁,其弯矩如图 6-14(a)所示,而截面刚度分布如图 6-14(b)所示。

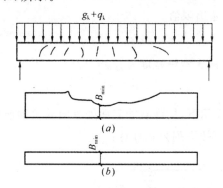

图 6-13　简支梁抗弯刚度分布图

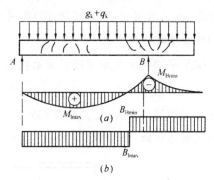

图 6-14　带悬挑简支梁抗弯刚度分布图

构件刚度分布图确定后,即可按结构力学的方法计算钢筋混凝土受弯构件的挠度。

受弯构件挠度除弯曲变形外,还受剪切变形的影响。一般情况下,这种剪切变形的影响很小,可忽略不计。

按荷载效应短期组合并考虑荷载长期效应影响的长期刚度 $B$ 计算所得的长期挠度 $a_f$,应不大于规定的允许挠度 $a_{f,lim}$,亦即满足正常使用极限状态式(6-2)的要求。当该要求不能满足时,从短期及长期刚度公式(6-5)和式(6-8)可知:最有效的措施是增加截面高度;当设计构件截面尺寸不能加大时,可考虑增加纵向受拉钢筋截面面积或提高混凝土强度等级;对某些构件还可以充分利用纵向受压钢筋对长期刚度的有利影响,在构件受压区配置一定数量的受压钢筋。此外,采用预应力混凝土构件也是提高构件刚度的有效措施。

## 二、钢筋混凝土构件的裂缝宽度验算

钢筋混凝土中的裂缝按形成原因可分为两大类:第一类是由荷载引起的裂缝;第二类是由变形因素(非荷载)引起的裂缝,如由材料收缩、温度变化、混凝土碳化(钢筋锈蚀膨胀)以及地基不均匀沉降等原因引起的裂缝。很多裂缝往往是几种因素共同作用的结果。

（一）裂缝宽度验算公式

根据正常使用阶段对结构构件裂缝的不同要求,可将裂缝的控制等级分为三级;正常使用阶段严格要求不出现裂缝的构件,裂缝控制等级属一级;正常使用阶段一般要求不出现裂缝的构件,裂缝控制等级属二级;正常使用阶段允许出现裂缝但要控制其宽度的构件,裂缝控制等级属三级。

钢筋混凝土结构构件由于混凝土的抗拉强度低,在正常使用阶段常带裂缝工作,因此,其裂缝控制等级属于三级。若要使结构构件的裂缝达到一级或二级要求,必须对其施加预应力,将结构构件做成预应力混凝土结构构件。

试验和工程实践表明,在一般环境情况下,只要将钢筋混凝土结构构件的裂缝宽度限制在一定的范围以内,结构构件内的钢筋就不会锈蚀,对结构构件的耐久性也不会构成威胁。因此,裂缝宽度的验算可以按下面的公式进行

$$\omega_{\max} \leqslant \omega_{\lim} \tag{6-10}$$

式中:$\omega_{\max}$ 按荷载效应标准组合并考虑长期作用影响计算的最大裂缝宽度;

$\omega_{\lim}$ 为最大裂缝宽度限值。

因此,裂缝宽度的验算主要是按荷载效应标准组合并考虑长期作用影响的最大裂缝宽度 $\omega_{\max}$ 的计算。$\omega_{\max}$ 求得后,按公式(6-10)即可判定是否超出限值。

（二）裂缝宽度验算方法

规范采用平均裂缝宽度乘以扩大系数的方法确定最大裂缝宽度 $\omega_{\max}$。

1.裂缝截面钢筋应力

裂缝截面钢筋应力为 $\sigma_{sk}$。在荷载效应标准组合作用下,构件裂缝截面处纵向受拉钢筋的应力 $\sigma_{sk}$,根据使用阶段（Ⅱ阶段）的应力状态(图 6-15),可按下列公式计算:

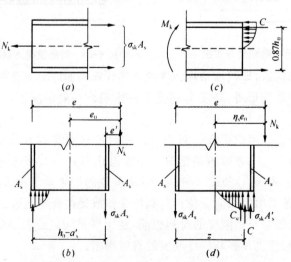

(a)轴心受拉;(b)偏心受拉;(c)受弯;(d)偏心受压

$C$—受压区总压应力合力;$C_c$—受压区混凝土压应力合力

**图 6-15　构件使用阶段的截面应力状态**

（1）轴心受拉

$$\sigma_{sk} = \frac{N_K}{A_S} \qquad (6\text{-}11)$$

（2）偏心受拉

$$\sigma_{sk} = \frac{N_k e'}{A_s(h_0 - a'_s)} \qquad (6\text{-}12)$$

（3）受弯

$$\sigma_{sk} = \frac{M_k}{0.87 h_0 A_s} \qquad (6\text{-}13)$$

式中：$A_s$ 为受拉区纵向钢筋截面面积。对轴心受拉构件，取全部纵向钢筋截面面积；对偏心受拉构件，取受拉较大边的纵向钢筋截面面积；对受弯构件和偏心受压构件，取受拉区纵向钢筋截面面积。

$e'$ 为轴向拉力作用点至受压区或受拉较小边纵向钢筋合力点的距离；$M_k$、$N_k$ 则分别按荷载效应标准组合计算的轴向力和弯矩值。

**2. 最大裂缝宽度计算**

《混凝土结构设计规范》规定，最大裂缝宽度 $\omega_{\max}$ 的计算公式为：

$$\omega_{\max} = \alpha_{cr}\varphi\frac{\sigma_{sk}}{E_S}\left(1.9c + 0.08\frac{d_{eq}}{\rho_{te}}\right) \qquad (6\text{-}14)$$

式中：$\alpha_{cr}$ 为构件受力特征系数，对轴心受拉构件 $\alpha_{cr}=2.7$；对偏心受拉构件 $\alpha_{cr}=2.4$；对受弯和偏心受压构件 $\alpha_{cr}=2.1$。

$\varphi$ 为裂缝间纵向受拉钢筋应变不均匀系数；

$c$ 为混凝土保护层厚度；

$d_{eq}$ 为受拉区纵向钢筋等效直径(mm)，$d_{eq} = \dfrac{\sum n_i d_i^2}{\sum n_i v_i d_i}$，$n_i$ 为受拉区第 $i$ 种纵向钢筋根数，$d_i$ 为受拉区第 $i$ 种钢筋的公称直径；$v_i$ 纵向受拉钢筋配筋相对粘结特征系数，对光面钢筋取 $v_i=0.7$，对带肋钢筋取 $v_i=1.0$；

$\rho_{te}$ 为纵向受拉钢筋配筋率。

在计算最大裂缝宽度时，若算得的 $\rho_{te}<0.01$ 时，规定应取 $\rho_{te}=0.01$。这一规定是由于目前对低配筋构件的试验和理论研究尚不充分的缘故。

对 $e_0/h_0 \leqslant 0.55$ 的偏心受压构件，可不作裂缝宽度验算。

按式(6-14)算得的最大裂缝宽度 $\omega_{\max}$ 不应超过规范规定的最大裂缝宽度允许值 $\omega_{\max}$。

在验算裂缝宽度时，构件的材料、截面尺寸及配筋、按荷载标准效应组合计算的钢筋应力，$\varphi$、$E_s$、$\sigma_{sk}$、$\rho_{te}$ 均为已知，而 $c$ 值按构造一般变化很小，故 $\omega_{\max}$ 主要取决于 $d_i$、$v_i$ 这两个参数。因此，当计算得出 $\omega_{\max}>\omega_{\lim}$ 时，宜选择较细直径的带肋钢筋，以增大钢筋与混凝土接触的表面积，提高钢筋与混凝土的黏结强度。但钢筋直径的远择也要考虑施工方便。

如采用上述措施不能满足要求时，也可增加钢筋截面面积 $A_s$，加大有效配筋率，从而减小钢筋应力和裂缝间距，达到符合式(6-10)的要求。改变截面形式和尺寸，提高混凝土强度等级，效果甚差，一般不宜采用。

# 第三节　钢筋混凝土的土梁板结构

钢筋混凝土梁板结构是土建工程中应用最广泛的一种结构。例如房屋中的楼盖和屋盖、筏式基础、贮液池的底板和顶盖、扶壁式挡土墙,桥的桥面以及楼梯、阳台、雨篷等,其中楼盖(屋盖)是最典型的梁板结构。

## 一、钢筋混凝土平面楼盖

### (一)概述

1.定义

楼盖是建筑结构中的水平结构体系,它与竖向构件、抗侧力构件一起组成建筑结构的整体空间结构体系。钢筋混凝土平面楼盖是由梁、板、柱(有时无梁)组成的梁板结构体系,它是土木与建筑工程中应用最广泛的一种结构形式。如图 6-16 所示为现浇钢筋混凝土肋梁楼盖,由板、次梁及主梁组成,主要用于承受楼面竖向荷载。

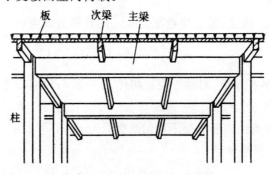

**图 6-16　钢筋混凝土肋梁楼盖**

楼盖是建筑结构重要的组成部分,混凝土楼盖造价占到整个土建总造价的近 30%,其自重约占到总重量的一半。选择合适的楼盖设计方案,并采用正确的方法,合理地进行设计计算,对于整个建筑结构都具有十分重要的作用。

2.分类

楼盖将楼面竖向荷载传递至竖向构件,并将水平荷载(风力、地震作用)传到抗侧力构件,根据不同的分类方法,可将楼盖分为不同的类别。

(1)按结构形式分

按结构形式分可将楼盖分为肋梁楼盖、井式楼盖、密肋楼盖和无梁楼盖(又称板柱结构),如图 6-17 所示。其中,肋梁楼盖用得最普遍。

①肋梁楼盖。

由相交的梁和板组成。其主要传力途径为板—次梁—主梁—柱或墙—基础—地基。肋梁楼盖的特点是用钢量较小,楼板上留洞方便,但支模较复杂。它分为单向板肋梁楼盖和双向板肋梁楼盖。

②无梁楼盖。

在楼盖中不设梁,而将板直接支承在带有柱帽(或无柱帽)的柱上,其传力途径是荷载由板传

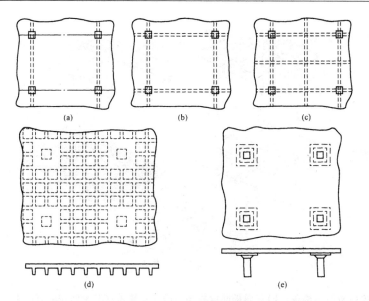

(a)单向板肋梁楼盖;(b)双向板肋梁楼盖;(c)井式楼盖;(d)密肋楼盖;(e)无梁楼盖

**图 6-17　楼盖的结构类型**

至柱或墙。无梁楼盖的结构高度小,净空大,结构顶棚平整,支模简单,但用钢量较大,通常用在冷库、各种仓库、商店等柱网布置接近方形的建筑工程中。当柱网较小时(3~4m),柱顶可不设柱帽,柱网较大(6~8m)且荷载较大时,柱顶设柱帽以提高板的抗冲切能力。

③密肋楼盖。

密铺小梁(肋),间距约为 0.5~2.0m,一般采用实心平板搁置在梁肋上,或放在倒 T 形梁下翼缘上,上铺木地板;或在梁肋间填以空心砖或轻质砌块。后两种构造楼面隔声性能较好,目前亦有采用现浇的形式。由于小梁较密,板厚很小,梁高也较肋形楼盖小,所以该结构自重较轻。

④井式楼盖。

两个方向的柱网及梁的截面相同,由于是两个方向受力,梁高度比肋形楼盖小,故一般用于跨度较大且柱网呈方形的结构。

(2)按施工方法分类

按施工方法分类可将楼盖分为现浇楼盖、装配式楼盖和装配整体式楼盖三种。

①现浇整体式。

指全部构件均为现场浇筑,在工程中最常见。现浇楼盖的刚度大,整体性好,抗震抗冲击性能好,防水性好,对不规则平面的适应性强,开洞容易。缺点是需要大量的模板,现场的作业量大,工期也较长。

现浇整体式楼盖按楼板受力和支承条件的不同可分为:单向板肋梁楼盖、双向板肋梁楼盖、无梁楼盖、井字楼盖。如图 6-18 所示。

②预制装配式。

预制装配式多采用预制板、现浇梁。其优点为节省模板、缩短工期;缺点为整体性、适应性较差,不适合有防水和开洞要求的楼面。

③装配整体式。

装配整体式又称叠合式。其优点为节省模板、整体性较好;缺点为费工、费料。需要进行混

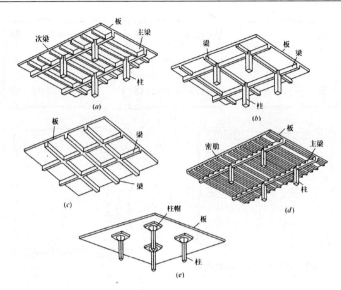

(a)单向板肋梁楼盖;(b)双向板肋梁楼盖;(c)井式楼盖;(d)密肋楼盖;(e)无梁楼盖

**图 6-18　现浇整体式楼盖**

凝土二次浇灌,有时还需增加焊接工作量。

目前,我国装配式楼盖主要用在多层砌体房屋,特别是多层住宅中。在抗震设防区,有限制使用装配式楼盖的趋势。装配整体式楼盖是提高装配式楼盖刚度、整体性和抗震性能的一种改进措施,最常见的方法是在板面做 40mm 厚的配筋现浇层。

(3)按是否预加应力情况分类

按是否预加应力情况,楼盖可分为钢筋混凝土楼盖和预应力混凝土楼盖两种。预应力混凝土楼盖用得最普遍的是无黏结预应力混凝土平板楼盖;当柱网尺寸较大时,预应用力楼盖可有效减小板厚,降低建筑层高。

(二)单向板肋梁楼盖设计

1.结构平面的布置

钢筋混凝土单向板肋梁楼盖的结构布置主要是主梁和次梁的布置。一般在建筑设计中已经确定了建筑物的柱网尺寸或承重墙的布置,柱网和承重墙的间距决定了主梁的跨度,主梁的间距决定了次梁的跨度,次梁的间距又决定了板跨度。因此进行结构平面布置时,应综合考虑建筑功能、造价及施工条件等因素。合理地进行主、次梁的布置,对楼盖设计和它的适用性、经济效果都有十分重要的意义。

(1)当主梁沿横向布置,而次梁沿纵向布置时,主梁与柱形成横向框架受力体系。各榀横向框架通过纵向次梁联系,形成整体,房屋的横向刚度较大。由于主梁与外纵墙垂直,外纵墙的窗洞高度可较大,有利于室内采光。

(2)当横向柱距大于纵向柱距较多时,或房屋有集中通风的要求时,显然沿纵向布置主梁比较有利,但由于主梁截面高度减小,可使房屋层高得以降低。但纵向布置的缺点是房屋横向刚度较差,而且常由于次梁支承在窗过梁上限制了窗洞高度(图 6-19)。

2.结构布置原则

(1)选择适宜的主、次梁布置方向。主梁沿纵向布置:有利采光;横向刚度差;主梁沿横向布

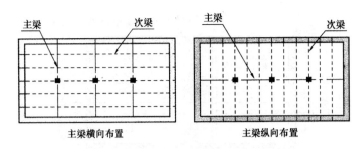

图 6-19 主梁布置

置:有利通风;横向刚度好。梁格布置时,应注意尽量避免将梁搁置在门窗洞上,对于楼盖上有承重墙的情况,隔断墙时应在楼盖相应位置设梁。在楼板上开设较大洞口时,在洞口周边应设置小梁。

(2)梁格布置应尽可能布置得规整、统一,荷载传递直接。减少梁板跨度的变化,尽量统一梁、板截面尺寸,以简化设计,方便施工,获得好的经济效果和建筑效果。

(3)选择经济合理的梁格、柱网尺寸、跨度。楼盖中板的混凝土用量占整个楼盖混凝土用量的 50%～70%,因此板厚宜取较小值,根据工程实践,板的跨度一般为 1.7～2.7m,不宜超过 3.0m,荷载较大时宜取较小值;次梁跨度一般为 4.0～7.0m;主梁的跨度一般为 5.0～8.0m。

3.结构内力的计算

(1)内力计算的原则

现浇肋形楼盖中板、次梁、主梁一般为多跨连续梁。设计连续梁时,内力计算是主要内容,而截面配筋计算与简支、伸臂梁基本相同。钢筋混凝土连续梁内力计算有按弹性理论计算和考虑塑性内力重分布的计算两种方法。

①在现浇单向板肋梁楼盖中,板、次梁、主梁的计算模型为连续板或连续梁,其中,次梁是板的支座,主梁是次梁的支座,柱或墙是主梁的支座。为了简化计算,通常作如下简化假定:

A.支座可以自由转动,但没有竖向位移。

B.不考虑薄膜效应对板内力的影响。

C.在确定板传给次梁的荷载以及次梁传给主梁的荷载时,分别忽略板、次梁的连续性,按简支构件计算支座竖向反力。

D.跨数超过五跨的连续梁、板,当各跨荷载相同且跨度相差不超过 10% 时,可按五跨的等跨连续梁、板计算。

②为减少计算工作量,结构内力分析时,常常不是对整个结构进行分析,而是从实际结构中选取有代表性的某一部分作为计算的对象,称为计算单元。

楼盖中对于单向板,可取 11m 宽度的板带作为其计算单元,在此范围内,即图 6-20 中用阴影线表示的楼面均布荷载便是该板带承受的荷载,这一负荷范围称为从属面积,即计算构件负荷的楼面面积。

主、次梁截面形状都是两侧带翼缘(板)的 T 形截面,每侧翼缘板的计算宽度取与相邻梁中心距的一半。次梁承受板传来的均布线荷载,主梁承受次梁传来的集中荷载,由上述假定"在确定板传给次梁的荷载以及次梁传给主梁的荷载时,分别忽略板、次梁的连续性,按简支构件计算支座竖向反力"可知,一根次梁的负荷范围以及次梁传给主梁的集中荷载范围如图 6-20 所示。

③由图 6-20 可知,次梁的间距就是板的跨长,主梁的间距就是次梁的跨长,但不一定就等于

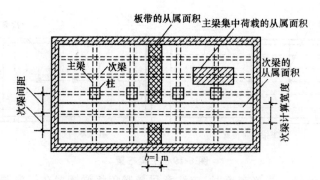

**图 6-20　板、梁的荷载计算范围**

计算跨度。梁、板的计算跨度 $l_0$ 是指内力计算时所采用的跨间长度。从理论上讲,某一跨的计算跨度应为该跨两端支座处转动点之间的距离。所以当按弹性理论计算时,中间各跨取支承中心线之间的距离;边跨由于端支座情况有差别,与中间跨的取值方法不同。如果端部搁置在支承构件上,支承长度为 $a$,则对于梁,伸进边支座的计算长度可在 $0.025/l_{n1}$ 和现 $a/2$ 两者中取小值,即边跨计算长度在 $(1.025 l_{n1} + \dfrac{b}{2})$ 与 $(l_{n1} + \dfrac{a+b}{2})$ 两者中取小值,如图 6-21 所示;对于板,边跨计算长度在 $(1.025/l_{n1} + \dfrac{b}{2})$ 与 $(l_{n1} + \dfrac{h+b}{2})$ 两者中取小值。梁、板在边支座与支承构件整浇时,边跨也取支承中心线之间的距离。这里,$l_{n1}$ 为梁、板边跨的净跨长,$b$ 为第一内支座的支承宽度,$h$ 为板厚。

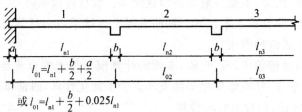

**图 6-21　按弹性理论计算时的计算跨度**

④作用在板和梁上的荷载一般有两种:恒荷载(永久荷载)和活荷载(可变荷载)。恒荷载的标准值可按其几何尺寸和材料的重力密度计算。《建筑结构荷载规范》(GB 50009—2012)规定了民用建筑楼面上的均布活荷载标准值及其组合值、频遇值和准永久值系数。在《建筑结构荷载规范》(GB 50009—2012)中也给出了某些工业建筑的楼面活荷载值。

(2)弹性计算法

①折算荷载。

如图 6-22 所示,按弹性计算时,板、次梁按铰接简化,没有考虑次梁对板、主梁对次梁支承处的整体弹性约束作用,使计算结果偏大,为减少采用铰支座进行设计所带来的误差,可采用折算荷载的方法来计算内力。即

$$\text{板}: g' = g + \frac{1}{2}p \quad p' = \frac{1}{2}p \tag{6-15}$$

$$\text{次梁}: g' = g + \frac{1}{4}p \quad p' = \frac{3}{4}p \tag{6-16}$$

$$\text{主梁}: g' = g \quad p' = p \text{(不折减)} \tag{6-17}$$

注:当板、次梁按塑性计算时,则不折减。

当板、次梁支承于砖墙或钢梁上时,支座处所受到的约束较小,因此荷载不折算。主梁荷载一般不折算(图 6-22)。

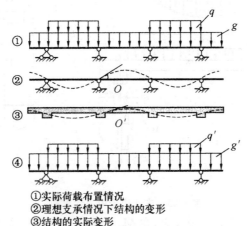

①实际荷载布置情况
②理想支承情况下结构的变形
③结构的实际变形
④计算中采用的折算荷载

**图 6-22　板、次梁荷载折算图**

②荷载的最不利组合。

满布的恒荷载＋最不利的活荷载布置。

活荷载最不利的布置原则:

A.求某跨跨中最大正弯矩时,应在该跨布置活荷载,然后隔跨布置活荷载。

B.求某支座最大负弯矩时,应在该支座左右两跨布置活荷载,然后隔跨布置活荷载。

C.求某支座边最大剪力时,应在该支座左右两跨布置活荷载,然后隔跨布置活荷载,与支座最大负弯矩的布置相同。

③支座截面内力设计值。

在计算内力时,由于计算跨度取至支座中心处,忽略了支座宽度,故所得支座截面负弯矩和剪力值都是在支座中心位置处的弯矩和剪力。板、梁、柱整浇时,支座中心处截面的高度较大,所以危险截面应在支座边缘,内力设计值应按支座边缘处确定。

支座边缘弯矩、剪力设计值按下式计算,如图 6-23 所示。

弯矩设计值:
$$M = M_c - V_c \frac{b}{2} \tag{6-18}$$

剪力设计值:均布荷载:
$$V = V_c - (g + p)\frac{b}{2} \tag{6-19}$$

集中荷载:
$$V = V_c$$

(3)塑性内力重分布的计算

根据钢筋混凝土弹塑性材料的性质,必须考虑其塑性变形内力重分布。

①混凝土受弯构件的塑性铰。为了简单,先以简支梁为例来说明(图 6-24(b))。图 6-24(a)为混凝土受弯构件截面的 $M$—$\varphi$ 曲线,图 6-24(c)为简支梁跨中作用集中荷载在不同荷载值下的弯矩图。图中 $M_y$ 是受拉钢筋刚屈服时的截面弯矩,$M_u$ 是极限弯矩,即截面受弯承载力;$\varphi_y$、$\varphi_u$ 是对应的截面曲率。在破坏阶段,由于受拉钢筋已屈服,塑性应变增大而钢筋应力维持不变。随着截面受压区高度的减小,内力臂略有增大,截面的弯矩也有所增加,但弯矩的增量($M_u - M_Y$)

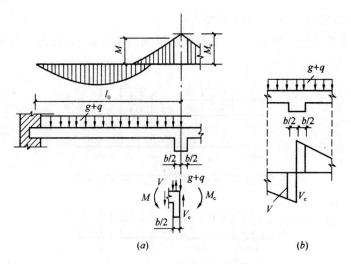

**图 6-23　支座边缘内力计算图**

不大,而截面曲率的增值($\varphi_y - \varphi_u$)却很大,在 $M-\varphi$ 图上大致是一条水平线。这样,在弯矩基本维持不变的情况下,截面曲率激增,形成了一个能转动的"铰",这种铰称为塑性铰。

在跨中截面弯矩从 $M_y$ 发展到 $M_u$ 的过程中,与它相邻的一些截面也进入"屈服"产生塑性转动。在图 6-24(c)中,$M \geqslant M_y$ 的部分是塑性铰的区域(由于钢筋与混凝土间黏结力的局部破坏,实际的塑性铰区域更大)。通常把这一塑性变形集中产生的区域理想化为集中于一个截面上的塑性铰,该范围称塑性铰长度 $l_p$,所产生的转角称为塑性铰的转角 $\theta_p$。

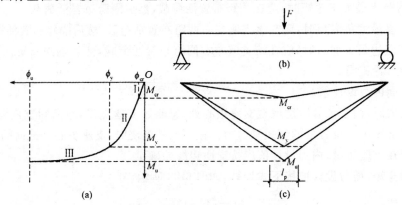

(a)跨中正截面的 $M-\varphi$ 拳曲线;(b)跨中有集中荷载作用的简支梁;(c)弯矩图

**图 6-24　塑性铰的形成**

综上所述,塑性铰在破坏阶段开始时形成,它有一定的长度,能承受一定的弯矩,并在弯矩作用方向转动,直至截面破坏。

塑性铰可分为钢筋铰和混凝土铰。对于配置具有明显屈服点钢筋的适筋梁,塑性铰形成的起因是受拉钢筋先屈服,因此称为钢筋铰。当截面配筋率大于界限配筋率时,钢筋不会屈服,转动主要由受压区混凝土的非弹性变形引起,因此称为混凝土铰,它的转动量很小,截面破坏突然。混凝土铰大都出现在受弯构件的超筋截面或小偏心受压构件中,钢筋铰则出现在受弯构件的适筋截面或大偏心受压构件中。

在混凝土静定结构中,塑性铰的出现就意味着承载能力的丧失,是不允许的,但在超静定混凝土结构中,不会把结构变成几何可变体系的塑性铰是允许的。为了保证结构有足够的变形能力,塑性铰应设计成转动能力大、延性好的钢筋铰。

②内力重分布的过程。图 6-25(a)为跨中受集中荷载的两跨连续梁。

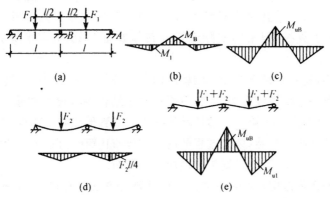

(a)在跨中截面 1 处作用 $F_1$ 的两跨连续梁;(b)按弹性理论的弯矩图;
(c)支座截面 $B$ 达到 $M_{uB}$ 曲时的弯矩图;(d)$B$ 支座出现塑性铰后在新增加的 $F_2$
作用下的弯矩图;(e)截面 1 出现塑性铰时梁的变形及其弯矩图

**图 6-25 梁上弯矩分布及破坏机构形成**

假定支座截面和跨内截面的截面尺寸和配筋相同。梁的受力全过程大致可以分为三个阶段:

A. 当集中力 $F_1$ 很小时,混凝土尚未开裂,梁各部分的截面弯曲刚度的比值未改变,结构接近弹性体系,弯矩分布由弹性理论确定,如图 6-25(b)所示。

B. 由于支座截面的弯矩最大,随着荷载的增大,中间支座(截面 $B$)受拉区混凝土先开裂,截面弯曲刚度降低,但跨内截面 1 尚未开裂。由于支座与跨内截面弯曲刚度的比值降低,致使支座截面弯矩 $M_B$ 的增长率低于跨内弯矩 $M_1$ 的增长率。继续加载,当截面 1 也出现裂缝时,截面抗弯刚度的比值有所回升,$M_B$ 的增长率又有所加快。两者的弯矩比值不断发生变化。支座和跨内截面在混凝土开裂前后弯矩 $M_B$ 和 $M_1$ 的变化情况如图 6-26 所示。

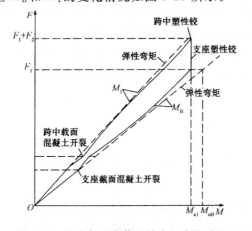

**图 6-26 支座与跨中截面的弯矩变化过程**

C. 当荷载增加到支座截面 $B$ 时受拉钢筋屈服,支座塑性铰形成,塑性铰能承受的弯矩为 $M_{uB}$(此处忽略 $M_u$ 与 $M_y$ 的差别),相应的荷载值为 $F_1$。再继续增加荷载,梁从一次超静定的连续梁转变成了两根简支梁。由于跨内截面承载力尚未耗尽,因此还可以继续增加荷载,直至跨内截面 1 也出现塑性铰,梁成为几何可变体系而破坏。设后加的那部分荷载为 $F_2$,则梁承受的总荷载为 $F=F_1+F_2$。

在 $F_2$ 作用下,应按简支梁来计算跨内弯矩,此时支座弯矩不增加,维持在 $M_{uB}$,所以在图 6-26 中 $M_{uB}$ 出现了竖直段。若按弹性理论计算,$M_B$ 和 $M_1$ 的大小始终与外荷载呈线性关系,在 $M—F$ 图上应为两条虚直线,但梁的实际弯矩分布却如图 6-26 中实线所示,即出现了内力重分布。

由上述分析可知,超静定钢筋混凝土结构的内力重分布可概括为两个过程:第一过程发生在受拉混凝土开裂到第一个塑性铰形成之前,主要是由于结构各部分弯曲刚度比值的改变而引起的内力重分布;第二过程发生于第一个塑性铰形成以后直到形成破坏结构,由于结构计算简图的改变而引起的内力重分布。显然,第二过程的内力重分布比第一过程显著得多。严格地说,第一过程称为弹塑性内力重分布,第二过程为塑性内力重分布。

③内力重分布的适用范围和影响因素。按塑性理论方法计算,较之按弹性理论计算能节省材料,改善配筋,计算结果更符合结构的实际工作情况,故对于结构体系布置规则的连续梁、板的承载力计算宜尽量采用这种计算方法。

内力重分布需考虑以下三个因素:

A. 塑性铰的转动能力。塑性铰的转动能力主要取决于纵向钢筋的配筋率、钢材的品种和混凝土的极限压应变值。

B. 斜截面承载能力。要想实现预期的内力重分布,其前提条件之一是在破坏机构形成前,不能发生因斜截面承载力不足而引起的破坏,否则将阻碍内力重分布继续进行。

C. 正常使用条件。在考虑内力重分布时,应对塑性铰的允许转动量予以控制,也就是要控制内力重分布的幅度。一般要求在正常使用阶段不应出现塑性铰。

(三)双向板肋梁楼盖设计

1. 双向板的受力特点

用弹性力学理论来分析,双向板的受力特征不同于单向板,它在两个方向的横截面上都作用有弯矩和剪力,另外还有扭矩(由于两个相邻板带的竖向位移是不相同的,靠近双向板边缘的板带,其竖向位移比靠近中央的相邻板带的竖向位移小,可见在相邻板带之间存在着竖向剪力,这种竖向剪力构成了扭矩);而单向板则只是认为一个方向作用有弯矩和剪力,另一方向不传递荷载。双向板中因有扭矩的存在,板的四角有翘起的趋势,受到墙的约束后,板的跨中弯矩减少,刚度较大。因此双向板的受力性能比单向板优越,其跨度可达 5m 左右(单向板常用跨度仅 1.7~2.7m)。

钢筋混凝土双向板的受力情况较为复杂,试验研究表明:

在承受均布荷载的四边简支正方形板中(图 6-27(a)、图 6-27(b)),当荷载逐渐增加时,首先在板底中央出现裂缝,然后沿着对角线方向向四角扩展,在接近破坏时,板的顶面四角附近出现了圆弧形裂缝,它促使板底对角线方向的裂缝进一步扩展,最终由于跨中钢筋屈服导致板的破坏。

在承受均布荷载的四边简支矩形板中(图 6-27(c)、图 6-27(d)),第一批裂缝出现在板底中央且平行长边方向;当荷载继续增加时,这些裂缝逐渐延伸,并沿 45°方向向四周扩展,然后板顶四角亦出现圆弧裂缝,最后导致板的破坏。

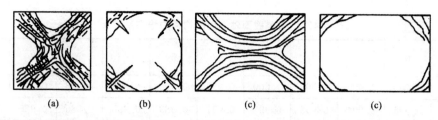

(a)正方形板板底裂缝;(b)正方形板板顶裂缝;(c)矩形板板底裂缝;(d)矩形板板顶裂缝

**图 6-27　钢筋混凝土板的破坏裂缝**

不论是简支的正方形板或是矩形板,在荷载作用下,板的四角都有翘起的趋势,板传给四乏支承梁的压力并非沿边长均匀分布,而是中部较大,两端较小。

板中钢筋一般布置成与板的四边平行,以便于施工。在同样的配筋率时,采用较细钢筋较为有利;在同样数量的钢筋时,将板中间部分排列较密些,要比均匀放置适宜。

2.结构平面的布置

双向板肋梁楼盖的结构平面布置如图 6-28 所示。当空间不大且接近正方形时(如门厅),可不设中柱,双向板的支承梁为两个方向均支承在边墙(或柱)上,且截面相同的井式梁(图 6-28(a));当空间较大时,宜设中柱,双向板的纵、横向支承梁分别为支承在中柱和边墙(或柱)上的连续梁(图 6-28(b));当柱距较大时,还可在柱网格中再设井式梁(图 6-28(c))。

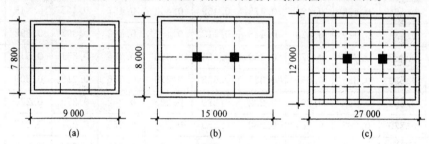

**图 6-28　双向板肋梁楼盖结构布置**

3.双向板按弹性理论的内力计算

(1)单区格板的设计计算

设计计算可直接利用不同边界条件下的按弹性薄板理论公式编制的相应表格(表 6-4,查出有关内力系数,即可进行配筋设计。

$$m = 表中系数 \times (g + g)l_0^2 \qquad (6-20)$$

式中:$m$ 为计算截面单位宽度的弯矩设计值;

$l_0$ 为板的较短方向计算跨度;

$g$、$q$ 为均布恒荷载和均布活荷载设计值。

表 6-4 为轴心受压构件的稳定系数。

表 6-4(1)　a 类截面轴心受压构件的稳定系数 φ

| $\lambda\sqrt{\dfrac{f_y}{235}}$ | 0 | 1 | 2 | 3 | 4 | 5 | 6 | 7 | 8 | 9 |
|---|---|---|---|---|---|---|---|---|---|---|
| 0 | 1.000 | 1.000 | 1.000 | 1.000 | 0.999 | 0.999 | 0.998 | 0.998 | 0.997 | 0.996 |
| 10 | 0.995 | 0.994 | 0.993 | 0.992 | 0.991 | 0.989 | 0.988 | 0.986 | 0.985 | 0.983 |
| 20 | 0.981 | 0.979 | 0.977 | 0.976 | 0.974 | 0.972 | 0.970 | 0.968 | 0.946 | 0.964 |
| 30 | 0.936 | 0.961 | 0.959 | 0.957 | 0.955 | 0.952 | 0.950 | 0.948 | 0.946 | 0.944 |
| 40 | 0.941 | 0.939 | 0.937 | 0.934 | 0.932 | 0.929 | 0.927 | 0.924 | 0.921 | 0.919 |
| 50 | 0.916 | 0.913 | 0.910 | 0.907 | 0.904 | 0.900 | 0.897 | 0.894 | 0.890 | 0.866 |
| 60 | 0.883 | 0.879 | 0.875 | 0.871 | 0.867 | 0.863 | 0.858 | 0.854 | 0.849 | 0.844 |
| 70 | 0.839 | 0.834 | 0.829 | 0.824 | 0.818 | 0.813 | 0.807 | 0.801 | 0.795 | 0.789 |
| 80 | 0.783 | 0.776 | 0.770 | 0.763 | 0.757 | 0.750 | 0.743 | 0.736 | 0.728 | 0.721 |
| 90 | 0.714 | 0.706 | 0.699 | 0.691 | 0.684 | 0.676 | 0.668 | 0.661 | 0.653 | 0.645 |
| 100 | 0.638 | 0.630 | 0.622 | 0.615 | 0.607 | 0.600 | 0.592 | 0.585 | 0.577 | 0.570 |
| 110 | 0.563 | 0.555 | 0.548 | 0.541 | 0.534 | 0.527 | 0.520 | 0.514 | 0.507 | 0.500 |
| 120 | 0.494 | 0.488 | 0.481 | 0.475 | 0.469 | 0.463 | 0.457 | 0.451 | 0.445 | 0.440 |
| 130 | 0.434 | 0.429 | 0.423 | 0.418 | 0.412 | 0.407 | 0.402 | 0.397 | 0.392 | 0.387 |
| 140 | 0.383 | 0.378 | 0.373 | 0.369 | 0.364 | 0.360 | 0.356 | 0.351 | 0.347 | 0.343 |
| 150 | 0.339 | 0.335 | 0.331 | 0.327 | 0.323 | 0.320 | 0.316 | 0.312 | 0.309 | 0.305 |
| 160 | 0.302 | 0.298 | 0.295 | 0.292 | 0.289 | 0.285 | 0.282 | 0.279 | 0.276 | 0.273 |
| 170 | 0.270 | 0.267 | 0.264 | 0.262 | 0.259 | 0.256 | 0.253 | 0.251 | 0.248 | 0.246 |
| 180 | 0.243 | 0.241 | 0.238 | 0.236 | 0.233 | 0.231 | 0.229 | 0.226 | 0.224 | 0.222 |
| 190 | 0.220 | 0.218 | 0.215 | 0.213 | 0.211 | 0.209 | 0.207 | 0.205 | 0.203 | 0.201 |
| 200 | 0.199 | 0.198 | 0.196 | 0.194 | O.192 | 0.190 | 0.189 | 0.187 | 0.185 | 0.183 |
| 210 | 0.182 | 0.180 | 0.179 | 0.177 | 0.175 | 0.174 | 0.172 | 0.171 | 0.169 | 0.168 |
| 220 | 0.166 | 0.165 | 0.164 | 0.162 | 0.161 | 0.159 | 0.158 | 0.157 | 0.155 | 0.154 |
| 230 | 0.153 | 0.152 | 0.150 | 0.149 | 0.148 | 0.147 | 0.146 | 0.144 | 0.143 | 0.142 |
| 240 | 0.141 | 0.140 | 0.139 | 0.138 | 0.136 | 0.135 | 0.134 | 0.133 | 0.13 | 0.131 |
| 250 | 0.130 | | | | | | | | | |

表 6-4(2)　b 类截面轴心受压构建的稳定系数 φ

| $\lambda\sqrt{\dfrac{f_y}{235}}$ | 0 | 1 | 2 | 3 | 4 | 5 | 6 | 7 | 8 | 9 |
|---|---|---|---|---|---|---|---|---|---|---|
| 0 | 1.000 | 1.000 | 1.000 | 0.999 | 0.999 | 0.998 | 0.997 | 0.996 | 0.995 | 0.994 |
| 10 | 0.992 | 0.991 | 0.989 | 0.987 | 0.985 | 0.983 | 0.981 | 0.978 | 0.976 | 0.973 |
| 20 | 0.970 | 0.967 | 0.963 | 0.960 | 0.957 | 0.953 | 0.950 | 0.946 | 0.943 | 0.939 |

续表

| $\lambda\sqrt{\frac{f_y}{235}}$ | 0 | 1 | 2 | 3 | 4 | 5 | 6 | 7 | 8 | 9 |
|---|---|---|---|---|---|---|---|---|---|---|
| 30 | 0.936 | 0.932 | 0.929 | 0.925 | 0.922 | 0.918 | 0.914 | 0.910 | 0.906 | 0.903 |
| 40 | 0.899 | 0.895 | 0.891 | 0.887 | 0.882 | 0.878 | 0.874 | 0.870 | 0.865 | 0.861 |
| 50 | 0.856 | 0.852 | 0.847 | 0.842 | 0.838 | 0.833 | 0.828 | 0.823 | 0.818 | 0.813 |
| 60 | 0.807 | 0.802 | 0.797 | 0.791 | 0.786 | 0.780 | 0.774 | 0.769 | 0.763 | 0.757 |
| 70 | 0.751 | 0.745 | 0.739 | 0.732 | 0.726 | 0.720 | 0.714 | 0.707 | 0.701 | 0.694 |
| 80 | 0.688 | 0.681 | 0.675 | 0.668 | 0.661 | 0.655 | 0.648 | 0.641 | 0.635 | 0.628 |
| 90 | 0.621 | 0.614 | 0.608 | 0.601 | 0.594 | 0.588 | 0.581 | 0.575 | 0.568 | 0.561 |
| 100 | 0.555 | 0.549 | 0.542 | 0.536 | 0.529 | 0.523 | 0.517 | 0.511 | 0.505 | 0.499 |
| 110 | 0.493 | 0.487 | 0.481 | 0.475 | 0.470 | 0.464 | 0.458 | 0.453 | 0.447 | 0.442 |
| 120 | 0.437 | 0.432 | 0.426 | 0.421 | 0.416 | 0.411 | 0.406 | 0.402 | 0.397 | 0.392 |
| 130 | 0.387 | 0.383 | 0.378 | 0.374 | 0.370 | 0.365 | 0.361 | 0.357 | 0.353 | 0.349 |
| 140 | 0.345 | 0.341 | 0.333 | 0.329 | 0.326 | 0.322 | 0.318 | 0.315 | 0.311 | |
| 150 | 0.308 | 0.304 | 0.298 | 0.295 | 0.291 | 0.288 | 0.285 | 0.282 | 0.279 | |
| 160 | 0.276 | 0.273 | 0.337 | 0.267 | 0.265 | 0.262 | 0.259 | 0.256 | 0.254 | 0.251 |
| 170 | 0.249 | 0.246 | 0.301 | 0.241 | 0.239 | 0.236 | 0.234 | 0.232 | 0.229 | 0.227 |
| 180 | 0.225 | 0.223 | 0.270 | 0.218 | 0.216 | 0.214 | 0.212 | 0.210 | 0.208 | 0.206 |
| 190 | 0.204 | 0.202 | 0.244 | 0.198 | 0.197 | 0.195 | 0.193 | 0.191 | 0.190 | 0.188 |
| 200 | 0.186 | 0.184 | 0.220 | 0.181 | 0.180 | 0.178 | 0.176 | 0.175 | 0.173 | 0.172 |
| 210 | 0.170 | 0.169 | 0.200 | 0.166 | 0.165 | 0.163 | 0.162 | 0.160 | 0.159 | 0.158 |
| 220 | 0.156 | 0.155 | 0.183 | 0.153 | 0.151 | 0.150 | 0.149 | 0.148 | 0.146 | 0.145 |
| 230 | 0.144 | 0.143 | 0.167 | 0.141 | 0.140 | 0.138 | 0.137 | 0.136 | 0.135 | 0.134 |
| 240 | 0.133 | 0.132 | 0.154 | 0.130 | 0.129 | 0.128 | 0.127 | 0.129 | 0.125 | 0.124 |
| 250 | 0.123 | 0.142 | 0.131 | | | | | | | |

表 6-4(3)　c 类截面轴心受压构建的稳定系数 φ

| $\lambda\sqrt{\frac{f_y}{235}}$ | 0 | 1 | 2 | 3 | 4 | 5 | 6 | 7 | 8 | 9 |
|---|---|---|---|---|---|---|---|---|---|---|
| 0 | 1.000 | 1.000 | 1.000 | 0.999 | 0.999 | 0.998 | 0.997 | 0.996 | 0.995 | 0.993 |
| 10 | 0.992 | 0.990 | 0.988 | 0.986 | 0.983 | 0.981 | 0.978 | 0.976 | 0.973 | 0.970 |
| 20 | 0.966 | 0.959 | 0.953 | 0.947 | 0.940 | 0.934 | 0.928 | 0.921 | 0.915 | 0.909 |
| 30 | 0.902 | 0.896 | 0.890 | 0.884 | 0.877 | 0.871 | 0.865 | 0.858 | 0.852 | 0.846 |
| 40 | 0.839 | 0.833 | 0.826 | 0.820 | 0.814 | 0.807 | 0.801 | 0.794 | 0.788 | 0.781 |
| 50 | 0.775 | 0.768 | 0.762 | 0.755 | 0.748 | 0.742 | 0.735 | 0.729 | 0.722 | 0.715 |

| $\lambda\sqrt{\dfrac{f_y}{235}}$ | 0 | 1 | 2 | 3 | 4 | 5 | 6 | 7 | 8 | 9 |
|---|---|---|---|---|---|---|---|---|---|---|
| 60 | 0.709 | 0.702 | 0.695 | 0.689 | 0.682 | 0.676 | 0.669 | 0.662 | 0.656 | 0.649 |
| 70 | 0.643 | 0.636 | 0.629 | 0.623 | 0.616 | 0.610 | 0.604 | 0.597 | 0.591 | 0.584 |
| 80 | 0.578 | 0.572 | 0.566 | 0.559 | 0.553 | 0.547 | 0.541 | 0.535 | 0.529 | 0.523 |
| 90 | 0.517 | 0.511 | 0.505 | 0.500 | 0.494 | 0.488 | 0.483 | 0.477 | 0.472 | 0.467 |
| 100 | 0.463 | 0.458 | 0.454 | 0.449 | 0.445 | 0.441 | 0.436 | 0.432 | 0.428 | 0.423 |
| 110 | 0.419 | 0.415 | 0.411 | 0.407 | 0.403 | 0.399 | 0.395 | 0.391 | 0.387 | 0.383 |
| 120 | 0.379 | 0.375 | 0.371 | 0.367 | 0.364 | 0.360 | 0.356 | 0.353 | 0.349 | 0.346 |
| 130 | 0.342 | 0.339 | 0.335 | 0.332 | 0.328 | 0.325 | 0.322 | 0.319 | 0.315 | 0.312 |
| 140 | 0.309 | 0.306 | 0.303 | 0.300 | 0.297 | 0.294 | 0.291 | 0.288 | 0.285 | 0.282 |
| 150 | 0.280 | 0.277 | 0.274 | 0.271 | 0.269 | 0.266 | 0.264 | 0.261 | 0.258 | 0.256 |
| 160 | 0.254 | 0.251 | 0.249 | 0.246 | 0.244 | 0.242 | 0.239 | 0.237 | 0.235 | 0.233 |
| 170 | 0.230 | 0.228 | 0.226 | 0.224 | 0.222 | 0.220 | 0.218 | 0.216 | 0.214 | 0.212 |
| 180 | 0.210 | 0.208 | 0.206 | 0.205 | 0.203 | 0.201 | 0.199 | 0.197 | 0.196 | 0.194 |
| 190 | 0.192 | 0.190 | 0.189 | 0.187 | 0.186 | 0.184 | 0.182 | 0.181 | 0.179 | 0.178 |
| 200 | 0.176 | 0.175 | 0.173 | 0.172 | 0.170 | 0.169 | 0.168 | 0.166 | 0.165 | 0.163 |
| 210 | 0.162 | 0.161 | 0.159 | 0.158 | 0.157 | 0.156 | 0.154 | 0.153 | 0.152 | 0.151 |
| 220 | 0.150 | 0.148 | 0.147 | 0.146 | 0.145 | 0.144 | 0.143 | 0.142 | 0.140 | 0.139 |
| 230 | 0.138 | 0.137 | 0.136 | 0.135 | 0.134 | 0.133 | 0.132 | 0.131 | 0.130 | 0.129 |
| 240 | 0.128 | 0.127 | 0.126 | 0.125 | 0.124 | 0.124 | 0.123 | 0.122 | 0.121 | 0.120 |
| 250 | 0.119 | | | | | | | | | |

表 6-4 的计算表格是按材料的泊松比 $v=0$ 编制的。当泊松比不为零时（如钢筋混凝土，可取 $v=0.2$），可按下式进行修正：

$$m_x^{(v)} = m_x + vm_y \tag{6-21}$$
$$m_y^{(v)} = m_y + vm_x$$

式中：$m_x^{(v)}$、$m_y^{(v)}$ 考虑泊松比后的弯矩；

$m_x$、$m_y$ 为泊松比为零时的弯矩。

(2)连续双向板的实用计算

连续双向板内力的精确计算更为复杂，在设计中一般采用实用计算方法，通过对双向板上活荷载的最不利布置以及支承情况等合理的简化，将多区格连续板转化为单区格板进行计算。该法假定其支承梁抗弯刚度很大，梁的竖向变形忽略不计，抗扭刚度很小，可以转动；当在同一方向的相邻最大与最小跨度之差小于 20% 时，可按下述方法计算。

①各区格板跨中最大弯矩的计算。多区格连续双向板荷载采用棋盘式布置（图 6-29(a)），此时在活荷载作用的区格内，将产生跨中最大弯矩。

在图 6-29(b)所示的荷载作用下，为了能利用单区格双向板的内力计算系数表计算连续双向板,可以采用下列近似方法:把棋盘式布置的荷载分解为各跨满布的对称荷载和各跨向上向下相间作用的反对称荷载(图 6-29(c)、(d))。

对称荷载:
$$g' = g + \frac{q}{2} \tag{6-22}$$

反对称荷载:
$$q' = \pm \frac{q}{2} \tag{6-23}$$

在对称荷载 $g' = g + \frac{q}{2}$ 作用下,将所有中间区格板均可视为四边固定双向板;边、角区格板的外边界钢件如楼盖周边视为简支,则其边区格可视为三边固角一边简支双向板;角区格板可视为两邻边固定两邻边简支双向板。这样,根据各区格板的四边支承情况,即可分别求出在 $g' = g + \frac{q}{2}$ 作用下的跨中弯矩。

在反对称荷载 $q' = \pm \frac{q}{2}$ 作用下,忽略梁的扭转作用,将所有中间支座均可视为简支支座,如楼盖周边视为简支,则所有各区格板均可视为四边简支板,于是可以求出在 $q' = \pm \frac{q}{2}$ 作用下的跨中弯矩。

最后将各区格板在上述两种荷载作用下的跨中弯矩相叠加,即得到各区格板的跨中最大弯矩。

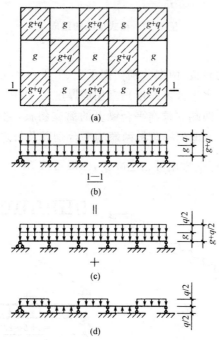

**图 6-29　双向板活荷载的最不利布置**

②支座最大弯矩的计算。求支座最大弯矩,应考虑活荷载的最不利布置,为简化计算,可近似认为恒荷载和活荷载皆满布在连续双向板所有区格时支座产生最大弯矩。此时,可视各中间支座均为固定,各周边支座为简支,求得各区格板中各固定边的支座弯矩。但对某些中间支座,由相邻两个区格板求出的支座弯矩常常并不相等,则可近似地取其平均值作为该支座弯矩值。

## 二、楼梯

楼梯是多层及高层房屋的竖向通道,是房屋的重要组成部分。钢筋混凝土楼梯由于经济耐用,耐火性能好,因而被广泛采用。

楼梯的外形和几何尺寸由建筑设计确定。目前楼梯的类型较多,按施工方法的不同,可分为整体式楼梯和装配式楼梯。按梯段结构形式的不同,可分为板式、梁式、螺旋式和对折式。以下对板式楼梯与梁式楼梯进行研究。

(一)板式楼梯

板式楼梯由楼段板、平台板和平台梁组成,如图 6-30 所示。

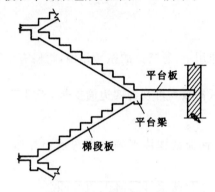

**图 6-30  板式楼梯的组成**

1.梯段板

梯段板是一块带有踏步的斜板,两端分别支撑于上、下平台梁上。梯段板的厚度一般可取为 $l_0/30\sim l_0/25$($l_0$ 为梯段板的水平计算跨度),常用的厚度为 $100\sim120$mm。

计算时可将梯段板简化为两端支撑在平台梁上的简支斜板,它最终又可化简为两端简支鹊水平板计算,如图 6-31 所示。考虑到梯段板两端的平台梁以及与之相连的平台板对其有一霓的弹性约束作用,因此楼梯板的跨中弯矩可相应减少,一般可按 $M = \dfrac{1}{10}(g+q)l_0^2$ 计算。

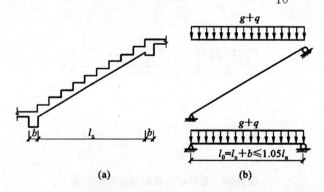

$$l_0 = l_n + b \leq 1.05 l_n$$

(a)     (b)

**图 6-31  梯段板的计算简图**

梯段板中受力钢筋按跨中弯矩计算求得,并沿跨度方向布置,配筋可采用弯起式或分离式。为考虑支座连接处实际存在的负弯矩,防止混凝土开裂,在支座处应配置适量负筋,并伸出支座长度 $l_n/4$($l_n$ 为梯段板水平方向净跨)。在垂直受力钢筋的方向应设置分布钢筋,分布钢筋应位于受力钢筋的内侧,且不少于 φ6@250。至少在每一踏步下放置 1φ6,当梯段板厚度 t≥150mm 时,分布钢筋宜采用 φ8@200,如图 6-32 所示。支座负筋也可在平台梁里锚固。

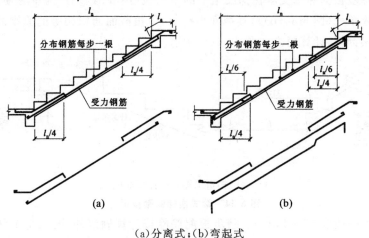

（a）分离式；（b）弯起式

**图 6-32　板式楼梯配筋图**

### 2.平台板

平台板一般为单向板（有时也可能是双向板）,当板的两边均与梁整体连接时,考虑梁对板的弹性约束,板的跨中弯矩可按 $M=\dfrac{1}{10}(g+q)l_0^2$ 计算。当板的一边与梁整体连接而另一边支撑在墙上时,板的跨中弯矩则应按 $M=\dfrac{1}{8}(g+q)l_0^2$ 计算（$l_0$ 为平台板的计算跨度）。

### 3.平台梁

平台梁承受梯段板、平台板传来的均布荷载和平台梁自重,其计算和构造与一般受弯构件相同。计算内力时可不考虑梯段板之间的空隙,即荷载按全跨满布考虑,按简支梁进行计算。并近似按矩形截面进行配筋。

### （二）梁式楼梯

梁式楼梯指踏步做成梁板式结构的楼梯。踏步板支撑在斜梁上,斜梁支撑在平台梁上。踏步板长度较大时,采用梁式楼梯比采用板式楼梯经济。但其模板较复杂,造型不如板式楼梯美观。

梁式楼梯由踏步板、斜梁和平台板、平台梁组成,如图 6-33 所示。

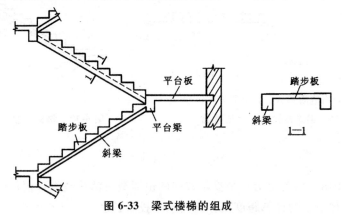

**图 6-33　梁式楼梯的组成**

### 1.踏步板

梁式楼梯的踏步板为两端支承在梯段梁上的单向板(图 6-34(a)),为了方便,可在竖向切出一个踏步作为计算单元(图 6-34(b)),其截面为梯形,可按截面面积相等的原则简化为同宽度的矩形截面的简支梁计算,计算简图如图 6-34(c)所示。

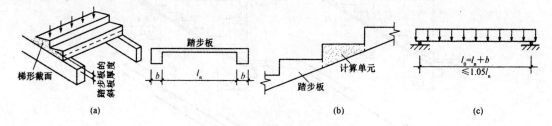

(a)、(b)构造简图;(c)计算简图

**图 6-34　梁式楼梯的踏步板**

斜板部分厚度一般取 30～40mm。踏步板配筋除按计算确定外,要求每个踏步一般不宜少于 $2\varphi6$ 受力钢筋,布置在踏步下面斜板中,并沿梯段布置间距不大于 300mm 的分布钢筋,如图 6-35 所示。

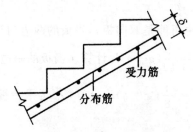

**图 6-35　梁式楼梯的斜梁**

### 2.斜梁

斜梁两端支承在平台梁上,承受踏步板传来的荷载和自重。图 6-36(a)为其纵剖面。计算内力,与板式楼梯中梯段板的计算原理相同,可简化为简支斜梁,又将其化作水平梁计算,计算简图如图 6-36(b)所示,其最大弯矩和最大剪力按下式计算:

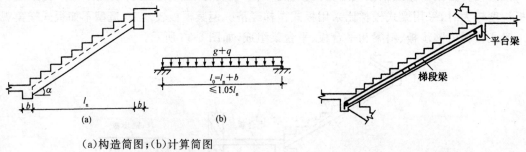

(a)构造简图;(b)计算简图

**图 6-36　梁式楼梯踏步板横截面**　　　　**图 6-37　斜梁配筋示意图**

$$M_{max} = \frac{1}{8}(g+q)l_0^2 \tag{6-24}$$

式中:$g$、$q$ 为作用于斜梁上沿水平投影方向的恒荷载及活荷载设计值;

　　　$l_0$、$l_n$ 为梯段梁的计算跨度及净跨的水平投影长度;

$\alpha$ 为梯段梁与水平线的倾角。

梯段梁按倒 $L$ 形截面计算,踏步板下斜板为其受压翼缘。梯段梁的截面高度一般取 $h_0 \geqslant l_0/20$。梯段梁的配筋与一般梁相同,配筋如图 6-37 所示。

3. 平台梁与平台板

梁式楼梯的平台梁、平台板按简支梁计算,承受平台板传来的均布荷载和其自重梯段梁传来的集中荷载。平台梁的计算简图如图 6-38 所示。

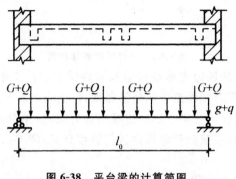

图 6-38 平台梁的计算简图

## 三、阳台

(一)阳台的构成及破坏形式

阳台一般由阳台板和阳台梁组成,阳台梁除支承阳台板外,还兼做过梁,当阳台悬挑过长时,也可将阳台板边布置挑梁、边梁等。阳台根据施工方法不同可分为现浇式阳台和预制式阳台,工程中材料可采用钢筋混凝土、木材及钢材料等,但结构上考虑其受力特点不同,将阳台分为板式阳台(图 6-39)和梁式阳台(图 6-40)。

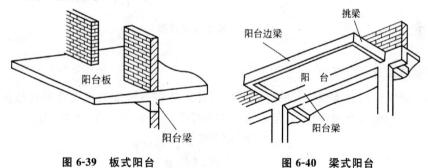

图 6-39 板式阳台            图 6-40 梁式阳台

由于设计不妥或施工不当,阳台等悬挑构件的破坏有三种情况:一是,阳台悬挑部分因正截面强度不足造成根部断裂(图 6-41(a));二是,在阳台梁上部荷载及阳台板的荷载作用下,因阳台梁强度不足发生弯剪扭受力破坏(图 6-41(b));三是,当梁上部荷载较小或阳台梁在墙体中的支承长度过短时,整个阳台发生倾覆(图 6-41(c))。

(二)阳台的设计

1. 阳台板的设计

板式阳台的阳台板是单边支承在阳台梁上且以阳台梁边缘为固定端的悬臂板。设计时沿着其受力方向取1m板带作为计算单元,按单筋矩形截面正截面受弯构件进行强度计算(图 6-42

(a))。因为构件为上部受拉,所以其受力钢筋应布置在板的上侧。

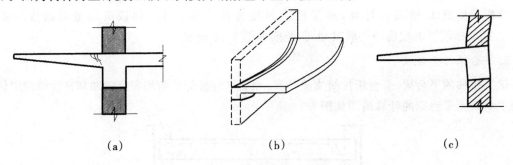

(a)          (b)          (c)

**图 6-41  阳台板的破坏状态**

梁式阳台的阳台板是一块四边支承在边梁和阳台梁上的简支单向板,沿着其短向取 1m 板带作为计算单元,其强度计算时截面按单筋矩形截面,但受力钢筋布置在板的下侧。

梁式阳台的挑梁是固定在阳台梁(或墙)边缘的悬臂梁,所承受的荷载包括自重和边梁传来的集中荷载,按单筋矩形截面正截面受弯构件进行强度计算(图 6-42(b)),受力钢筋应布置在梁的上侧。

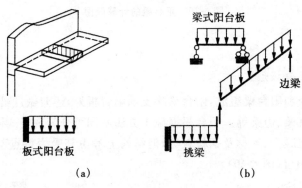

(a)          (b)

**图 6-42  阳台计算简图**

### 2.阳台梁的设计

阳台梁的荷载包括自重、梁上部砌体重量、可计入的楼盖传来的荷载及阳台板传来的荷载。阳台板传来的荷载使阳台梁受扭,其他荷载使阳台梁产生弯矩和剪力(图 6-43)。

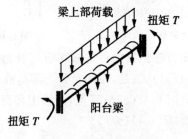

**图 6-43  阳台计算简图**

### 3.悬挑构件的倾覆验算

阳台板上的荷载会引起整个阳台绕倾覆点 $D$ 发生转动倾倒,而阳台梁的自重二梁上砌体重量等却有阻止阳台倾覆的稳定作用。在抗倾覆验算时(图 6-44),应满足下式:

$$M_r \geqslant M_{OV} \tag{6-25}$$

式中 $M_r$ 为抗倾覆力矩设计值,按下式计算:

$$M_r = 0.85 G_r l_2 \tag{6-26}$$

式中:$G_r$ 为抗倾覆荷载;

　　　$l$ 为悬挑构件的净挑长度;

　　　$l_1$ 阳台梁上墙体的厚度;

　　　$l_2$、$G_r$ 作用点距墙外边缘的距离;

　　　$M_{OV}$ 为按悬挑部分上最不利荷载组合计算的绕 $O$ 点的倾覆力矩设计值。

当抗倾覆验算不满足要求时,可适当增加阳台梁的支承长度,以增加阳台梁上的抗倾覆荷载。

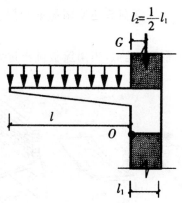

**图 6-44　阳台的倾覆计算简图**

4.悬挑构件的构造特点和要求

(1)悬挑构件的构造特点

①悬挑板可设计成变截面厚度的,其端部一般不小于 60mm,根部厚度取挑出长度的 1/12～1/8,且不小于 80mm,当其悬臂长度小于 500mm 时,根部最小厚度为 60mm。

②悬挑板受力钢筋按计算求得,但不得少于于 $\varphi6@200$( $A_s = 141mm^2$ );且深入墙内的锚固长度取为受拉钢筋锚固长度,分布钢筋不少于 $\varphi6@200$。

③阳台梁截面宽度一般与墙厚相同,高度取跨度的 1/12,～1/8,且为砖厚的倍数,梁的伸入墙内的支承长度不宜小于 370mm。

(2)挑梁的构造要求

挑梁设计除应满足现行《规范》的有关规定外,尚应满足下列要求:

①悬挑梁可设计成变截面的,梁根部截面高度取挑出长度的 1/8～1/6,梁的纵向受力钢筋至少应有 1/2 的钢筋面积伸入梁尾端,且不少于 $2\varphi12$,其余钢筋伸入支座的长度不应小于 2/3;

②挑梁埋入砌体长度 $l_0$ 与挑出长度 $l$ 之比宜大于 1.2,当挑梁上无砌体时,$l_0$ 与 $l$ 之比宜大于 2。

## 四、雨篷

### (一)雨篷的构成及破坏形式

钢筋混凝土雨篷是房屋结构中最常见的悬挑构件,当外挑长度不大于 3m 时,一般可不设外柱而做成悬挑结构。其中当外挑长度大于 1.5m 时,可设计成含有悬臂梁的梁板式雨篷,并按梁板结构计算其内力;当外挑长度不大于 1.5m 时,可设计成最为简单的悬臂板式雨篷。

雨篷由雨篷梁和雨篷板组成。雨篷梁除支承雨篷板外,还兼有过梁的作用。房屋雨篷板挑出的跨度 l 通常为 $600\sim1200$mm,板厚(根部)约为板挑出跨度的 1/12,但不小于 80mm。雨篷梁的宽度 b 值取墙厚,梁高 h 值除参照一般梁的高跨比外,还要考虑雨篷板下安灯的高度,以避免出现外开门碰吸顶灯灯罩的弊病。

悬臂板式雨篷在荷载作用下有三种破坏形态:

(1)雨篷板作为悬臂板产生断裂(图 6-45(a))。这主要是由板的抗弯承载力不足引起的,常由于板面负筋数量不够或施工时板面钢筋被踩下或者纵向受力筋位置放错造成的。

(2)雨篷梁的弯、剪、扭破坏(图 6-45(b))。雨篷梁上的墙体及可能传来的楼盖荷载使雨篷梁受弯、受剪,而雨篷板传来的恒荷载、活荷载还使雨篷梁受扭。当雨篷梁在弯、剪、扭复合作用下承载力不足时就会产生破坏。

(3)雨篷的倾覆(图 6-45(c))同挑梁类似,当雨篷板挑出过大、雨篷梁上部压重不足时,就会产生整个雨篷的倾覆破坏。

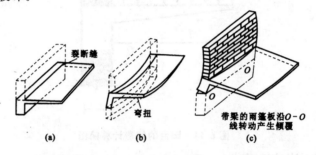

(a)雨篷板的断裂;(b)雨篷板的弯扭;(c)雨篷的倾覆

**图 6-45　雨篷的破坏形式**

(二)雨篷的荷载分布

普通梁承受弯矩和剪力,而雨篷梁除了像过梁那样承受墙上的砌体重量和梁板本身的自重外,还要支承雨篷板上的活荷载($0.5\text{kN/m}^2$)。根据《建筑结构荷载规范》(GB 50009—2012)的规定:设计雨篷和预制小梁时,尚应按施工或检修集中荷载(人和工具的自重)出现在最不利的位置进行验算。钢筋混凝土雨篷施工式检修集中荷载取 1.0kN。沿板宽每隔 1m 考虑一个集中荷载,如图 6-46 所示。

活荷载标准值 $Q_K = 0.5\text{kN/m}^2$。检修集中荷载 $P = 1\text{kN}$,根据《建筑结构荷载规范》(GB 50009—2001)的规定,计算雨篷强度,每隔 1m 考虑一个集中荷载;验算雨篷倾覆时,沿板长每隔 $2.5\sim3.0$m 考虑一个集中荷载。

作用在雨篷板上的均布荷载为 $p$,作用在雨篷梁中心线的力包括竖向力 $V$ 和力矩 $M_p$(图 6-47):

$$v = pl \tag{6-27}$$

$$M_p = pl(\frac{b+l}{2}) \tag{6-28}$$

在力矩 $M_p$ 作用下,雨篷梁的最大扭矩为(图 6-48):

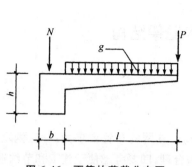

图 6-46　雨篷的荷载分布图

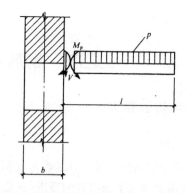

图 6-47　雨篷板传来的竖向力 V 和力矩 $M_p$

$$T = M_P l_0 2 \tag{6-29}$$

式中：$l_0$ 为雨篷梁的跨度，可近似取 $l_0 = 1.05 l_n$，如表 6-5 所示。

表 6-5　雨篷梁净跨及支承长度表　　　　　　　　单位：mm

| 项目 | 内容 | |
|---|---|---|
| 梁净跨 $l_0$ | 1200～2500 | 2600～3000 |
| 梁支承长度 $a$ | 300 | 370 |
| 注：$l_0$、a 见图 6-49 | | |

雨篷梁上的扭矩分布如图 6-48 所示，雨篷平面布置图如图 6-49 所示。

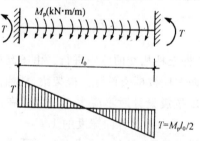

图 6-48　雨篷梁上的扭矩分布

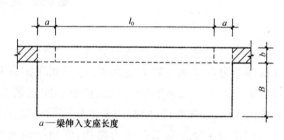

a—梁伸入支座长度

图 6-49　雨篷平面布置图

（三）抗倾覆计算

（1）雨篷上的荷载（包括恒荷载和活荷载）除使雨篷梁受弯和受扭破坏外，还有可能使整个雨篷绕梁底外缘转动而倾覆翻倒。但是，梁上的恒荷载（包括梁本身自重和砌体的重量等）有抵抗倾覆的能力。雨篷产生的力矩为 $M_倾$。雨篷梁上各荷载产生的力矩，为抗倾覆力矩 $M_抗$。

（2）当 $M_倾 > M_抗$，雨篷倾覆翻倒。

（3）为使雨篷足够安全，设计时必须满足下列公式：

$$\frac{M_抗}{M_倾} \geqslant K = 1.5 \tag{6-30}$$

雨篷经计算不能满足抗倾覆安全的要求，则应采取加固措施。例如：第一，增加雨篷梁伸入支座的长度口值；第二，增加雨篷梁上的砌体高度；第三，将雨篷梁与周围的结构连接在一起。如果以上三种办法都满足不了抗倾覆安全的要求，最后的办法是缩短雨篷板挑出的跨度值，来保证雨篷梁板使用的安全。

# 第四节　钢筋混凝土的框架结构

## 一、框架结构的布置

### （一）柱网的布置

框架结构房屋的结构布置主要是确定柱网尺寸和层高。柱网的布置要求为：一应满足生产工艺的要求；二应满足建筑平面布置的要求；三要使结构受力合理；四要考虑便于施工和节约造价。

柱网布置可分为大柱网布置和小柱网布置，如图 6-50 所示。小柱网对应的梁柱截面尺寸可小些，结构造价亦低。但小柱网柱子过多，有可能影响使用功能。因此，在柱网布置时，应针对具体工程综合考虑建筑物的功能要求及经济合理性来确定柱网的大小。

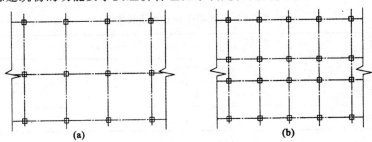

（a）大柱网；（b）小柱网

**图 6-50　柱网布置**

### （二）承重框架的布置

框架梁布置应本着尽可能使纵横两个方向的框架梁与框架柱相交的原则进行。由于高层建筑纵横两个方向都承受较大的水平力，因此在纵横两个方向都应按框架设计。框架梁、柱构件的轴线宜重合。如果二者有偏心，梁、柱中心线的偏心距，9 度抗震设计时不应大于柱截面在该方向宽度的 1/4，非抗震设计和 6～8 度抗震设计时不宜大于柱截面在该方向宽度的 1/4。

根据楼盖上竖向荷载的传力路线，框架结构又可分为横向承重、竖向承重及双向承重等几种布置方式，如图 6-51 所示。

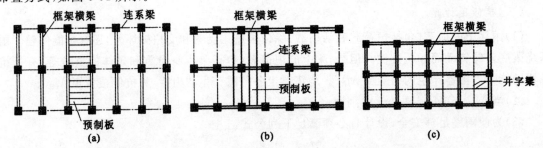

（a）横向承重；（b）纵向承重；（c）双向承重

**图 6-51　框架结构的布置**

房屋平面一般横向尺寸较短，纵向尺寸较长，横向刚度比纵向刚度弱。当框架结构横向布置时，可以在一定程度上改善房屋横向与纵向刚度相差较大的缺点，而且由于连系梁的截面高度一般比主梁小,窗户尺寸可以设计得大一些,室内采光、通风较好。因此,在多层框架结中,常采用这种结构布置形式。

框架结构纵向承重方案中,楼面荷载由纵向梁传至柱子,横梁高度一般较小,室内净高大,而且便于管线沿纵向穿行。此外,当地基沿房屋纵向不够均匀时,纵向框架可在一定程度上调整这种不均匀性。纵向框架承重方案的最大缺点是房屋的横向抗侧移刚度小,因而工程中很少采用这种结构布置形式。

框架结构双向承重方案因在纵横两个方向都布置有框架,因此整体性和受力性能都很好,特别适合于在对房屋结构的整体性要求较高和楼面荷载较大的情况下采用。高层建筑承受的水平荷载较大,也应设计为双向抗侧力体系,主要结构不应该采用铰接。

## 二、框架结构的内力与位移的近似计算法

### (一)框架结构的计算简图

框架各构件在计算简图中均用单线条代表,如图 6-52 所示。各单线条代表各构件形心轴所在位置线,因此,梁的跨度等于该跨左、右两边柱截面形心轴线之间的距离。为简化起见,底层柱高可从基础顶面算至楼面标高处,中间层柱高可从下一层楼面标高算至上一层楼面标高,顶层柱高可从顶层楼面标高算至屋面标高。

当上、下柱截面发生改变时,取截面较小的截面形心轴线作为计算简图上的柱单元,待框架内力计算完成后,计算杆件内力时要考虑荷载偏心的影响。

当框架梁的坡度 $i \leqslant \dfrac{1}{8}$ 时,可近似按水平梁计算。

当各跨跨度相差不大于 10% 时,可近似按等跨框架计算。

当梁在端部加腋,且端部截面高度与跨中截面高度之比小于 1.6 时,可不考虑加腋的影响,按等截面梁计算。

在计算模型中,各杆的截面惯性矩;柱按实际截面确定;框架梁则应考虑楼板的作用(一边有楼板, $I = 1.5 I_0$ ;两边有楼板, $I = 2 I_0$ (式中 $I_0$ 为梁矩形部分的惯性矩)。

### (二)计算单元

一般情况下,框架结构是一个空间受力体系如图 6-52(a)所示。若要分析图 6-52(b)所示的纵向框架和横向框架,为简化分析,常忽略结构纵向和横向之间的空间联系,忽略各构件的抗扭作用,将纵向框架和横向框架分别按平面框架进行分析计算(图 6-52(c)、图 6-52(d))。在分析图 6-52 所示的各榀平面框架时,由于通常横向框架的间距相同,作用于各横向框架上的荷载相同,框架的抗侧刚度相同。因此,除端部框架外,各榀横向框架都将产生相同的内力与变形,结构设计时一般取中间有代表性的一榀横向框架进行分析即可;但是作用于纵向框架上的荷载则各不相同,应分别进行计算。取出的平面框架所承受的竖向荷载与楼盖结构的布置情况有关。当采用现浇楼盖时,楼面分布荷载一般按角平分线传至相应两侧的梁上,而水平荷载则简化成节点集中力,如图 6-52(c)、图 6-52(d)所示。

### (三)内力计算

#### 1.竖向荷载作用下的内力近似计算

在竖向荷载作用下,多层规则框架结构的侧移很小,可近似认为侧移为零,对其内力计算作如下基本假定:

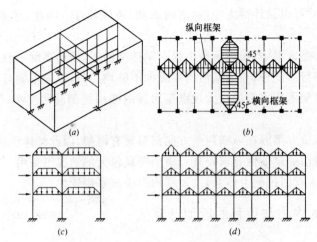

（a）空间框架计算模型；（b）横向框架、纵向框架的荷载从属面积；
（c）横向框架计算简图；（d）纵向框架计算简图

**图 6-52　框架结构的计算单元和计算简图**

（1）框架的侧移极小，可忽略不计。由此假定，可用力矩分配法进行计算；

（2）每一层框架梁上的竖向荷载只对本层的梁及与本层梁相连的柱产生弯矩和剪力，忽略对其他各层梁、柱的影响。由此假定，可将多层框架分解为若干个单层框架来计算，然后再加以叠加，以求得内力。

在上述假定下，可把一个 $n$ 层框架分解为 $n$ 个框架，其中第 $i$ 个框架仅包含第 $i$ 层的梁以及与这些梁相连的柱，且这些柱的远端假定为固接，而原框架的弯矩和剪力即为这 $n$ 个框架的弯矩和剪力的叠加，如图 6-53 给出了一个四层框架按分层法分解为各层的情况。

实际上各层柱的远端除底层外并非如图 6-53 所示为固定的，而是处在介于铰支和固定之间的弹性约束状态。为反映这种情况，进一步引入下面两个假定：

（1）除底层柱外，其余各层柱的线刚度均乘 0.9 的折减系数；

（2）除底层柱外，其余各层柱的弯矩传递系数取为 1/3。

底层柱柱脚本身即为固定支座，故底层柱的线刚度不予折减，弯矩传递系数仍取为 1/2。

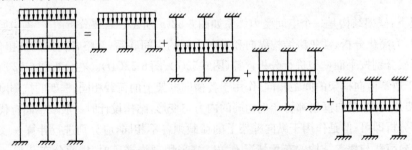

**图 6-53　分层法计算框架分解示意图**

用分层法求得的弯矩图，在节点处弯矩会出现不平衡，为提高精度，可把不平衡弯矩再分配一次，但不传递。

**2. 水平载荷作用下的内力近似计算**

（1）反弯点法

在工程设计中，通常将作用在框架上的风荷载或水平地震作用化为节点水平力。在节点水平力作用下,其弯矩分布规律如图 6-54 所示,各杆的弯矩都是直线分布的,每根柱都有一个零弯矩点,称为反弯点。在该点处,柱只有剪力作用(图 6-54 中的 $V_1$、$V_2$、$V_3$、$V_4$)。如果能求出各柱的剪力及反弯点的位置,用柱中剪力乘以.夏弯点至柱端的高度,即可求出柱端弯矩,再根据节点平衡条件又可求出梁端弯矩。所以反弯点法的关键是确定各柱剪力及反弯点位置。

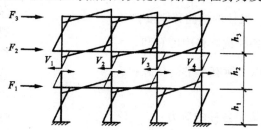

**图 6-54　框架在节点水平力作用下弯矩分布规律**

①反弯点法的基本假定。

对于层数不多、柱截面较小、梁柱线刚度比大于 3 的框架,可作如下假定:

A. 在确定各柱剪力时,假定框架梁刚度无限大,即各柱端无转角,且同一层柱具有相水平位移。

B. 最下层各柱的反弯点在距柱底 2/3 高度处,上面各层柱的反弯点在柱高度的中点。

②柱剪力与位移的关系。

根据假设 A 可知,每层各柱受力状态如图 6-55 所示,柱剪力 $V$ 与位移 $\triangle$ 之间的关系为:

$$v = \frac{12i_c}{h^2}\Delta = D\Delta \tag{6-31}$$

式中:$i_c$ 为柱的线刚度;

　　$h$ 为柱的高度;

　　$D$ 为抗侧移刚度,即柱上下端产生单位相对位移时所需施加的水平力。

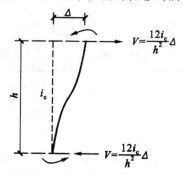

**图 6-55　柱剪力与位移的关系**

③同层各柱剪力的确定。

设同层各柱剪力为 $V_1$、$V_2$、$\cdots$、$V_j$,根据平衡条件有:

$$V_1 + V_2 + \cdots V_j = \sum F \tag{6-32}$$

将式(6-31)代入式(6-32),得:

$$\Delta = \frac{\sum F}{D_1 + D_2 + \cdots D_j} = \frac{\sum F}{\sum D} \tag{6-33}$$

于是有：

$$V_j = \frac{D_j}{\sum D} \sum F \qquad (6\text{-}34)$$

式中：$V_j$ 为第 $n$ 层第 $j$ 根柱的剪力；

$\quad D_j$ 为第 $n$ 层第 $j$ 根柱的抗侧移刚度；

$\quad \sum D$ 为第 $n$ 层各柱抗侧移刚度总和；

$\quad \sum F$ 为第 $n$ 层以上所有水平荷载总和。

④计算步骤。

A. 按式(6-34)求出框架中各柱的剪力；

B. 取底层柱反弯点在 $\frac{2}{3}h$ 处，其他各层柱反弯点在 $\frac{1}{2}h$ 处；

C. 柱端弯矩：

底层柱上端：$M_{\text{上}} = V_j \times \frac{1}{3}h$

底层柱下端：$M_{\text{下}} = V_j \times \frac{2}{3}h$

其余各层柱上、下端：$M = V_j \times \frac{1}{2}h$；

D. 梁端弯矩：

边跨外边缘处的梁端弯矩(图 6-56(a))为：

$$M_n + M_{n+1}$$

中间支座处的梁端弯矩(图 6-56(b))为：

$$M_{\text{左}} = (M_n + M_{n+1})\frac{i_{\text{左}}}{i_{\text{左}} + i_{\text{右}}} \quad M_{\text{右}} = (M_n + M_{n+1})\frac{i_{\text{右}}}{i_{\text{左}} + i_{\text{右}}}$$

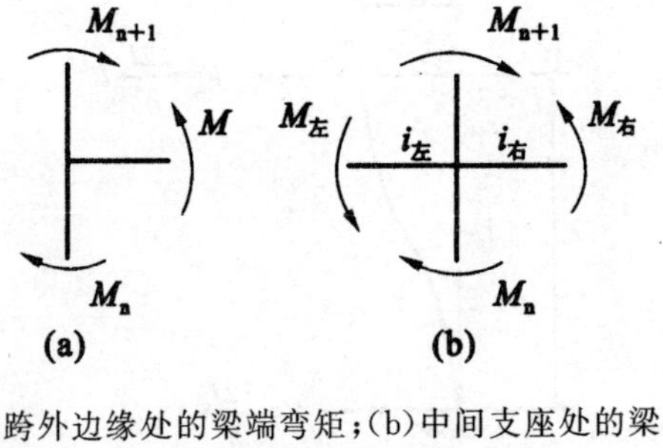

(a)边跨外边缘处的梁端弯矩；(b)中间支座处的梁端弯矩

图 6-56　框架梁端弯矩计算简图

(2)D 值法

D 值法也称为改进反弯点法。反弯点法中的梁刚度为无穷大的假定，导致柱的反弯点位于柱中，这与实际情况不符合，故反弯点法的应用受到限制。在一般情况下，柱的抗侧刚度还与梁的线刚度有关，柱的反弯点高度也与梁柱线刚度比、上下层梁的线刚度比、上下层的层高变化等因素有关。日本武藤清教授在分析了上述影响因素的基础上，对反弯点法中柱的抗侧刚度和反弯点高度进行了修正。修正后，柱的抗侧刚度以 D 表示，故此法又称为"D 值法"。

修正后的柱抗侧刚度 D 可表示为：

$$D = \alpha \frac{12i_c}{h^2} \qquad (6\text{-}35)$$

式中：$i_c$、$h$ 分别为柱的线刚度、高度；

　　　$\alpha$ 为考虑柱上、下端节点弹性约束的修正系数，按表 6-6 采用。

表 6-6　柱的抗侧刚度修正系数仪[①]

| 位置 | | 简图 | $K$ | $\alpha$ |
|---|---|---|---|---|
| 一般层 | | $\begin{matrix} i_2 & i_2 & i_1 \\ i_c & & i_c \\ i_4 & i_3 & i_4 \end{matrix}$ | $K = \dfrac{i_1 + i_2 + i_3 + i_4}{2i_c}$ | $\alpha = \dfrac{K}{2+K}$ |
| 底层 | 固接 | $\begin{matrix} i_2 & i_1 & i_2 \\ i_c & & i_c \end{matrix}$ | $K = \dfrac{i_1 + i_2}{i_c}$ | $\alpha = \dfrac{0.5+K}{2+K}$ |
| | 铰接 | $\begin{matrix} i_2 & i_1 & i_2 \\ i_c & & i_c \end{matrix}$ | $K = \dfrac{i_1 + i_2}{i_c}$ | $\alpha = \dfrac{0.5+K}{1+2K}$ |

求得柱的抗侧刚度 D 值后，可按反弯点类似的方法，得出第 $j$ 层第 $k$ 柱的剪力为：

$$V_{jk} = \frac{D_{jk}}{\sum\limits_{k=1}^{m} D_{jk}} V_j \qquad (6\text{-}36)$$

此时柱的反弯点高度 $y$：

$$\mathrm{y} = (y_0 + y_1 + y_2 + y_3)h \qquad (6\text{-}37)$$

式中：$y$ 为反弯点高度，即反弯点到柱下端的距离；

　　　$h$ 为柱高；

　　　$y_0$ 为标准反弯点高度比；

　　　$y_1$ 考虑梁刚度不同的修正；

　　　$y_2$，$y_3$ 考虑层高变化的修正。

求得各层柱的反弯点位置及柱的抗侧移刚度 D 后，框架在水平荷载作用下的内力计算与反弯点法完全相同。

各柱的反弯点高度与该柱上下端的转角有关。影响转角的因素有层数、柱子所在的层次、梁柱线刚度及上下层层高变化。

①梁柱线刚度比、层数、层次对反弯点高度的影响。

考虑梁柱线刚度比、层数、层次对反弯点高度的影响时，假定框架各层横梁的线刚度、框架柱的线刚度和层高沿框架高度不变。采用结构力学中的无剪力分配法，可以求得各层柱的反弯点高度 $y_0 h$，$y_0$ 称为标准反弯点高度比，可查规则框架承受均布水平力作用时标准反弯点的高度比值 $y_0$ 表和上下层横梁线刚度比对 $y_0$ 的修正值 $y_1$ 表。其中，$K$ 值可按表 6-6 计算。

---

①　注：边柱情况下，式中 $i_1$、$i_3$ 取 0。

②上下横梁线刚度比对反弯点高度的影响。

考虑上下横梁线刚度比对反弯点的影响,其计算简图如图 6-57(a)、图 6-57(b)所示,假定上层的横梁线刚度均为 i(如果是中柱,左右侧横梁分别为 $i_1$、$i_2$);下层的横梁线刚度均为 $i_4$(如果是中柱,/左右侧横梁分别为 $i_3$、$i_4$)。当上层横梁线刚度比下层小时,反弯点上移;反之下移。反弯点高度的变化值用 $y_1 h$ 表示,正号代表向上移动。$y_1$ 可根据上下横梁线刚度比 I 和 K 查表 6-7,其中 $I = \dfrac{i_1 + i_2}{i_3 + i_4}$,当 I>1 时按 1/I 查表 6-7,并将查得的 $y_1$ 加上负号。对于底层柱,不考虑修正值 $y_1$,即取 $y_1 = 0$。

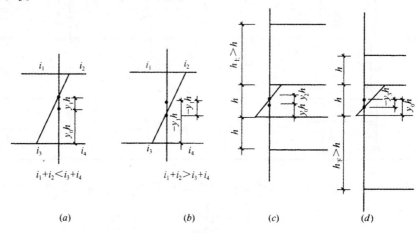

图 6-57 确定修正反弯点高度的计算简图

③层高变化对反弯点高度的影响。

如果上下层层高与某柱所在的层高不同时,该柱的反弯点位置将不同于标准反弯点高度。上层层高发生变化,反弯点位置的移动量用 $y_2 h$ 表示,计算简图如图 6-57(c);下层层高发生变化,反弯点位置的移动量用 $y_3 h$ 表示,计算简图如图 6-57(d)。$y_2$ 和 $y_3$ 可查表 6-7。对于顶层柱,不考虑修正值 $y_2$,取 $y_2 = 0$;对于底层柱,不考虑修正值 $y_3$,取 $y_3 = 0$。

表 6-7 上下层横梁线刚度比对 $y_0$ 的修正值 $y_1$

| I \ K | 0.1 | 0.2 | 0.3 | 0.4 | 0.5 | 0.6 | 0.7 | 0.8 | 0.9 | 1.0 | 2.0 | 3.0 | 4.0 | 5.0 |
|---|---|---|---|---|---|---|---|---|---|---|---|---|---|---|
| 0.4 | 0.55 | 0.40 | 0.30 | 0.20 | 0.25 | 0.20 | 0.20 | 0.15 | 0.15 | 0.15 | 0.05 | 0.05 | 0.05 | 0.05 |
| 0.5 | 0.45 | 0.30 | 0.20 | 0.15 | 0.15 | 0.15 | 0.15 | 0.10 | 0.10 | 0.10 | 0.05 | 0.05 | 0.05 | 0.05 |
| 0.6 | 0.30 | 0.20 | 0.15 | 0.10 | 0.10 | 0.10 | 0.10 | 0.10 | 0.05 | 0.05 | 0.05 | 0.05 | 0 | 0 |
| 0.7 | 0.20 | 0.15 | 0.10 | 0.10 | 0.10 | 0.10 | 0.05 | 0.05 | 0.05 | 0.05 | 0.05 | 0 | 0 | 0 |
| 0.8 | 0.15 | 0.10 | 0.05 | 0.05 | 0.05 | 0.05 | 0.05 | 0.05 | 0 | 0 | 0 | 0 | 0 | 0 |
| 0.9 | 0.05 | 0.05 | 0.05 | 0 | 0 | 0 | 0 | 0 | 0 | 0 | 0 | 0 | 0 | 0 |

注: $I = \dfrac{i_1 + i_2}{i_3 + i_4}$,当 $i_1 + i_2 > i_3 + i_4$ 时,取 $I = \dfrac{i_3 + i_4}{i_1 + i_2}$,同时在查得的 $y_1$ 值前加负号"—"。

$K = \dfrac{i_1 + i_2 + i_3 + i_4}{2i_c}$

## 三、钢筋混凝土框架的抗震设计

### （一）抗震设计的原则

根据框架结构的震害情形以及大震作用下对框架延性的要求，抗震框架设计时应遵循以下基本原则。

（1）强柱弱梁原则。塑性铰首先在框架梁端出现，避免在框架柱上首先出现塑性铰。也即要求梁端受拉钢筋的屈服先于柱端受拉钢筋的屈服（图 6-58）。

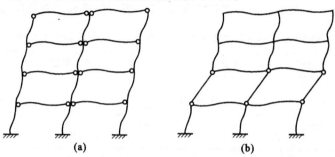

（a）梁端塑性铰；（b）柱端塑性铰
**图 6-58　塑性铰出现位置**

（2）强剪弱弯原则。剪切破坏都是脆性破坏，而配筋适当的弯曲破坏是延性破坏，要保证塑性铰的转动能力，防止剪切破坏的发生。因此在设计框架结构构件时，构件的抗剪承载力应高于该构件的抗弯承载能力。

（3）强节点、强锚固原则。节点是框架梁、柱的公共部分，受力复杂，一旦发生破坏则难以修复。因此在抗震设计时，即使节点的相邻构件发生破坏，节点也应处于正常使用状态。框架梁柱的整体连接，是通过纵向受力钢筋在节点的锚固实现的，因此抗震设计的纵向受力钢筋的锚固应强于非抗震设计的锚固要求。

### （二）地震作用计算

多层框架结构在一般情况下应沿两个主轴方向分别考虑水平地震作用，各方向的水平地震作用应全部由该方向的抗侧力构件承担。

对高度不超过 40m 以剪切变形为主的框架结构，水平地震作用标准值的计算可采用底部剪力法。

在水平地震作用下，可采用 D 值法计算框架内力和侧移。根据 D 值的定义，利用 D 值法求得水平地震作用在框架各层产生的层间剪力标准值，即可求出框架的相对层间侧移，此时框架的整体刚度宜在弹性刚度基础上乘以小于 1 的修正系数。

### （三）框架梁的抗震构造要求

框架梁的抗震构造要求主要体现在以下几个方面。

（1）梁截面尺寸。梁截面宽度不宜小于 200mm，且不宜小于柱宽的 1/2；梁截面的高宽比不宜大于 4，跨与截面高度之比不宜小于 4。

（2）梁内纵向钢筋。梁内纵筋应符合下列要求：第一，框架梁端截面的底面和顶面配筋量的比值，一级不应小于 0.5，二、三级不应小于 0.3。第二，沿梁全长顶面和底面至少应配置两根通长纵筋，一、二级框架不应少于 2φ14，且分别不应少于梁两端顶面和底面纵筋中较大截面面积的

1/4；三、四级框架不应少于 $2\varphi12$。第三，一、二级框架梁内贯通中柱的每根纵筋直径，不宜大于柱在该方向截面尺寸的 1/20。

（3）梁内纵筋的接头。一级抗震时应采用机械连接接头；二、三、四级抗震时，宜采用机板连接接头，也可采用焊接接头或搭接接头。接头位置宜避开箍筋加密区，位于同一区段内的纵筋接头面积不应超过 50%；当采用搭接接头时，其搭接长度要足够。

（4）梁的箍筋。梁的箍筋应符合以下要求。

①框架梁两端需设置加密封闭式箍筋。箍筋加密区的长度，加密区内箍筋最大间距和最小直径应按表 6-8 采用。当梁端纵筋配筋率大于 2% 时，表中箍筋最小直径应相应增大 2mm。

表 6-8　梁端箍筋加密区的长度、箍筋的最大间距和最小直径　　　　单位：mm

| 抗震等级 | 加密区长度（采用较大者） | 箍筋最大间距（采用最小值） | 箍筋最小直径 |
|---|---|---|---|
| 一 | $2h_b$ ,500 | $h_b/4,6d,100$ | $\varphi10$ |
| 二 | $1.5h_b$ ,500 | $h_b/4,8d,100$ | $\varphi8$ |
| 三 | $1.5h_b$ ,500 | $h_b 4,8d,150$ | $\varphi8$ |
| 四 | $1.5h_b$ ,500 | $h_b 4,8d,150$ | $\varphi6$ |

②非加密区的箍筋最大间距不宜大于加密区箍筋间距的 2 倍。

③箍筋必须为封闭箍，应有 135。弯钩，弯钩平直段的长度不小于箍筋直径的 10 倍和 75mm 的较大者。

（四）框架柱的抗震构造要求

（1）柱截面尺寸。柱截面宽度和高度均不宜小于 300mm，柱的剪跨比又宜大于 2，截面长边和短边之比不宜大于 3。

其中，柱的剪跨比 $\lambda = M^c/(V^c h_0)$，式中 $M^c$ 为柱端截面的组合弯矩计算值（取上、下端弯矩的较大值），$V^c$ 为柱端截面的组合剪力计算值，$h_0$ 为柱截面有效高度。

（2）柱内纵向钢筋。柱中纵筋应符合下列要求：

①柱中纵筋宜对称配置。

②当截面尺寸大于 400mm 时，纵筋间距不宜大于 200mm。

③柱中全部纵筋的最小配筋率应满足表 6-9 的规定，同时每一侧配筋率不应小于 0.2%。

表 6-9　框架柱全部纵向钢筋最小配筋百分率（%）

| 类别 | 抗震等级 | | | |
|---|---|---|---|---|
| | 一 | 二 | 三 | 四 |
| 中柱、边柱 | 1.0 | 0.8 | 0.7 | 0.6 |
| 角柱、框支柱 | 1.2 | 1.0 | | 0.0.98 |

注：采用 HRB400 级热轧钢筋时允许减少 0.1，混凝土强度等级高于 C60 时应增加 0.1。

④柱中纵筋总配筋率不应大于 5%；一级且剪跨比 $\lambda \ngtr 2$ 的柱，每侧纵筋配筋率不宜大于 1.2%。

⑤边柱、角柱在地震作用组合产生拉力时，柱内纵筋总面积应比计算值增加 25%。

⑥柱纵筋的连接要求与梁相同，但应避开弯矩较大的位置和柱端箍筋加密区。

## 四、钢筋混凝土框架结构构造要求

### （一）梁柱连接构造

现浇框架的梁柱连接节点都做成刚性节点，在节点处，柱的纵向钢筋应连续穿过中间层节点，梁的纵向钢筋应有足够的锚固长度。

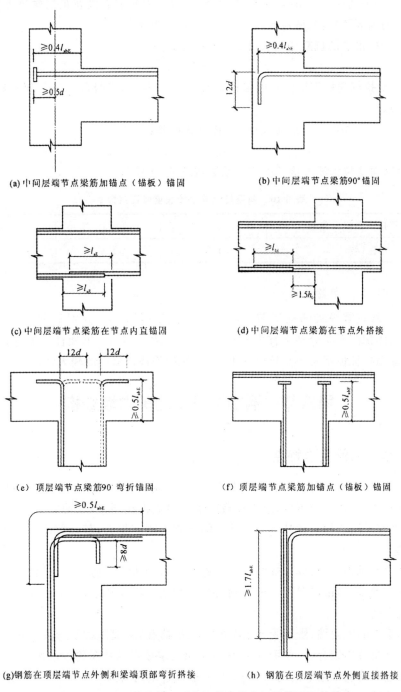

(a) 中间层端节点梁筋加锚点（锚板）锚固

(b) 中间层端节点梁筋90°锚固

(c) 中间层端节点梁筋在节点内直锚固

(d) 中间层端节点梁筋在节点外搭接

(e) 顶层端节点梁筋90°弯折锚固

(f) 顶层端节点梁筋加锚点（锚板）锚固

(g) 钢筋在顶层端节点外侧和梁端顶部弯折搭接

(h) 钢筋在顶层端节点外侧直接搭接

**图 6-59 梁和柱的纵向受力钢筋在节点区的锚固和搭接**

(1)框架中间层中间节点处,框架梁的上部纵向钢筋应贯穿中间节点。贯穿中柱的每根梁纵向钢筋直径,对于 9 度设防烈度的各类框架和一级抗震等级的框架结构,当柱为矩形截面时,不宜大于柱在该方向截面尺寸的 1/25,当柱为圆形截面时,不宜大于纵向钢筋所在位置柱截面弦长的 1/25;对一、二、三级抗震等级,当柱为矩形截面时,不宜大于柱在该方向截面尺寸的 1/20,对圆柱截面,不宜大于纵向钢筋所在位置柱截面弦长的 1/20。

(2)对于框架中间层中间节点、中间层端节点、顶层中间节点以及顶层端节点,梁、柱纵向钢筋在节点部位的锚固和搭接,应符合图 6-59 的相关构造规定。

图中纵向受拉钢筋的抗震锚固长度 $l_{aE}l_a$ 按下式计算:

$$l_aE = \xi_{aE}l_a \tag{6-38}$$

$\xi_{aE}$ 为纵向受拉钢筋抗震锚固长度修正系数,一、二级抗震等级取 1.5,三级抗震等级取 1.05,四级抗震等级取 1.0。

图中纵向受拉钢筋的抗震搭接长度 $l_{1E}$ 按下式计算:

$$l_{1E} = \xi_1 l_{aE} \tag{6-39}$$

式中 $\xi$ 为纵向受拉钢筋搭接长度修正系数按表 6-10 采用。

表 6-10　向受拉钢筋搭接长度修正系数 $\xi_1$

| 纵向钢筋搭接接头面积百分率(%) | ≤25 | ≤50 | ≤100 |
|---|---|---|---|
| $\xi_1$ | 1.2 | 1.4 | 1.6 |

(二)节点核心区的箍筋构造

对一、二、三级抗震等级的框架节点核心区,配筋特征值 $\lambda_v$ 分别不宜小于 0.12、0.10 和 0.08,且其箍筋体积配筋率分别不宜小于 0.6%、0.5% 和 0.4%。框架柱的剪跨比 $\lambda \leq 2$ 的框架节点核心区,配箍特征值不宜小于核心区上、下柱端配箍特征值中的较大值。

# 第五节　钢筋混凝土的剪力墙结构

## 一、剪力墙结构的受力特点

当房屋层数更多或高宽比更大时,框架结构的梁、柱截面将增大到不经济的程度,这是因为房屋很高时,底层不仅轴向力很大,水平荷载产生的力矩也相当大,致使截面尺寸有限的柱子难以承担,这时则宜采用墙片以代替框架。墙片的抗侧力刚度很大,其抗剪能力大大提高,通称抗剪墙或剪力墙。

全部由剪力墙承重,不设框架的结构体系称为剪力墙体系。剪力墙宜沿结构的主轴方向或其他方向双向布置,应尽量布置得比较规则,拉通、对直。剪力墙应沿竖向贯通建筑物的全高,不宜突然取消或中断。

剪力墙体系中的剪力墙,既承受竖向荷载与水平荷载,又起围护及分隔作用,所以对小开间的高层住宅和旅馆等比较合适,如图 6-60 所示为剪力墙体系结构布置的示例。

剪力墙在竖向荷载作用下的内力分析,与一般混合结构墙体类似,以下主要介绍剪力墙在水平荷载作用下的受力特点。

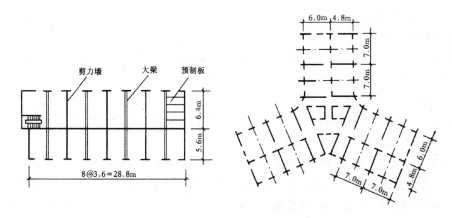

**图 6-60　剪力墙体系结构布置示例**

剪力墙体系房屋由若干片剪力墙组成,因楼板水平刚度很大,可视为刚体,则在水平荷载作用下,各片剪力墙所受力将按抗侧力刚度的大小,即按产生变形的难易程度来分配。

剪力墙上一般常有门、窗或走廊等形成的洞口,洞口对剪力墙的抗剪强度有很大的影响,因此,单片剪力墙的受力将随墙片本身有无开洞及开洞大小的不同而不同。按受力特点的不同,剪力墙分为按整截面计算的剪力墙、整体小开口墙、双肢墙(或多肢墙)和壁式框架等四种,它们因外形和洞口大小的不同,受力特点也不同,不但在墙肢截面上韵正应力分布有区别,而且沿墙肢高度方向上弯矩的变化规律也不同(图 6-61)。

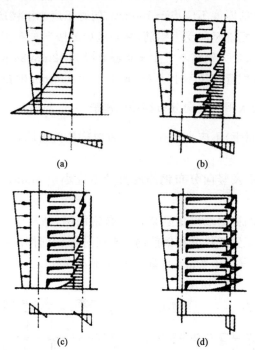

(a)

(b)

(c)

(d)

**图 6-61　剪力墙在水平荷载作用的受力特点**

不开门窗洞或虽开有洞口,但洞口很小(洞口面积不大于剪力墙总面积的 15%,且洞口间的净距及洞口至墙边间的净距都大于洞口长边的尺寸)的剪力墙,在水平荷载作用下,其受力如同一个整体的悬臂受弯构件。在剪力墙的整个高度上,弯矩图既不出现突变也不出现反弯点,截面中的正应力分布图形符合直线分布规律,如图 6-61(a)所示,这类剪力墙称作按整截面计算的剪力墙,简称整截面剪力墙。

当门窗洞口沿竖向成列布置,洞口总面积超过墙总面积的 15%,但总的来说洞口仍很小的开口剪力墙叫做整体小开口墙(其具体划分条件需另按专门方法确定)。整体小开口墙在水平荷载作用下其弯矩图在连系梁处有突变,但在整个墙肢高度上没有或仅在个别楼层上才出现反弯点,如图 6-61(b)所示。整体小开口墙的截面在受力后,仍能基本上保持平面,其正应力分布图形也大体上保持直线形分布。

如剪力墙上门窗洞口尺寸较小,则在水平荷载作用下,整个墙肢的弯矩图仍类似整体小开口墙,但在整个剪力墙截面上的正应力已不再成直线分布。开有一排洞口的,称双肢剪力墙(简称双肢墙);开有多排洞口的,称多肢剪力墙(简称多肢墙)。图 6-61(c)所示为双肢剪力墙。

当剪力墙的洞口尺寸更大,则剪力墙的受力性能已接近框架称为壁式框架,其墙体即为框架柱。在水平荷载作用下,框架柱的弯矩图不仅在楼层处有突变,而且各层柱中均出现反弯点。如图 6-61(d)所示。

## 二、剪力墙结构的构造要求

剪力墙结构的构造要求主要体现在以下几个方面。

(1)钢筋混凝土剪力墙的混凝土强度等级不应低于 C20。墙中的分布钢筋和箍筋一般采用 HPB235 级钢筋,其他钢筋可用 HRB335 级钢筋。

(2)钢筋混凝土剪力墙的厚度不应小于 160mm,同时不应小于楼层高度的 1/25。

(3)剪力墙墙肢两端应配置竖向受力钢筋,并与墙内的竖向分布钢筋共同用于墙的正截面受弯承载力计算。每端的竖向受力钢筋不宜少于 4 根直径为 12mm 的钢筋或 2 根直径为 16mm 的钢筋,沿该竖向钢筋方向宜配置直径不小于 6mm、间距为 250mm 的拉筋。

(4)钢筋混凝土剪力墙水平和竖向分布钢筋的配筋率 $\rho_{sh}$ 和 $\rho_{sv}$($\rho_{sh} = \dfrac{A_{sh}}{bs_V}$,$\rho_{sv} = \dfrac{A_{sv}}{bs_h}$,$s_h$,$s_v$ 分别为竖向和水平分布钢筋的间距)不应小于 0.2%。重要部位剪力墙,其水平和竖向分布钢筋的配筋率宜适当提高。

钢筋混凝土剪力墙水平及竖向分布钢筋的直径不应小于 8mm,不宜大于墙肢截面厚度的 1/10,间距不应大于 300mm。

(5)厚度大于 160mm 的剪力墙应配置双排分布钢筋网,结构中重要部位的剪力墙,当其厚度不大于 160mm 时,也宜配置双排分布钢筋网。双排分布钢筋网应沿墙的两个侧面布置,且应采用拉筋连系,拉筋直径不宜小于 6mm,间距不宜大于 600mm。

剪力墙的配筋形式如图 6-62 所示。

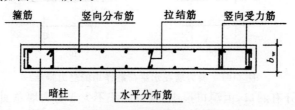

**图 6-62 剪力墙的配筋形式**

(6)剪力墙上的门窗洞口应尽量上下对齐,布置均匀,横墙与纵墙的连接更要有一定的整体性,洞口边到墙边间的距离不要太小(图 6-63)。在内纵墙与内横墙交叉处,要避免在四边墙上集中开洞,形成十字形柱头的薄弱环节。

(7)在剪力墙洞口的周边,当不需要按承载力计算配置竖向钢筋和水平钢筋时,应在洞口每侧至少设 2φ12 构造钢筋,钢筋截面面积分别不宜小于洞口截断的竖向和水平分布钢筋总截面面积的一半。

(8)连系梁上下水平纵筋需经计算确定,其伸入墙内的锚固长度不小于受拉钢筋的锚固长度 $l_a$ 且不应小于 600 mm。连系梁中箍筋直径应不小于 6mm,间距不宜大于 150mm。在伸入墙体的锚固长度范围内,顶层的联系梁也应设置箍筋。同时,门窗洞口边竖向钢筋应按受拉钢筋锚固在顶层连梁高度范围内(图 6-64)。

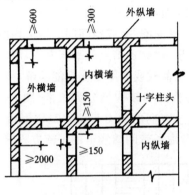

图 6-63　洞口附近的尺寸要求

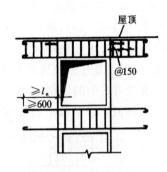

图 6-64　连系梁的配筋

### 三、剪力墙的分析方法

剪力墙结构随着类型和开洞大小的不同,计算方法与计算图的选取也不同。除了整体墙和小开口整体墙基本上采用材料力学的计算公式外,其他的大体上还有以下一些算法:

(1)连梁连续化的分析方法。连梁连续化的分析方法将每一层楼层的连系梁假想为分布在整个楼层高度上的一系列连续连杆(图 6-65),借助于连杆的位移协调条件建立墙的内力微分方程,解微分方程便可求得内力。这种方法可以得到解析解,特别是将解答绘成曲线后,使用还是比较方便的。通过试验验证,其结果的精确度也还是可以的。但是,由于假定条件较多,使用范围受到局限。

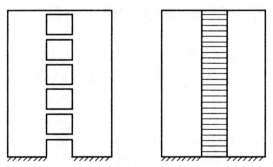

图 6-65　连续化计算方法简图

(2)带刚域框架的算法。将剪力墙简化为一个等效多层框架。由于墙肢及连系梁都较宽,在墙梁相交处形成一个刚性区域,在这区域内,墙梁的刚度为无限大。因此,这个等效框架的杆件

便成为带刚域的杆件(图 6-66)

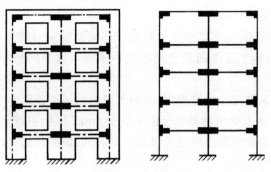

图 6-66　璧式框架

(3)有限单元和有限条带法。将剪力墙结构作为平面问题(或空间问题),采用网格划分为矩形或三角形单元(图 6-67(a)),取结点位移作为未知量,建立各结点的平衡方程,用电子计算机求解。采用有限单元法对于任意形状尺寸的开孔及任意荷载或墙厚变化都能求解,精确度也较高。对于剪力墙结构,由于其外形及边界较规整,也可将剪力墙结构划分为条带(图 6-67(b)),即取条带为单元。条带与条带间以结线相连。每条带沿 $y$ 方向的内力与位移变化用函数形式表示,在 $x$ 方向则为离散值。以结线上的位移为未知量,考虑条带间结线上的平衡方程求解。

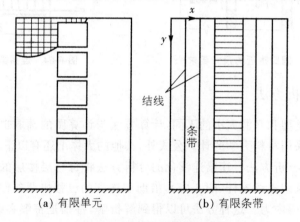

(a) 有限单元　　　　　　　(b) 有限条带

图 6-67　有限单元和有限条带

# 第六节　钢筋混凝土的框架—剪力墙结构

框架—剪力墙结构适用于需要灵活大空间的多层和高层建筑,如办公楼、商业大厦、饭店、旅馆、教学楼、试验楼、电信大楼、图书馆、多层工业厂房及仓库、车库等建筑。

## 一、框架—剪力墙结构的受力特点

房屋在风荷载和地震作用下,靠近底层的结构构件内力随房屋的增高会急剧增大。因此,当房屋的高度超过一定限度时,如采用框架结构,则框架的梁与柱的截面尺寸就会很大,这不仅使房屋造价提高,而且也将减少建筑的使用面积。在这种情况下,如在框架中设置剪力墙,使大部分水平荷载由剪力墙来承担,框架的受力状况和内力分布就会得到改善。

在框架—剪力墙体系的房屋中,剪力墙是主要的抗侧力结构,在一般情况下,剪力墙大约可承受 70％以上的水平荷载。如剪力墙布置过多,其承载能力得不到充分发挥,所以,剪力墙的数量及布置是否合理,对房屋的受力、变形以及在经济上均有很大影响。

剪力墙宜布置在建筑物两端、楼梯间、电梯间、平面刚度有变化处以及恒载较大处。纵横向墙应能连在一起,以增大剪力墙的刚度。上下层剪力墙应对齐,且宜直通到顶。如剪力墙不全部直通到顶,则应沿高度逐渐减少,避免刚度突变。图 6-68 为框架—剪力墙结构的布置示例。

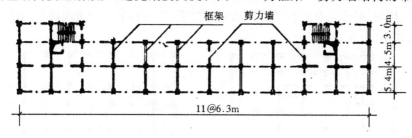

**图 6-68　框架—剪力墙结构布置示例**

框架—剪力墙结构在竖向荷载作用下,框架和剪力墙各自承受所在范围的荷载,计算比较简单。但在水平荷载作用下,由于楼盖把框架与剪力墙连成了整体,两者共同变形,其内力计算就比较复杂。为了简化在水平荷载作用下框架—剪力墙结构的计算,可将其所有框架和所有剪力墙各自综合在一起,分别形成综合框架(所有框架之和)和综合剪力墙(所有剪力墙之和),并以连杆(代替楼盖)连接,在计算上按平面结构处理。如图 6-69(a)所示的房屋,其计算简图即可简化为图 6-69(b)所示的形式。分析内力时,可将连杆切断,而以集中力 $p_{Kj}$ 代替。如房屋层数较多,则可简化成连续分布力 $p_k$(图 6-69(c)),在求得连续分布力 $p_k$ 以及综合框架和综合剪力墙的内力后,再分配给各片框架和各片剪力墙。

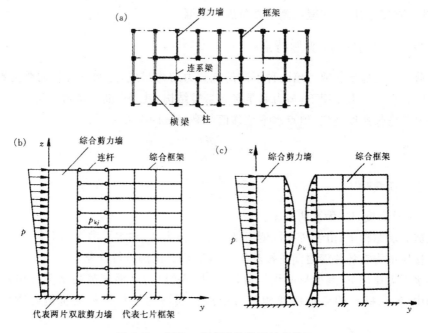

**图 6-69　框架—剪力墙结构的计算简图**

## 二、框架—剪力墙结构布置原则

在框架—剪力墙结构中,剪力墙承担着主要的水平力,增大了结构的刚度,减少结构的侧向位移,因此框架—剪力墙结构中剪力墙的数量、间距和布置尤为重要。

(1)框架—剪力墙结构应设计成双向抗侧力体系,结构两主轴方向均应布置剪力墙,剪力墙的布置宜分散、均匀、对称地布置在建筑物的周边附近,使结构各主轴方向的侧向刚度接近,尽量减少偏心扭转作用(图 6-70)。

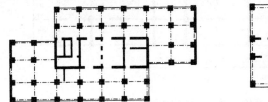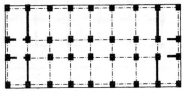

**图 6-70　框架—剪力墙结构布置**

(2)剪力墙尽量布置在楼板水平刚度有变化处(如楼梯间、电梯间等),布置在平面形状变化或恒载较大的部位。因为这些地方应力集中,是楼盖的薄弱环节。当平面形状凹凸较大时,宜在凸出部分的端部附近布置剪力墙。

(3)剪力墙宜贯通建筑物全高,避免刚度突变;剪力墙开洞时,洞口宜上下对齐。

(4)为防止楼板在自身平面内变形过大,保证水平力在框架与剪力墙之间的合理分配,横向剪力墙的间距必须满足要求。纵横向剪力墙宜布置成 L 形、T 形和[形等,以使纵墙(横墙)可以作为横墙(纵墙)的翼缘,从而提高承载力和刚度。

(5)当设有防震缝时,宜在缝两侧垂直防震缝设墙。

## 三、框架—剪力墙结构变形特点

框架—剪力墙由框架和剪力墙两种不同的抗侧力结构组成,这两种结构的受力特点和变形性质是不同的。在水平力作用下,剪力墙是竖向悬臂结构,其变形曲线呈弯曲型(图 6-71(a)),楼层越高水平位移增长速度越快,顶点水平位移值与高度是四次方关系:

均布荷载时
$$u = \frac{qH^4}{8EI} \tag{6-40}$$

倒三角小形荷载时
$$u = \frac{11q_{max}H^4}{120EI} \tag{6-41}$$

式中:$H$ 为总高度;$EI$ 为弯曲刚度。

在一般剪力墙结构中,由于所有抗侧力结构都是剪力墙,在水平力作用下各片墙的侧向位移相似,所以,楼层剪力在各片墙之间是按其等效刚度 $EI_{eq}$ 比例进行分配。

框架在水平力作用下,其变形曲线为剪切型(图 6-71(b)),楼层越高水平位移增长越慢,在纯框架结构中,各榀框架的变形曲线相似,所以,楼层剪力按框架柱的抗侧移刚度 D 值比例分配。

框架—剪力墙,既有框架又有剪力墙,它们之间通过平面内刚度无限大的楼板连接在一起,在水平力作用下,使它们水平位移协调一致,不能各自自由变形,在不考虑扭转影响的情况下,在同一楼层的水平位移必须相同。因此,框架—剪力墙在水平力作用下的变形曲线呈反 S 形的弯剪型位移曲线（图 6-71(c)）。

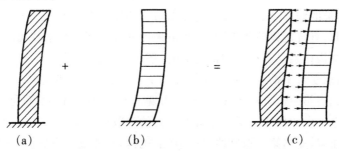

（a）        （b）        （c）

**图 6-71 框架—剪力墙结构体系的变形特点**

　　框架—剪力墙在水平力作用下，由于框架与剪力墙协同工作，在下部楼层，因为剪力墙位移小，它拉住框架的变形，使剪力墙承担了大部分剪力；上部楼层则相反，剪力墙的位移越来越大，而框架的变形反而小，所以，框架除承受水平力作用下的那部分剪力外，还要负担拉回剪力墙变形的附加剪力，因此，在上部楼层即使水平力产生的楼层剪力很小，而框架中仍有相当数值的剪力。

　　框架—剪力墙在水平力作用下，框架与剪力墙之间楼层剪力的分配和框架各楼层剪力分布情况，是随楼层所处高度而变化，与结构刚度特征值直接相关（如图 6-72）。由图 6-72 可知，框架—剪力墙中框架底部剪力为零，剪力控制截面在房屋高度的中部甚至是上部，而纯框架最大剪力在底部。因此，当实际布置有剪力墙（如楼梯间墙、电梯井墙、设备管道井墙等）的框架结构，必须按框架—剪力墙协同工作计算内力，不能简单按纯框架分析，否则不能保证框架部分上部楼层构件的安全。

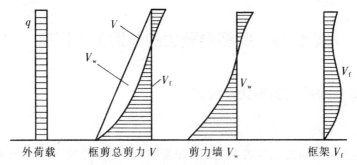

外荷载        框剪总剪力 $V$        剪力墙 $V_w$        框架 $V_f$

**图 6-72 框架—剪力墙结构受力特点**

　　此外，结构的层间位移角是评估结构水平荷载下受力性能的一个重要标准，层间侧移角大，结构构件的破坏就严重。单纯的框架结构在侧向力作用下，层间位移角自上而下逐层增大，即最大值出现在底层；在纯剪力墙结构中，层间位移角是下层小，上层大，最大层间位移角出现在结构顶部。在框架—剪力墙结构体系中，由于楼盖的协调作用，使得在结构下部剪力墙制约框架的变形，从而减小框架底部的层间位移角；相反，在结构上部，框架又制约剪力墙的变形，减小了剪力墙顶点侧移和顶部的最大层间位移角，这样结构各层的层间位移角较为均匀，可以有效减轻结构在水平作用下的破坏程度。

## 四、框架—剪力墙的抗震性能

　　在钢筋混凝土高层和多层公共建筑中，当框架结构的刚度和强度不能满足抗震或抗风要求时，采用刚度和强度均较大的剪力墙与框架协同工作，可由框架构成自由灵活的大空间，以满足不同建筑功能的要求；同时又有刚度较大的剪力墙，从而使框架—剪力墙具有较强的抗震抗风能力，并大大减少了结构的侧移，在大地震时还可以防止砌体填充墙、门窗、吊顶等非结构构件的严重破坏和倒塌。因此，有抗震设防要求时，宜尽量采用框架—剪力墙来替代纯框架结构。

框架—剪力墙结构体系具有良好的抗震性能，还表现在该体系具有多道抗震防线。小震作用下，主要是剪力墙承受水平荷载。中等地震作用下，框架与剪力墙共同工作。在大震作用下，刚度较大的剪力墙充当第一道抗震防线，随着剪力墙的开裂，刚度退化，框架才开始在保持结构稳定及防止结构倒塌上发挥作用。对于具有约束梁的双肢或多肢墙，经过合理设计，可使约束梁在强震作用下首先屈服，充当第一道防线，形成耗能机构，对墙肢起习保护作用。

由于剪力墙是框—剪结构中主要的抗侧力构件，而框架居于次要地位，因此在相同的设防烈度和结构高度时，框—剪结构中的框架的抗震等级要求比纯框架结构体系低，而剪力墙的抗震等级比纯剪力墙结构高。框架—剪力墙结构的抗震等级如表 6-11 所示。

表 6-11　框架—剪力墙结构的抗震等级

| | 抗震设防烈度 | | | | | | |
|---|---|---|---|---|---|---|---|
| | 6 度 | | 7 度 | | 8 度 | | 9 度 |
| 结构高度(m) | ≤60 | >60 | ≤60 | >60 | ≤60 | >60 | ≤50 |
| 框架 | 四 | 三 | 三 | 二 | 二 | 一 | 一 |
| 剪力墙 | 三 | | 二 | | 一 | | 一 |

# 第七节　钢筋混凝土的单层工业厂房

## 一、单层工业厂房的结构形式及特点

### (一)单层工业厂房的结构形式

单层工业厂房按主要承重结构的类型分有排架结构与刚架结构，其中常用排架结构。

装配式单层工业厂房的主要承重结构是屋架(或屋面梁)、柱和基础。当柱与基础为刚接，屋架与柱顶为铰接时，这样组成的结构叫排架(图 6-73(a))。其特点是：在屋面荷载作用下，屋架本身按桁架计算；当柱上作用有荷载时，屋架被认为只起将两柱顶联系在一起的作用，相当于一根横向的链杆，图 6-73(a)所示排架结构的计算简图即如图 6-73(b)所示。由于厂房有吊车所以排架柱多采用阶梯形变截面。图 6-74 所示为钢筋混凝土排架结构的几种形式。

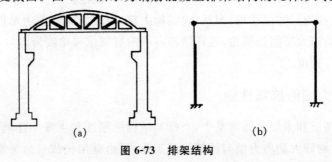

(a)　　　(b)

图 6-73　排架结构

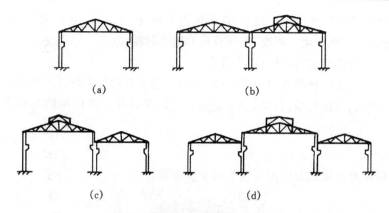

**图 6-74 钢筋混凝土排架结构的形式**

装配式钢筋混凝土排架结构的单层工业厂房,是一种由横向排架和纵向连系构件以及支撑系统等组成的空间体系。装配式钢筋混凝土排架的组成如图 6-75 所示。

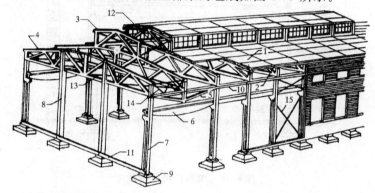

1—屋面板;2—天沟板;3—天窗架;4—屋架;5—托架;6—吊车梁;7—排架柱;
8—抗风柱;9—基础;10—连系梁;11—基础梁;12—天窗架垂直支撑;
13—屋架下弦横向水平支撑;14—屋架端部垂直支撑;15—柱间支撑

**图 6-75 装配式单层工业厂房的组成**

(二)单层工业厂房的特点

1.适用特点

工业厂房按层数分类,可分为单层工业厂房和多层厂房。多层厂房多用于化工、食品、电子、精密机械制造等轻工业。单层工业厂房是工业建筑中最普遍的一种形式。单层工业厂房与多层厂房或民用建筑相比较,具有下列特点。

(1)单层工业厂房结构的跨度大、高度大、承受的荷载大,可以构成较大的空间,布置大型设备、生产重型产品,对各种类型的工业生产均有较大的适应性。

(2)厂房内可采用水平运输设备,如桥式、梁式吊车。因此,在进行结构设计时须考虑动力荷载的影响。

(3)可充分利用地基的承载力布置大型设备基础,生产重型产品。

(4)可利用屋盖设置天然采光和自然通风,在不采用人工照明和机械通风的情况下,也可以布置较大跨度和多跨的大面积厂房。

(5)改、扩建比较方便,可适应生产发展的需要。

(6)单层工业厂房结构便于定型设计,使构配件标准化、系列化、通用化,因而可提高构配件生产工业化和现场施工机械化的程度,缩短设计和施工时间。

(7)单层工业厂房占地多,设计时应予注意。

综上所述,单层工业厂房的优点较多,能较好地适用于各种类型的工业生产,因而应用广泛。一般来说,冶金、矿山、机械制造、纺织、交通运输和建筑材料等工业厂房的车间适宜采用单层工业厂房。

## 2.受力特点

如图 6-76 所示为单层工业厂房所承受的主要荷载。

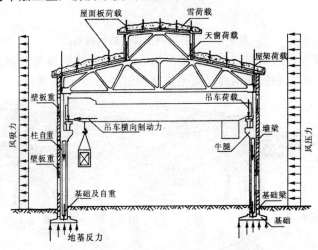

**图 6-76  单层厂房的荷载**

(1)永久荷载即长期作用在厂房结构上的不变荷载(恒载),如各种构件和墙体的自重等。

(2)可变荷载即作用在厂房结构上的活荷载,主要有:雪荷载;风荷载,包括风压力与风吸力;吊车荷载,包括吊车竖向荷载(由吊车自重及最大起重量引起的轮压)和吊车水平荷载(吊车制动时作用于轨顶的纵向和横向水平制动力);积灰荷载,大量排灰的厂房及其邻近建筑,应考虑屋面积灰荷载;施工荷载,即厂房在施工或检修时的荷载。

(3)偶然荷载。爆炸力和撞击力等,一般厂房很少考虑。此外,厂房还可能受到某些间接作用,如地震作用和温度作用等。厂房的基本承重结构为由横梁(屋面梁或屋架)与横向柱列(柱及基础)组成的横向排架,上述竖向荷载以及横向水平荷载主要通过横向排架传到基础和地基。

除横向排架外,厂房的纵向柱列通过吊车梁、连系梁、柱间支撑等构件,也形成一个骨架体系,称为纵向排架。纵向排架的作用是:保证厂房结构纵向的稳定和刚度;承受作用在山墙和天窗端壁然后通过屋盖结构传来的纵向风荷载;承受吊车纵向水平荷载。

如图 6-77 所示为厂房纵向排架受力的示意图。纵向排架的柱距小、柱子多,有吊车梁、连系梁等多道联系,又有柱间支撑的有效作用,因此构件内力不大,通常仅在构造上保证必要的措施即可,一般不作计算。

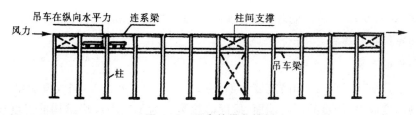

图 6-77　厂房的纵向排架

## 二、单层工业厂房的布置

### (一)柱网的布置

柱网是指厂房承重柱的纵向和横向定位轴线,在平面上排列所形成的网格。柱网布置就是确定柱子纵向定位轴线之间的距离(跨度)和横向定位轴线之间的距离(柱距)。确定柱网尺寸,既是确定柱的位置,同时也是确定其他构件的跨度及构件布置方案。

柱网布置的一般原则为:符合生产工艺的正常使用要求;建筑和结构的经济合理;符合厂房建筑统一化基本规则的规定。厂房跨度在 18m 以下时,应采用 3m 的倍数;厂房跨度在 18m 以上时,应采用 6m 的倍数。厂房柱距应采用 6m 或 6m 的倍数(图 6-78)。必要时亦可采用 21m、27m、33m 的跨度和 9m 或其他柱距。

具体来说在通常情况下,当厂房跨度小于或等于 18m 时,应以 30m 为模数,即 9m、12m、15m、18m。当厂房跨度大于 18m 时,应以 60M 为模数,即 18m、24m、30m、36m 等。厂房柱距一般采用 60m 较为经济,即 6m、12m;当工艺有特殊要求时,可局部插柱,如图 6-78 所示。但以现代化工业发展趋势来看,扩大柱距对增加车间有效面积、提高设备布置的灵活性、减少构件数量和加快施工进度是有利的。当然,构件尺寸的增大,给制作、运输、吊装带来不便,对机械设备要求较高。在大小车间相结合时,12m 柱距和 6m 柱距可配合使用。另外,通过设置托架,12m 柱距可做成 6m 屋面板系统。

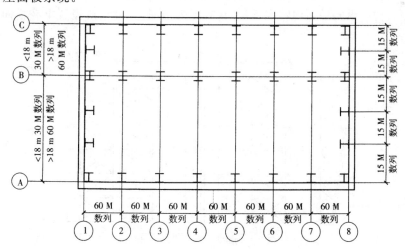

图 6-78　柱网布置示意图

为了避免端屋架与山墙抗风柱的位置发生冲突,一般将山墙内侧第一排柱中心内移600mm,并将端部屋面板做成一端伸展板,在厂房端部的横向定位轴线与山墙内缘重合,使端部屋面板与中部屋面板的长度相同,屋面板端头与山墙内缘重合,屋面不出现缝隙,以形成封闭式横向定位轴线,如图 6-78 所示。同理,伸缩缝两边的柱中心线亦需向两边移 600mm,使伸缩缝中心线与横向定位轴线重合。

(二)变形缝的布置

变形缝包括伸缩缝、沉降缝和防震缝。如果厂房长度和宽度过大,当气温变化时将使结构内部产生很大的温度应力,严重的可将墙面、屋面等拉裂。为了减小厂房结构的温度应力,可设伸缩缝,将厂房结构分成几个温度区段。伸缩缝应从基础顶面开始,将两个温度区段的上部结构构件完全分开,并留出一定宽度的缝隙。装配式排架结构伸缩缝的最大间距为 100m。

如果厂房相邻两部分高度相差很大(室内或土中)(>10m);两跨间吊车起重量相差悬殊;地基土质有较大差别;或厂房各部分的施工时间先后相差很长时,应考虑设置沉降缝。沿降缝应将建筑物从屋顶到基础全部分开,沉降缝可兼作伸缩缝。

防震缝是为了减轻震害而采取的措施之一。当厂房平面、立面布置复杂,结构高度或刚度相差很大,以及在厂房侧边布置附房时,应设防震缝将相邻部分分开。地震地区的厂房,其伸缩缝和沉降缝均应符合防震缝要求。

(三)支撑布置

1.屋盖支撑

屋盖支撑包括上、下弦横向水平支撑,纵向水平支撑,垂直支撑及纵向水平系杆和天窗架支撑。

(1)横向水平支撑

横向水平支撑是由交叉角钢和屋架上弦或下弦组成的水平桁架,布置在厂房端部及温度区段两端的第一或第二柱间。其作用是构成刚性框,增强屋盖的整体刚度,保证屋架(屋面梁)的侧向稳定,同时将山墙、抗风柱所承受的纵向水平力传至纵向排架柱。设置在屋架上、下弦平面内的水平支撑分别称为屋架上弦横向水平支撑和下弦横向水平支撑。

①当屋盖结构的纵向平面内刚度不足,具有下列情况之一时,应设置上弦横向水平支撑,如图 6-79 所示。

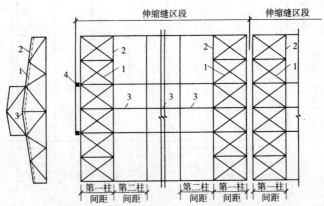

1—上弦支撑;2—屋架上弦;3—水平刚系杆;4—抗风柱
**图 6-79　上弦横向水平支撑**

A.跨度较大的无檩体系屋盖,当屋面板与屋架连接的焊接质量不能保证,且山墙抗风柱与屋架上弦连接时,应设置上弦横向水平支撑。若能保证大型屋面板与屋架或屋面梁有三点焊接且屋面板纵肋间的空隙用 C15 或 C20 细石混凝土灌实,则可认为无檩体系屋盖刚度相当大,无须设置上弦横向水平支撑。

B.屋面设置了天窗且天窗通到厂房端的第二柱间或通过伸缩缝时,应在第一或第二柱间的天窗范围内设置上弦横向水平支撑,并在天窗范围内沿纵向设置一至三道通长的受压系杆。

C.当采用钢筋混凝土拱形或梯形屋架的屋盖系统时,应在每一个伸缩缝区段端部的第一或第二柱间布置上弦横向水平支撑。

②当具有以下情况之一时,应设下弦横向水平支撑(一般宜设于厂房端部及伸缩缝处第一柱间),如图 6-80 所示。

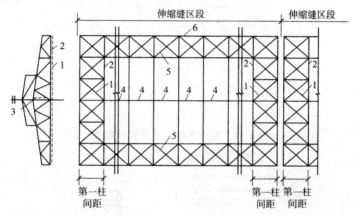

1—下弦支撑;2—屋架下弦;3—垂直支撑;4—水平系杆;5—下弦纵向水平支撑;6—托架

**图 6-80 下弦水平支撑**

A.山墙抗风柱与屋架下弦连接,纵向水平力通过下弦传递时。

B.厂房内有较大的振动源,如设有硬钩桥式吊车或 5 t 及以上的锻锤时。

C.有纵向运行的悬挂吊车(或电葫芦),且吊点设在屋架上弦时,可在悬挂吊车轨道尽头的柱间设置。

(2)纵向水平支撑

纵向水平支撑是由交叉角钢、直腹杆和屋架下弦第一节间组成的纵向水平桁架,其作用是加强屋盖的横向水平刚度。

①具有下列情况之一时,应设置纵向水平支撑:

A.当厂房内设有托架时,将纵向水平支撑布置在托架所在柱间,并向两端各延伸一个柱间。

B.当厂房内设有软钩桥式吊车但厂房高度大、吊车吨位较重时(如等高多跨厂房柱高大于15m,起重量大于50t)。

C.当厂房内设有硬钩桥式吊车或5t及以上锻锤时,或当吊车吨位大、厂房刚度有特殊要求时,可沿中间柱列适当增设纵向水平支撑。

②为保证厂房空间刚度,当设置纵向水平支撑时,必须同时设置相应的横向水平支撑,以形成封闭的水平支撑系统(图 6-81)。

(3)垂直支撑及水平系杆

设置垂直支撑的作用是保证屋架的整体稳定(防止倾倒)。与垂直支撑配合设置的有上、下弦水平系杆,设置上弦水平系杆的作用是保证屋架上弦的侧向稳定(防止局部失稳);下弦水平系杆的作用则是防止由吊车或其他振动的影响产生的下弦侧向颤动。如图 6-82 为垂直支撑布置示例。

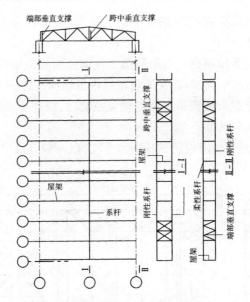

图 6-81　垂直支撑和水平系杆布置

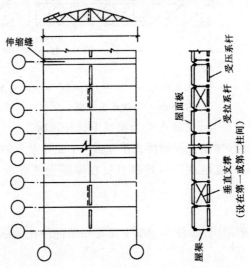

图 6-82　垂直支撑(18m<1 小于 30m)

　　(4)天窗架支撑

　　天窗架支撑包括天窗架上弦水平支撑及天窗架间的垂直支撑,一般设置在天窗架两端的第一柱间(图 6-83)。其作用是保证天窗架上弦的侧向稳定,并把天窗端壁上的水平风荷载传至屋架。天窗架支撑与屋架上弦横向水平支撑一般布置在同一柱间,以加强两端屋架的整体作用。

　　**2.柱间支撑**

　　柱间支撑一般由上、下两组十字交叉的钢拉杆组成,一组在上柱区段,一组在下柱区段。柱间支撑一般设于温度区段的中部,这样既能起到支撑的作用,又不会限制厂房沿纵向的变形。从图中可以看出,柱间支撑与其两侧的柱一起形成一竖向桁架。

　　柱间支撑的作用主要体现在以下几个方面。

　　(1)将屋盖系统传来的山墙风荷载和吊车纵向制动力传至基础,避免柱子因这些荷载的作用

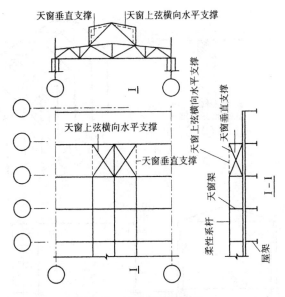

图 6-83　天窗架支撑布置

出现平面外受弯。

（2）加强厂房沿纵向的刚度。当设置支撑的柱间因交通或因布置设备而不宜设置十字交叉支撑时，也可采用如图 6-84 所示的门架式柱间支撑。

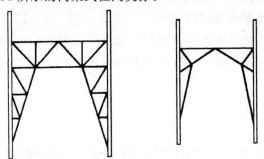

图 6-84　门架式柱间支撑

## 三、排架计算简图

单层工业厂房是一个复杂的空间结构。实际计算时，可以根据厂房的构造和荷载特点进行简化并确定计算简图。如图 6-85 所示，由基础、柱、屋架组成的横向排架沿厂房纵向是均匀排列的，而厂房的恒载、雪载和横向风荷载沿纵向也是均匀分布的，所以可以由相邻柱距的中部截出一个典型区段，称为计算单元（图 6-85(a)、(b) 中的阴影部分）。以这个单元的平面排架（图 6-85(c)）的受力状态来代表整个厂房的受力状态，从而把一个空间结构的计算简化为平面排架的计算。

为简化计算，根据构造特点和实际经验，对计算简图作如下假定：

（1）屋架（横梁）与柱为铰接。

（2）柱下端与基础刚接于基础顶面。

（3）屋架（横梁）受力后长度变化很小，计算时将排架横梁视为没有轴向变形的刚性连杆。

根据上述三个假定，排架的计算简图可用图 6-85(d) 表示。

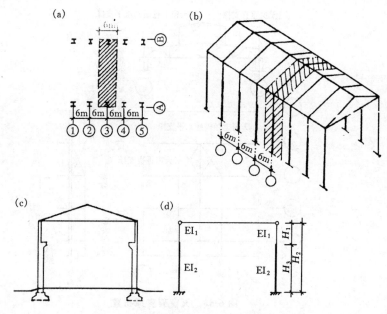

**图 6-85　单层工业厂房的计算简图**

计算简图中柱的轴线应分别取上、下柱的形心线。$H_1$ 为上柱高度，可由柱顶标高减去牛腿顶面标高求得；$H_2$ 为全柱高，可由柱顶标高减去基础顶面标高求得；而下柱高 $H_3 = H_2 - H_1$。简图中的 $EI$ 为各部分柱截面的抗弯刚度。

计算简图确定后，即可进行排架的荷载计算，然后按结构力学的方法求解各种荷载作用下排架的内力，并根据排架柱内力的最不利组合，进行排架柱设计。

## 四、排架柱设计

### (一)柱的计算内容

柱是单层厂房的主要承重构件，它对厂房的安全有重大影响。单层厂房柱承受屋盖、吊车荷载以及风荷载的作用，在柱截面上会产生轴心压力、弯矩和剪力，所以单层厂房柱属于偏心受压构件。

柱的计算内容主要体现在以下几个方面：

(1)选择柱型。柱型如图 6-86 所示，应依据厂房的跨度、高度、吊车吨位以及材料供应和施工条件等情况，通过技术经济指标的分析选择柱型。

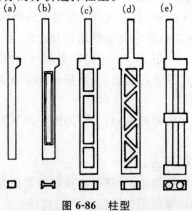

**图 6-86　柱型**

（2）确定柱的外型尺寸。根据厂房的高度、跨度、柱距、吊车吨位等可参照现有同类厂房资料确定，常用柱也有参考表格可查。在计算排架内力时，除要确定计算简图外，还必须先确定柱子的截面尺寸，因此以上两步是在排架计算前进行的。

（3）柱的截面设计。根据排架计算求得的各控制截面的最不利内力组合进行截面设计，即按承载力及构造要求配置纵向受力钢筋、箍筋以及其他构造钢筋。

（4）牛腿设计。确定牛腿的外形尺寸及其配筋。

（5）柱子在施工吊装时的强度和裂缝宽度验算。

（6）预埋件及其他连接构造的设计。

（7）绘制施工图。

（二）牛腿的计算

**1.牛腿的受力**

单层厂房的吊车梁等构件，常用设置在柱上的牛腿来支承，通常都采用实腹式牛腿，其外形如同一变截面的悬臂梁，如图 6-87 所示。依据牛腿荷载的作用点至下柱边缘的距离 $a$ 的大小，它可以分为两类：当 $a>h_0$ 时，为长牛腿；当 $a \leqslant h_0$ 时，为短牛腿（$h_0$ 为牛腿与下柱交接处垂直截面的有效高度）。长牛腿一般按悬臂梁设计。支承吊车梁等构件的牛腿通常设计成短牛腿，其受力与悬臂梁不同。

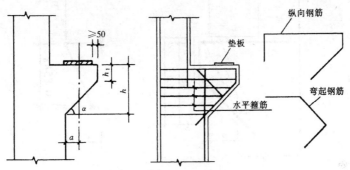

**图 6-87　牛腿配筋示意图**

图 6-88 为由光弹模型试验得到的短牛腿在弹性阶段的主应力迹线，从中可以看出，其受力情况与普通梁不同，在牛腿上部，主拉应力迹线基本上与牛腿上表面平行；牛腿下部的主压应力迹线，则大致与从加载点 $b$ 到牛腿和下柱连接点 $a$ 的连线基本上平行。

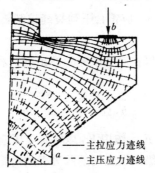

**图 6-88　牛腿弹性阶段应力迹线**

以下以厂房中常用的这种短牛腿来作研究。如图 6-89 所示，牛腿受力后，首先在上柱与牛腿上表面交接处出现垂直裂缝,但这种裂缝发展很慢。随着荷载的增加,在加载板内侧出现向下发展的斜裂缝①,若继续加载,裂缝①不断开展,并在①的外侧出现大量细小裂缝,直到临近破坏时,突然出现第二条斜裂缝②,这预示牛腿即将破坏。牛腿的破坏有两种可能,一种是斜裂缝①、②之间的斜向混凝土被压坏(斜压破坏);另一种可能是牛腿上部纵向水平钢筋的屈服。因此,可将实腹牛腿看成以纵向水平钢筋为拉杆和以斜向压力区混凝土为压杆组成三角形桁架,如图6-90所示,并以此作为牛腿承载力计算的计算简图。

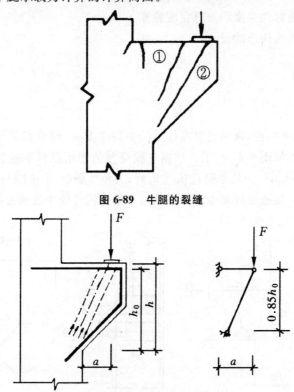

图 6-89　牛腿的裂缝

图 6-90　牛腿的计算简图

由于 $a/h_0$ 值的不同,牛腿尚有其他破坏现象,但厂房常用牛腿的破坏主要是斜压破坏。对于其他破坏现象,则主要采取构造措施来防止。

2.牛腿截面尺寸确定

柱牛腿(当 $a \leqslant h_0$ 时)的截面尺寸,应符合下列裂缝控制要求和构造要求。

(1)牛腿的裂缝控制要求

牛腿一般与柱等宽,其高度则以控制斜裂缝①的出现为根据。设计时根据经验预先假定牛腿高度,然后按有关公式验算。

(2)牛腿的外边缘高 $h_1$ 应不小于 $\frac{1}{3}h$,且不小于 200mm。

(3)牛腿的承压面在竖向力值 $F_{VK}$ 作用下,其局部受压应力不应超过 $0.75 f_c$,否则应采取加大承压面积、提高混凝土强度等级或设置钢筋网等有效措施。

3.牛腿纵向受力钢筋的确定

纵向受力钢筋应根据牛腿上作用的竖向力和水平力由计算确定并宜采用 HRB335 级或

HRB400 级钢筋。全部纵向受力钢筋及弯起钢筋宜沿牛腿外边缘向下伸入下柱内 150 mm 后截断(图 6-91)。纵向受力钢筋及弯起钢筋伸入上柱的锚固长度应符合纵向受拉钢筋锚固长度 $l_a$，同时，弯折前的水平锚固长度不应小于 $0.4 l_a$，弯折后的垂直锚固长度不应小于 15d。

承受竖向力所需的纵向受拉钢筋的配筋率按牛腿有效截面计算不应小于 0.2% 及 0.45 $f_t/f_y$，也不宜大于 0.6%，钢筋数量不宜少于 4 根，直径不宜小于 12mm。

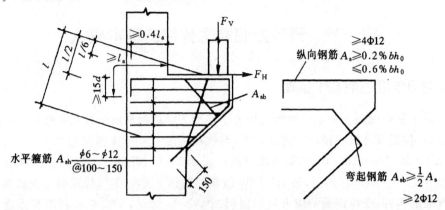

**图 6-91　牛腿的尺寸及配筋构造**

### 4. 水平箍筋的设置

牛腿的水平箍筋对于限制斜裂缝的开展有显著作用。水平箍筋直径应取 6~12mm，间距为 100~150mm，且在上部 $\frac{2}{3}h_0$ 范围内的水平箍筋总截面面积不应小于承受竖向力的受拉钢筋截面面积的 1/2。

### 5. 弯起钢筋的设置

为提高牛腿斜截面的承载能力，当 $\frac{a}{h_0} \geqslant 0.3$ 时，应设置弯起钢筋。弯起钢筋宜采用 HRB335 级和 HRB400 级钢筋，并宜设置在牛腿上部 1/6 至 1/2 之间的范围内(图 6-91)，以充分发挥弯起钢筋的作用。弯起钢筋的截面面积不应少于承受竖向力的受拉钢筋截面面积的 1/2，其根数不应少于 2 根，直径不应小于 12mm。

# 第七章　预应力混凝土结构

## 第一节　预应力混凝土构件的基本概念

### 一、预应力混凝土的基本原理

钢筋混凝土是由混凝土和钢筋两种物理力学性能不同的材料所组成的弹塑性材料。我们知道,混凝土的抗拉强度及极限拉应变值都很低:其抗拉强度只有抗压强度的 $1/18 \sim 1/10$,极限拉应变仅为 $0.1 \times 10^{-3} \sim 0.15 \times 10^{-3}$,即每米只能拉长 $0.1 \sim 0.15$mm。而钢筋达到屈服强度时的应变约为 $0.5 \times 10^{-3} \sim 1.5 \times 10^{-3}$,如 HPB235 级钢筋就达 $0.1 \times 10^{-2}$,较混凝土大得多。对使用上不允许开裂的构件,受拉钢筋的应力只能用到 $20 \sim 30$N/mm$^2$,不能充分利用其强度。对于允许开裂的构件,当裂缝宽度达到 $0.2 \sim 0.3$mm 时,受拉钢筋的应力也只有 $150 \sim 250$N/mm$^2$。

由于混凝土的抗拉性能很差,使钢筋混凝土存在以下两个无法解决的问题:

一是在使用荷载作用下,钢筋混凝土受拉、受弯等构件通常是带裂缝工作的。裂缝的存在,不仅使构件刚度大为降低,而且不能应用于不允许开裂的结构中;

二是从保证结构耐久性出发,必须限制裂缝宽度。为了要满足变形和裂缝控制的要求,则需增大构件的截面尺寸和用钢量,这样做的结果是构件自重过大,使钢筋混凝土结构不能用于大跨度或承受动力荷载的结构,或者不经济。

从理论上讲,提高材料强度可以提高构件的承载力,从而达到节省材料和减轻构件自重的目的。但对配置高强度钢筋的钢筋混凝土构件而言,承载力可能已不是控制条件,起控制作用的因素可能是裂缝宽度或构件的挠度。当钢筋应力达到 $500 \sim 1000$N/mm$^2$ 时,裂缝宽度将很大,无法满足使用要求。因而,钢筋混凝土结构中采用高强度钢筋是不能充分发挥其作用的。而提高混凝土强度等级对提高构件的抗裂性能和控制裂缝宽度的作用也极其有限。

为了避免钢筋混凝土结构的裂缝过早出现,充分利用高强度钢筋及高强度混凝土,可以设法在结构构件承受使用荷载前,预先对受拉区的混凝土施加压力,使它产生预压应力来减小或抵消荷载所引起的混凝土拉应力,从而将结构构件的拉应力控制在较小范围,甚至处于受压状态。也就是借助混凝土较高的抗压能力来弥补其抗拉能力的不足,以推迟混凝土裂缝的出现和开展,从而提高构件的抗裂性能和刚度。这就是预应力混凝土的基本原理,如表 7-1。

预应力的概念在生产和生活中应用颇广。盛水的木桶在使用前要用铁箍把木板箍紧,就是为了使木块受到环向预压力,装水后,只要由水产生的环向拉力不超过预压力,就不会漏水。

**表 7-1　预应力混凝土的工作原理**

| 项目 | 预应力作用 | 外荷载作用 | 预应力＋外荷载 |
|---|---|---|---|
| 受力简图 | | | |

| 项目 | 预应力作用 | 外荷载作用 | 预应力＋外荷载 |
|---|---|---|---|
| 受力及变形特点 | 在预压力作用下,截面下边缘产生压应力 $\sigma_1$,形成反拱 $f_1$ | 在外荷载作用下,截面下边缘产生拉应力 $\sigma_2$,其挠度为 $f_2$ | 在预压力及外荷载作用下,截面下边缘产生应力 $\sigma_2 - \sigma_1$,其挠度 $f = f_2 - f_1$ |

## 二、预应力混凝土的应用

由于预应力混凝土具有以上特点,因而在工程结构中得到了广泛的应用。在工业与民用建筑中,屋面板、楼板、檩条、吊车梁、柱、墙板、基础等构配件,都可采用预应力混凝土。

预应力混凝土结构目前在国内外应用非常广泛,特别是在大跨度或承受动力荷载的结构,以及不允许开裂的结构中得到了广泛的应用。在房屋建筑工程中,预应力混凝土不仅用于屋架、屋面板、楼板、檩条、吊车梁、柱、墙板、基础等构配件,而且在大跨度、高层房屋的现浇结构中也得到应用。预应力混凝土结构还广泛应用于公路、铁路桥梁、立交桥、塔桅结构、飞机跑道、蓄液池、压力管道、预应力混凝土船体结构,以及原子能反应堆容器和海洋工程结构等方面。

# 第二节　预应力混凝土的分类与特点

## 一、预应力混凝土的分类

预应力混凝土按照不同的依据,有不同的分类方法。

### (一)根据预加应力大小划分的类别

根据预加应力的大小即预加应力对构件截面裂缝控制程度的不同,预应力混凝土构件分为全预应力混凝土和部分预应力混凝土两类。

在使用荷载作用下,不允许截面上混凝土出现拉应力的构件,称为全预应力混凝土,属严格要求不出现裂缝的构件;允许出现裂缝,但最大裂缝宽度不超过允许值的构件,则称为部分预应力混凝土,属允许出现裂缝的构件。此外,还有一种有限预应力混凝土,一般也认为属于部分预应力混凝土,即在使用荷载作用下,根据荷载效应组合情况,不同程度地保证混凝土构件不开裂的构件,也就是说,在混凝土中建立预应力后,在荷载的标准组合作用下允许出现不超过混凝土抗拉强度标准值的拉应力,而在准永久荷载组合作用下,不得出现拉应力的构件。可见,部分预应力混凝土介于全预应力混凝土和钢筋混凝土两者之间。

全预应力混凝土由于对其施加的预应力大,因而具有抗裂性能好、刚度大的特点,常用于对抗裂或抗腐蚀性能要求较高的结构,如贮液罐、吊车梁、核电站安全壳等。但由于施加预应力较高,引起结构反拱过大,会使混凝土在施工阶段产生裂缝。同时构件的开裂荷载与极限荷载较为接近,致使构件延性较差,对结构的抗震不利。

部分预应力混凝土,可根据结构或构件的不同使用要求、荷载作用情况及环境条件等,对裂缝进行控制,降低了预应力值,克服了全预应力混凝土的弱点,对于抗裂要求不高的结构或构件,部分预应力混凝土将会得到广泛的应用。

（二）按照预应力筋与混凝土之间有无粘结划分的类别

根据预应力筋与混凝土之间有无粘结，预应力混凝土可分为有粘结预应力混凝土和无粘结预应力混凝土。

无粘结预应力混凝土，是指配置无粘结预应力钢筋的后张法预应力混凝土。无粘结预应力钢筋是将预应力钢筋的外表面涂以沥清、油脂或其他润滑防锈材料，以减小摩擦力并防锈蚀，并用塑料套管或以纸带、塑料带包裹，以防止施工中碰坏涂层，并使之与周围混凝土隔离，而在张拉时可沿纵向发生相对滑移的后张预应力钢筋。无粘结预应力钢筋在施工时，像普通钢筋一样，可直接按配置的位置放入模板中，并浇筑混凝土，待混凝土达到规定强度后即可进行张拉。无粘结预应力混凝土不需要预留孔道，也不必灌浆，因此施工简便、快速，造价较低，易于推广应用。目前已在建筑工程中广泛应用此项技术。

## 二、预应力混凝土的特点

与钢筋混凝土相比，预应力混凝土具有以下特点：

（1）构件的抗裂性能较好。

（2）构件的刚度较大。由于预应力混凝土能延迟裂缝的出现和开展，并且受弯构件要产生反拱，因而可以减小受弯构件在荷载作用下的挠度。

（3）构件的耐久性较好。由于预应力混凝土能使构件不出现裂缝或减小裂缝宽度，因而可以减少大气或侵蚀性介质对钢筋的侵蚀，从而延长构件的使用期限。

（4）可以减小构件截面尺寸，节省材料，减轻自重，既可以达到经济的目的，又可以扩大钢筋混凝土结构的使用范围，例如可以用于大跨度结构，代替某些钢结构。

（5）工序较多，施工较复杂，且需要张拉设备和锚具等设施。

需要指出，预应力混凝土不能提高构件的承载能力。也就是说，当截面和材料相同时，预应力混凝土与普通钢筋混凝土受弯构件的承载能力相同，与受拉区钢筋是否施加预应力无关。

# 第三节　施加预应力的方法

按照张拉钢筋与浇筑混凝土的先后关系，施加预应力的方法可分为先张法和后张法两类。

## 一、先张法

先张拉预应力钢筋，然后浇筑混凝土的施工方法，称为先张法。

先张法的主要工艺过程是：穿钢筋张拉钢筋斗浇筑混凝土并进行养护叶切断钢筋。预应力钢筋回缩时挤压混凝土，从而使构件产生预压应力。由于预应力的传递主要靠钢筋和混凝土间的粘结力，因此，必须待混凝土强度达到规定值时（达到强度设计值的75%以上），方可切断预应力钢筋（图7-1）。

先张法的优点主要是，生产工艺简单，工序少，效率高，质量易于保证，同时由于省去了锚具和减少了预埋件，构件成本较低。先张法主要适用于工厂化大量生产，尤其适宜用于长线法生产中、小型构件。

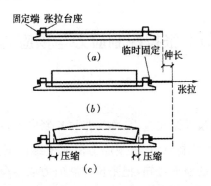

（a）穿钢筋；（b）张拉钢筋；（c）切断钢筋

**图 7-1　先张法工艺工程示意图**

## 二、后张法

先浇筑混凝土，待混凝土硬化后，在构件上直接张拉预应力钢筋，这种施工方法称为后张法。

（一）有粘结力预应力混凝土

后张法的主要工艺过程是：浇筑混凝土构件（在构件中预留孔道）并进行养护穿预应力钢筋—张拉钢筋并用锚具锚固—往孔道内压力灌浆。钢筋的回弹力通过锚具作用到构件，从而使混凝土产生预压应力（图 7-2）。后张法的预压应力主要通过工作锚传递。张拉钢筋时，混凝土的强度必须达到设计值的 75% 以上。

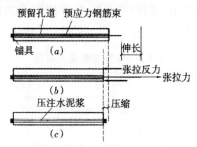

（a）穿钢筋；（b）张拉钢筋；（c）锚固，灌浆

**图 7-2　后张法**

后张法的优点是预应力钢筋直接在构件上张拉，不需要张拉台座，所以后张法构件既可以在预制厂生产，也可在施工现场生产。大型构件在现场生产可以避免长途搬运，故我国大型预应力混凝土构件主要采用后张法。

后张法的主要缺点是生产周期较长；需要利用工作锚锚固钢筋，钢材消耗较多，成本较高；工序多，操作较复杂，造价一般高于先张法。

（二）无粘结力预应力混凝土

无粘结力预应力混凝土的主要工艺过程是：预应力钢筋沿全长外表涂刷沥青；沥等润滑防腐材料→包上塑料纸或套管→浇混凝土、养护→张拉钢筋→锚固。

## 第四节　张拉控制应力与预应力损失

### 一、张拉控制应力

张拉预应力钢筋时允许的最大张拉应力，称为张拉控制应力，用 $D_g$ 表示。

实际工程中，合理确定张拉控制应力，对预应力混凝土结构至关重要。$\sigma_{com}$ 过高或过低都是应当避免的。由预应力混凝土的原理可知，把张拉控制应力取得高些，不但可以提高构件的抗裂性能和减小挠度，而且可以节约钢材。因此，$\sigma_{com}$ 值适当取高一些是有利的。但是，$\sigma_{com}$ 值并不是取得越高越好。这是因为 $\sigma_{com}$ 值越高，构件的开裂弯矩与极限弯矩越接近，即构件延性就越差，构件破坏时可能产生脆性破坏，这是结构设计中应力求避免的；此外，为了减小预应力损失，在张拉预应力钢筋时往往采取"超张拉"工艺，如果 $\sigma_{com}$ 值取得过高，由于张拉的不准确性和钢筋强度的离散性，个别钢筋可能达到甚至超过该钢筋的屈服强度而产生塑性变形，从而减小对混凝土的预压应力，降低预压效果，对高强钢丝，甚至可能因 $\sigma_{com}$ 值过大而发生脆断。

《混凝土规范》根据多年来国内外设计与施工经验，规定预应力钢筋的张拉控制应力不宜超过表 7-2 所规定的值，且不应小于 $0.4 f_{pt,k}$ 并且规定，下列情况，表 7-2 中数值可提高 $0.05 f_{pt,k}$，为预应力钢筋强度标准值，按表 7-3 采用）：

(1)要求提高构件在施工阶段的抗裂性能而在使用阶段受压区内设置的预应力筋；

(2)要求部分抵消由于应力松弛、摩擦、钢筋分批张拉以及预应力钢筋与张拉台座之间的温差因素产生的预应力损失。

表 7-2　张拉控制应力限值

| 钢筋种类 | 张拉方法 | |
|---|---|---|
| | 先放法 | 后张法 |
| 消除应力、钢绞线 | $0.75 f_{pt,k}$ | $0.75 f_{pt,k}$ |
| 热处理钢筋 | $0.70 f_{pt,k}$ | $0.65 f_{pt,k}$ |

表 7-3　预应力钢筋的直径及强度标准值

| 种类 | | 符号 | $d$(mm) | $f_{pt,k}$ (N/mm$^2$) |
|---|---|---|---|---|
| 钢绞线 | 1×3 | $\varphi^s$ | 8.6、10.8 | 1860、1720、1570 |
| | | | 12.9 | 1720、1570 |
| | 1×7 | | 9.5、11.1、12.7 | 1860 |
| | | | 15.2 | 1860、1720 |
| 消除应力钢丝 | 光面<br>螺旋肋 | $\varphi^p$<br>$\varphi^H$ | 4、5 | 1770、1670、1570 |
| | | | 6 | 1670、1570 |
| | | | 7、8、9 | 1570 |
| | 刻痕 | $\varphi^I$ | 5、7 | 1570 |

| 种类 | | 符号 | $d$(mm) | $f_{pt,k}$（N/mm²） |
|---|---|---|---|---|
| 热处理钢筋 | 40Si2Mn | $\varphi^{HT}$ | 6 | 1470 |
| | 48Si2Mn | | 8.2 | |
| | 45Si2Cr | | 10 | |

注：(1)钢绞线直径系指外接圆直径，即现行国家标准《预应力混凝土用钢绞线》GB/T 5224—1995 中的公称直径 $D_g$。

(2)光圆钢丝直径为 4～9mm，螺旋肋钢丝直径为 4～8mm。

## 二、预应力损失

由于张拉工艺和材料特性等原因，从张拉钢筋开始直到构件使用的整个过程中，经张拉所建立起来的钢筋预应力将逐渐降低，这种现象称为预应力损失。

预应力损失会影响预应力混凝土结构构件的预压效果，甚至造成预应力混凝土结构的失效，因此，不仅设计时应正确计算预应力损失值，施工中也应采取有效措施减少预应力损失值。

（一）张拉端锚具变形和钢筋内缩引起的预应力损失 $\sigma_{l1}$

张拉端锚具变形和钢筋内缩引起的预应力损失是由于经过张拉的预应力钢筋被锚固在台座或构件上以后，锚具、垫板与构件之间的缝隙被压紧，以及预应力钢筋在锚具中的滑动，造成预应力钢筋回缩而产生的预应力损失，记为它既发生于先张法构件，也发生于后张法构件中。

减小锚具变形损失的措施有：

(1)选择变形小或预应力筋滑动小的锚具、夹具，并尽量减少垫板的数量。

(2)对于先张法张拉工艺，选择长的台座。台座长度超过 100m 时，$\sigma_{l1}$ 可忽略不计。

（二）预应力钢筋与孔道的摩擦引起的预应力损失 $\sigma_{l2}$

预应力钢筋与孔道的摩擦引起的预应力损失是由于后张法构件在预留孔道中张拉钢筋时，因钢筋与孔道壁之间的接触引起摩擦阻力而产生的预应力损失。由于摩擦损失的存在，预应力钢筋截面的应力随距张拉端的距离的增加而减小。当孔道为曲线时，摩擦损失会更大。$\sigma_{l2}$ 只发生在后张法构件中。

减少摩擦损失的措施有：

(1)采用两端张拉。

(2)采用"超张拉"工艺，其工艺程序为：

$$0 \underset{\text{停 2min}}{\longrightarrow} 1.1\,\sigma_{con} \underset{\text{停 2min}}{\longrightarrow} 0.85\,\sigma_{con} \longrightarrow \sigma_{con}$$

（三）混凝土加热养护时，预应力钢筋与台座间温差引起的预应力损失 $\sigma_{l3}$

当先张法构件进行蒸汽养护时，由于新浇混凝土尚未结硬，不能约束钢筋增长，因而钢筋长度随着温度升高而增加，而台座长度固定不变，因此张拉后的钢筋变松，预应力钢筋的应力降低。降温时混凝土和钢筋已粘结成整体，两者一起回缩，钢筋的应力不能恢复到原来的张拉应力值。温差损失只发生在采用蒸汽养护的先张法构件中。

减少温差损失的措施有：

(1)蒸汽养护时采用两次升温养护,即第一次升温 20℃,恒温养护至混凝土强度达到 7～10N/mm² 时,再第二次升温至规定养护温度。

(2)在钢模上张拉,将构件和钢模一起养护。此时,由于预应力钢筋和台座间不存在温差,故 $\sigma_{l3}=0$。

(四)预应力钢筋应力松弛引起的预应力损失 $\sigma_{l4}$

预应力钢筋应力松弛引起的预应力损失实际上是钢筋的应力松弛和徐变引起的预应力损失的统称。所谓应力松弛,是指钢筋在高应力作用下,当长度保持不变时,应力随时间增长而逐渐减小的现象。而徐变则是指钢筋在长期不变应力作用下,应变随时间增长而逐渐增大的现象。一般说来,预应力混凝土构件最初几天松弛是主要的。在最初的 1 小时内大约完成总松弛值的 50%,24 小时内可以完成 80%,以后逐渐减小。到后一阶段,当大部分预应力损失出现后,则以钢筋的徐变为主。$\sigma_{l4}$ 既发生在先张法构件中,也发生在后张法构件中。

减少应力松弛损失的措施是采用"超张拉"工艺。先控制张拉应力达到 $(1.05\sim1.1)\sigma_{com}$,持荷 2～5min,然后卸荷,再施加张拉应力到 $\sigma_{com}$。

(五)混凝土收缩和徐变引起的预应力损失 $\sigma_{l5}$

混凝土收缩和徐变引起的预应力损失是由于混凝土的收缩和徐变使构件长度缩短,被张紧的钢筋回缩而产生的预应力损失。收缩徐变损失既发生在先张法构件中,也发生在后张法构件中。此项预应力损失是各项损失中最大的一项,在直线预应力配筋构件中约占总损失的 50%,在曲线预应力配筋构件中约占 30% 左右。

减少收缩徐变损失的措施有:
(1)设计时尽量使混凝土压应力不要过高。
(2)采用高强度等级水泥,以减少水泥用量,同时严格控制水灰比。
(3)采用级配良好的骨料,增加骨料用量,同时加强振捣,提高混凝土密实性。
(4)加强养护,使水泥水化作用充分,减少混凝土的收缩,有条件时宜采用蒸汽养护。

(六)环形构件采用螺旋预应力筋时局部挤压引起的预应力损失 $\sigma_{l6}$

该损失是由于构件环形配筋时,预应力钢筋对混凝土的挤压,使构件直径减小而产生的预应力损失。该损失只存在于直径 d≤3mm 的构件,d>3mm 时 $\sigma_{l6}=0$。$\sigma_{l6}$ 只发生在后张法构件中。

## 三、预应力损失的组合

上述六项预应力损失,有的只发生在先张法构件中,有的只发生于后张法构件中,有的二种构件均有,而且是分批产生的。为了便于分析和计算,《混凝土规范》规定,预应力构件在各阶段的预应力损失值宜按表 7-4 的规定进行组合。

表 7-4　各阶段预应力损失值的组合

| 预应力损失值的组合 | 先张法构件 | 后张法构件 |
|---|---|---|
| 混凝土预压前(第一批)的损失 | $\sigma_{l1}+\sigma_{l2}+\sigma_{l3}+\sigma_{l4}$ | $\sigma_{l1}+\sigma_{l2}$ |
| 混凝土预压后(第二批)的损失 | $\sigma_{l5}$ | $\sigma_{l4}+\sigma_{l5}+\sigma_{l6}$ |

注:先张法构件由于钢筋应力松弛引起的损失值在第一批和第二批损失中所占的比例如需区分,可根据实际情况确定。

考虑到各项预应力损失的离散性,当计算求得的预应力总损失值小于下列数值时,按下列数值取用:

先张法构件:100N/mm²;

后张法构件:80N/mm²。

# 第五节 预应力混凝土构件对材料的构造要求

## 一、预应力混凝土构件对钢筋的要求

### (一)预应力钢筋的性能要求

1.强度高

预应力混凝土从制作到使用的各个阶段预应力钢筋一直处于高强拉应力状态,若钢筋强度低,导致混凝土预压效果不明显,或者在使用阶段钢筋不能承担受荷任务突然脆断;从预应力混凝土产生的历程得到证实。

2.较好的塑性、可焊性

高强度的钢筋塑性性能一般较低,为了保证结构在破坏之前有较大的变形,必须有足够的塑性性能。另外钢筋常需要焊接或镦头,所以对化学成分要有要求。

3.良好的粘结性

对于先张法是通过粘结力传递预压应力,所以纵向受力钢筋宜选用直径较细的钢筋,高强度的钢丝表面要进行"刻痕"或"压波"处理。

4.低松弛

预应力钢筋在长度不变的前提下,其应力随着时间的延长在慢慢降低,不同的钢筋松弛不同,所以应选用松弛小的钢筋。

### (二)预应力钢筋的种类分析

预应力钢筋主要有热处理钢筋、消除应力钢丝和钢绞线三种。

1.热处理钢筋

热处理钢筋是将由 40Si2Mn、48Si2Mn、45Si2Cr 等合金钢轧制而成的钢筋,进行加温、淬火、回火等调质热处理而成的钢筋。其抗拉强度大幅度提高,且塑性性能降低不多。这种钢筋具有强度高(强度标准值达 1470N/mm²)、低松弛的特点,其直径 6～10mm,以盘圆形式供应,省去焊接,有利施工。

2.消除应力钢丝

消除应力钢丝包括光面($\varphi^P$)、螺旋肋($\varphi^H$)、三面刻痕($\varphi^I$)。消除应力钢丝,是用高碳镇静钢轧制而成的光圆盘条钢筋,经冷拔而成的光圆钢丝,经回火处理消除残余应力而成的,其强度高(强度标准值 1570～1770N/mm²),塑性好,低松弛。

3.钢绞线

钢绞线是以一根直径较粗的钢丝为芯,用 3 股或 7 股消除应力钢丝用绞盘绞结而成的,外径

8.6～15.2mm,强度高(强度标准值 1570～1860N/mm²)、低松弛、伸直性好,比较柔软,盘弯方便,粘结性好。

《混凝土规范》规定,预应力钢筋应优先采用钢绞线和钢丝,也可采用热处理钢筋。

## 二、预应力混凝土构件对混凝土的要求

预应力混凝土结构构件所用混凝土,应满足以下几个要求:

(1)高强度。预应力混凝土在制作阶段受拉区混凝土一直处于高压应力状态,受压区可能拉也可能压,特别是受压区混凝土受拉时,最容易开裂,这将影响在使用阶段压区的受压性能;另外可以有效减少截面尺寸,减轻自重。

(2)收缩小、徐变小。由于混凝土收缩徐变的结果,使得混凝土得到的有效预压力减少,即预应力损失,所以在结构设计中应采取措施减少混凝土收缩徐变。

(3)快硬、早强。这样可尽早施加预应力,加快台座、锚具、夹具的周转,加快施工进度。

《混凝土规范》规定:预应力混凝土结构强度等级不宜低于 C30,当采用钢绞线、钢丝、热处理钢筋时预应力混凝土结构强度等级不宜低于 C40。目前,常用的混凝土强度等级是 C30、C35、C40、C45、C50 等。

# 第八章  砌体结构

## 第一节  砌体材料概述

砌体材料包括块体和砂浆。

### 一、块体

#### (一)烧结砖

烧结砖包括烧结普通砖和烧结多孔砖,其抗压强度设计值如表 8-1 所示。

表 8-1  烧结普通砖和烧结多孔砖的抗压强度设计值(N/mm²)

| 砖强度等级 | 砂浆强度等级 | | | | | 砂浆强度 |
| --- | --- | --- | --- | --- | --- | --- |
| | M15 | M10 | M7.5 | M5 | M2.5 | 0 |
| MU30 | 3.94 | 3.27 | 2.93 | 2.59 | 2.26 | 1.15 |
| MU25 | 3.60 | 2.98 | 2.68 | 2.37 | 2.06 | 1.05 |
| MU20 | 3.22 | 2.67 | 2.39 | 2.12 | 1.84 | 0.94 |
| MU15 | 2.79 | 2.31 | 2.07 | 1.83 | 1.60 | 0.82 |
| MU10 | — | 1.89 | 1.69 | 1.50 | 1.30 | 0.67 |

烧结普通砖是由黏土、页岩、煤矸石或粉煤灰为主要原料,经焙烧而成的实心砖或孔洞率不大于规定值且外形尺寸符合规定的砖。以下将其简称为砖。其标准尺寸是 240mm×115mm×53 mm。由于烧结黏土砖的取土要占用大量良田,故已在城市建设中严格限制使用。

烧结多孔砖是以黏土、页岩、煤矸石或粉煤灰为主要原料,经焙烧而成,孔洞率不小于 25%,孔的尺寸小而数量多,主要用于承重部位的砖,简称多孔砖。承重黏土多孔砖主要有 M 型砖和 P 型砖(图 8-1)。

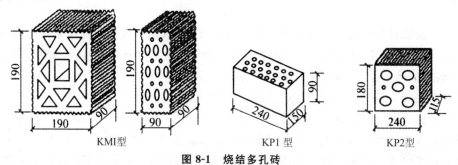

图 8-1  烧结多孔砖

#### (二)蒸压砖

蒸压砖包括蒸压灰砂砖和蒸压粉煤灰砖。

蒸压灰砂砖是以石灰和砂为主要原料,经坯料制备、压制成型、蒸压养护而成的实心砖,简称灰砂砖。

蒸压粉煤灰砖的制作工艺同灰砂砖,主要原料为粉煤灰、石灰,并掺加适量石膏和集料。

(三)砌块

砌块是混凝土小型空心砌块的简称,主要规格尺寸为 390mm×190mm×190mm,空心率为 25%～50%;砌块由普通混凝土或轻骨料混凝土制成(图 8-2)。

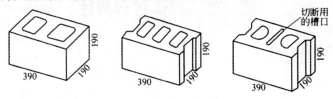

**图 8-2 混凝土小型空心砌块**

混凝土小型空心砌砖的强度等级指标如表 8-2 所示。

**表 8-2 混凝土小型空心砌块的强度等级指标(Mpa)**

| 强度等级 | 抗压强度 | |
| --- | --- | --- |
| | 平均值不小于 | 单块最小值不小于 |
| MU20 | 20.0 | 16.0 |
| MU15 | 15.0 | 12.0 |
| MU10 | 10.0 | 8.0 |
| MU7.5 | 7.5 | 6.0 |
| MU5.0 | 5.0 | 4.0 |
| MU3.5 | 3.5 | 2.8 |

(四)石材

石材包括未经加工的毛石及毛料石,毛料石的块体高度通常为 180～350mm,此外还有细料石、半细料石和粗料石。

## 二、砂浆

砂浆是由胶凝材料(如水泥、石灰等)和细骨料(砂)加水搅拌而成的混合材料。砂浆粘结块体,使单个块体形成整体;用砂浆找平块体间的接触面,促使应力分布均匀;砂浆填满块体间的缝隙,可减少砌体的透风性、提高砌体的隔热性和抗冻性。

砂浆有水泥砂浆、混合砂浆和非水泥砂浆三种类型。

水泥砂浆由水泥、砂和水拌和而成,其强度高、耐久性好,但和易性差、水泥用量大,适用于对防水有较高要求的砌体以及对强度有较高要求的砌体。水泥砂浆也称为刚性砂浆。

在水泥砂浆中掺入适量的塑化剂即形成混合砂浆,最常用的混合砂浆是水泥石灰砂浆。

这类砂浆的和易性和保水性都很好,便于砌筑,水泥用量较少,但砂浆强度较低,适用于一般的墙、柱砌体。塑化剂(如石灰、皂化松香等)的作用是改善水泥砂浆的和易性及保水性,增加水泥砂浆的可塑性,从而提高砌筑质量。我国目前的塑化剂一般不提高砂浆的强度。

专门用于砌筑混凝土砌块的砂浆称混凝土砌块砌筑砂浆,简称砌块专用砂浆,是由水泥、砂、水以及根据需要掺入的掺和料和外加剂等组分,按一定比例、采用机械拌和制成。

# 第二节 无筋体砌体结构

## 一、无筋体砌体结构的承载力计算

砌体结构构件按受力情况可分为受压、受拉、受弯和受剪;按有无配筋可分为无筋砌体构件和配筋砌体构件。砌体结构构件的设计方法与混凝土结构构件的设计方法相同,采用极限状态设计法。前面已经提及,砌体构件一般不进行正常使用极限状态的验算,而是采取构造措施来保证正常使用要求;在进行承载力极限状态计算时,也往往是先选定截面尺寸和材料强度后进行计算,因此属于截面校核的内容。

本节主要介绍无筋砌体受压构件承载力和局部受压承载力的计算方法。

在一般情况下,受压构件并非短柱($\beta > 3$),由于纵向弯曲影响,长柱的受压承载力要低于短柱的受压承载力。在其他条件相同时,随着偏心距的增加,构件的受压承载力也会降低。考虑到上述影响因素,《砌体结构规范》(GB 50003 2011)规定受压构件的承载力按下式计算:

$$N \leqslant \varphi A f \tag{8-1}$$

式中:$N$——轴向力设计值;

$\varphi$——高厚比 $\beta$ 和轴向力的偏心距 $e$ 对受压构件承载力的影响系数,见表 8-3～表 8-5;

$f$——砌体抗压强度设计值;

$A$——按毛面积计算的砌体截面面积。对带壁柱墙的计算截面翼缘宽度 $b_f$,多层房屋取窗间墙宽度(有门窗洞口时)或每侧翼墙宽度取壁柱高度的 1/3(无门窗洞口时);单层房屋取壁柱宽加 2/3 墙高但不大于窗间墙宽度和相邻壁柱间距离。

在不同砂浆强度等级下,无筋体砌体结构的承载力计算影响系统如表 8-3、表 8-4、表 8-5 所示。

表 8-3 影响系数 $\varphi$(砂浆强度等级 $\geqslant$ M5)

| $\beta$ | $e/h$ 或 $e/h_T$ | | | | | | | | | | | | |
|---|---|---|---|---|---|---|---|---|---|---|---|---|---|
| | 0 | 0.025 | 0.05 | 0.075 | 0.1 | 0.125 | 0.15 | 0.175 | 0.2 | 0.225 | 0.25 | 0.275 | 0.3 |
| $\leqslant 3$ | 1 | 0.99 | 0.97 | 0.94 | 0.89 | 0.84 | 0.79 | 0.73 | 0.68 | 0.62 | 0.57 | 0.52 | 0.48 |
| 4 | 0.98 | 0.95 | 0.90 | 0.85 | 0.80 | 0.74 | 0.69 | 0.64 | 0.58 | 0.53 | 0.49 | 0.45 | 0.41 |
| 6 | 0.95 | 0.91 | 0.86 | 0.81 | 0.75 | 0.69 | 0.64 | 0.59 | 0.54 | 0.49 | 0.45 | 0.42 | 0.38 |
| 8 | 0.91 | 0.86 | 0.81 | 0.76 | 0.70 | 0.64 | 0.59 | 0.54 | 0.50 | 0.46 | 0.42 | 0.39 | 0.36 |
| 10 | 0.87 | 0.82 | 0.76 | 0.71 | 0.65 | 0.60 | 0.55 | 0.50 | 0.46 | 0.42 | 0.39 | 0.36 | 0.33 |
| 12 | 0.82 | 0.77 | 0.71 | 0.66 | 0.60 | 0.55 | 0.51 | 0.47 | 0.43 | 0.39 | 0.36 | 0.33 | 0.31 |
| 14 | 0.77 | 0.72 | 0.66 | 0.61 | 0.56 | 0.51 | 0.47 | 0.43 | 0.40 | 0.36 | 0.34 | 0.31 | 0.29 |
| 16 | 0.72 | 0.67 | 0.61 | 0.56 | 0.52 | 0.47 | 0.44 | 0.40 | 0.37 | 0.34 | 0.31 | 0.29 | 0.27 |
| 18 | 0.67 | 0.62 | 0.57 | 0.52 | 0.48 | 0.44 | 0.40 | 0.37 | 0.34 | 0.31 | 0.29 | 0.27 | 0.25 |
| 20 | 0.62 | 0.57 | 0.53 | 0.48 | 0.44 | 0.40 | 0.37 | 0.34 | 0.32 | 0.29 | 0.27 | 0.25 | 0.23 |

续表

| β | e/h 或 e/hT | | | | | | | | | | | | |
|---|---|---|---|---|---|---|---|---|---|---|---|---|---|
| | 0 | 0.025 | 0.05 | 0.075 | 0.1 | 0.125 | 0.15 | 0.175 | 0.2 | 0.225 | 0.25 | 0.275 | 0.3 |
| 22 | 0.58 | 0.53 | 0.49 | 0.45 | 0.41 | 0.38 | 0.35 | 0.32 | 0.30 | 0.27 | 0.25 | 0.24 | 0.22 |
| 24 | 0.54 | 0.49 | 0.45 | 0.41 | 0.38 | 0.35 | 0.32 | 0.30 | 0.28 | 0.26 | 0.24 | 0.22 | 0.21 |
| 26 | 0.50 | 0.46 | 0.42 | 0.38 | 0.35 | 0.33 | 0.30 | 0.28 | 0.26 | 0.24 | 0.22 | 0.21 | 0.19 |
| 28 | 0.46 | 0.42 | 0.39 | 0.36 | 0.33 | 0.30 | 0.28 | 0.26 | 0.24 | 0.22 | 0.21 | 0.19 | 0.18 |
| 30 | 0.42 | 0.39 | 0.36 | 0.33 | 0.31 | 0.28 | 0.26 | 0.24 | 0.22 | 0.21 | 0.20 | 0.18 | 0.17 |

表 8-4  影响系数 $\varphi$(砂浆强度等级 M2.5)

| β | e/h 或 e/hT | | | | | | | | | | | | |
|---|---|---|---|---|---|---|---|---|---|---|---|---|---|
| | 0 | 0.025 | 0.05 | 0.075 | 0.1 | 0.125 | 0.15 | 0.175 | 0.2 | 00.225 | 0.25 | 0.275 | 0.3 |
| ≤3 | 1 | 0.99 | 0.97 | 0.94 | 0.89 | 0.84 | 0.79 | 0.73 | 0.68 | 0.62 | 0.57 | 0.52 | 0.48 |
| 4 | 0.97 | 0.94 | 0.89 | 0.84 | 0.78 | 0.73 | 0.67 | 0.62 | 0.57 | 0.52 | 0.48 | 0.44 | 0.40 |
| 6 | 0.93 | 0.89 | 0.84 | 0.78 | 0.73 | 0.67 | 0.62 | 0.57 | 0.52 | 0.48 | 0.44 | 0.40 | 0.37 |
| 8 | 0.89 | 0.84 | 0.78 | 0.72 | 0.67 | 0.62 | 0.57 | 0.52 | 0.48 | 0.44 | 0.40 | 0.37 | 0.34 |
| 10 | 0.83 | 0.78 | 0.72 | 0.67 | 0.61 | 0.56 | 0.52 | 0.47 | 0.43 | 0.40 | 0.37 | 0.34 | 0.31 |
| 12 | 0.78 | 0.72 | 0.67 | 0.61 | 0.56 | 0.52 | 0.47 | 0.43 | 0.40 | 0.37 | 0.34 | 0.3 1 | 0.29 |
| 14 | 0.72 | 0.66 | 0.61 | 0.56 | 0.51 | 0.47 | 0.43 | 0.40 | 0.36 | 0.34 | 0.31 | 0.29 | 0.27 |
| 16 | 0.66 | 0. 61 | 0.56 | 0.51 | 0.47 | 0.43 | 0.40 | 0.36 | 0.34 | 0.3 1 | 0.29 | 0.26 | 0.25 |
| 18 | 0.61 | 0.56 | 0.51 | 0.47 | 0.43 | 0.40 | 0.36 | 0.33 | 0.31 | 0.29 | 0.26 | 0.24 | 0.23 |
| 20 | 0.56 | 0.5 1 | 0.47 | 0.43 | 0.39 | 0.36 | 0.33 | 0.3 1 | 0.28 | 0.26 | 0.24 | 0.23 | 0.21 |
| 22 | 0.51 | 0.47 | 0.43 | 0.39 | 0.36 | 0.33 | 0.31 | 0.28 | 0.26 | 0.24 | 0.23 | 0.21 | 0.20 |
| 24 | 0.46 | 0.43 | 0.39 | 0.36 | 0.33 | 0.3 1 | 0.28 | 0.26 | 0.24 | 0.23 | 0.21 | 0.20 | 0.18 |
| 26 | 0.42 | 0.39 | 0.36 | 0.33 | 0.31 | 0.28 | 0.26 | 0.24 | 0.22 | 0.21 | 0.20 | 0.18 | 0.17 |
| 28 | 0.39. | 0.36 | 0.33 | 0.30 | 0.28 | 0.26 | 0.24 | 0.22 | 0.21 | 0.20 | 0.18 | 0.17 | 0.16 |
| 30 | 0.36 | 0.33 | 0.30 | 0.28 | 0.26 | 0.24 | 0.22 | 0.21 | 0.20 | 0.18 | 0.17 | 0.16 | 0.15 |

表 8-5  影响系数 $\varphi$(砂浆强度等级 0)

| β | e/h 或 e/hT | | | | | | | | | | | | |
|---|---|---|---|---|---|---|---|---|---|---|---|---|---|
| | 0 | 0.025 | 0.05 | 0.075 | 0.1 | 0.125 | 0.15 | 0.175 | 0.2 | 0.225 | 0.25 | 0.275 | 0.3 |
| ≤3 | 1 | 0.99 | 0.97 | 0.94 | 0.89 | 0.84 | 0.79 | 0.73 | 0.68 | 0.62 | 0.57 | 0.52 | 0.48 |
| 4 | 0.87 | 0.82 | 0.77 | 0.71 | 0.66 | 0.60 | 0.55 | 0.51 | 0.46 | 0.43 | 0.39 | 0.36 | 0.33 |
| 6 | 0.76 | 0.70 | 0.65 | 0.59 | 0.54 | 0.50 | 0.46 | 0.42 | 0.39 | 0.36 | 0.33 | 0.30 | 0.28 |
| 8 | 0.63 | 0.58 | 0.54 | 0.49 | 0.45 | 0.41 | 0.38 | 0.35 | 0.32 | 0.30 | 0.28 | 0.25 | 0.24 |
| 10 | 0.53 | 0.48 | 0.44 | 0.41 | 0.37 | 0.34 | 0.32 | 0.29 | 0.27 | 0.25 | 0.23 | 0.22 | 0.20 |
| 12 | 0.44 | 0.40 | 0.37 | 0.34 | 0.31 | 0.29 | 0.27 | 0.25 | 0.23 | 0.21 | 0.20 | 0.19 | 0.17 |
| 14 | 0.36 | 0.33 | 0.31 | 0.28 | 0.26 | 0.24 | 0.23 | 0.21 | 0.20 | 0.18 | 0.17 | 0.16 | 0.15 |
| 16 | 0.30 | 0.28 | 0.26 | 0.24 | 0.22 | 0.21 | 0.19 | 0.18 | 0.17 | 0.16 | 0.15 | 0.14 | 0.13 |
| 18 | 0.26 | 0.24 | 0.22 | 0.21 | 0.19 | 0.18 | 0.17 | 0.16 | 0.15 | 0.14 | 0.13 | 0.12 | 0.12 |
| 20 | 0.22 | 0.20 | 0.19 | 0.18 | 0.17 | 0.16 | 0.15 | 0.14 | 0.13 | 0.12 | 0.12 | 0.11 | 0.10 |

续表

| β | \multicolumn{13}{c}{$e/h$ 或 $e/h_T$} |
|---|---|---|---|---|---|---|---|---|---|---|---|---|---|
| | 0 | 0.025 | 0.05 | 0.075 | 0.1 | 0.125 | 0.15 | 0.175 | 0.2 | 0.225 | 0.25 | 0.275 | 0.3 |
| 22 | 0.19 | 0.18 | 0.16 | 0.15 | 0.14 | 0.14 | 0.13 | 0.12 | 0.12 | 0.11 | 0.10 | 0.10 | 0.09 |
| 24 | 0.16 | 0.15 | 0.14 | 0.13 | 0.13 | 0.12 | 0.11 | 0.11 | 0.10 | 0.10 | 0.09 | 0.09 | 0.08 |
| 26 | 0.14 | 0.13 | 0.13 | 0.12 | 0.11 | 0.11 | 0.10 | 0.10 | 0.09 | 0.09 | 0.08 | 0.08 | 0.07 |
| 28 | 0.12 | 0.12 | 0.11 | 0.11 | 0.10 | 0.10 | 0.09 | 0.09 | 0.08 | 0.08 | 0.08 | 0.07 | 0.07 |
| 30 | 0.11 | 0.10 | 0.10 | 0.09 | 0.09 | 0.09 | 0.08 | 0.08 | 0.07 | 0.07 | 0.07 | 0.07 | 0.06 |

在应用式(8-1)进行计算时,以下问题需注意。

**(一)高厚比**

高厚比应按下列公式计算：

对矩形截面：
$$\beta = \gamma_\beta H_0/h \tag{8-2}$$

对 I 形截面：
$$\beta = {}_\beta H_0/h_T \tag{8-3}$$

式中：$\gamma_\beta$——不同砌体材料的高厚比修正系数,其中烧结砖取 1.0,砌块取 1.1,蒸压砖取 1.2,毛石取 1.5;

$h$——矩形截面轴向力偏心方向的边长,当轴心受压时为截面较小边长;

$h_T$——T 形截面折算厚度,近似取 $h_T=3.5i$,$i$ 为截面回转半径;

$H_0$——受压构件的计算高度。

**(二)偏心距 $e$**

轴向力的偏心距 $e$ 按内力设计值计算：

$$e = \frac{M}{N} \tag{8-4}$$

式中：$M$——荷载设计值产生的弯矩设计值;$N$——荷载设计值产生的轴向力设计值

**(三)公式的适用范围**

公式(8-4)的适用范围是

$$e \leqslant 0.6y \tag{8-5}$$

式中：$y$——截面重心到轴向力所在偏心方向截面边缘的距离。

应当注意,对于矩形截面构件,当轴向力偏心方向的截面边长大于另一方向的边长时,有可能出现 $\varphi_o < \varphi$ 的情形( $\varphi_o$ 即 $e=0$ 时的影响系数),因此除按偏心受压计算外,还应对较小边长方向按轴心受压进行验算。

## 二、无筋砌体的局部受压

工程中常遇到墙中部、端部、角部局部受压情况,压力仅作用在砌体部分面积上的受力状态称为局部受压。压力将沿着一定扩散线分布到砌体构件较大截面或全截面上。这时即使受压承载力满足要求,却有可能出现局部承压面下几皮砌体被压碎破坏,因此还应验算砌体局部受压承载力。

砌体局部受压按照竖向压力分布不同可分为两种情况,即砌体局部均匀受压和砌体局部非均匀受压。砌体局部均匀受压是指竖向压力均匀作用在砌体的局部受压面积上,例如轴心受压钢筋混凝土柱(材料强度高于下部砌体)作用于下部砌体的情况,如图 8-3(a)所示。

砌体局部非均匀受压主要指钢筋混凝土梁端支承处砌体的受压情况,如图 8-3(b)所示,另外。嵌固于砌体中的悬挑构件在竖直荷载作用下梁的嵌固边缘砌体、门窗洞口钢筋混凝土过梁、墙梁等端部支承处的砌体也处于局部受压的情况。局部受压的结果是砌体局部抗压强度大于砌体抗压强度。

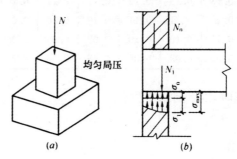

图 8-3　砌体布局

砌体局部受压是砌体结构中常见的受力形式,由于局部受压面积小,而上部传下来的荷载往往很大,当设计或施工不当时,均可酿成极其严重的工程事故。

(一)砌体局部均匀受压

1.砌体局部均匀受压的破坏形态

通过对砌体墙段中部施加均匀局部压力的实验研究,发现砌体局部均匀受压一般有以下两种破坏形态:

(1)竖向裂缝发展引起的破坏,如图 8-4(a)所示。这是砌体局压破坏中的基本破坏形式。

(2)劈裂破坏,当砌体面积大而局部受压面积很小时,初裂荷载和破坏荷载很接近。砌体内一旦出现竖向裂缝,就立即成为一个主裂缝而发生劈裂破坏,如图 8-4(b)所示,这种破坏为突然发生的脆性破坏,危害很大,在设计中应避免出现这种破坏。另外。当块体强度很低时会出现垫板下块体受压破坏如图 8-4(c)所示。

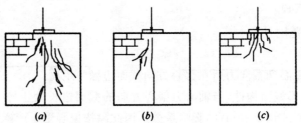

图 8-4　砌体布局均匀受压的破坏形态

2.砌体局部受压应力状态分析

局部受压实验证明,砌体局部受压的承载力大于砌体抗压强度与局部受压面积的乘积,即砌体局部受压强度较普通受压强度有所提高。这是由于砌体局部受压时未直接受压的外围砌体对直接受压的内部砌体的横向变形有约束作用导致"套箍效应",周围一定范围砌体协同局压面下砌体工作,导致局压力扩散。处理:引入局压强度提高系数 $\gamma$(即以 $\gamma f$ 代替 $f$)。

3.砌体局部抗压强度提高系数

砌体局部抗压强度提高系数 $\gamma$ 为砌体局部抗压强度与砌体抗压强度的比值。砌体的抗压强度为 $f$。则砌体的局部抗压强度为 $\gamma f$。通过对各种均匀局部受压砌体的试验研究,砌体局部抗压强度提高系数为:

$$\gamma = 1 - 0.35\sqrt{\frac{A_0}{A_l} - 1} \tag{8-6}$$

式中:$A_0$——影响砌体局部抗压强度的计算面积;

对图 8-5(a),$A_0 = (a+c+h)h$;

对图 8-5(6),$A_0 = (b+2h)h$;

对图 8-5(c),$A_0 = (a+h)h + (b+h_1-h)h_1$;

对图 8-5(d),$A_0 = (a+h)h$。

$A_1$——局部受压面积。

由试验和理论分析知道 $\frac{A_0}{A_1}$ 过大时,砌体会发生突然的劈裂破坏。为了防止劈裂破坏和局部受压验算的安全,《砌体结构规范》规定按式(8-5)计算的局部抗压强度系数值 $\gamma$ 应符合下列规定。

在图 8-5(a)的情况下,$\gamma \leqslant 2.5$;在图 8-6(b)的情况下,$\gamma \leqslant 2.0$;在图 8-5(c)的情况下,$\gamma \leqslant 1.5$;在图 8-6(d)的情况下,$\gamma \leqslant 1.25$。

对于多孔砖砌体以及按照《砌体结构规范》要求灌孔的砌体砌块,在图 8-5(a)～图 8-5(c)的情况下,应符合 $\gamma \leqslant 1.5$。未灌孔混凝土砌块砌体,$\gamma = 1.0$。

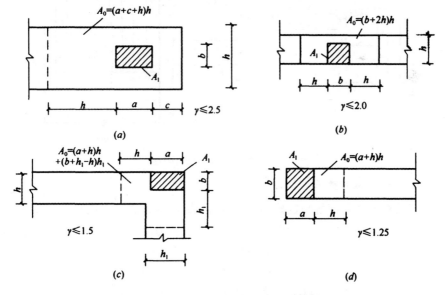

图 8-5  影响砌体局部抗压强度的计算面积

4.砌体局部均匀受压承载力计算

$$N_l = \gamma f A_l \tag{8-7}$$

式中:$N_l$——局部压力设计值;

$\gamma$——砌体局部抗压强度提高系数;

$A_l$ ——局部受压面积；

$f$——砌体抗压强度设计值(不考虑构件截面面积过小强度调整系数影响)。

（二）梁端支承处砌体局部受压

梁端支承处砌体局部受压是砌体结构中最常见的局部受压情况。支承在砌体墙或柱上的普通梁，由于其刚度较小，在上部荷载作用下均发生明显的挠曲变形。下面着重讨论梁端下砌体处于不均匀受压状态时的局部受压承载力的计算问题。

1. 梁端的有效支承长度口 $a_0$

支承在砌体墙或柱上的梁发生弯曲变形时梁端有脱离砌体的趋势，将梁端底面没有离开砌体的长度称为有效支承长度 $a_0$。梁端局部承压面积则为 $A_l = a_0 b$（b 为梁截面宽度）。一般情况下 $a_0$ 小于梁在砌体上的搁置长度 $a$，但也可能等于 $a$，如图 8-6（a）所示。

经试验分析，为了便于工程应用，《砌体结构规范》给出梁端有效支承长度的计算公式为：

$$a_o = 10\sqrt{\frac{h_c}{f}} \leqslant a \tag{8-8}$$

式中：$h_c$ ——梁的截面高度（mm）；

$f$ ——砌体的抗压强度设计值（N/mm²）；

$a$——梁端实际支承长度（mm）。

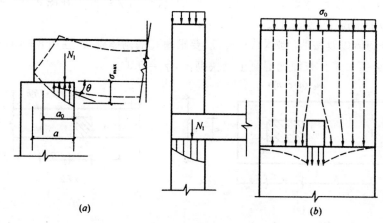

图 8-6　梁端砌体不均匀受压

2. 梁端支承处砌体局部受压承载力计算公式

考虑上部荷载对砌体局部抗压的影响，根据上部荷载在局部受压面积上产生的实际平均压应力咖与梁端支承压力 N1 在相应面积上产生的最大压应力之和不大于砌体局部抗压强度 f 的强度条件如图 8-6（b）所示，即 $\sigma_{max} \leqslant f$，可推得梁端支承处砌体局部受压承载力计算公式为：

$$\psi N_0 + N_l \leqslant \eta \gamma f A_l \tag{8-9}$$

式中：$N_0$ ——局压面内上部轴向力设计值，$N_0 = \sigma_0 A_l$；

$\sigma_0$ ——取上部墙体内平均压应力设计值，$\sigma_0 = \dfrac{N_u}{A}$；

$N_u$ ——上部轴向力设计值；

$A$ ——上部轴向力设计值 $N_u$ 的作用面积；

$N_l$ ——梁端支承压力设计值；

$\eta$——底部压应力图形的完整系数,一般取 0.7(过梁、墙梁取 1.0);

$A_l$——局部受压面积,$A_l = a_0 b$,$b$ 为梁宽;

$\psi$——上部荷载折减系数,取值:$\psi = 1.5 - 0.5 \dfrac{A_0}{A_1}$,规定:当 $\dfrac{A_0}{A_1} \geqslant 3$ 时,不考虑 $No$(取 $\psi = 0$)。

（三）梁端垫块下砌体局部受压

当梁下砌体的局部抗压强度不满足承载力要求或当梁的跨度较大时,常在梁端设置预制刚性垫块。梁下设置预制刚性垫块不但增大了局部承压面积,而且还可使梁端的压力较均匀地传到垫块下砌体截面,如图 8-7 所示。

(1)垫块作用:扩大梁端支承面积,使梁端压力较均匀地传到砌体截面上,增加局部受压承载力。

(2)刚性垫块构造:垫块高度 $t_b \geqslant 180mm$ ;

垫块宽度 $b_b$,自梁边挑出 $c \leqslant t_b$,$b_b \leqslant b + 2t_b$ ;

垫块长度 $a_b \geqslant 180mm$,壁柱上垫块伸入翼墙不小于 120mm。

(3)垫块下砌体局部受压承载力计算公式如下。

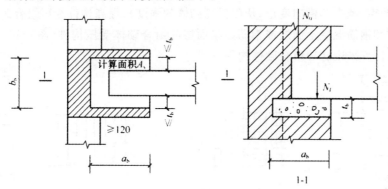

图 8-7　壁柱上设有预制刚性垫块时梁端局部受压

试验表明预制刚性垫块下的砌体既具有局部受压的特点,又具有偏心受压的特点。由于处于局部受压状态,垫块外砌体面积的有利影响应当考虑,但是考虑到垫块底面压应力的不均匀性,为偏于安全,垫块外砌体面积的有利影响系数 $y$,取为 $0.8y$。由于垫块下的砌体又处于偏心受压状态,所以可借用偏心受压短柱的承载力计算公式进行垫块下砌体局部受压的承载力计算:

$$N_o + N_l \leqslant \varphi \gamma_1 f A_b \tag{8-10}$$

式中:$N_o$——垫块面积 $A_b$ 内上部轴向力设计值;

$N_l$——梁端支承压力设计值,垫块上合力 $N_l$,点位置(楼面梁取 $0.4a_0$ 处;屋面梁取 $0.33a_0$);

$\varphi$——垫块上 $N_o$ 及 $N_l$ 合力的影响系数,取 $\beta \leqslant 3$ 时的 $\varphi$ 值;

$\gamma_1$——垫块外砌体面积的有利影响系数,$\gamma_1 = 0.8\gamma$,且不小于 1.0,$\gamma$ 为砌体局部抗压强度提高系数,按公式(8-10)以 $A_b$ 代替 $A_l$,计算得出;

$A_b$——垫块面积,$A_b = a_b b_b$ 。

(4)现浇刚性垫块下砌体局部受压承载力计算与预制刚性垫块下砌体的局部受压有一定的区别,但为简化计算,也可按照预制垫块下砌体的局部受压计算。

(5)当梁端下设有垫梁(如圈梁)时,垫梁下砌体的局部受压承载力计算;垫梁可将梁端传来的压力分散到较大范围的砌体墙上,可取垫梁下砌体局部受压强度提高系数为 1.5 。

(6)《砌体结构规范》规定:跨度大于 6m 的屋架和跨度大于下列数值的梁,应在支承处砌体上设置混凝土或钢筋混凝土刚性垫块;当墙中设有圈梁时,垫块与圈梁宜浇成整体。第一,对砖砌体为 4.8m;第二,对砌块和料石砌体为 4.2m;第三,对毛石砌体为 3.9m。

# 第三节　配筋砖砌体结构

## 一、配筋砖砌体构件

配筋砖砌体构件包括网状配筋砖砌体构件和组合砖砌体构件。网状配筋砖砌体构僻(图 8-8、图 8-9)是砖砌体的水平灰缝内加入钢筋网(钢筋网的直径一般为 3~4mm;其中钢筋间距不大于 120mm 也不小于 30ram;网的竖向间距 S. 不大于 5 皮砖,也不大于 400mm)形成的配筋构件,其中钢筋方格网可配置于砖柱内,也可配置在砖墙中;连弯钢筋网只用于砖柱,同的方向互相垂直,沿砌体高度交错设置,网的间距取同一方向网的间距。其目的是改善砂浆的受力性能(网片对砂浆产生约束,减少其横向变形,从而提高砌体的强度),提高构件受压组合砖砌体构件形式之一是:砖砌体和钢筋混凝土面层或钢筋砂浆面层的组合砌体受压构件(图 8-10)。当轴向力偏心距 $e>0.6y$ 时,宜采用这种组合砌体构件。

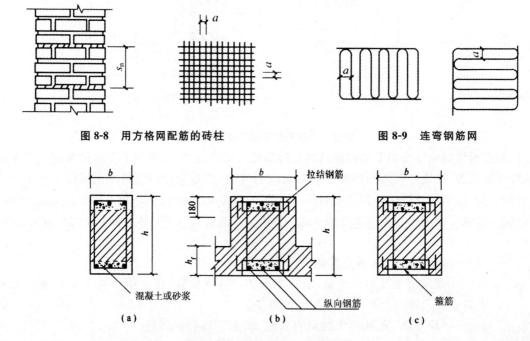

图 8-8　用方格网配筋的砖柱　　　　　图 8-9　连弯钢筋网

图 8-10　组合砖砌体构件截面

组合砖砌体构件的另一形式是砖砌体和钢筋混凝土构造柱组合墙(图 8-11)。构造柱与圈梁形成"弱框架",砌体受到约束,墙体承载力提高;构造柱也分担墙体上的荷载。当构造柱间距 l 为 2m 左右时,柱的作用得到充分发挥;构造柱间距 Z 大于 4m 时,它对墙体受压承载力的影响很小。对于轴心受压的构造柱组合墙,其材料和构造有较严格的规定,主要是:①构造柱的混凝土强度等级不宜低于 C20,砂浆强度等级不应低于 M5。②柱内竖向受力钢筋的混凝土保护层厚度不小于 25 mm(室内正常环境)或 35 mm(露天或室内潮湿环境)。③构造柱截面厚度不应小于墙厚,截面不宜小于 240mm×240mm(边柱和角柱不宜小于 240mm×370mm);柱内竖向受力钢筋不宜少于 4φ12(中柱)或 4φ14(边、角柱),箍筋一般为 φ6@200,楼层上下 500mm 范围加密为 φ6@100;竖向受力钢筋应按受拉锚固要求锚固于基础圈梁和楼层圈梁中。④构造柱应在纵横墙交接处、墙端部和较大洞口的洞边设置,构造柱间距 l 不宜大于 4m;各层洞口宜设置在相应位置,并上下对齐。⑤采用组合砖墙房屋为了形成“弱框架”,在基础顶面、楼层处设置现浇钢筋混凝土圈梁。圈梁高度不小于 240mm,纵向钢筋不小于 4φ12,并按受拉锚固要求锚固于构造柱内,圈梁箍筋宜采用 φ6@200。⑥砖砌体与构造柱连接处应砌成马牙槎,并应沿墙高每隔500mm 设 2φ6 拉结筋,且每边伸入墙内不宜小于 600mm。⑦其施工程序是先砌墙后浇构造柱混凝土。

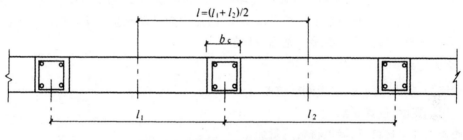

图 8-11　砖砌体和构造柱组合墙截面

## 二、配筋砌块砌体构件

配筋砌块砌体构件是在砌块孔洞内设置纵向钢筋,在水平缝处用箍筋连接,并在孔洞内浇注混凝土而形成的组合构件,可形成配筋砌块砌体剪力墙结构或配筋砌块构造柱。

由块体和砂浆砌筑而成的砌体,主要用于承受压力。砌体的抗压强度设计值 $f$,主要与砂浆强度等级及块体强度等级有关,并可从表格查出。还应考虑不同因素的影响,乘以不同的强度调整系数 $\gamma a$。对无筋砌体受压构件,最常遇到的调整情况是:当用水泥砂浆砌筑时,$\gamma a = 0.9$;$A < 0.3 m^2$ 时,$\gamma a = A + 0.7$。

在截面尺寸和砌体材料强度等级一定的条件下,影响砌体受压构件承载力的主要因素是构件的高厚比和轴向力的偏心距。它们对承载力的影响,可统一用受压构件承载力影响系数 $\varphi$ 考虑。在应用公式进行计算时,按内力设计值计算的轴向力偏心距 $e$ 不应超过一定限值($e \leqslant 0.6y$)。

砌体的局部受压分为局部均匀受压(如柱下局部受压)和局部非均匀受压(如梁端下砌体局部受压)。由于力的扩散作用和未直接参加受压的砌体的约束作用,局部受压强度高于全截面受压时的强度,其提高系数为 $\gamma$。局部受压验算的实质是局部受压面积 $A_l$ 上的最大压应力不应大于局部受压时的砌体强度 $\gamma f$。梁下有刚性垫块时,刚性垫块的构造应符合有关构造规定,并可改善垫块下砌体的局部受压情形,可按偏心受压短柱计算并考虑垫块外砌体面积的有利影响。

当无筋砖砌体受压构件的偏心距超过截面核心范围(如矩形截面 $e/h > 0.17$)但构件的高厚比 $\beta \leqslant 16$ 时,可采用网状配筋砌体构件;当 $e > 0.6y$ 时,宜采用组合砖砌体构件。此外,还可采用构造柱与墙体形成的组合墙,提高墙体的轴心受压承载力。

## 第四节　砌体结构房屋的受力特点与构造要求

### 一、混合结构房屋的结构布置

在砖混结构房屋设计中,承重墙体的布置是首要的。承重墙体的布置直接影响着房屋总造价、房屋平面的划分和空间的大小,并且还涉及楼(屋)盖结构选择及房屋的空间刚度。通常称沿房屋长向布置的墙为纵墙,沿房屋短向布置的墙为横墙。按结构承重体系和荷载传递路线,房屋的承重墙体的布置大致可分为以下几种方案。

(一)纵墙承重方案

图 8-12 所示这类房屋楼盖和屋盖荷载大部分由纵墙承受,横墙和山墙仅承受自重及一小部分楼屋盖荷载。由于主要承重墙沿房屋纵向布置,因此称为纵墙承重方案,其荷载传递途径为:楼(屋)盖荷载—板—横向梁—纵墙—基础—地基。

1.承重方案的特点

(1)横墙少、室内空间大、房屋刚度较差。

(2)窗洞口宽度、位置受限。

(3)楼盖构件用材料多、墙体材料用量少。

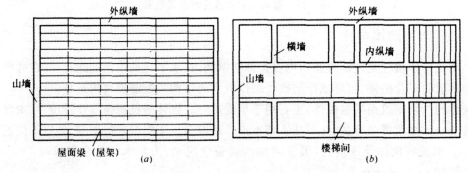

图 8-12　纵墙承重方案

2.范围

教学楼、图书馆等较大开间房屋。

(二)横墙承重方案

图 8-13 为某集体宿舍平面的一部分,楼(屋)盖采用钢筋混凝土预制板。支承在横墙上。外纵墙仅承受自重,内纵墙承受自重和走廊板的荷载。楼(屋)盖荷载主要由横墙承受,属于横墙承重方案,其传递途径为:

楼(屋)盖荷载—板—横墙—基础—地基。

1.横墙承重方案的特点

(1)横墙多、房屋刚度大、整体性好。

(2)洞口开设灵活。

(3)楼盖结构简单,合理、经济。

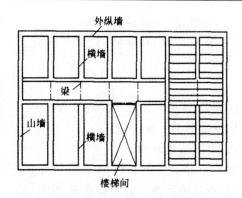

**图 8-13　集体宿舍平面一部分**

(4)墙体材料用量多。

**2. 应用范围**

应用范围主要有小开间住宅、宿舍等。

**3. 纵、横墙承重方案**

图 8-14 为某教学楼平面的一部分,楼(屋)盖荷载一部分由纵墙承受,另一部分由横墙承受,形成纵、横墙共同承重方案。其荷载的传递途径为:

$$楼(屋)盖荷载—板—\begin{cases} 梁—纵墙 \\ 横墙 \end{cases} —基础—地基。$$

(1)纵、横墙共同承重方案的特点:

①纵横向刚度均较大;

②平面布置灵活;

③砌体应力分布较均匀。

(2)应用范围:现浇楼盖、教学楼等。

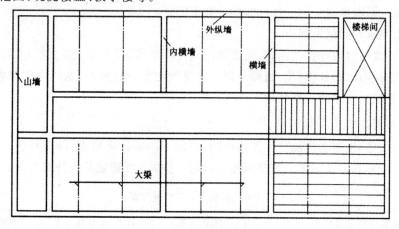

**图 8-14　纵、横墙承重方案**

**4. 内框架承重方案**

图 8-15 为某商住楼底层商店结构布置的一部分,内部由钢筋混凝土柱和楼盖梁组成内框架。外墙和内部钢筋混凝土柱都是主要的竖向承重构件,形成内框架承重方案。其荷载传递途径为:

$$楼（屋）盖荷载—板—梁— \begin{cases} 外纵墙 — 外纵墙基础 \\ 柱 — \qquad 柱基础 \end{cases} —基础$$

（1）内框架承重方案：

①开间大、布置灵活；

②横墙少、上刚下柔、刚度较差；

③外墙、内柱材料不同，压缩变形不一致；

④砌体和混凝土制作方法不同、施工麻烦。

（2）应用范围：商店、厂房等。

在实际工程设计中，应根据建筑物的使用要求及地质、材料、施工等具体情况综合考虑，选择比较合理的承重方案，应力求做到安全可靠、技术先进、经济合理。

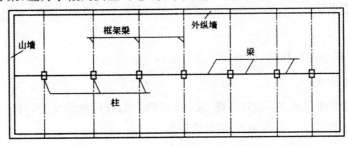

图 8-15　内框架承重方案

## 二、混合结构房屋的静力计算方案

（一）房屋的空间工作性能

砖混结构房屋由屋盖、楼盖、纵墙、横墙和基础共同组成。整个房屋如同一个空间盒子，构件除了各自承受竖向荷载和水平荷载作用外。还具有相互联系、相互影响的作用，成为房屋的空间整体，协同工作。影响房屋空间工作性能的主要原因是：

楼、屋盖水平刚度和横墙间距。

在进行房屋墙体内力计算之前，首先要确定其计算简图，因此也就需要确定房屋的静力计算方案。其取决于横墙间距和楼（屋）盖的类别。横墙间距小、楼（屋）盖水平刚度较大一侧移值小一房屋空间刚度较大一空间工作性能好。

（二）房屋的静力计算方案

《砌体结构规范》根据房屋的空间工作性能，采用不同的计算模型，即三种静力计算方案：刚性方案、刚弹性方案和弹性方案。规范规定设计时可按表 8-6 确定静力计算方案。

表 8-6　房屋的静力计算方案

| | 屋盖或楼盖类别 | 刚性方案 | 刚弹性方案 | 弹性方案 |
|---|---|---|---|---|
| 1 | 整体式、装配整体和装配式无檩体系钢筋混凝土屋盖或楼盖 | $s<32$ | $32 \leqslant s \leqslant 72$ | $s>72$ |
| 2 | 装配式有檩体系钢筋混凝土屋盖、轻钢屋盖和密铺望板的木屋盖木楼盖 | $s<20$ | $20 \leqslant s \leqslant 48$ | $s>48$ |
| 3 | 瓦材屋面的木屋盖和轻钢屋盖 | $s<16$ | $16 \leqslant s \leqslant 36$ | $s>36$ |

注:(1)表中 s 为房屋横墙间距,其长度单位为 m;

(2)当屋盖、楼盖类别不同或横墙间距不同时,如上柔下刚多层房屋时,顶层可根据屋盖类别按单层房屋确定房屋的静力计算方案;

(3)对无山墙或伸缩缝处无横墙的房屋。应按弹性方案考虑。

1.刚性方案

(1)特点:当横墙间距较小,楼、屋盖水平刚度较大时,房屋空间刚度较大,房屋的水平位移很小,可视墙、柱顶端的水平位移为零。

(2)计算简图:将楼盖或屋盖视为墙柱的不动铰支座,墙、柱按竖向构件计算,称为刚性方案,如图 8-16 所示。

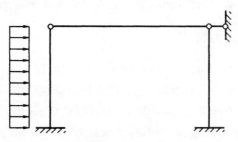

**图 8-16 刚性方案**

2.弹性方案

(1)特点:当房屋横墙间距较大,楼、屋盖水平刚度较小时,房屋的空间刚度较小,水平位移较大,在确定计算简图时,不能忽略水平位移的影响,须考虑空间工作性能,属于弹性方案。

(2)计算简图:按平面排架计算,如图 8-17 所示。

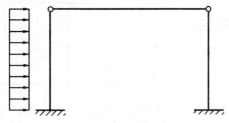

**图 8-17 弹性方案**

3.刚弹性方案

(1)特点:房屋空间刚度介于刚性和弹性方案之间。荷载作用下,房屋水平位移也介于刚性和弹性之间。属于刚弹性方案。

(2)计算简图:按有弹性支承的平面排架计算,如图 8-18 所示。

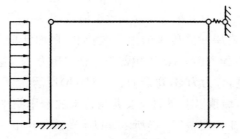

**图 8-18 刚弹性方案**

4.其他要求

确定房屋的静力计算方案时,为了保证横墙的侧移刚度,对于刚性方案或刚弹性方案房屋的横墙应符合下列要求:

(1)横墙中开有洞口时,洞口的水平截面面积不应超过横墙截面面积的50%;

(2)横墙的厚度不宜小于180mm;

(3)单层房屋的横墙长度不宜小于其高度,多层房屋的横墙长度不宜小于横墙总高度的1/2。

当横墙不能同时符合上述要求时,应对横墙的刚度进行验算。如其最大水平位移不超过H/4000(其中 H 为横墙总高度)时,仍可视为刚性和刚弹性方案房屋的横墙。凡符合最大水平位移要求的一段横墙或其他结构构件(如框架等),也可视为刚性或刚弹性方案房屋的横墙。

## 三、砌体结构房屋的受力特点

砌体结构房屋是由竖向承重构件墙、柱及钢筋混凝土楼、屋盖组成,墙、柱为受压构件,楼、屋盖梁板为受弯构件。房屋在水平荷载及楼、屋盖传来竖向荷载的作用下,按房的静力计算方案确定计算简图,进行墙、柱内力计算,确定计算截面(控制截面)的内力设计值。

楼、屋盖梁板或屋架传至本层墙、柱顶部的支承压力 M 为一偏心力。当屋架支承于墙上时,支承压力 M 作用于屋架端部下弦杆与端竖杆(无端竖杆时为上弦杆)的交点处,通常距轴线为150mm,如图 8-19 所示;当楼面梁支承于墙上时,梁端支承压力 M 到墙内边的距离,应取梁端有效支承长度咖的 0.4 倍(屋面梁为 0.33 倍),如图 8-20 所示。由上面楼层传来的荷载 Nu,可视为作用于上一楼层的墙、柱的截面重心处。

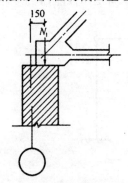

图 8-19　砌体结构房屋受力(一)

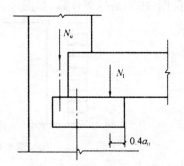

图 8-20　砌体结构房屋受力(二)

(一)刚性方案房屋的受力特点

1.单层刚性方案房屋

在荷载作用下,墙、柱可视为上端不动铰支承于屋盖,下端嵌固于基础的竖向构件,如图8-21所示。竖向荷载为由屋架或屋面梁传来的由永久荷载、屋面活荷载或雪荷载引起的支承压力 $N_l$,它对墙体重心产生一个偏心距 $e_l$,故墙顶部作用轴向压力 $N_l$,弯矩 $M_l$—$N_l e_l$,除此以外墙体自重、墙面粉刷及门窗自重,合力为 $G$,弯矩如图 8-21 (b)所示。

水平荷载为风荷载时,墙顶以上屋面及女儿墙传来的水平集中力为 $W$,迎风面水平线荷载为 $q_l$,背风面为 $q_2$,引起弯矩如图 8-21 (c)所示。以上荷载作用下,一般取一个开间为计算单元,求出多种荷载下的计算截面即墙、柱截面和底截面(风荷载较大时还应计算风荷载弯矩极值点截面)的弯矩和轴力。

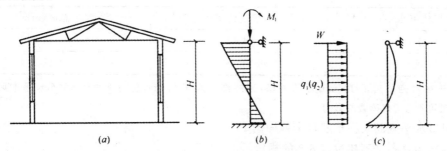

**图 8-21　刚性方案单层房屋计算简图**

**2.多层刚性方案房屋**

多层刚性方案房屋一般墙体可取具有代表性的一段作为计算单元,通常纵墙可取一个开间,承受均布荷载的无洞口的横墙取 1m 宽度为计算单元。

在竖向荷载作用下,多层房屋的墙体相当于一竖向连续梁,此时,连续梁以屋盖和多层楼盖为水平不动支承,底部嵌固于基础。考虑到各楼盖嵌固于墙体内,使支承处的砌体的连续性被削弱,传递的弯矩很小,为方便起见简化为铰接点考虑。同时由于多层房屋在竖向力作用下,基础处轴力较大,弯矩相对较小,故简化计算时可简化为铰接点考虑。因此在竖向荷载下,墙、柱在每层高度范围内,可近似地视做两端铰支的竖向构件,如图 8-22(a)所示。当梁跨度大于 9m 时,应考虑梁的固端弯矩对其支承处上层墙底部和下层墙顶部的不利影响。

水平荷载作用下,墙、柱可视为竖向连续梁,在线荷载 $q$ 作用下弯矩图如图 8-22(b)所示。

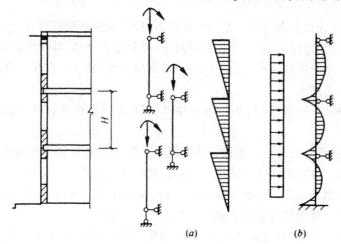

**图 8-22　在线荷载 $q$ 作用下的弯矩图**

当多层刚性方案房屋的外墙符合下列要求时,风荷载引起内力不超过竖向荷载的 5%,静力计算时可不考虑风荷载的影响,查表 8-7。

**表 8-7　外墙不考虑风荷载影响的最大高度**

| 基本风压值(kN/m²) | 层高(m) | 总高(m) |
| --- | --- | --- |
| 0.4 | 4.0 | 28 |
| 0.5 | 4.0 | 24 |

| 基本风压值(kN/m²) | 层高(m) | 总高(m) |
|---|---|---|
| 0.6 | 4.0 | 18 |
| 0.7 | 3.5 | 18 |

注:对于多层砌块房屋190mm厚的外墙,当层高小大于2.8m,总高不大于19.6m,墨本风压不大于0.7kN/m²时可不考虑风荷载的影响。

(1)洞口水平截面面积不超过全截面的2/3。

(2)层高和总高度不超过表8-8的规定。

(3)屋面自重不小于0.8kN/m²。

一般情况下多层刚性方案房屋的外墙都能满足上述条件而不考虑风荷载的影响。

对于多层刚性方案房屋的外纵墙,计算截面为墙、柱的顶截面和底截面,当不考虑风荷载影响时,每层墙顶截面为偏心受压,而墙底截面为轴心受压。对于内横墙,如墙体两侧板跨相差不大且活荷载不很大时,可不考虑墙顶截面内力。

（二）弹性方案房屋的受力特点

一般情况多层房屋不设计成弹性方案房屋,弹性方案单层房屋在荷载作用下,不考虑结构的空间作用,墙柱内力按有侧移的平面排架进行计算。在竖向荷载作用下,房屋对称时结构无侧移,其内力与单层刚性方案房屋相同。在水平荷载作用下,其余条件相同的,其弯矩要比刚性方案计算的结果大得多。

（三）刚弹性方案房屋的受力特点

刚弹性单层范围计算简图与弹性方案房屋相似,仅在铰接排架柱顶加上一个弹性支座,考虑空间作用。在竖向荷载作用下,如房屋及荷载对称,则排架无侧移,其内力计算结果同刚性方案。在水平荷载作用下,由于弹性支座反力的影响。在其他条件相同时,引起计算截面的弯矩要比弹性方案小,但比刚性方案大。

在进行砌体结构墙、柱设计时,必须保证墙体能够满足承载力和稳定的要求,其计算内容包括:

(1)墙、柱受压承载力计算——根据计算简图求出各种荷载作用下计算截面的弯矩和轴力。进行最不利组合,求出最不利内力设计值,计算墙、柱受压承载力。

(2)局部受压承载力计算——对于梁端支承处,由于局部支承压力N。较大,可能将支承面下砌体压碎破坏,应计算梁端支承面下砌体的局部受压承载力。

(3)稳定性验算——墙、柱高厚比太大,虽然承载力满足要求,但是由于施工偏差和其他偶然因素也会引起失稳破坏,故应验算墙、柱高厚比,并作为一项重要的构造措施。

## 四、多层砌体结构抗震构造措施

（一）多层砌体结构房屋抗震设计一般规定

1.总高度和层数的限制

震害表明,砌体结构房屋的破坏程度和倒塌率与房屋层数和总高度几乎成正比关系,故需限制房屋层数和总高度。表8-8所示是我国《建筑抗震设计规范》的规定。

表 8-8 房屋的层数和总高度限值(m)

| 房屋类别 | | 最小墙厚(m) | 烈度 | | | | | | | |
|---|---|---|---|---|---|---|---|---|---|---|
| | | | 6 | | 7 | | 8 | | 9 | |
| | | | 高度 | 层数 | 高度 | 层数 | 高度 | 层数 | 高度 | 层数 |
| 多层砌体 | 普通砖 | 240 | 24 | 8 | 21 | 7 | 18 | 6 | 12 | 4 |
| | 多孔砖 | 240 | 21 | 7 | 21 | 7 | 18 | 6 | 12 | 4 |
| | 多孔砖 | 190 | 21 | 7 | 18 | 6 | 15 | 5 | — | — |
| | 小砌块 | 190 | 21 | 7 | 21 | 7 | 18 | 6 | — | — |
| 底部框架—抗震墙 | | 240 | 22 | 7 | 22 | 7 | 19 | 6 | | |
| 多排柱内框架 | | 240 | 16 | 5 | 16 | 5 | 13 | 4 | | |

## 2.房屋最大高宽比

震害调查表明,砌体房屋的高宽比越大(高而窄的房屋),越容易发生整体弯曲破坏,房屋易失稳倒塌。为防止多层砌体房屋的整体弯曲破坏,《建筑抗震设计规范》规定了房屋最大高宽比,见表 8-9。

表 8-9 房屋最大高宽比

| 烈度 | 6 | 7 | 8 | 9 |
|---|---|---|---|---|
| 最大高宽比 | 2.5 | 2.5 | 2.0 | 1.5 |

注:(1)单面走廊房间的总宽度不包括走廊宽度;

(2)建筑平面接近正方形时,其高宽比宜适当减小。

## 3.抗震横墙最大间距

多层砌体房屋的横向水平地震作用主要由横墙来承受。对于横墙,除了满足抗震承载力外,还要使横墙间距能保证楼盖对传递水平地震作用所需的刚度要求。前者可通过抗震承载力验算来解决,而横墙间距则必须根据楼盖的水平刚度要求给予一定的限制(横墙间距越小,房屋空间刚度越大)。《建筑抗震设计规范》规定了房屋抗震横墙最大间距如表 8-10 所示。

表 8-10 房屋抗震横墙最大间距

| 房屋类别 | | 烈度 | | | |
|---|---|---|---|---|---|
| | | 6 | 7 | 8 | 9 |
| 多层砌体房屋 | 现浇或装配整体式钢筋混凝土楼、屋盖 | 18 | 18 | 15 | 11 |
| | 装配式钢筋混凝土楼、屋盖 | 15 | 15 | 11 | 7 |
| | 木楼、屋盖 | 11 | 11 | 7 | 4 |
| 底部框架—抗震墙 | 上部各层 | 同多层砌体房屋 | | | — |
| | 底层或底部两层 | 21 | 18 | 15 | — |
| 多排柱内框架 | | 25 | 21 | 18 | — |

4.局部尺寸限值

在强烈地震作用下,房屋破坏往往是从薄弱部位开始的,如窗间墙、尽端墙段、女儿墙等部分。因此,对这些薄弱部位的尺寸应加以限制如表 8-11 所示。

表 8-11　房屋局部尺寸限值(m)

| 部位 | 烈度 | | | |
|---|---|---|---|---|
| | 6 度 | 7 度 | 8 度 | 9 度 |
| 承重窗间墙最小宽度 | 1.0 | 1.0 | 1.2 | 1.5 |
| 承重外墙尽端至门窗洞边的最小距离 | 1.0 | 1.0 | 1.2 | 1.5 |
| 非承重外墙尽端至门窗洞边的最小距离 | 1.0 | 1.0 | 1.0 | 1.0 |
| 内墙阳角至门窗洞边的最小距离 | 1.0 | 1.0 | 1.5 | 2.0 |
| 无锚固女儿墙的最大高度 | 0.5 | 0.5 | 0.5 | 0.0 |

5.布置房屋的结构体系

(1)应优先采用空间刚度大、整体性较好的横墙承重或纵横墙共同承重的结构体系。

(2)纵横墙的布置应对称均匀,沿平面内宜对齐,沿竖向应上下连续;窗间墙宽度宜均匀。

(3)设置防震缝。防震缝是减轻地震对房屋破坏的有效措施之一,防震缝应沿房屋全高设置(基础处可不设),缝两侧均应设置墙体,缝宽一般采用 50~100mm。

(4)楼梯间不宜设置在房屋的尽端和转角处。

(5)烟道、风道、垃圾道等不应削弱承重墙体,否则应对被削弱的墙体采取加强措施。如必须做出屋面或附墙烟囱时,宜采用竖向配筋砌体。

(6)不应采用无锚固的钢筋混凝土预制挑檐。

(二)多层砌体结构房屋抗震构造措施

采取正确的抗震构造措施,将明显提高多层砌体房屋的抗震性能,多层黏土砖房屋抗震构造措施主要有以下四个方面。

1.钢筋混凝土构造柱

试验证明,设置钢筋混凝土构造柱,不仅能提高墙体的抗剪强度。而且通过它与圈梁的配合,使砌体成为有封闭框的约束砌体。抗震规范对构造柱的设置作了如下规定:

(1)构造柱设置部位和要求

①构造柱的设置部位,一般情况应符合表 8-12 的要求。

②外廊式和单面走廊式的多层砖房,应根据房屋增加一层后的层数,按表 8-13 要求设置构造柱,且单面走廊两侧的纵墙均应按外墙处理;

③教学楼、医院等横墙较少的房屋。应根据房屋增加一层后的层数,按表 8-13 的要求设置构造柱;当教学楼、医院等横墙较少的房屋,为外廊式或单面走廊式时,应按第②条要求设置构造柱,但 6 度不超过四层,7 度不超过三层和 8 度不超过两层时。应按增加两层后的层数对待。

表 8-12　多层砖房构造柱设置

| 房屋层数 | | | | 设置部位 | |
|---|---|---|---|---|---|
| 6 度 | 7 度 | 8 度 | 9 度 | | |
| 四、五 | 三、四 | 二、三 | | 外墙四角,错层部位横墙与外纵墙交接处。大房间内外墙交接处。较大洞口两侧 | 7、8 度时,楼、电梯间的四角;隔 15m 或单元横墙或外纵墙交接处 |
| 六、七 | 五 | 四 | 二 | | 隔一开间(轴线)横墙与外墙交接处,山墙与内纵墙交接处 7、8 度时,楼、电梯间的四角 |
| 八 | 六、七 | 五、六 | 三、四 | | 内墙(轴线)与外墙交接处,内墙局部较小墙垛处 7、8 度时,楼、电梯间四角,8 度时无洞口内横墙与内纵墙交接处,9 度时,内纵墙与横墙(轴线)交接处 |

(2)构造柱的截面尺寸及配筋

构造柱最小截面可采用 240mm～180mm,纵向钢筋宜采用 4Φ12,箍筋间距不宜大于 250mm,且在柱上下端宜适当加密;7 度时超过六层、8 度时超过五层和 9 度时,构造柱纵向钢筋宜采用 4Φ14,箍筋间距不应大于 200mm,房屋四角的构造柱可适当加大截面及配筋。

(3)构造柱的连接

①构造柱与墙连接处宜砌成马牙槎,并沿墙高每隔 500mm 设 2Φ6 拉接钢筋,每边伸入墙内不宜小于 1m。

②构造柱与圈梁连接处,构造柱的纵筋应穿过圈梁的主筋,保证构造柱纵筋上下贯通。构造柱与圈梁相交处,宜适当加密箍筋,加密的范围在圈梁上下 450mm 或 $H/6$(H 为层高),箍筋间距不大于 100mm。

③构造柱可不单独设置基础,但应伸入室外地面下 500mm,与埋深小于 500mm 的基础圈梁相连。

为了保证钢筋混凝土构造柱与墙体之间的整体性,施工时必须先砌墙,后浇柱。构造柱的节点构造详图见图 8-23 所示。

2.钢筋混凝土圈梁

圈梁的设置也是多层砖房抗震的重要构造措施。圈梁与构造柱整浇一起,形成钢筋混凝土约束框,共同约束墙体,提高房屋的整体性及延性,增强房屋的抗震和抗倒塌能力。

(1)圈梁设置的要求

①装配式钢筋混凝土楼盖、屋盖或木楼盖、屋盖的砖砌房房,横墙承重时应按表 8-14 的要求设置圈梁,纵墙承重时每层均应设置圈梁,且抗震横墙上的圈梁间距应比表内要求适当加密。

②现浇或装配式钢筋混凝土楼、屋盖与墙体有可靠连接的房屋可不设圈梁,但楼板沿墙体周边应加强配筋并应与相应构造柱钢筋可靠连接。

③圈梁应闭合,遇有洞口圈梁应上下搭接。圈梁宜与预制板设在同一标高处或紧靠板底。

④圈梁在表 8-13 要求的间距内无横墙时,应利用梁或板缝中配筋替代圈梁。

建筑结构的基本原理及应用

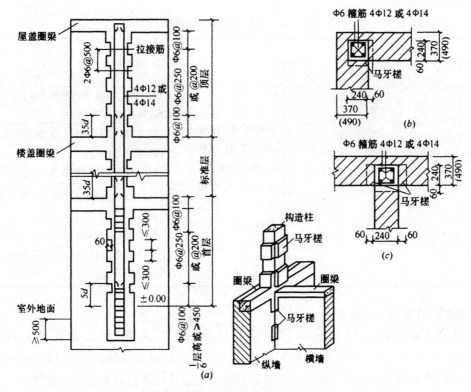

(a)纵剖图;(b)L形墙横剖面;(c)T形墙横剖面

图 8-23　构造柱的节点构造详图

表 8-13　混合结构房屋圈梁设置要求

| 墙类 | 烈度 | | |
|---|---|---|---|
| | 6、7 | 8 | 9 |
| 外墙及内纵墙 | 屋盖处及每层楼盖处 | 屋盖处及每层楼盖处 | 屋盖处及每层楼盖处 |
| 内横墙 | 同上,屋盖处间距不应大于 7m,楼盖处间距不应大于 15m,构造柱对应部位 | 同上,屋盖处沿所有横墙,且间距不应大于 7m,楼盖处间距不应大于 7m,构造柱对应部位 | 同上,各层所有横墙 |

表 8-14　混合结构房屋圈梁设置要求

| 配筋 | 烈度 | | |
|---|---|---|---|
| | 6、7 | 8 | 9 |
| 最小纵筋 | 4Φ10 | 4Φ10 | 4Φ14 |
| 最大箍筋间距(mm) | 250 | 200 | 150 |

(2)圈梁截面尺寸及配筋

圈梁截面高度不应小于 120mm;对于有软弱土、液化土、新近填土和严重不均匀土层时设置的基础圈梁,截面高度不应小于180mm,配筋不应小于4Φ12。

**3.墙体之间的连接**

对多层砖房纵横墙之间的连接,除了在施工中注意纵横墙的咬槎砌筑外,在构造设计时应符合下列要求:

(1)7度时层高超过3.6m或长度大于7.2m的大房间,以及8度和9度时,外墙转角及内外墙交接处,当未设构造柱时。应沿墙高每隔500mm配置2Φ6拉接钢筋,并每边伸入墙内不宜小于1m。

(2)后砌的非承重砌体隔墙应沿墙高每隔500mm配置2Φ6钢筋与承重墙或柱拉接,并每边伸入墙内不应小于500mm,8度和9度时长度大于5.1m的后砌非承重墙的墙顶,尚应与楼板或梁拉接。

**4.梁板的支承长度与连接要求**

(1)现浇钢筋混凝土楼板或屋面板伸进纵横墙内的长度,均不宜小于120mm。

(2)装配式钢筋混凝土楼板或屋面板,当圈梁未设在板的同一标高时,板端伸进外墙的长度不应小于120mm,伸入内墙的长度不宜小于100mm,在梁上不应小于80mm。

(3)当板的跨度大于4.8m,并与外墙平行时,靠外墙的预制板侧边应与墙或圈梁拉接如图8-24所示。

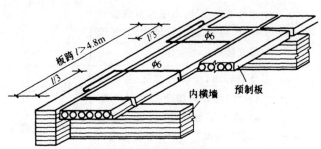

**图8-24　外墙和预制板的拉接**

(4)房屋端部大房间的楼盖,8度时房屋的屋盖、9度时房屋的楼(屋)盖,当圈梁设在板底时,钢筋混凝土预制板应相互拉接,并应与梁、墙或圈梁拉接,如图8-25所示。

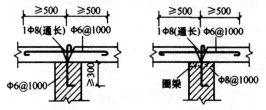

**图8-25　预制板与墙体和圈梁的拉接**

(5)楼(屋)盖的钢筋混凝土梁或屋架。应与墙、柱(包括构造柱)或圈梁可靠连接,如图8-26所示,梁与砖柱的连接不应削弱柱截面,各层独立砖柱顶部应在两个方向均有可靠连接。

**(三)多层砌块房屋抗震构造要求**

**1.小砌块房屋芯柱设置要求**

小砌块房屋芯柱设置要求见表8-15,对医院、教学楼等横墙较少的房屋设置钢筋混凝土芯柱时,应根据房屋增加一层后的层数设置芯柱。

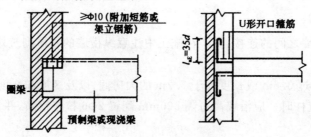

图 8-26　梁和圈梁的锚拉

表 8-15　小型砌块房屋芯柱设置要求

| 房屋层数 | | | 设置部位 | 设置数量 |
|---|---|---|---|---|
| 6 度 | 7 度 | 8 度 | | |
| 四、五 | 三、四 | 二、三 | 外墙转角,楼梯间四角;大房间内外墙交接处;隔 15m 或单元横墙与外纵墙交接处 | 外墙转角,灌实 3 个孔;内外墙交接处,灌实 4 个孔 |
| 六 | 五 | 四 | 外墙转角,楼梯间四角;大房间内外墙交接处;山墙与内纵墙交接处,隔开间横墙(轴线)与外纵墙交接处 | |
| 七 | 六 | 五 | 外墙转角,楼梯间四角;各内墙(轴线)与外纵墙交接处;8、9 度时,内纵墙与横墙(轴线交接处和洞口两侧) | 外墙转角,灌实 5 个孔;内外墙交接处,灌实 4 个孔;内墙交接处,灌实 4~5 个孔;洞口两侧各灌实 1 个孔 |
| | 七 | 六 | 同上:横墙内芯柱间距不宜大于 2m | 外墙转角,灌实 7 个孔;内外墙交接处,灌实 5 个孔;内墙交接处,灌实 4~5 个孔;洞口两侧各灌实 1 个孔 |

**2. 小砌块房屋芯柱的构造要求**

(1)小砌块房屋芯柱截面不宜小于 120mm×120mm。

(2)芯柱混凝土强度等级,不应低于 C20。

(3)芯柱的竖向插筋应贯通墙身且与圈梁连接;插筋不应少于 1Φ12,7 度时超过 5 层、8 度时超过四层和 9 度时,插筋不应少于 1Φ14。

(4)芯柱应伸入室外地面下 500mm 或锚入浅于 500mm 的基础圈梁内。

(5)为提高墙体抗震受剪承载力而设置的芯柱,宜在墙体内均匀布置,最大净距不宜大于 2.0m。

**3. 小砌块房屋钢筋混凝土构造柱的构造要求**

(1)构造柱最小截面为 190mm×190mm,纵向钢筋宜采用 4Φ12,箍筋间距不宜大于 250mm,且在柱上下端宜适当加密;7 度时超过五层、8 度时超过四层和 9 度时,构造柱纵向钢筋宜采用4Φ14,箍筋间距不应大于200mm,房屋四角的构造柱可适当加大截面及配筋。

(2)构造柱与砌块墙连接处宜砌成马牙槎,与构造柱相邻的砌块孔洞,6度时宜填实,7度时应填实,8度时应填实并插筋;沿墙高每隔600mm设拉接钢筋网片,每边伸入墙内不宜小于1m。

(3)构造柱与圈梁连接处,构造柱的纵筋应穿过圈梁的主筋,保证构造柱纵筋上下贯通。

(4)构造柱可不单独设置基础,但应伸入室外地面下500mm,与埋深小于500mm的基础圈梁相连。

**4.小砌块房屋圈梁的构造要求**

(1)小砌块房屋的现浇钢筋混凝土圈梁,圈梁宽度不应小于190mm,配筋不应小于4Φ12,箍筋间距不应大于200mm。

(2)砌块房屋的其他构造措施,如后砌非承重墙与承重墙或柱的拉接,圈梁的截面积和配筋以及基础圈梁的设置等与多层砖房相应要求相同。

# 第五节 砌体结构的相关计算与设计

## 一、砌体结构的静力计算方案

### (一)砌体房屋的平面结构布置

设计砌体结构房屋时,首先进行墙体布置,然后确定房屋的静力计算方案,进行墙、柱内力分析,最后验算墙、柱的承载力并采取相应的构造措施。

在砌体结构房屋的设计中,承重墙、柱的布置不仅影响房屋的平面划分、房间的大小和使用要求,还影响房屋的空间刚度,同时也决定了荷载传递路线。

根据荷载传递路线的不同,砌体结构房屋的结构布置可分为横墙承重、纵墙承重、纵横墙承重以及内框架承重四种形式。

**1.横墙承重方案**

在砌体结构房屋中,沿房屋平面较短方向布置的墙称为横墙;沿房屋平面较长方向布置的墙称为纵墙。屋盖和楼盖构件均搁置在横墙上,横墙承担屋盖、各层楼盖传来的荷载,而纵墙仅起围护作用的布置方案,称为横墙承重方案(图8-27(a))。此时竖向荷载的传递路径是:楼(屋)盖荷载—横墙—基础—地基。

横墙承重方案的特点是:(1)横墙数量较多、间距较小(一般为2.7~4.8m),因此房屋的横向刚度较大,整体性好,抵抗风荷载、地震作用以及调整地基不均匀沉降的能力较强;(2)屋盖、楼盖结构通常采用钢筋混凝土板(或预应力混凝土板),因此屋盖、楼盖结构较简单,施工较方便;(3)外纵墙属自承重墙,建筑立面易处理,门窗的大小及位置较灵活。其缺点是:横墙较密,房间平面布置不灵活;砌体材料用量相对较多。

横墙承重方案主要用于房间大小固定、横墙间距较密的住宅、宿舍、学生公寓、旅馆以及招待所等建筑。

**2.纵墙承重方案**

屋盖、楼盖传来的荷载由纵墙承重的布置方案,称为纵墙承重方案(图8-27(b))。楼(屋)盖荷载传递方式有两种:一种是楼板直接搁置在纵墙上;另一种是楼板搁置在梁上,而梁搁置在纵墙上。后一种方式在工程中应用较多。

纵墙承重方案的特点是:(1)横墙数量少且自承重,建筑平面布局灵活,但房屋的横向刚度较差;(2)纵墙承受的荷载较大,纵墙上门窗大小及位置受到一定的限制;(3)与横墙承重结构相比,墙体材料用量较少,屋盖、楼盖构件所用的材料较多。

纵墙承重方案主要用于开间较大的教学楼、医院、食堂、仓库等建筑。

3. 纵横墙承重方案

屋盖、楼盖传来的荷载由纵墙、横墙共同承重的布置方案,称为纵横墙承重方案(图 8-27(c))。此时竖向荷载的传递路径是:楼(屋)盖荷载—纵墙或横墙—基础—地基。这种承重结构在工程上被广泛应用。

纵横墙承重方案的特点是:(1)房屋沿纵、横向刚度均较大,砌体受力较均匀,因而避免局部墙体承载过大;(2)由于楼板可依据使用功能灵活布置,因而能较好地满足使用要求;(3)结构的整体性能较好。

纵横墙承重方案主要用于多层塔式住宅、综合楼等建筑。

4. 内框架承重方案

屋盖、楼盖传来的荷载由房屋内部的钢筋混凝土框架和外部砌体墙、柱共同承重的布置方案,称为内框架承重方案(图 8-27(d))。

内框架承重方案的特点是:(1)内部可形成大空间,平面布局灵活,容易满足使用要求;(2)横墙较少,因此房屋的空间刚度较差;(3)砌体和钢筋混凝土是两种力学性能不同的材料,在荷载作用下将构件产生不同的压缩变形而引起较大的附加内力,其抵抗地基不均匀沉降和抗震能力均较弱。

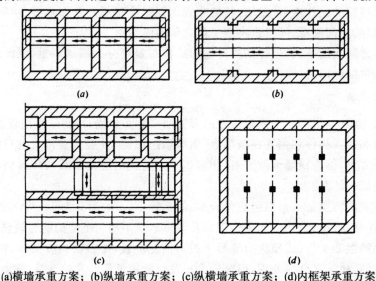

(a)横墙承重方案; (b)纵墙承重方案; (c)纵横墙承重方案; (d)内框架承重方案

图 8-27　内框架承受方案

(二)砌体房屋的静力计算方案

1. 房屋的静力计算方案

在砌体结构房屋中,屋盖(包括屋面板、屋面梁)、楼盖(包括楼面板、楼面梁)、墙、柱和基础等主要构件构成一个空间受力体系,共同承受作用在房屋上的各种竖向荷载(结构自重、屋面和楼面活荷载、雪荷载等)和水平荷载(风荷载等)。由于各种构件通过结构节点相互联系,不仅直接承受荷载的构件抵抗荷载的作用,而且与其相连接的其他构件也都不同程度地参加工作,抵抗所分担的荷载。在对砌体结构房屋进行静力计算时,通常是将复杂的空间结构简化为平面结构,取出一个计算单元进行计算。因此必须正确分析房屋的空间工作状况,这样才能正确地确定墙、柱等构件的静力分析方法。

图 8-28(a)为一纵墙承重的单层单跨砌体房屋。该房屋的两端无山墙,中间也无横墙,屋盖由预制钢筋混凝土空心板和屋面大梁组成。由于作用在房屋上的荷载是均匀分布的,外纵墙上的洞口也是均匀排列的,故可以从两个窗洞中线间截取一个单元来代替整个房屋的受力状态,这个单元就被称为计算单元,如图 8-28(b)所示。在水平风荷载的作用下,房屋各单元的墙顶水平位移相同,如图 8-28(c)所示。如果将屋盖比拟为横梁,将基础看作墙的固定端支座,屋盖与墙的连接视为铰接,计算单元的纵墙比拟为柱,因而计算单元的受力状态将如同一个单跨平面排架如图 8-28(d)。这样,空间受力房屋的计算就简化成了平面受力体系的计算。

当房屋的两端设有山墙时,在水平风荷载作用下,荷载的传递路线和房屋的变形情况将发生变化。这时,山墙像一根竖向的悬臂柱,屋盖可看作水平平面内的梁,屋盖的两端支承在山墙上。在水平风荷载作用下,屋盖的水平变形必然受到影响。

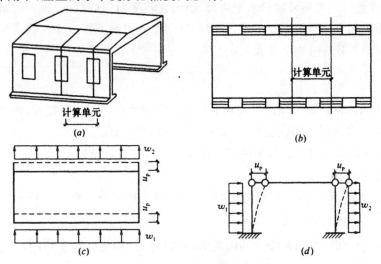

**图 8-28 无山墙的纵墙承重方案单层房屋**

有山墙单层房屋在水平力作用下的空间里性能会受到山墙的约束,整个结构的变形如图 8-29(a)所示。此时不仅纵墙承受水平风荷载,屋盖也承受由纵墙传来的一部分水平风荷载。水平风荷载传递路线为作用在屋盖的那部分水平风荷载将引起屋盖水平梁发生水平挠曲变形,其跨中挠度最大值为 $f_{max}$,水平风荷载也使山墙发生侧移,山墙顶端的侧移最大值为 $\sigma_{max}$,显然,屋盖水平梁跨中的水平位移最大值应为 $u_{s,max} = f_{max} + \sigma_{max}$,如图 8-29(b)、图 8-29(c)所示。

在上述传力系统中,屋盖、纵墙各自分担的水平风荷载多少,就取决于房屋的空间刚度。当山墙的距离很近时,屋盖水平梁的跨度小,排架计算单元的侧移趋近于零。当山墙的距离很远时,大部分的水平风荷载将通过平面排架传给基础。

比较有、无山墙情况下房屋墙顶的水平位移 $u_{s,max}$ 和 $u_p$,可以看出 $u_{s,max} < u_p$。在一般情况下,$u_p$ 的大小取决于纵墙、柱的刚度。$u_{s,max}$ 的大小主要与两端山墙(即横墙)间的水平距离、山墙在其平面内的刚度和屋盖的水平刚度有关。当山墙(即横墙)间距大,水平方向屋盖梁跨度大时,

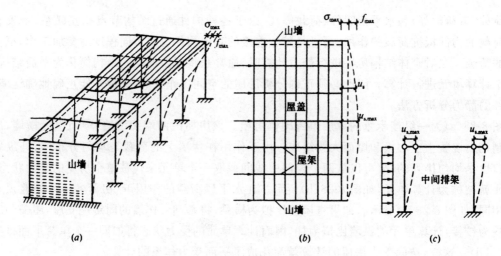

**图 8-29　有山墙单层房屋水平作用力结构图**

屋盖受弯时中间的挠度大；山墙（即横墙）刚度差时，墙顶侧移大，屋盖平移也大；屋盖平面内刚度小时，也加大了其自身的弯曲变形，中间水平位移大，其房屋的空间性能差。反之，屋盖水平侧移小，房屋的空间性能好。将横墙间的水平距离、横墙在其平面内的刚度、屋盖的水平刚度等对计算单元受力的影响称为房屋的空间作用，通常用空间性能影响系数 $\eta$ 来反映房屋空间作用的大小。空间性能影响系数 $\eta$ 可用下式表示：

$$\eta = \frac{u_{s,\max}}{u_p} \tag{8-11}$$

$\eta$ 值越大，表示房屋的纵墙顶的最大水平位移与平面排架的位移越接近，即房屋的空间性能较差；反之，$\eta$ 越小，房屋的空间性能较好，即房屋空间刚度越好。

依据砌体房屋的楼盖（屋盖）水平刚度将楼盖（屋盖）类别划分为 1 类、2 类和 3 类，见表 8-16 中屋盖或楼盖类别。

考虑整体空间作用的房屋，其房屋各层的空间性能影响系数可查表 8-16 确定。

2.**房屋静力计算方案的分类**

根据影响房屋空间刚度的两个主要因素即楼盖（屋盖）的类别和横墙的间距 $s$，将砌体结构房屋静力计算方案分为三种，查表 8-17 确定。

**表 8-16　各层房屋空间性能影响系数**

| 屋盖或楼盖类别 | 横墙间距 s(m) | | | | | | | | | | | | | | |
|---|---|---|---|---|---|---|---|---|---|---|---|---|---|---|---|
| | 16 | 20 | 24 | 28 | 32 | 36 | 40 | 44 | 48 | 52 | 56 | 60 | 64 | 68 | 72 |
| 1 | — | — | — | — | 0.33 | 0.39 | 0.45 | 0.50 | 0.55 | 0.60 | 0.64 | 0.68 | 0.71 | 0.74 | 0.77 |
| 2 | — | 0.35 | 0.45 | 0.54 | 0.61 | 0.68 | 0.73 | 0.78 | 0.82 | — | | | | | |
| 3 | 0.37 | 0.49 | 0.60 | 0.68 | 0.75 | 0.81 | | | | | | | | | |

注：$i$ 取 $1 \sim n$，$n$ 为房屋的层数。

表 8-17　房屋静力计算方案

| | 屋盖或楼盖类别 | 刚性方案 | 刚弹性方案 | 弹性方案 |
|---|---|---|---|---|
| 1 | 整体式、装配整体和装配式无檩体系钢筋混凝土屋盖或钢筋混凝土楼盖 | $s<32$ | $32{\leqslant}s{\leqslant}72$ | $s>72$ |
| 2 | 装配式有檩体系钢筋混凝土屋盖、轻钢屋盖和有密铺望板的木屋盖或木楼盖 | $s<20$ | $20{\leqslant}s{\leqslant}48$ | $s>48$ |
| 3 | 瓦材屋面的木屋盖和轻钢屋盖 | $s<16$ | $16{\leqslant}s{\leqslant}36$ | $s>36$ |

注:(1)表中 $s$ 为房屋横墙间距,其长度单位为 m;

(2)对无山墙或伸缩缝处无横墙的房屋,应按弹性方案考虑。

（1）刚性方案

当房屋的横墙（山墙）间距较小、楼盖和屋盖的水平刚度较大,墙、柱的内力按屋架、大梁与墙、柱为不动铰支承的竖向构件计算,按这种方法进行静力计算的房屋称为刚性方案房屋,其计算简图如图 8-30(a)所示。砌体结构的多层住宅、办公楼、教学楼、宿舍、医院等一般均属刚性方案房屋。

（2）弹性方案

当房屋的横墙（山墙）间距较大,楼盖和屋盖的水平刚度较小,在水平荷载作用下房屋墙、柱顶端的水平位移较大,这时与无山墙的房屋水平位移很接近,即山墙对约束房屋中部计算单元的水平位移不起作用。因此,墙、柱的内力按屋架、大梁与墙、柱为铰接的不考虑空间工作的平面排架或框架计算,按这种方法进行静力计算的房屋称为弹性方案房屋,其计算简图如图 8-30(c)所示。砌体结构的单层厂房、仓库、礼堂、食堂等多属弹性方案房屋。

（3）刚弹性方案

当房屋在水平荷载作用下,墙、柱顶端的水平位移较弹性方案房屋的小,但又不可忽略不计,即横墙（山墙）对约束房屋中部计算单元的水平位移发挥了作用,同时,其发挥的作用还未到达像刚性方案那样使水平位移接近为零的程度口,因此,墙、柱的内力按屋架、大梁与墙、柱为铰接的考虑空间工作的平面排架或框架计算,按这种方法进行静力计算的房屋称为刚弹性方案房屋,其计算简图如图 8-30(b)所示。

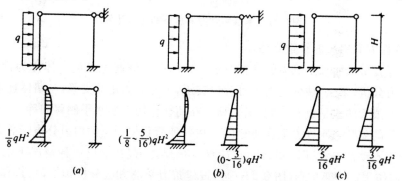

（a）刚性方案；（b）刚弹性方案；（c）弹性方案

图 8-30　房屋静力计算方案

可见,在同样水平荷载作用下,三种计算方案房屋墙体的内力情况是不同的。其中,以刚性方案房屋墙体所受的弯矩值最小,以弹性方案房屋墙体所受的弯矩值最大,而刚弹性方案房屋居中。

由前面分析可知,刚性方案和刚弹性方案房屋中的横墙应具有足够的刚度。因此,刚性方案和刚弹性方案房屋的横墙应符合下列要求:一是横墙的厚度不宜小于180mm;二是横墙中开有洞口时,洞口的水平截面面积不应超过横墙截面面积的50%;三是单层房屋的横墙长度不宜小于其高度,多层房屋的横墙长度不宜小于$H/2$($H$为横墙总高度)。

(三)结构的墙体设计计算

1. 单层房屋的承重纵墙设计计算

(1)单层刚性方案房屋的承重纵墙

单层刚性方案房屋的承重纵墙的计算假定:第一,墙体上端具有水平不动铰支承点;第二,墙体下端为固定端支承。

墙体承受的荷载有:屋盖传来的压力,一般偏心作用于墙体顶端截面,偏心距为压力合力作用点至截面形心的距离;墙体自重;作用在墙体高度范围内的风压(吸)力,当位于抗震设防区时,可能为水平地震作用。

由偏心压力、墙体自重和侧向水平荷载(风荷载)作用的计算简图及内力值,见图8-31。

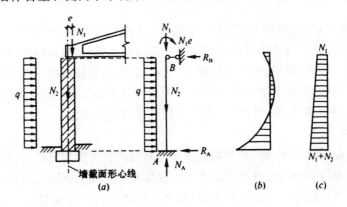

(a)计算简图;(b)弯矩图;(c)轴力图

**图8-31 单层刚性方案房屋的设计计算**

(2)单层弹性方案房屋的承重纵墙

单层弹性方案房屋的承重纵墙的计算假定:第一,以一开间宽度的墙体作为计算单元,按平面排架进行内力分析;第二,墙体上端为可动铰支承,下端为固定端支承,与墙体连接的屋盖视作排架的刚度为无限大的水平链杆,两侧墙体顶端在荷载作用下的水平侧移相等。

墙体所承受的荷载与刚性方案房屋相同。在各种荷载作用下的内力分析步骤为:第一步,先把排架上端看作不动铰支承(图8-32(b)),计算支承反力$R$,并求出这种情况下的内力图;第二步,把$R$反方向作用在排架顶端(图8-32(c)),按建筑力学的方法分析排架内力,作内力图;第三步,将上述两种内力图叠加,得到最后结果。

(3)单层刚弹性方案房屋的承重纵墙

单层刚弹性方案房屋的承重纵墙的计算假定:第一,以一开间宽度的墙体作为计算单元,按

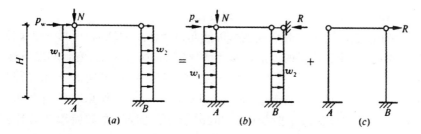

**图 8-32 单层弹性方案房屋的设计计算**

平面排架进行内力分析;第二,墙体上端为弹性铰支承,下端为固定端支承,与墙体连接的屋盖视作排架的刚度为无限大的水平链杆,两侧墙体顶端在荷载作用下的水平侧移相等。

同弹性方案的内力分析步骤,只有一处修改,即图 8-33 中的 $R$ 改为 $\eta R$,如图 8-33 所示。

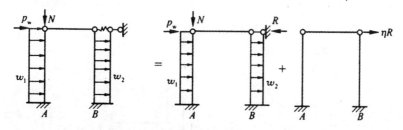

**图 8-33 单层刚弹性房屋的设计计算**

2.多层刚性方案房屋的墙体设计计算

(1)多层刚性方案房屋的承重纵墙

多层刚性方案房屋的承重纵墙按下列假定进行墙体的内力分析(图 8-34):第一,各层楼盖(屋盖)可看作承重纵墙的水平不动铰支承点;第二,纵墙本身为竖向连续构件,但由于在楼盖处墙体截面被伸入墙内的梁或板所削弱,该处不能承受较大的弯矩,但为简化计算,假定每层楼盖处均为铰接;第三,底层墙体与基础连接处,为简化计算并考虑偏于安全,也假定为不动铰支座。

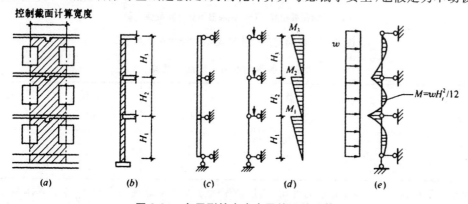

**图 8-34 多层刚性方案房屋的设计计算**

通常砌体结构的纵墙较长,设计时可仅取其中有代表性的一段进行计算,一般取一个开间的窗洞中线间距内的竖向墙带作为计算单元,如图 8-35(a)。各层纵墙的计算单元所承受的荷载如图 8-35(a),本层楼盖梁端或板端传来的支座反力 $N_l$。$N_l$ 的作用点可取为离纵墙内边缘的 $0.4a_o$ 处($a_o$ 为梁或板的有效支承长度);上面各楼层传来的压力 $N_u$,可认为其作用于上一楼层的墙体的截面重心;本层纵墙的自重 $N_G$,其作用于本层的墙体的截面重心;作用于本层纵墙高度范围内的风荷载,在抗震设防地区,还有水平地震作用。

计算承重纵墙时,应逐层选取对承载能力可能起控制作用的截面,而每一层墙体一般由下列几个截面起控制作用:所计算楼层的墙上端楼盖大梁底面、窗口上端、窗台和墙下端即下层楼盖大梁底稍上的截面。当上述几处的截面面积均以窗间墙计算时,如图 8-35(b)所示,偏于安全,将图中的截面Ⅰ—Ⅰ、Ⅳ—Ⅳ作为控制截面。这时截面Ⅰ—Ⅰ处作用有轴向力和弯矩,而截面Ⅳ—Ⅳ只有轴向力,无弯矩,其弯矩图如图 8-35(d)所示。因此,在截面承载力计算时,对截面Ⅰ—Ⅰ要按偏心受压进行计算;对截面Ⅳ—Ⅳ要按轴心受压进行计算;还需对截面Ⅰ—Ⅰ,即大梁支承处的砌体进行局部受压承载能力验算。

对于刚性方案房屋,通常风荷载引起的内力往往不足全部内力的 5%,因此墙体的承载力主要由竖向荷载控制。大量计算和调查结果表明,当多层刚性方案房屋的外墙符合下列要求时,可不考虑风荷载的影响:

①洞口水平截面面积不超过全截面面积的 2/3;

②层高和总高不超过表 8-18 的规定;

③屋面自重不小于 0.8kN/m²。

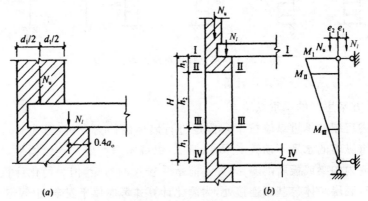

(a) 纵墙荷载位置;(b) 纵墙最不利计算截面位置

图 8-35　纵墙荷载位置和最不利计算截面位置

表 8-18　多层刚性房屋层高与总高

| 基本风压值<br>(kN/m²) | 层 高<br>(m) | 总 高<br>(m) | 基本风压值<br>(kN/m²) | 层 高<br>(m) | 总 高<br>(m) |
|---|---|---|---|---|---|
| 0.4 | 4.0 | 28 | 0.6 | 4.0 | 18 |
| 0.5 | 4.0 | 24 | 0.7 | 3.5 | 18 |

注:对于多层砌块房屋 190mm 厚的外墙,当层高不大于 2.8m,总高不大于 19.6m,基本风压不大于 0.7kN/m² 时可不考虑风荷载的影响。

试验与研究表明,墙与梁(板)连接处的约束程度与上部荷载、梁端局部压应力等因素有关。对于梁跨度大于 9m 的承重墙的多层房屋,除按上述方法计算墙体承载力外,尚需考虑梁端约束弯矩对墙体产生的不利影响。此时可按梁两端固结计算梁端弯矩,将其乘以修正系数 $\gamma$ 后,按墙体线刚度分到上层墙体底部和下层墙体顶部。修正系数 $\gamma$ 可按下式确定:

$$\gamma = 0.2\sqrt{\frac{a}{h}} \tag{8-12}$$

式中：$a$——梁端实际支承长度；

$h$——支承墙体的墙厚，当上、下墙厚不同时取下部墙厚，当有壁柱时取 $h_T$，可近似取 $h_T = 3.5i$，$i$ 为截面回转半径。

（2）多层刚性方案房屋的承重横墙

计算基本假定同承重纵墙，即认为每层承重横墙的上、下端均为铰支承，且楼盖（屋盖）、基础均相当于水平不动的支承点。由于横墙通常承受的是由楼盖传来的均布线荷载，故常沿横墙轴线取宽度为1m的墙体作为计算单元（图8-36）。

当建筑物的开间相同或相差不大，而且楼面活荷载也不大时，内横墙可近似按轴心受压构件计算，可只需验算底层截面Ⅱ—Ⅱ的承载力如图 8-36（b）所示。当横墙左右两侧开间尺寸悬殊或楼面荷载相差较大时，尚应对顶部截面Ⅰ—Ⅰ按偏心受压进行承载力验算。当楼面梁支承于横墙上时，还应验算梁端下砌体的局部受压承载力。

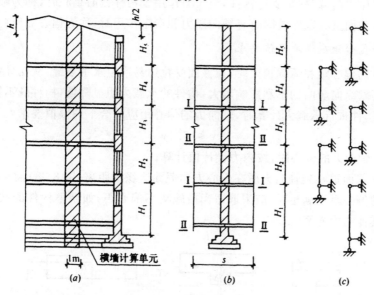

图 8-36　横墙计算简图

3.多层刚弹性方案房屋的墙体设计计算

正如前面单层刚弹性方案房屋的墙体计算，多层刚弹性方案房屋的墙体计算按屋架（或大梁）、横梁与墙（或柱）为铰接的并考虑空间作用的平面排架或框架计算。

多层刚弹性方案房屋的墙体内力分析步骤为：

（1）在各层横梁与墙体连接处加水平铰支杆，计算在水平荷载（风荷载）下无侧移时的支杆反力 $R_i$，并求得相应的内力图，如图 8-37（b）所示。

（2）把已求出的支杆反力 $R_i$ 乘以相应的空间性能影响系数，并将其反向作用在节点上，求得这种情况下的内力图，如图 8-37（c）所示。

（3）将上述两种情况下的内力图叠加即得最后内力。

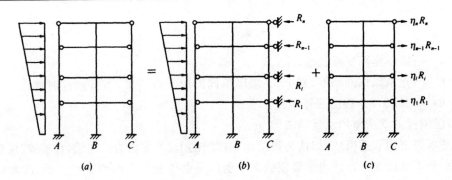

图 8-37 多层刚弹性方案房屋的墙体设计计算

## 二、砌体受压构件承载力计算

### (一)墙、柱受压承载力计算

砌体结构房屋中的墙、柱是受压构件,当压力作用于构件截面重心时,称为轴心受压构件,当压力作用于构件截面重心以外或同时有轴向压力和弯矩作用时,称为偏心受压构件。

1.轴向力的偏心距应满足限值要求

当受压构件的偏心距和荷载较大时,在截面受拉边易产生水平裂缝,从而导致截面受压区减小、构件刚度下降、纵向弯曲的不利影响增大,构件的承载力明显降低,构件既不够安全也不够经济。因此,受压构件进行承载力计算时,轴向力的偏心距应符合下列限值要求:

$$e \leqslant 0.6y \tag{8-13}$$

式中:$e$——轴向力的偏心距,按内力设计值计算;

   $y$——截面重心到轴向力所在偏心方向截面边缘的距离(图 8-38)。

当轴向力的偏心距不满足时,应采取适当措施减小偏心距,如调整构件的截面尺寸、选用配筋砌体或选择其他结构方案。

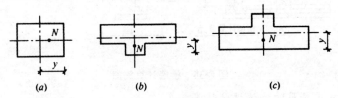

图 8-38 轴向力的偏心距

2.无筋砌体受压构件的承载力计算

根据试验确定的结果,无筋砌体轴心受压和偏心受压构件的承载力就按下式计算:

$$N \leqslant \varphi f A \tag{8-14}$$

式中:$N$——轴向力设计值;

   $F$——砌体抗压强度设计值;

   $A$——截面面积,对各类砌体均应按毛截面计算;

   $\varphi$——高厚比 $\beta$ 和轴向力的偏心距 $e$ 对受压构件承载力的影响系数,可查表 8-19 或按下式计算:

当 $\beta \leqslant 3$ 时 $\varphi = \dfrac{1}{1 + 12 \left( \dfrac{e}{h} \right)^2}$

当 $\beta > 3$ 时 $\varphi = \dfrac{1}{1 + 12 \left[ \dfrac{e}{h} + \sqrt{\dfrac{1}{12} \left( \dfrac{1}{\varphi_0} - 1 \right)} \right]^2}$

$\varphi_0 = \dfrac{1}{1 + \alpha \beta^2}$

式中：$\varphi_0$——轴心受压构件的稳定系数；

$h$——矩形截面的轴向力偏心方向的边长；

$\alpha$——与砂浆强度等级有关的系数，当砂浆强度等级不小于 M5 时，$\alpha$ 等于 0.0015；当砂浆强度等级等于 M2.5 时，$\alpha$ 等于 0.002；当砂浆强度等级等于 0 时，$\alpha$ 等于 0.009。

表 8-19　影响系数 $\varphi$（砂浆强度等级不小于 M5）

| $\beta$ | $\dfrac{e}{h}$ 或 $\dfrac{e}{h_T}$ | | | | | | |
|---|---|---|---|---|---|---|---|
| | 0 | 0.025 | 0.05 | 0.075 | 0.1 | 0.125 | 0.15 |
| $\leqslant 3$ | 1 | 0.99 | 0.97 | 0.94 | 0.89 | 0.84 | 0.79 |
| 4 | 0.98 | 0.95 | 0.90 | 0.85 | 0.80 | 0.74 | 0.69 |
| 6 | 0.95 | 0.91 | 0.86 | 0.81 | 0.75 | 0.69 | 0.64 |
| 8 | 0.91 | 0.86 | 0.81 | 0.76 | 0.70 | 0.64 | 0.59 |
| 10 | 0.87 | 0.82 | 0.76 | 0.71 | 0.65 | 0.60 | 0.55 |
| 12 | 0.82 | 0.77 | 0.71 | 0.66 | 0.60 | 0.55 | 0.51 |
| 14 | 0.77 | 0.72 | 0.66 | 0.61 | 0.56 | 0.51 | 0.47 |
| 16 | 0.72 | 0.67 | 0.61 | 0.56 | 0.52 | 0.47 | 0.44 |
| 18 | 0.67 | 0.62 | 0.57 | 0.52 | 0.48 | 0.44 | 0.40 |
| 20 | 0.62 | 0.57 | 0.53 | 0.48 | 0.44 | 0.40 | 0.37 |
| 22 | 0.58 | 0.53 | 0.49 | 0.45 | 0.41 | 0.38 | 0.35 |
| 24 | 0.54 | 0.49 | 0.45 | 0.41 | 0.38 | 0.35 | 0.32 |
| 26 | 0.50 | 0.46 | 0.42 | 0.38 | 0.35 | 0.33 | 0.30 |
| 28 | 0.46 | 0.42 | 0.39 | 0.36 | 0.33 | 0.30 | 0.28 |
| 30 | 0.42 | 0.39 | 0.36 | 0.33 | 0.31 | 0.28 | 0.26 |
| $\leqslant 3$ | 0.73 | 0.68 | 0.62 | 0.57 | 0.52 | 0.48 | |
| 4 | 0.64 | 0.58 | 0.53 | 0.49 | 0.45 | 0.41 | |
| 6 | 0.59 | 0.54 | 0.49 | 0.45 | 0.42 | 0.38 | |
| 8 | 0.54 | 0.50 | 0.46 | 0.42 | 0.39 | 0.36 | |

| $\beta$ | $\dfrac{e}{h}$ 或 $\dfrac{e}{h_T}$ | | | | | |
|---|---|---|---|---|---|---|
| | 0.175 | 0.2 | 0.225 | 0.25 | 0.275 | 0.3 |
| 10 | 0.50 | 0.46 | 0.42 | 0.39 | 0.36 | 0.33 |
| 12 | 0.47 | 0.43 | 0.39 | 0.36 | 0.33 | 0.31 |
| 14 | 0.43 | 0.40 | 0.36 | 0.34 | 0.31 | 0.29 |
| 16 | 0.40 | 0.37 | 0.34 | 0.31 | 0.29 | 0.27 |
| 18 | 0.37 | 0.34 | 0.31 | 0.29 | 0.27 | 0.25 |
| 20 | 0.34 | 0.32 | 0.29 | 0.27 | 0.25 | 0.23 |
| 22 | 0.32 | 0.30 | 0.27 | 0.25 | 0.24 | 0.22 |
| 24 | 0.30 | 0.28 | 0.26 | 0.24 | 0.22 | 0.21 |
| 26 | 0.28 | 0.26 | 0.24 | 0.22 | 0.21 | 0.19 |
| 28 | 0.26 | 0.24 | 0.22 | 0.21 | 0.19 | 0.18 |
| 30 | 0.24 | 0.22 | 0.21 | 0.20 | 0.18 | 0.17 |

注:砂浆强度等级为 M2.5 和 0 时,查《砌体结构设计规范》。

在应用式(8-14)时,需注意以下问题:

(1)在确定影响系数 $\varphi$ 时,为了反映不同种类砌体构件在受力性能上的差异,应先对构件的高厚比 $\beta$ 进行修正,即构件的高厚比按下列公式确定:

对矩形截面
$$\beta = \gamma_\beta \frac{Ho}{h} \tag{8-15}$$

对 T 形截面
$$\beta = \gamma_\beta \frac{Ho}{h_T} \tag{8-16}$$

式中:$\gamma_\beta$——不同砌体材料构件的高厚比修正系数(见表 8-20);

$Ho$——受压构件的计算高度;

$h$——矩形截面轴向力偏心方向的边长,当轴心受压时为截面较小边长;

$h_T$——T 形截面的折算厚度,可近似取 $h_T = 3.5i$,$i = \sqrt{I/A}$,其中,$I$ 为 T 形截面的惯性矩,$A$ 为其面积。

表 8-20　高厚比修正系数

| 砌体类别 | $\gamma_\beta$ | 砌体类别 | $\gamma_\beta$ |
|---|---|---|---|
| 烧结普通砖、烧结多孔砖 | 1.0 | 蒸压灰砂砖、蒸压粉煤灰砖、细料石、半细料石 | 1.2 |
| 混凝土及轻骨科混凝土砌块 | 1.1 | 粗料石、毛石 | 1.5 |

注:对灌孔混凝土砌块砌体,$\gamma_\beta = 1.0$。

对于表 8-20 中的构件高度 H 的取值规定是:

①在房屋底层,为楼板顶面到构件下端支点的距离,下端支点的位置,可取在基础顶面。当埋置较深且有刚性地坪时,可取室外地面下 500mm 处;

②在房屋其他楼层,为楼板或其他水平支点间的距离;

③对于无壁柱的山墙,可取层高加山墙尖高度的 1/2;对于带壁柱的山墙可取壁柱处的山墙高度。

(2)对于矩形截面构件,当轴向力偏心方向的截面边长大于另一方向的边长时,除应按偏心受压计算外,还应对较小边长方向按轴心受压进行验算。

表 8-21  受压构件的计算高度 Ho

| 房屋类别 | | | 柱 | | 带壁柱墙或周边拉结的墙 | | |
|---|---|---|---|---|---|---|---|
| | | | 排架方向 | 垂直排架方向 | s>2H | 2H≥s>H | s≤H |
| 有吊车的单层房屋 | 变截面柱上段 | 弹性方案 | 2.5H$_u$ | 1.25H$_u$ | 2.5H$_u$ | | |
| | | 刚性、刚弹性方案 | 2.0H$_u$ | 1.25H$_u$ | 2.0H$_u$ | | |
| | 变截面柱下段 | | 1.0H$_i$ | 0.8H$_i$ | 1.0H$_i$ | | |
| 无吊车的单层和多层房屋 | 单跨 | 弹性方案 | 1.5H | 1.0H | 1.5H | | |
| | | 刚弹性方案 | 1.2H | 1.0H | 1.2H | | |
| | 多跨 | 弹性方案 | 1.25H | 1.0H | 1.25H | | |
| | | 刚弹性方案 | 1.10H | 1.0H | 1.1H | | |
| | 刚性方案 | | 1.0H | 1.0H | 1.0H | 0.4s+0.2H | 0.6s |

注:①表中 Hu 为变截面柱的上段高度;Hi 为变截面柱的下段高度;

②对于上端为自由端的构件,H$_0$=2H;

③独立砖柱.当无柱间支撑时,柱在垂直排架方向的 H$_0$ 应按表中数值乘以 1.25 后采用;

④s 为房屋横墙间距;

⑤自承重墙的计算高度应根据周边支承或拉接条件确定。

(3)带壁柱墙截面的翼缘宽度,应按下列规定采用:

①对于多层房屋,当有门窗洞口时,可取窗间墙宽度;当无门窗洞口时,每侧翼墙宽度可取壁柱高度的 1/3(壁柱高度是指一层的高度),但不应大于窗间墙宽度和相邻壁柱间的距离。

②对于单层房屋,可取壁柱宽加 2/3 墙高,但不大于窗间墙宽度和相邻壁柱间距离。

③计算带壁柱墙的条形基础时,可取相邻壁柱间的距离。

(二)砌体局部受压计算

当轴向压力作用于砌体的部分截面上时,砌体处于局部受压,它是砌体结构中常见的一种受力状态。如基础顶面的墙、柱支承处,屋架或梁端部的支承处,砌体截面上均产生局部受压。根据局部受压面积上的应力是否均匀,砌体局部受压分为局部均匀受压和局部不均匀受压两种情况(图 8-39)。

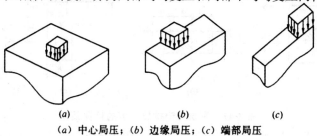

(a)中心局压;(b)边缘局压;(c)端部局压

图 8-39  砌体局部受压情况

试验研究表明,砌体局部受压大致有三种破坏形式:一是因纵向裂缝发展引起的破坏;二是发生劈裂破坏;三是因砌体强度低时产生局部压碎破坏(图 8-40)。

根据实际工程中可能出现的情况,砌体局部受压计算可分为:砌体局部均匀受压;梁端支承处砌体局部受压;刚性垫块下砌体局部受压;垫梁下砌体局部受压等。

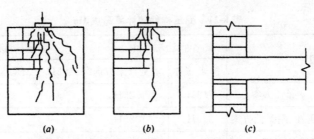

(a) 因纵向裂缝的发展而引起的破坏; (b) 劈裂破坏; (c) 局压破坏

**图 8-40 砌体局部受压破坏形式**

1. *砌体局部均匀受压的计算*

试验研究表明,对于中心局压情况,在局部压力的作用下,局部受压区的砌体将同时产生纵向变形和横向变形,而周围未直接承受压力的部分像套箍一样阻止其横向变形,使直接受荷部分的砌体处于三向受压状态,因而局部受压砌体的抗压强度将明显得到提高。对于边缘及端部局压情况,虽然"套箍强化"作用不明显或不存在,但对于砌体,只要存在未直接承受压力的面积;就有"应力扩散"作用,也就能在不同程度上提高砌体的局部抗压强度。

砌体截面中受局部均匀压力时,其承载力应按下式计算:

$$N_l \leqslant \gamma f A_l \tag{8-17}$$

式中:$N_l$——局部受压面积上的轴向力设计值;

$f$——为砌体的抗压强度设计值,不考虑截面面积对抗压强度设计值的调整;

$A_l$——局部受压面积;

$\gamma$ 砌体局部抗压强度提高系数,按下式确定:

$$\gamma = 1 + 0.35 \sqrt{\frac{A_O}{A_l} - 1} \tag{8-18}$$

式中:$A_0$——影响局部抗压强度的计算面积,按图 8-41 确定。

在按图 8-41 确定影响局部抗压强度的计算面积 $A_0$ 后按式(8-18)计算的 $\gamma$ 值尚不应超过下列限值:

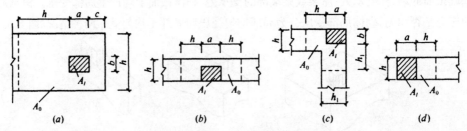

**图 8-41 影响局部抗压强度的计算面积**

在图 8-41 (a) 的情况下,$\gamma \leqslant 2.5$;在图 8-41 (b) 的情况下,$\gamma \leqslant 2.0$;在图 8-41 (c) 的情况下,$\gamma \leqslant 1.5$;在图 8-41 (d) 的情况下,$\gamma \leqslant 1.25$。

对多孔砖砌体和按构造要求灌孔的混凝土砌块砌体，在图 8-41（a）～图 8-41（c）的情况下，尚应符合 $y \leqslant 1.5$。对于未灌孔的混凝土砌块砌体，$\gamma = 1.0$。

2. 梁端支承处砌体局部受压的计算

梁端支承处砌体的局部受压属局部不均匀受压（图 8-42），具有如下特点：

（1）由于梁端转动变形和支承处砌体压缩变形的影响，梁端支承长度将由实际支承长度 $a$ 变为有效支承长度 $a_o$，因此砌体局部受压面积为 $A_l = a_o b$（$b$ 为梁的截面宽度）；

（2）在梁端有效支承长度 $a_o$ 内梁底压应力分布图形为抛物线；

（3）局部受压面积上除梁端支承反力 $N_l$ 外，还可能有上部墙体传来的轴向力 $N_o$。

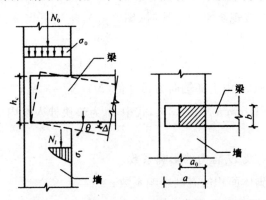

图 8-42　梁端支承处砌体局部不均匀受压

试验表明，当梁上荷载增加时，与梁端底部接触的砌体产生较大的压缩变形，此时若上部荷载产生的平均压应力设计值 $\sigma_o$ 较小，梁端顶部与砌体的接触面将减小，甚至与砌体脱开，砌体形成内拱来传递上部荷载，即"内拱卸荷作用"。$\sigma_o$ 的存在和扩散对梁端下部砌体有横向约束作用，对砌体的局部受压是有利的。但随着 $\sigma_o$ 的增加，上部砌体的压缩变形增大，梁端顶部与砌体的接触面也增大，内拱作用逐渐减小，$\sigma_o$ 的有利影响也变小。这一影响用上部荷载的折减系数 $\psi$ 来表示。

基于试验结果，梁端有效支承长度 $a_o$ 可按下式计算：

$$a_o = 10\sqrt{\frac{h_c}{f}} \tag{8-19}$$

式中：$h_c$——梁的截面高度（mm）；

$f$——砌体的抗压强度设计值（MPa）；

$a_o$——梁端有效支承长度（mm），当 $a_o > a$ 时，应取 $a_o = a$。

梁端支承处砌体局部受压承载力应按下列公式计算：

$$\psi N_o + N_l \leqslant \eta f A_l \tag{8-20}$$

式中：$\psi$ 上部荷载的折减系数，$\psi = 1.5 - 0.5 A_o / A_l$，当 $A_o / A_l \geqslant 3$ 时，取 $\psi = 0$；

$N_0$——局部受压面积内上部轴向力设计值（N），$N_0 = \sigma_o A_l$；

$\sigma_o$——上部平均压应力设计值（N/mm²）；

$N_l$——梁端支承压力设计值（N），$N_l = a_o b$；

$\eta$——梁端底面压应力图形的完整系数,可取 0.7,对于过梁和墙梁可取 1.0。

其余符号意义同前。

### 3.刚性垫块下砌体局部受压的计算

当梁端支承处砌体局部受压承载力不满足时,可在梁端下设置垫块,这样可增大局部受压面积,同时又可确保梁端支承反力的有效传递。工程上常采用预制刚性垫块,有时采用与梁端现浇成整体的垫块。刚性垫块是指垫块的高度 $t_b \geqslant 180mm$,且垫块挑出梁边的长度不大于垫块高度。

试验表明,刚性垫块下砌体的局部受压可采用无筋砌体偏心受压承载力的公式形式进行计算。因此,梁端下设有预制或现浇刚性垫块时(图 8-43),垫块下砌体的局部受压承载力应按下式计算:

$$N_o + N_l \leqslant \varphi \gamma_1 f A_b \tag{8-21}$$

式中:$N_o$——垫块面积 $A_b$ 内上部轴向力设计值(N),$N_o = \sigma_o A_b$;

$A_b$——垫块面积($mm^2$),$A_b = a_b b_b$,式中,$a_b$ 为垫块伸入墙内的长度(mm);$b_b$ 为垫块的宽度(mm);

$\varphi$——垫块上 $N_0$ 及 $N_l$ 合力的影响系数;

$\gamma_1$——垫块外砌体面积的有利影响系数;

$\gamma$——局部抗压强度提高系数。

当现浇垫块与梁端整体浇筑时,垫块可在梁高范围内设置。在带壁柱墙的壁柱内设置预制或现浇刚性垫块时,通常翼缘位于压应力较小处,对受力的影响有限,因此在计算 $A_b$ 时只取壁柱范围内的截面而不计翼缘部分,如图 8-43(c)所示,但构造上要求壁柱上垫块伸入墙内的长度不应小于 120mm。

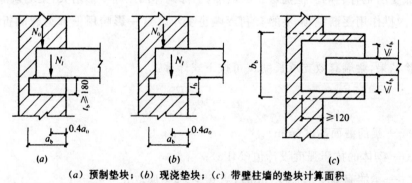

(a)预制垫块;(b)现浇垫块;(c)带壁柱墙的垫块计算面积

**图 8-43  梁端下的刚性垫块**

当求垫块上 $N_0$ 及 $N_l$ 合力的影响系数 $\varphi$ 时,需要知道 $N_l$ 的作用位置。垫块上 $N_l$ 的合力到墙边缘的距离取为 $0.4a_o$,这里 $a_o$ 为刚性垫块上梁端有效支承长度,应按下式确定:

$$a_o = \delta_1 \sqrt{\frac{h_c}{f}} \tag{8-22}$$

4.垫梁下砌体局部受压

当梁或屋架支承处的砌体墙上设有连续的钢筋混凝土梁(如圈梁)时,此时支承梁(如圈梁)还起垫梁的作用。垫梁受上部荷载 $N_0$ 和集中局部荷载 $N_l$ 的作用,可按弹性力学方法分析砌体的受力性能(图 8-44(b))。

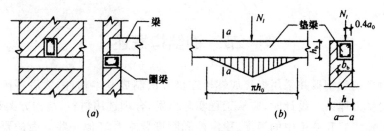

图 8-44　垫梁局部受压

# 第九章　钢结构

## 第一节　钢结构概述

钢结构是由型钢和钢板并采用焊接或螺栓连接方法制成基本构件,然后再按照设计的构造要求连接组成的受力体系。设计时,应从工程实际出发,合理选用材料、结构方案和构造措施,满足结构构件在运输安装和使用中的强度、稳定性和刚度要求及其他一些方面的要求,如防火、防腐蚀等。

钢结构主要应用于工业厂房、大跨度结构(如飞机库、体育馆、展览馆等)、高耸结构、多层和高层建筑、板壳结构等。随着我国钢产量的持续增长,今后钢结构的发展前景和应用范围将更加宽广。与其他材料的结构相比,钢结构具有如下特点:

(1)钢材强度高,结构自重轻。

钢材的强度比混凝土、砖石、木材的强度要高得多,其重量与屈服点的比值低,在承载能力相同的情况下,钢结构具有构件小、重量轻、便于运输与安装的特点。因此,适用于跨度大、高度高、承载重的结构。

(2)塑性、韧性好。

钢材具有良好的塑性。钢结构在一般情况下不会发生突发性破坏,而是在事先有较大的变形作预兆。此外,钢材还具有良好的韧性,能很好地承受动力荷载和地震作用。这些都为钢结构的安全应用提供了可靠保证。

(3)材质均匀。

钢材内部组织均匀,接近各向同性体,在一定的应力幅度范围内,是理想的弹性体,符合材料力学的基本假定。与其他结构相比,钢结构的计算最为可靠准确。

(4)工业化程度高。

钢构件的制作需要复杂的机械设备和严格的工艺要求,通常由金属结构厂进行专业化生产,具有能成批大量生产、精确度高和制造周期短的特点。钢构件运至工地安装,装配与施工效率较高因而工期较短。

(5)可焊性好。

焊接是钢结构最简便的连接方式,通过焊接可制作出形状复杂的构件。焊接钢结构还可以做到完全密封,适宜建造要求气密性和水密性的高压容器,如气柜、油罐等。在另一方面,对于焊接时的局部高温,造成温度场的不均匀和冷却速度的不一致,使钢材产生焊接残余应力和焊接变形,则应在设计与制作中予以注意。

(6)耐腐蚀性差。

钢结构在潮湿与有侵蚀性介质的环境中易于锈蚀,须于建成后除锈、刷涂料加以保护,并应定期重刷涂料,故维护费用较高。

(7)耐火性差。

当温度在100℃以下时,即使长期使用,钢材的屈服点和弹性模量下降不多,故耐热性能较好。当温度超过250℃时,其材质变化较大,强度总趋势是逐步降低的。温度在600℃以上时,钢材进入塑性状态已不能承载。因此,当结构表面温度长期达150℃以上或短时间内可能受到火焰作用时,应采取隔热和防火措施。

(8)钢结构在低温和其他条件下,可能发生脆性断裂,这应引起设计者的特别注意。

# 第二节　钢结构的材料与连接

## 一、钢结构的材料

### (一)钢材的种类

钢材的品种繁多,性能各异,在建筑工程中采用的钢材主要是碳素结构钢、低合金高强度结构钢和优质碳素结构钢。

**1.碳素结构钢**

现行国家标准《碳素结构钢》是参照标准化组织《结构钢》ISO630制定的。按质量等级将钢分为A、B、C、D四级。A级钢最差,只保证抗拉强度、屈服点、伸长率,必要时也可附加冷弯试验的要求,碳、锰含量可以不作为交货条件。B、C、D级钢均保证抗拉强度、屈服点、伸长率、冷弯和冲击韧性等力学性能,碳、硫、磷的极限含量比老标准要求更加严格。

钢的牌号由屈服点中“屈”字汉语拼音的字首Q、屈服点数值(MPa)、质量等级代号(A、B、C、D)及脱氧方法代号(F、B、Z、TZ)等四个部分按顺序组成。F、B、Z、TZ分别表示沸腾钢、镇静钢、半镇静钢和特殊镇静钢,其中Z和TZ可以省略不写。根据钢材厚度(直径)不大于16 mm时的屈服点数值,钢材分为Q195、Q215、Q235、Q255、Q275五种,钢结构一般仅用Q235。冶炼方法一般由供方自行决定,设计者不再另行提出,如需方有特殊要求时可在合同中加以注明。如Q235A表示屈服强度为235 N/mm$^2$的A级镇静碳素结构钢。

**2.低合金高强度结构钢**

国家标准《低合金高强度结构钢》中规定,低合金钢的牌号表示方法与碳素结构钢一样,也根据钢材厚度(直径)不大于16 mm时的屈服点大小,分为Q295、Q345、Q390、Q420和Q460五种。钢的牌号、质量等级符号,除与碳素结构钢A、B、C、D四个等级相同外增加一个E级,主要是要求-40℃的冲击韧性。按脱氧方法不同,低合金高强度结构钢分为镇静钢和特殊镇静钢。如Q345B表示屈服强度为345 N/mm$^2$的B级镇静钢。

**3.优质碳素结构钢**

优质碳素结构钢不以热处理或热处理(正火、淬火、回火)状态交货,用做压力加工用钢和切削加工用钢。由于价格较高,钢结构中使用较少,仅用经热处理的优质碳素结构钢冷拔高强度钢丝或制作高强螺栓、自攻螺钉等。

### (二)钢材的规格

钢结构所用的钢材主要有热轧成型钢板、热轧型钢及冷弯薄壁型钢。

1.热轧钢板

按板厚划分则有薄钢板（厚度 0.35～4 mm）、厚钢板（厚度 4.5～60 mm）和扁钢（厚度 4～60 mm，宽度为 30～200 mm)等。钢板用"—宽度×厚度×长度"或"—宽度×厚度"表示，单位为毫米，如"—450×8×3100"、"—450×8"。

2.热轧型钢

常用的轧制型钢有角钢、工字钢、槽钢、H 型钢、T 型钢、钢管等。

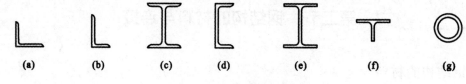

图 9-1　热轧型钢截面

（1）角钢

角钢有等边角钢和不等边角钢两大类。等边角钢以"∟肢宽×肢厚"表示，不等边角钢以"∟长肢宽×短肢宽×肢厚"表示，单位为毫米。

（2）工字钢

工字钢有普通工字钢和轻型工字钢两种，普通工字钢其型号用"I 截面高度的厘米数"来表示，20 号以上的工字钢根据腹板厚度和翼缘宽度的不同，同一号工字钢又有 a、b、c 的区别。其中 a 类腹板最薄、翼缘最窄；b 类腹板较厚、翼缘较宽；c 类腹板最厚，翼缘最宽。如 I32a、I32c。同样，高强度轻型工字钢的翼缘和腹板均较普通工字钢薄，轻型工字钢可用符号"Q"表示，如"Q132a"。

（3）槽钢

槽钢有热轧普通槽钢和轻型槽钢两种，与工字钢一样也是以"[或 Q[截面高度的厘米数"表示型号。从[14 开始，亦有 a、b、c 规格的区分，如[32a。槽钢翼缘内表面的斜度（1：10）比工字钢要平缓，故用螺栓连接时比较容易。型号相同的轻型槽钢比普通槽钢的翼缘要宽且薄，腹板厚度亦小，截面特性更好一些。

（4）H 型钢和 T 型钢

H 型钢与普通工字钢的区别有几方面：首先是翼缘宽，故早期有宽翼缘工字钢一说；其次翼缘内表面没有斜度、上下表面平行，便于与其他构件连接；最后从材料分布形式来看，工字钢材料主要集中在腹板附近，愈向两侧延伸，钢材愈少，而在轧制 H 型钢中，材料分布侧重在翼缘部分，所以 H 型钢的截面特性要明显优越于传统的工字钢、槽钢、角钢及它们的组合截面。

H 型钢分为三类：宽翼缘 H 型钢，代号 HW；中翼缘 H 型钢，代号 HM；窄翼缘 H 型钢，代号 HN。各种 H 型钢均可剖分为 T 型钢供应，代号分别为 TW、TM、TN 三种。H 型钢和剖分 T 型钢的标记方式均采用"高度×宽度×腹板厚度×翼缘厚度"表示，单位为毫米，如 HWl70×250×9×14。

（5）钢管

结构用钢管有热轧无缝钢管和焊接钢管两大类。焊接钢管由钢带卷焊而成，依据管径大小，又分为直缝焊和螺旋焊两种。用符号"Φ外径×壁厚度"表示，单位为毫米，如 Φ400×6。

3.冷弯薄壁型钢

冷弯型钢是用薄钢板在连续辊式冷弯机组上生产出来的冷加工型材,其壁厚一般为1.5~5mm,但制作承重结构受力构件的壁厚不宜小于2mm。

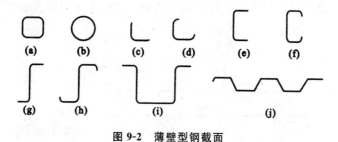

图9-2 薄壁型钢截面

(三)钢材的性能

为了保证结构的安全,钢结构所用的钢材应具有如下性能。

1.强度性能

钢材标准试件在常温静荷载情况下,单向均匀受拉试验时的应力—应变($\sigma-\varepsilon$)曲线如图9-3所示。

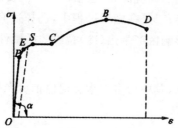

图9-3 碳素结构钢的应力—应变曲线

图中P、E、S、B各点,对应的纵坐标分别为钢材的比例极限、弹性极限、屈服强度、极限抗拉强度。一般地,屈服强度是设计时钢材可以达到的最大应力,而抗拉强度是钢材破坏前能够承受的最大应力。屈强比是衡量钢材强度储备的一个系数,屈强比越低,钢材安全储备越大,但钢材强度的利用率低而不够经济;屈强比过大,则钢材安全储备太小而不够安全。

2.塑性性能

钢材的塑性一般是指当应力超过屈服点后,能产生显著的残余变形(塑性变形)而不立即断裂的性质。衡量钢材塑性好坏的主要指标是延伸率。试件被拉断时的绝对变形值与试件原标距之比的百分数,称为延伸率δ,δ越大,钢材的塑性越好。

3.冷弯性能

冷弯性能是检验钢材弯曲变形能力或塑性性能,同时还能显示钢材内部缺陷状况的一项指标,是鉴定钢材在弯曲状态下塑性应变能力和钢材质量的综合指标。如果试件弯曲至180°时,如外表面和侧面无裂纹、断裂或分层,即为合格。

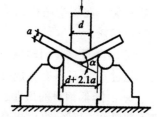

图9-4 钢材冷弯试验示意图

4. 冲击韧性

冲击韧性是指在动力荷载作用下。材料吸收能量的能力($C_V$)。韧性是钢材抵抗冲击荷载的能力,它用材料在断裂时所吸收的总能量来度量,是用带有 V 形缺口的夏比标准试件按如图 9-5 所示进行冲击试验所测得的试件断裂时的冲击功。韧性是钢材强度和塑性的综合指标。

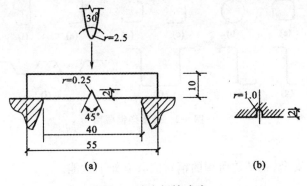

图 9-5　冲击韧性试验

5. 焊接性

焊接性是指钢材对焊接工艺的适应能力,包括两方面的要求:一是通过一定的焊接工艺能保证焊接接头具有良好的力学性能;二是在施工过程中,选择适宜的焊接材料和焊接工艺参数后,有可能避免焊缝金属和钢材热影响区产牛热(冷)裂纹的敏感件。

(四)影响钢材性能的因素

钢材性能受许多因素的影响,其中很多因素会促使钢材产生脆性破坏,应予以格外重视。

1. 化学成分

钢中基本元素:Fe、C、Si、Mn、S、P、O、N。普通碳素钢中,Fe 约占 99%,其余元素约占 1%。低合金钢中,除了上述元素外,还有一定合金元素(镍、钒、钛等,含量占 5%)。各种元素对钢材机械性能的影响如下。

碳 C:含量增加,钢材强度提高,而塑性、韧性和疲劳强度降低,同时焊接性能和抗腐蚀性恶化。一般在碳素结构钢中不应超过 0.22%,在焊接结构钢中还应低于 0.2%。

硅 Si:碳素结构钢中其含量应控制在不大于 0.3%,在低合金高强度钢中硅的含量可达 0.55%。

锰 Mn:含 Mn 适量会使钢材强度增加,降低 S、O 的热脆影响,改善热加工性能,对其他性能影响不大。在碳素结构钢中锰的含量为 0.3%~0.8%,在低合金高强度钢中锰的含量可达 1.0%~1.6%。

硫 S:降低钢材的塑性、韧性、可焊性和疲劳强度,在高温时,使钢材变脆,称之为热脆。含量应不超过 0.045%(有害成分)。

磷 P:降低钢材的塑性、韧性、可焊性和疲劳强度,在低温时,使钢材变脆,称之为冷脆。含量应不超过 0.045%,可以提高强度和抗锈蚀性(有害成分)。

氧 O:降低钢材的塑性、韧性、可焊性和疲劳强度,在高温时,发生热脆(有害成分)。

氮 N:降低钢材的塑性、韧性、可焊性和疲劳强度,在低温时,发生冷脆(有害成分)。

钒 V 和钛 Ti:是钢中的合金元素,能提高钢的强度和抗腐蚀性能,又不显著降低钢的塑性。

铜 Cu：可显著提高钢的抗腐蚀性能，也可以提高钢的强度，但对焊接性能有不利影响。

2. 钢材硬化

(1)冷作硬化

冷作硬化是指钢材加载超过材料比例极限卸载后，出现残余变形，再次加载则屈服点提高，塑性和韧性降低的现象，也称"应变硬化"。

(2)时效硬化

时效硬化是指钢材强度随时间的增长，碳和氮的化合物从晶体中析出，使材料硬化的现象。

3. 冶金缺陷

在冶炼、轧制过程中常常出现的缺陷有偏析、非金属夹杂、裂纹、夹层及气孔等。

(1)偏析

钢中化学成分不一致和不均匀性，主要的偏析是硫、磷，将严重恶化钢材的性能，使偏析区钢材的塑性、韧性及可焊性变坏，如图 9-6 所示。

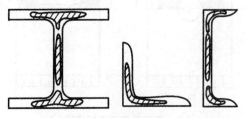

图 9-6　型钢硫的偏析

(2)非金属夹杂

钢材中存在非金属化合物（硫化物、氧化物），使钢材性能变脆。

(3)裂纹、分层

在轧制中可能出现裂纹、分层，影响钢材的冷弯性能。

4. 温度影响

温度对钢材的性能也有影响。研究表明，总的趋势是：随着温度的升高，钢材强度和弹性模量要降低，应变增大；反之，温度降低，钢材强度会略有增加，塑性和韧性却会降低而变脆，如图 9-7 所示。

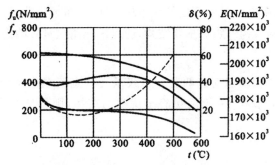

图 9-7　温度对钢材机械性能的影响

温度升高，在 100℃ 以内钢材的性能没有很大变化，但在 250℃ 左右时，钢材的抗拉强度反而提高，同时塑性和韧性均下降，材料有转脆的倾向，因为此时钢材表面氧化膜呈现蓝色，故称为蓝脆现象。钢材应避免在蓝脆温度范围内进行热加工。当钢材温度超过 300℃后,屈服点和极限强度下降显著,600℃时钢材的强度已很低,不适于继续承载。

5.应力集中

钢材的工作性能和力学性能指标都是以轴心受拉杆件中应力沿截面均匀分布的情况作为基础的。工程中的构件不可避免地存在着孔洞、缺口、凹槽、裂缝、厚度和宽度的变化以及钢材内部缺陷等。在截面形状连续性改变处,应力分布将变得不再均匀,在某些点形成了应力高峰,而在其他一些点应力则降低,这种现象称为应力集中,如图 9-8 所示。高峰区的最大应力与净截面的平均应力之比称为应力集中系数。

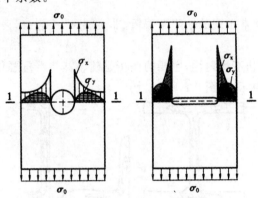

图 9-8 孔洞及槽孔处的应力集中

研究表明,常温下受静荷载作用的结构,只要符合设计和施工规范要求,计算时可不考虑应力集中的影响。但是对于受动荷载作用的结构,尤其是低温下受动荷载作用的结构。应力集中的不利影响将十分突出,往往是引起脆性破坏的根源,设计时应注意构件形状合理,避免构件截面急剧变化,以减小应力集中程度,从构造措施上来防止钢材脆性破坏。

(五)钢材的选用

钢材选择的目的是要保证结构安全可靠、经济合理。以下是选择钢材时应该考虑的各项因素。

1.结构的重要性

结构安全等级不同,所选钢材的质量等级也应不同,对重型工业建筑结构、大跨度结构、高层或超高层的民用建筑结构或构筑物等重要结构,应考虑选用质量好的钢材。

2.荷载情况

荷载可分为静态荷载和动态荷载两种。直接承受动态荷载作用的结构和强烈地震区的结构,应选用综合性能好的钢材。一般承受静态荷载的结构,则可选用质量等级稍低的钢材(如 Q235BF 钢)。

3.连接方式

钢结构的连接方式有焊接和非焊接两类。因为在焊接过程中会产生焊接变形、焊接应力以及其他焊接缺陷,所以,焊接钢结构对材质的要求应严格一些。例如,在化学成分方面,焊接结构必须严格控制碳、硫、磷的极限含量,而非焊接结构(如用高强度螺栓连接的结构)这些要求可适当放宽。

**4.所处的温度和环境**

钢材处于低温时容易冷脆,因此在低温条件下工作的结构,尤其是焊接结构,应选用具有良好抗低温脆断性能的镇静钢。此外,露天结构的钢材容易产生时效,受有害介质作用的钢材容易锈蚀、疲劳和断裂,选择材料时也应注意区别。

**5.钢材厚度**

因为薄钢材辊轧次数多,轧制的压缩比大,而厚度大的钢材压缩比小,所以厚度大的钢材不但强度较小,而且塑性、冲击韧性和焊接性能也较差。因此,厚度大的焊接结构应采用材质较好的钢材,对重要结构中可能产生三向应力的构件,可考虑采用 Z 向钢。

## 二、钢结构的连接

**（一)钢结构的连接方法**

钢结构的连接方法可分为焊缝连接、铆钉连接和螺栓连接三种。

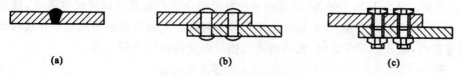

(a)焊缝连接;(b)铆钉连接;(c)螺栓连接

**图 9-9 钢结构的连接方法**

**1.焊缝连接**

焊接是通过电弧产生热量,使焊条和焊件局部熔化,然后冷却凝结形成焊缝,使焊件连成一体的一种连接方式。焊接连接是当前钢结构最主要的连接方式,它的优点是构造简单、节约钢材、加工方便,易于采用自动化作业。焊接连接一般不需拼接材料,不需开孔,可直接连接;连接的密封性好,刚度大。目前钢结构中焊接结构占绝对优势。但焊缝质量易受材料、操作的影响,因此对钢材材性要求较高。高强度钢更要有严格的焊接程序,焊缝质量要通过多种途径的检验来保证。

**2.铆钉连接**

铆钉连接需要先在构件上开孔,用加热的铆钉进行铆合。这种连接传力可靠,韧性和塑性较好,质量易于检查,适用于承受动力荷载、荷载较大和跨度较大的结构。但铆钉连接费工费料,现在很少采用,多被焊接及高强度螺栓连接所代替。

**3.螺栓连接**

螺栓连接可分为普通螺栓连接和高强度螺栓连接两种。螺栓连接的优点是:施工工艺简单,安装方便,特别适用于工地安装连接,工程进度和质量易得到保证。其缺点是:因开孔对构件截面有一定的削弱,且被连接的板件需要相互搭接或另加拼接板或角钢等连接件,因而比焊接连接用材较多,构造也较复杂。此外,螺栓连接需要在板件上开孔和在拼装时对孔,增加了工作量,对制造的精度要求也较高。

（二）焊缝连接

1.焊接的方法

焊接是将被连接的构件需要连接处的钢材加以融化，加入热融的焊条或焊丝作为填充金属一起化成焊池，经冷却结晶后形成焊缝把构件连接起来。

焊接方法很多，房屋钢结构主要采用电弧焊，以焊条为一极接于电机上，以焊件为另一极接地，使焊接处形成可高达 3000℃ 的高温电弧。电弧焊分手工电弧焊、埋弧焊（自动或半自动埋弧焊）以及气体保护焊等。

手工电弧焊（图 9-10）是常用的一种焊接方法。通电后在涂有药皮的焊条与焊件之间产生电弧。在高温作用下，电弧周围的金属变成液态，形成熔池。同时，焊条中的焊丝很快熔化，滴落入焊池中，与焊件的熔融金属相互结合，冷却后即形成焊缝。手工电弧焊的设备简单，焊接的质量与焊工的熟练程度有关。手工电弧焊所用焊条应与被焊钢材（或称主体金属）相适应，一般为：Q235 钢焊件采用 E43×× 型焊条，Q345 钢焊件采用 E50×× 型焊条，Q390 和 Q420 钢焊件采用 E55×× 型焊条。其中 E 表示焊条，后面的两位数字表示焊缝熔敷金属的抗拉强度，最后两位××是数字，表示适用焊缝位置、焊条药皮类型及电源种类。焊条药皮的作用是在焊接时形成溶滴和气体覆盖溶池，防止空气中的氧、氮等有害气体与融化的液体金属接触。

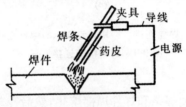

图 9-10　手工电弧焊

自动和半自动埋弧是电弧在焊剂层下燃烧的一种电弧焊方法。焊丝送进和电弧按焊接方向的移动有专门机构控制完成的称"埋弧自动电弧焊"（图 9-11）；焊丝送进有专门机构，而电弧按焊接方向的移动靠人工操作完成的称"埋弧半自动电弧焊"。自动焊和半自动埋弧焊也应采用与焊件相应的焊丝和焊剂，即要求焊缝与主体金属等强。

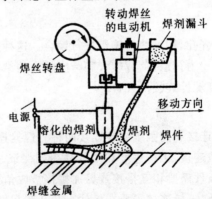

图 9-11　埋弧自动电弧焊

焊接的优点是不削弱截面，连接接头构造简单，施工操作方便，不透气，不透水。缺点是可能产生残余应力和残余变形，使薄的构件翘曲，厚的构件形成焊接应力区段，以致产生脆性断裂；连接件通过焊缝形成整体,刚度大,局部裂缝可能通过焊缝扩展;焊接操作或钢材本身也可能使焊缝产生裂纹、夹渣、气孔、烧穿、咬边、未熔合、未焊透等焊接缺陷,使焊缝变脆、产生应力集中,降低抗脆断能力等。具体表现如图 9-12 所示。防止措施是在保证足够强度的条件下,尽量减少焊缝数量、厚度和密集程度,并尽可能将焊缝对称布置,采用合理的施工工艺。

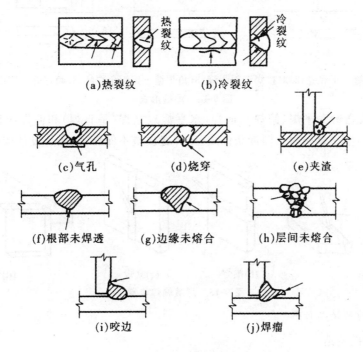

图 9-12 焊缝缺陷

**2.焊缝连接的类型**

焊缝连接形式按被连接钢材的相互位置可分为对接、搭接、T 形连接和角部连接四种(图 9-13)。对接连接主要用于厚度相同或接近相同的两构件的相互连接。搭接连接特别适用于不同厚度构件的连接。T 形连接省工省料,常用于制作组合截面。角部连接主要用于制作箱形截面。

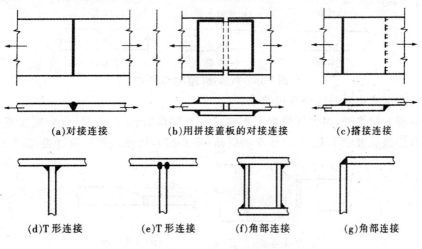

图 9-13 焊缝连接的形式

焊缝形式(图 9-14)可分为对接焊缝和角焊缝,其中角焊缝按受力方向又分为正面角焊缝和侧面角焊缝,角焊缝平行受力方向的为侧面角焊缝,垂直受力方向的为正面角焊缝。

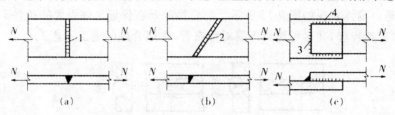

1.对接焊缝—正焊缝;2.对接焊缝斜焊缝;3.角焊缝—正面角焊缝;4.角焊缝—侧面角焊缝

**图 9-14　焊缝形式**

焊缝按施焊位置分为平焊(俯焊)、横焊(水平焊)、立焊(垂直焊)和仰焊四种。平焊施焊方便,质量易于保证,应尽量采用。仰焊条件最差,焊缝质量不保证,故应从设计构造上尽量避免。

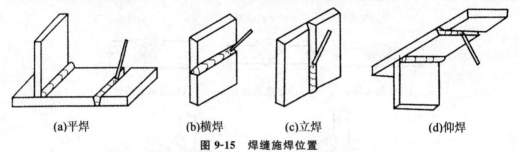

(a)平焊　　　　(b)横焊　　　　(c)立焊　　　　(d)仰焊

**图 9-15　焊缝施焊位置**

3.对接焊缝的构造与计算

(1)对接焊缝的构造

①坡口形式。

对接焊缝又称坡口焊缝,因为在施焊时焊件间须有适合于焊条运转的空间,故一般将焊件边缘加工成坡口。对接焊缝的坡口形式分为Ⅰ形、单边 V 形、V 形、U 形、K 形及 X 形等(图 9-16)。实际选用何种坡口的形式主要根据焊件的厚度和施焊条件来确定。

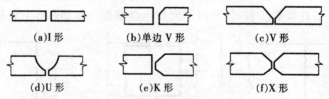

(a)Ⅰ形　　　　(b)单边 V 形　　　　(c)V 形

(d)U 形　　　　(e)K 形　　　　(f)X 形

**图 9-16　对焊接口的坡口形式**

②厚度或宽度变化时的构件连接要求。

在对接焊缝的拼接处,当焊件的宽度不同或厚度相差 4mm 以上时,应分别在宽度或厚度方向从一侧或两侧做成坡度不大于 1:2.5 的斜角(图 9-17),以使截面平缓过渡,减小应力集中。

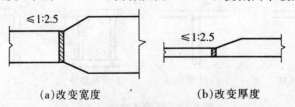

(a)改变宽度　　　　(b)改变厚度

**图 9-17　钢板连接的构造斜角**

③引弧板构造。

对接焊缝的起弧点和落弧点常因不能焊透而出现凹形的焊口,形成弧坑的缺陷,受力后易出现裂纹和应力集中,为避免这种情况,焊接时常将焊缝的起弧点和落弧点延伸至引弧板上,焊后将引弧板切除。引弧板构造如图 9-18 所示。

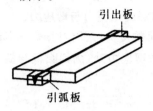

**图 9-18　引弧板构造**

(2)对接焊缝的计算

对接焊缝可视为构件截面的延续组成部分,焊接中的应力分布情况基本与原有构件相同,所以计算时可利用《材料力学》中各种受力状态下构件的强度计算公式。

对接焊缝的质量分为一、二、三级,一、二级焊缝与钢材等强,可不必作计算,当为三级焊缝且受拉时,其焊缝的强度低于焊件的强度,因而需要进行计算。

①垂直于焊缝的轴心力作用下对接焊缝的计算。

轴心受力的对接焊缝(图 9-19)可按下式计算:

$$\sigma = \frac{N}{l_w t} \leqslant f_t^w \text{ 或 } f_c^w \tag{9-1}$$

式中:$N$——轴心拉力或轴心压力;

$l_w$——焊缝计算长度,不用引弧板施焊时,为焊缝的实际长度减去 $2t$;

$t$——在对接接头中为连接件的较小厚度;在 $T$ 形接头中为腹板的厚度;

$f_t^w$ 或 $f_c^w$——对接焊缝的抗拉、抗压强度设计值。

如果经验算直缝的强度不满足,可改用斜对接焊缝,如图 9-19(b)。《钢结构规范》规定:焊缝与力的夹角 $\theta$ 当符合 $\theta \leqslant 56°$ 时,斜焊缝的强度不低于母材强度,可不再进行强度验算。

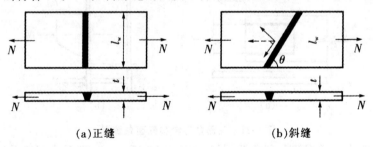

(a)正缝　　　　　　(b)斜缝

**图 9-19　对接焊缝受轴心力作用**

②弯矩和剪力共同作用下的对接焊缝计算。

图 9-20(a)所示是对接接头受到弯矩和剪力的共同作用,由于焊缝截面是矩形,正应力与剪应力分别为三角形与抛物线形,其最大值应分别满足下列强度条件:

$$\sigma_{\max} = \frac{M}{W_w} = \frac{6M}{l_w^2 t} \leqslant f_t^w \tag{9-2}$$

$$\tau_{\max} = \frac{VS_w}{I_w t} = \frac{3}{2} \cdot \frac{V}{l_w t} \leqslant f_v^w \tag{9-3}$$

式中：$W_w$——焊缝截面的截面模量；

$I_w$——焊缝截面对其中性轴的惯性矩；

$S_w$——焊缝截面在计算剪应力处以上截面部分对中和轴的面积矩；

$f_v^w$——对接焊缝的抗剪强度设计值；

$\sigma_{max},\tau_{max}$——验算点处的焊缝正应力与剪应力。

图 9-20(b)所示是工字形截面梁的接头，采用对接焊缝，除应分别验算最大正应力和剪应力外，对于同时受有较大正应力和较大剪应力处，例如腹板与翼缘的交接点，还应按下式验算折算应力：

$$\sqrt{\sigma_1^2 + 3\tau_1^2} \leqslant 1.1 f_t^w \tag{9-4}$$

式中：$\sigma_1,\tau_1$——验算点处的焊缝正应力和剪应力；

1.1——考虑到最大折算应力只在局部出现，而将强度设计值适当提高的系数。

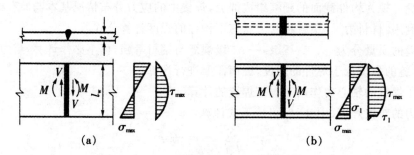

图 9-20　对接焊缝受弯矩和剪力联合作用

4. 角焊缝的构造与计算

(1)角焊缝的构造

角焊缝按其长度方向和外力方向的关系分为侧面角焊缝、正面角焊缝，如图 9-21 所示。当焊缝长度方向和外力作用平行时为侧面角焊缝；当焊缝长度方向和外力垂直时为正面角焊缝。

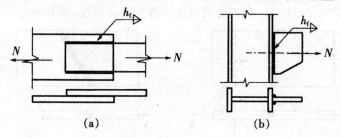

图 9-21　正面角焊缝和侧面角焊缝

角焊缝可分为直角角焊缝和斜角角焊缝，如图 9-22 所示。一般受力焊缝采用直角角焊缝。

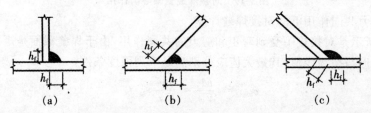

图 9-22　角焊缝的形式

　　直角角焊缝的截面形式有普通焊缝、平坡焊缝、凹缝等几种(图 9-23)，一般情况下常用普通焊缝。

(a)普通焊缝　　　　　　(b)平坡焊缝　　　　　　(c)凹缝

图 9-23　直角角焊缝的截面形式

(2)角焊缝的计算

①角焊缝的有效截面。

　　平分角焊缝的夹角的截面称为焊缝的有效截面，破坏往往从这个截面发生。有效截面的高度称为角焊缝的有效厚度 $h_e$，如图 9-24 所示。

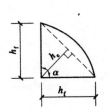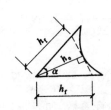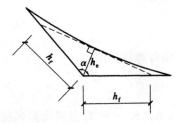

图 9-24　角焊缝有效厚度计算简图

②钢板连接计算。

　　当焊件受轴心力，且轴心力通过连接焊缝形心时，焊缝的应力可以认为是均匀分布的。对正面角焊缝：

$$\sigma_f = \frac{N}{h_e \sum l_w} \leqslant \beta_f f_f^w \tag{9-5}$$

对侧面角焊缝：

$$\tau_f = \frac{N}{h_e \sum l_w} \leqslant f_f^w \tag{9-6}$$

如角焊缝既有正面角焊缝受力性质又有侧面角焊缝受力性质，则按下式计算：

$$\sqrt{(\frac{\sigma_f}{\beta_f})^2 + \tau_f^2} \leqslant f_t^w \tag{9-7}$$

式中：$\beta_f$——正面角焊缝的强度设计值增大系数，静荷载、间接动荷载时取 $\beta_f = 1.22$，动荷载时取 $\beta_f = 1.0$；

　　　　$h_e$——角焊缝的有效厚度，直角角焊缝时取 $h_e = 0.7 h_f$；

　　　　$\sum l_w$——两焊缝间角焊缝计算长度总和，每条焊缝取实际长度减去 $2 h_f$，以考虑扣除施焊时起弧、落弧处的弧坑缺陷；

　　　　$\sigma_f$——垂直于焊缝长度方向的正应力，按焊缝有效截面计算；

　　　　$\tau_f$——沿焊缝长度方向的剪应力，按焊缝有效截面计算；

　　　　$f_f^w$——角焊缝的强度设计值。

③角钢连接计算。

如图 9-25 所示,当角钢用角焊缝连接计算时,虽然轴心力通过截面形心,但由于截面形心到角钢肢背和肢尖的距离不等,故肢背角焊缝和肢尖角焊缝的受力不等。根据力的平衡关系可求出各焊缝的受力。

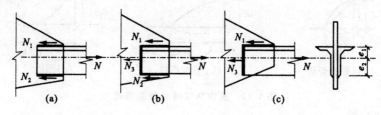

(a)侧向角焊缝连接;(b)三面围焊连接;(c)L 形焊缝连接

**图 9-25　角钢连接计算**

当两边仅用侧面角焊缝连接时,如图 9-25(a)所示,肢背、肢尖角焊缝分别按下式计算:

肢背角焊缝承担的力:

$$N_1 = \frac{e_2}{e_1 + e_2} N = K_1 N \tag{9-8}$$

肢尖角焊缝承担的力:

$$N_1 = \frac{e_2}{e_1 + e_2} N = K_1 N N_2 = \frac{e_2}{e_1 + e_2} N = K_2 N \tag{9-9}$$

式中:$K_1$、$K_2$——角钢侧面角焊缝内里分配系数,如表 9-1 所示。

**表 9-1　角钢侧面角焊缝内里分配系数**

| 角钢类型 | 连接形式 | 角钢肢背 $K_1$ | 角钢肢尖 $K_2$ |
|---|---|---|---|
| 等肢 | | 0.70 | 0.30 |
| 不等肢(短肢相连) | | 0.75 | 0.35 |
| 不等肢(长肢相连) | | 0.65 | 0.25 |

采用三面围焊时,如图 9-25(b)所示,肢背、肢尖角焊缝分别按下式计算:

肢背角焊缝承担的力:

$$N_1 = \frac{e_2}{e_1 + e_2} N - \frac{N_3}{2} = K_1 N - \frac{N_3}{2} \tag{9-10}$$

肢尖角焊缝承担的力:

$$N_2 = \frac{e_1}{e_1 + e_2} N - \frac{N_3}{2} = K_2 N - \frac{N_3}{2} \tag{9-11}$$

正面角焊缝承担的力:

$$N_3 = 0.7 h_f \sum l_{w3} \beta_f f_f^w \tag{9-12}$$

式中:$l_{w3}$——端部正面角焊缝计算长度。

L 形围焊时,如图 9-25(c)所示,正面角焊缝及肢背角焊缝分别按下式计算:

正面角焊缝承担的力:

$$N_3 = 0.7h_f \sum l_{w3} \beta_f f_f^w$$

肢背角焊缝承担的力:

$$N_1 = N - N_3$$

### (三)螺栓连接

**1. 螺栓连接的类型**

(1)普通螺栓连接

普通螺栓连接分为 A、B 级螺栓(精致螺栓)和 C 级螺栓(粗糙螺栓)三种。C 级螺栓直径与孔径相差 $1.0 \sim 2.0$mm,A、B 级螺栓直径与孔径相差 $0.3 \sim 0.5$mm。C 级螺栓安装简单,便于拆装,但螺杆与钢板孔壁接触不够紧密,当传递剪力时,连接变形较大,故 C 级螺栓宜用于承受拉力的连接。A、B 级螺栓的受力性能较 C 级好,但因其加工费用较高且安装费时费工,目前建筑结构中很少采用。

(2)高强螺栓连接

高强螺栓用高强度的钢材制作,安装时通过特制的扳手,以较大的扭矩拧紧螺母,使螺栓杆产生很大的预应力,由于螺母的挤压力把欲连接的部件夹紧,可依靠接触面间的摩擦力来阻止部件的相对滑移,达到传递外力的目的。按受力特征的不同,高强螺栓连接可分为摩擦型和承压型两种。摩擦型以作用剪力达到连接板间的摩擦力作为承载力极限状态,其特点是连接紧密,变形小,弹性性能好,耐疲劳,施工较简单,适用于承受动力荷载的结构连接。承压型以作用剪力达到栓杆抗剪或孔壁承压破坏为承载力极限状态,承载力高于摩擦型螺栓连接,其特点是连接紧凑,剪切变形大,不能用于承受动力荷载的结构连接。

**2. 螺栓的排列**

螺栓在构件上的排列可以是并列或错列,如图 9-26 所示。

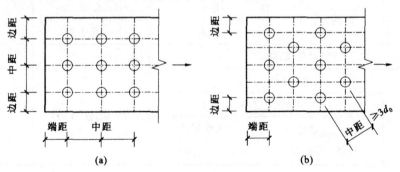

(a)并列;(b)错列

**图 9-26　钢板的螺栓排列**

排列时应考虑下列要求。

(1)受力要求

对于受拉构件,螺栓的栓距和线距不应过小,否则对钢板截面削弱太多,构件有可能沿直线或折线发生净截面破坏。对于受压构件,沿作用力方向螺栓间距不应过大,否则被连接的板件间容易发生鼓曲现象。因此,从受力角度应规定螺栓的最大和最小容许间距。

（2）构造要求

若栓距和线距过大，则构件接触面不够紧密，潮气易于侵入缝隙而产生腐蚀，所以，构造上要规定螺栓的最大容许间距。

（3）施工要求

为便于转动螺栓扳手，就要保证一定的作业空间。所以，施工上要规定螺栓的最小容许间距。

《钢结构设计规范》制定出螺栓排列最大、最小容许距离，如表 9-2 所示。在型钢上排列的螺栓还应符合各自线距和最大孔径的要求，如表 9-3 至表 9-5 所示。角钢、普通工字钢、槽钢截面上排列螺栓的线距如图 9-27 所示。

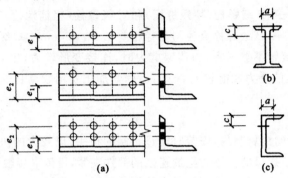

图 9-27　型钢的螺栓排列

表 9-2　螺栓或铆钉的最大、最小容许距离

| 名称 | 位置和方向 | | | 最大容许距离（取两者较少者） | 最少容许距离 |
|---|---|---|---|---|---|
| 中心间距 | 外排（垂直内力方向或顺内力方向） | | | $8d_0$ 或 $12d_0$ | $3d_0$ |
| | 中间排 | 垂直内力方向 | | $16d_0$ 或 $24t$ | |
| | | 顺内力方向 | 压力 | $12d_0$ 以或 $18t$ | |
| | | | 拉力 | $16d_0$ 磊或 $24t$ | |
| | 沿对角线方向 | | | — | |
| 中心至构件边缘距离 | 顺内力方向 | | | $4d_0$ 或 $8t$ | $2d_0$ |
| | 垂直内力方向 | 剪切边或手工气割边 | | | $1.5d_0$ |
| | | 轧制边自动精密气割或锯割边 | 高强度螺栓 | | |
| | | | 其他螺栓或铆钉 | | $1.2d_0$ |

表 9-3　角钢上螺栓或铆钉线距表（mm）

| 单行排列 | 角钢肢宽 | 40 | 45 | 50 | 56 | 63 | 70 | 75 | 80 | 90 | 100 | 110 | 125 |
|---|---|---|---|---|---|---|---|---|---|---|---|---|---|
| | 线距 e | 25 | 25 | 30 | 30 | 35 | 40 | 40 | 45 | 50 | 55 | 60 | 70 |
| | 钉孔最大直径 | 11.5 | 13.5 | 13.5 | 15.5 | 17.5 | 20 | 22 | 22 | 24 | 24 | 26 | 26 |

| 双行错排 | 角钢肢宽 | 125 | 140 | 160 | 180 | 200 | 双行并列 | 角钢肢宽 | 160 | 180 | 200 |
|---|---|---|---|---|---|---|---|---|---|---|---|
| | $e_1$ | 55 | 60 | 60 | 70 | 80 | | $e_1$ | 60 | 70 | 80 |
| | $e_2$ | 90 | 100 | 120 | 140 | 160 | | $e_2$ | 130 | 140 | 160 |
| | 钉孔最大直径 | 24 | 24 | 26 | 26 | 26 | | 钉孔最大直径 | 24 | 24 | 26 |

**表 9-4 工字钢和槽钢腹板上的螺栓线距表（mm）**

| 工字钢型号 | 12 | 14 | 16 | 18 | 20 | 22 | 25 | 28 | 32 | 36 | 40 | 45 | 50 | 56 | 63 |
|---|---|---|---|---|---|---|---|---|---|---|---|---|---|---|---|
| 线距 $C_{min}$ | 40 | 45 | 45 | 45 | 50 | 50 | 55 | 60 | 60 | 65 | 70 | 75 | 75 | 75 | 75 |
| 槽钢型号 | 12 | 14 | 16 | 18 | 20 | 22 | 25 | 28 | 32 | 36 | 40 | — | — | — | — |
| 线距 $C_{min}$ | 40 | 45 | 50 | 50 | 55 | 55 | 55 | 60 | 65 | 70 | 75 | | | | |

**表 9-5 工字钢和槽钢翼缘上的螺栓线距表（mm）**

| 工字钢型号 | 12 | 14 | 16 | 18 | 20 | 22 | 25 | 28 | 32 | 36 | 40 | 45 | 50 | 56 | 63 |
|---|---|---|---|---|---|---|---|---|---|---|---|---|---|---|---|
| 线距 $a_{min}$ | 40 | 40 | 50 | 55 | 60 | 65 | 65 | 70 | 75 | 80 | 80 | 85 | 90 | 95 | 95 |
| 槽钢型号 | 12 | 14 | 16 | 18 | 20 | 22 | 25 | 28 | 32 | 36 | 40 | — | — | — | — |
| 线距 $a_{min}$ | 30 | 35 | 35 | 40 | 40 | 45 | 45 | 45 | 50 | 56 | 60 | | | | |

**表 9-6 螺栓、孔的表示方法**

| 序号 | 名称 | 图例 | 说明 |
|---|---|---|---|
| 1 | 永久螺栓 | | 1.细"+"线表示定位线 |
| 2 | 高强度螺栓 | | 2.采用引出线标注时，横线上标注螺栓规格，横线下标注螺栓孔直径 |
| 3 | 安装螺栓 | | $$\frac{M}{\phi}$$ |
| 4 | 圆形螺栓孔 | | 3.M 表示螺栓型号 |
| 5 | 长圆形螺栓孔 | | 4.Φ 表示螺栓孔直径 |

# 第三节 轴心受力构件与拉弯、压弯构件

## 一、轴心受力构件

### （一）轴心受力构件的类型

轴心受力构件的常用截面形式可分为实腹式和格构式两大类。

实腹式构件制作简单，与其他构件连接也比较方便。其常用形式有：单个型钢截面，如圆钢、

钢管、角钢、T 型钢、槽钢、工字钢、H 型钢等，如图 9-28(a)所示；组合截面，由型钢或钢板组合而成的截面，如图 9-28(b)所示；一般桁架结构中的弦杆和腹杆，除 T 型钢外，常采用热轧角钢组合成 T 形的或卜字形的双角钢组合截面，如图 9-28(c)所示；在轻型钢结构中则可采用冷弯薄壁型钢截面，如图 9-28(d)所示。以上这些截面中，截面紧凑的(如圆钢和组成板件宽厚比较小的截面)或对两主轴刚度相差悬殊者(如单槽钢、工字钢)，一般只用于轴心受拉构件；较为开展的或组成板件宽而薄的截面通常用做受压构件，这样更为经济。

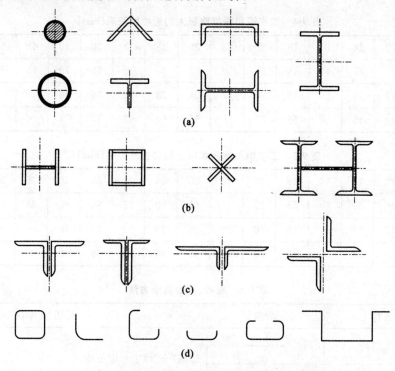

(a)型钢；(b)组合截面；(c)双角钢；(d)冷弯薄壁型钢

**图 9-28　轴心受力实腹式的截面形式**

格构式构件容易实现压杆两主轴方向的等稳定性，刚度大，抗扭性能也好，用料较省。其截面一般由两个或多个型钢肢件组成(图 9-29)，肢件间通过缀条或缀板进行连接而成为整体，缀板和缀条统称为缀材(图 9-30)。

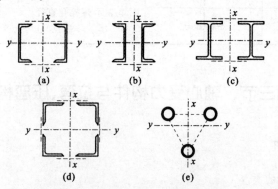

**图 9-29　格构式构件的常用截面形式**

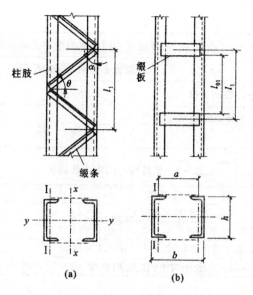

(a)缀条柱；(b)缀板柱

**图 9-30　格构式构件的缀材布置**

（二）轴心受力构件的强度

轴心受力构件的强度承载力是以净截面的平均应力达到钢材的屈服应力（屈服点）为极限。轴心受力构件的强度按下式计算：

$$\sigma = \frac{N}{A_n} \leqslant f \tag{9-13}$$

式中：$N$——轴心拉力设计值；

$\quad\quad A_n$——构件净截面面积；

$\quad\quad F$——钢材的抗拉和抗压强度设计值。

（三）轴心受力构件的刚度

按照正常使用要求，轴心受力构件不应过分柔弱，必须有一定的刚度，防止使用中产生过大变形。轴力构件的刚度标志是长细比，因而刚度的保证是通过限制构件的长细比来实现的。

$$\lambda = \frac{l_0}{i} \leqslant [\lambda] \lambda = \frac{l_0}{i} \leqslant [\lambda] \tag{9-14}$$

式中：$\lambda$——构件长细比，对于仅承受静力荷载的桁架为自重产生弯曲的竖向平面内的长细比，其他情况为构件最大长细比；

$\quad\quad l_0$——构件的计算长度；

$\quad\quad i$——截面的回转半径；

$\quad\quad [\lambda]$——构件的容许长细比，见表 9-7 和表 9-8。

**表 9-7　受拉构件的容许长细比**

| 项次 | 构件名称 | 承受静力荷载或间接承受动力荷载的结构 | | 直接承受动力荷载的结构 |
| --- | --- | --- | --- | --- |
| | | 有重级工作制吊车的厂房 | 一般结构 | |
| 1 | 桁架的杆件 | 250 | 350 | 250 |

| 项次 | 构件名称 | 承受静力荷载或间接承受动力荷载的结构 | | 直接承受动力荷载的结构 |
|---|---|---|---|---|
| | | 有重级工作制吊车的厂房 | 一般结构 | |
| 2 | 吊车梁或吊车桁架以下的柱间支撑 | 200 | 300 | — |
| 3 | 其他拉杆、支撑、系杆等(张紧的圆钢除外) | 350 | 400 | — |

表 9-8　受压构件的容许长细比

| 项次 | 构件名称 | 容许长细比 |
|---|---|---|
| 1 | 柱、桁架和天窗架构件 | 150 |
| | 柱的缀条、吊车梁或吊车桁架以下的柱间支撑 | |
| 2 | 支撑(吊车梁或吊车桁架以下的柱间支撑除外) | 200 |
| | 用以减少受压构件长细比的杆件 | |

**(四)轴心受力构件的稳定**

　　轴心受压构件设计中,还应满足整体稳定和局部稳定要求。轴心受压构件的整体失稳破坏有弯曲失稳、扭转失稳和弯扭失稳等,与截面形式密切相关,也与构件的长细比有关(见表 9-9,表 9-10)。由于钢结构中采用钢板厚度 $t \geqslant 4mm$ 的开口或封闭性截面,抗扭刚度较大,设计中一般仅考虑弯曲失稳。

　　《钢结构设计规范》对轴心受压构件的整体稳定计算采用下列公式:

$$\sigma = \frac{N}{\varphi A} \leqslant f \qquad (9\text{-}15)$$

　　式中:$\varphi$——轴心受压构件的整体稳定系数;

　　　　　$N$——构件承受的轴心压力设计值;

　　　　　$A$——构件截面面积;

　　　　　$f$——钢材抗压强度设计值。

表 9-9　轴心受压构件的截面分类(板厚 $t \geqslant 40mm$)

| 截面情况 | | 对 $x$ 轴 | 对 $y$ 轴 |
|---|---|---|---|
| 轧制工字形或 H 形截面 | $t < 80mm$ | b 类 | c 类 |
| | $t \geqslant 80mm$ | c 类 | d 类 |
| 焊接工字型截面 | 翼缘为焰切边 | b 类 | b 类 |
| | 翼缘为轧制或剪切边 | c 类 | d 类 |
| 焊接箱型截面 | 板件宽厚比>20 | b 类 | b 类 |
| | 板件宽厚比≤20 | c 类 | c 类 |
| | | | |

**表 9-10  轴心受压构件的截面分类(板厚 $t<40$mm)**

| 截面形式 | | | 对 $x$ 由 | 对 $y$ 轴 |
|---|---|---|---|---|
| $x \bigcirc x$轧制 | | | a 类 | a 类 |
| 轧制,$b/h \leqslant 0.8$ | | | a 类 | b 类 |
| 轧制,$b/h \leqslant 0.8$ | 焊接,翼缘为焰切边 | 焊接 | b 类 | b 类 |
| 轧制 | | 轧制,等边角钢 | | |
| 轧制,焊接 | 轧制或焊接 | | | |
| 焊接 | | 轧制截面和翼缘为焰切边的焊接截面 | | |
| 格构式 | | 焊接,板件边缘焰切 | | |
| 焊接,翼缘为轧制或剪切边 | | | b 类 | c 类 |

| 截面形式 | | 对 $x$ 由 | 对 $y$ 轴 |
|---|---|---|---|
| 焊接,板件边缘轧制或剪切 | 焊接,板件宽厚比小于或等于 20 | c类 | c类 |

## 二、拉弯构件和压弯构件

同时承受轴心拉力和弯矩作用的构件称为拉弯构件,又称偏心受拉构件(图 9-31)。实际工程中,钢屋架下弦当节点之间有横向荷载作用时,即视为拉弯构件。

同时承受轴心压力和弯矩作用的构件称为压弯构件,又称偏心受压构件(图 9-32)。压弯构件在钢结构中应用十分广泛,如有节间荷载作用的屋架上弦杆和有吊车梁的厂房柱,高层建筑的框架柱等。

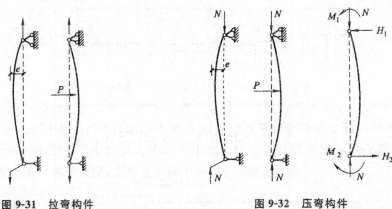

图 9-31 拉弯构件          图 9-32 压弯构件

(一)拉弯构件和压弯构件的强度与刚度

1. 强度计算

图 9-33 为一双轴对称矩形截面压弯构件,受轴心压力 $N$ 和弯矩 $M$ 共同作用。当荷载较小时,截面边缘最大纤维压应力小于 $f_y$,构件处于弹性工作状态。随着荷载继续增加,截面受压边缘纤维屈服,截面受压区进入塑性工作状态。当荷载再继续增加时,整个截面进入塑性状态形成塑性铰,具体如图 9-33 所示。

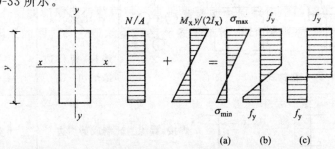

图 9-33 压弯(拉弯)

钢结构规范规定,对单向拉弯和压弯构件的强度计算公式为:

$$\frac{N}{A_n} \pm \frac{M}{\gamma W_{nx}} \leqslant f \quad \frac{N}{A_n} \pm \frac{M}{\gamma W_{nx}} \leqslant f \tag{9-16}$$

式中:$N$——轴心压力或拉力;

$M$——弯矩设计值;

$A_n$、$W_{nx}$——构件的净截面面积及净截面抵抗矩;

$\gamma$——截面塑性发展系数。

对于双向拉弯或压弯构件,采用类似公式:

$$\frac{N}{A_n} \pm \frac{M_x}{\gamma_x W_{nx}} \pm \frac{M_x}{\gamma_y W_{ny}} \leqslant f \tag{9-17}$$

式中:$M_x$、$M_y$——构件同一截面上对 $x$ 轴和 $y$ 轴的弯矩设计值;

$W_{nx}$、$W_{ny}$——对 $x$ 轴和 $y$ 轴的净截面抵抗矩,取值应与正负弯曲应力相适应;

$\gamma_x$、$\gamma_y$——截面塑性发展系数。

2.刚度验算

拉弯、压弯构件的刚度也是用构件的长细比来控制,即构件的两主轴长细比不超过钢结构规范规定的容许长细比。

当以承受弯矩为主,轴心力较小或有其他需要时,还须计算拉弯或压弯构件的挠度或变形,使其不超过容许值。

(二)实腹式压弯构件的整体稳定

我们以实腹式单向压弯构件在弯矩作用平面内的稳定计算为例进行说明。

实腹式压弯构件的承载力取决于构件的长度、支撑条件、截面的形状和尺寸及构件的初始缺陷(初偏心、初弯矩和残余应力),其在弯矩作用平面内失稳时已经发展了塑性。因此钢结构规范以边缘纤维屈服为准则,计人轴心压力引起的弯矩增大影响及截面上部分塑性扩展,并考虑了构件的初始缺陷,导出了弯矩作用平面内的稳定计算公式为:

$$N'_{Ex} = \pi^2 EA/(1.1\lambda_x^2) \quad \sigma = N/(\varphi_x A) + \beta_{mx} M_x/[\gamma_x W_{1x}(1-0.8N/N'_{Ex})] \leqslant f \tag{9-18}$$

式中:$N$——压弯构件的轴心压力设计值;

$\varphi_x$——弯矩作用平面内的轴心受压构件的稳定系数;

$M_x$——所计算构件段范围内的最大弯矩设计值;

$N'_{Ex}$——参数,$N'_{Ex} = \pi^2 EA/(1.1\lambda_x^2)$;

$W_{1x}$——弯矩作用平面内较大受压纤维的毛截面模量;

$\beta_{mx}$——弯矩作用平面内等效弯矩系数,按钢结构规范规定采用。

(三)实腹式压弯构件的局部稳定

压弯构件的局部稳定也是采用限制板件的宽(高)厚比来保证的,我们以工字型及 H 截面为例加以说明。

1.翼缘

按弹性设计时($\gamma_x = 1$)

$$b/t \leqslant 15\sqrt{253/f_y} \tag{9-19}$$

考虑截面部分发展塑性时($\gamma_x > 1$)

$$b/t \leqslant 13\sqrt{235/f_y} \tag{9-20}$$

2.腹板

当 $0 \leqslant a_0 \leqslant 1.6$ 时

$$h_0/t_w \leqslant (16a_0 + 0.5\lambda + 25)\sqrt{235/f_y} \tag{9-21}$$

$1.6 < a_0 \leqslant 2.0$ 时

$$h_0/t_w \leqslant (48a_0 + 0.5\lambda - 26.2)\sqrt{235/f_y} \tag{9-22}$$

式中：$a_0$——腹板的应力梯度，$a_0 = (\sigma_{max} - \sigma_{min})/\sigma_{max}$；

$\sigma_{max}$——腹板计算高度边缘的最大压应力，计算时不考虑构件的稳定系数和截面塑性发展系数；

$\sigma_{min}$——腹板计算高度另一边缘的相应的应力，拉应力为正，压应力为负；

$\lambda$——构件在弯矩作用平面内的长细比，当 $\lambda < 30$ 时，取 $\lambda = 30$；当 $\lambda > 100$ 时，取 $\lambda = 100$。

# 第四节　钢结构的受弯构件

## 一、受弯构件结构的类型

承受横向荷载的构件称为受弯构件，其形式有实腹式和格构式两种类型。

实腹式受弯构件通常为梁，在土木工程中应用很广泛，如房屋建筑中的楼盖梁、工作平台梁、吊车梁、屋面檩条和墙架横梁，以及桥梁、水工闸门、起重机、海上采油平台中的梁等。格构式受弯构件通常称为桁架。

实腹式受弯梁构件分为型钢梁和组合梁两大类。型钢梁构造简单，制造省工，成本较低，因而应优先采用。但在荷载较大或跨度较大时，由于轧制条件的限制，此时型钢的尺寸、规格不能满足梁承载力和刚度的要求，就必须采用组合梁。

型钢梁的截面有热轧工字钢（图9-34(a)）、热轧 H 型钢（图9-34(b)）和槽钢（图9-34(c)）三种，其中以 H 型钢的截面分布最为合理，翼缘内外边缘平行，与其他构件连接较方便，故应予优先采用。某些受弯构件（如檩条）采用冷弯薄壁型钢（图9-34(d)至图9-34(f)）较为经济，但防腐要求较高。

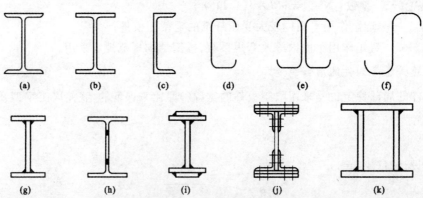

图 9-34　梁的截面类型

组合梁一般采用三块钢板焊接而成的工字形截面(图 9-34(g)),或由 T 型钢(H 型钢剖分而成)中间加板的焊接截面(图 9-34(h))。当焊接组合梁翼缘需要很厚时,可采用两层翼缘板的截面(图 9-34(i))。受动力荷载的梁如钢材质量不能满足焊接结构的要求时,可采用高强度螺栓或铆钉连接而成的工字形截面(图 9-34(j))。荷载很大而高度受到限制或梁的抗扭要求较高时,可采用箱形截面(图 9-34(k))。组合梁的截面组成比较灵活,可使材料在截面上的分布更为合理,节省钢材。

## 二、梁的强度和刚度

梁的强度问题需考虑抗弯强度、抗剪强度、局部承压强度以及复杂应力作用下强度,其中抗弯强度计算是首要的。

(一)梁的抗弯强度

梁的抗弯强度按下列规定计算,在弯矩 $M_x$ 作用下:

$$\frac{M_x}{\gamma_x W_{nx}} + \frac{M_y}{\gamma_y W_{ny}} \leq f \quad \frac{M_x}{\gamma_x W_{nx}} \leq f \tag{9-23}$$

在弯矩 $M_x$ 和 $M_y$ 作用下:

$$\frac{M_x}{\gamma_x W_{nx}} + \frac{M_y}{\gamma_y W_{ny}} \leq f \tag{9-24}$$

式中:$M_x$、$M_y$——绕 $x$ 轴和 $y$ 轴的弯矩(对工字形截面,$x$ 轴为强轴,$y$ 轴为弱轴);

$W_{nx}$、$W_{ny}$——对 $x$ 轴和 $y$ 轴的净截面模量;

$\gamma_x$、$\gamma_y$——截面塑性发展系数:对工字形截面,$\gamma_x=1.05$,$\gamma_y=1.20$;对箱形截面,$\gamma_x=\gamma_y=1.05$;其他截面,可按表 9-11 采用;

$f$——钢材的抗弯强度设计值。

表 9-11 截面塑性发展系数

| 项次 | 截面形式 | $\gamma_x$ | $\gamma_y$ |
|---|---|---|---|
| 1 | | | 1.2 |
| 2 | | 1.05 | 1.05 |
| 3 | | $\gamma_x=1.05$ $\gamma_y=1.2$ | 1.2 |
| 4 | | | 1.05 |

续表

| 项次 | 截面形式 | $\gamma_x$ | $\gamma_y$ |
|---|---|---|---|
| 5 | | 1.2 | 1.2 |
| 6 | | 1.15 | 1.15 |
| 7 | | 1.0 | 1.05 |
| 8 | | | 1.0 |

（二）梁的抗剪强度

一般情况下，梁既承受弯矩，同时又承受剪力。工字形和槽形截面梁腹板上的剪应力分布如图 9-35 所示，剪应力的计算公式为：

$$\tau = \frac{VS}{It_w} \tag{9-25}$$

式中：$V$——计算截面沿腹板平面作用的剪力；

$S$——计算剪应力处以上（或以下）毛截面对中和轴的面积矩；

$I$——毛截面惯性矩；

$t_w$——腹板厚度。

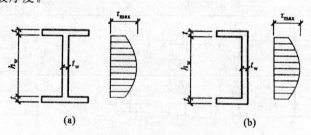

图 9-35 腹板剪应力

截面上的最大剪应力发生在腹板中和轴处。因此，在主平面受弯的实腹构件，其抗剪强度应按下式计算：

$$\tau_{\max} = \frac{VS'}{It_w} \leqslant f_v \tag{9-26}$$

式中：$S'$——中和轴以上毛截面对中和轴的面积矩；

$f_v$——钢材的抗剪强度设计值。

此外，当梁的翼缘受有沿腹板平面作用的固定集中荷载（包括支座反力）且该荷载处又未设置支承加劲肋时，或受有移动的集中荷载（如吊车的轮压）时，应验算腹板计算高度边缘的局部承压强度。梁的局部承压强度、复杂应力作用下强度的具体计算按《钢结构设计规范》规定进行。

（三）梁的刚度

梁的刚度用荷载作用下的挠度大小来度量（见表 9-12），即：

$$v \leqslant [v] \tag{9-27}$$

式中：$v$——由荷载标准值（不考虑荷载分项系数和动力系数）产生的最大挠度；

$[v]$——梁的容许挠度值。

表 9-12 受弯构件容许挠度值

| 项次 | 构件类别 | 挠度容许值 | |
|---|---|---|---|
| | | $[v_T]$ | $[v_Q]$ |
| 1 | 吊车梁和吊车桁架（按自重和起重量最大的一台吊车计算挠度） | | |
| | (1)手动吊车和单梁吊车（含悬挂吊车） | 1/500 | |
| | (2)轻级工作制桥式吊车 | 1/800 | |
| | (3)中级工作制桥式吊车 | 1/1000 | |
| | (4)重级工作制桥式吊车 | 1/1200 | |
| 2 | 手动或电动葫芦的轨道梁 | 1/400 | |
| 3 | 有重轨（重量等于或大于38kg/m）轨道的工作平台梁 | 1/600 | |
| | 有轻轨（重量等于或小于24kg/m）轨道的工作平台梁 | 1/400 | |
| 4 | 楼(屋)盖梁或桁架、工作平台梁（第3项除外）和平台板 | | |
| | (1)主梁或桁架（包括设有悬挂起重设备的梁和桁架） | 1/400 | 1/500 |
| | (2)抹灰顶棚的次梁 | 1/250 | 1/350 |
| | (3)除(1)、(2)款外的其他梁（包括楼梯梁） | 1/250 | 1/300 |
| | (4)屋盖檩条　支承无积灰的瓦楞铁和石棉瓦屋面者 | 1/250 | — |
| | 支承压型金属板、有积灰的瓦楞铁和石棉瓦等屋面者 | 1/200 | — |
| | 支承其他屋面材料者 | 1/150 | — |
| | (5)平台板 | 1/150 | — |
| 5 | 墙架构件（风荷载不考虑阵风系数） | | |
| | (1)支柱 | — | 1/400 |
| | (2)抗风桁架（作为连续支柱的支承时） | — | 1/1000 |
| | (3)砌体墙的横梁（水平方向） | — | 1/300 |
| | (4)支承压型金属板、瓦楞铁和石棉瓦墙的横梁（水平方向） | — | 1/200 |
| | (5)带有玻璃窗的横梁（竖直和水平方向） | — | 1/200 |

## 三、梁的整体稳定

有些梁在荷载作用下，虽然其截面的正应力还低于钢材的强度，但其变形会突然偏离原来的弯曲变形平面,同时发生侧向弯曲和扭转,如图 9-36 所示,这种现象称为梁的整体失稳。梁整体失稳的主要原因是侧向刚度及扭转刚度太小、侧向支撑的间距太大等。

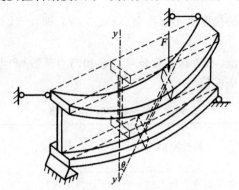

图 9-36    梁的整体失稳

《钢结构设计规范》规定,当符合下列情况之一时,梁的整体稳定可以得到保证,不必计算:

(1)有刚性铺板密铺在梁的受压翼缘上并与其牢固连接,能阻止梁受压翼缘的侧向位移时;

(2)工字形截面简支梁,受压翼缘的自由长度与其宽度之比不超过表 9-13 所规定的数值时;

(3)箱形截面简支梁,其截面尺寸满足 $\frac{h}{b_0} \leqslant 6$,且 $\frac{l}{b_0} \leqslant 95(\frac{235}{f_y}\frac{235}{f_y})$ 时(箱形截面的此条件很容易满足)。

表 9-13    工字形截面简支梁不需计算整体稳定的最大 $\frac{l_1}{b_1}$ 值

| 跨中无侧向支承,荷载作用在 | | 跨中有侧向支承,不论荷载作用于何处 |
|---|---|---|
| 上翼缘 | 下翼缘 | |
| $13\sqrt{235/f_y}$ | $20\sqrt{235/f_y}$ | $16\sqrt{235/f_y}$ |

当不满足上述条件时,应按下式进行梁的整体稳定计算,即:

$$\frac{M_x}{\varphi_b W_x} \leqslant f \tag{9-28}$$

式中:$M_x$——绕强轴作用的最大弯矩,

$W_x$——按受压纤维确定的梁毛截面模量。

$\varphi_b$——梁的整体稳定系数,$\varphi_b$ 值的计算可详见《钢结构设计规范》,对于双轴对称工字形截面(含 H 型钢),当 $\lambda_y \leqslant 120\sqrt{235/f_y}$ 时,梁的整体稳定系数可按下式近似计算:

$$\varphi_b = 1.07 - \frac{\lambda_y^2}{44000} \cdot \frac{f_y}{235} \tag{9-29}$$

当式(9-29)计算的 $\varphi_b$ 大于 1.0 时,取 $\varphi_b$ 为 1.0。

当梁的整体稳定承载力不足时,可采用加大梁截面尺寸或增加侧向支承的办法予以解决,前一种办法中尤其是增大受压翼缘的宽度最为有效。

## 四、梁的局部稳定

为了获得经济的截面尺寸,组合截面梁常常采用宽而薄的翼缘和高而薄的腹板。但是,如果将这些板件不适当地减薄加宽,板中的压应力或剪应力达到某一数值后,翼缘或腹板就可能在尚未达到强度极限或在梁丧失整体稳定之前,偏离其平面位置,出现波浪形的鼓曲,这种现象称为局部失稳(图 9-37)。

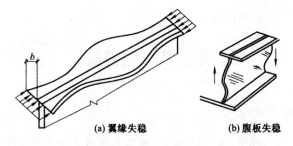

(a) 翼缘失稳　　　　　(b) 腹板失稳

**图 9-37　梁的局部失稳**

（一）受压翼缘的局部稳定

在结构设计中一般采用限制翼缘宽厚比的方法来保证梁受压翼缘的局部稳定。梁的受压翼缘自由外伸宽度 $b$ 与其厚度 $t$ 之比,应满足:

$$b_0/t \leqslant 40\sqrt{235/f_y} \quad \frac{b}{t} \leqslant 13\sqrt{\frac{235}{f_y}} \tag{9-30}$$

当计算梁抗弯强度取 $\gamma_x = 1$ 时,$b/t$ 可放宽至 $15\sqrt{235/f_y}$。

箱形截面梁受压翼缘板在两腹板之间的无支撑宽度 $b_0$ 与其厚度之比,应满足:

$$b_0/t \leqslant 40\sqrt{235/f_y}$$

（二）腹板的局部稳定

梁的腹板以承受剪力为主,组合梁的腹板主要是靠设置加劲肋来保证其局部稳定。加劲肋的设置方法有以下几种(图 9-38)。

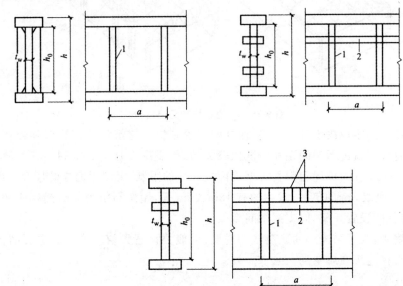

1—横向加劲肋;2—纵向加劲肋;3—短加劲肋
**图 9-38　腹板上加劲肋的布置**

(1)在腹板两侧成对配置钢板横向加劲肋。

(2)仅在腹板一侧配置钢板横向加劲肋。

(3)同时配置横向加劲肋和纵向加劲肋。

(4)在配置纵、横向加劲肋的同时在受压区配置短加劲肋。

# 第五节　钢屋盖

## 一、钢屋盖的组成

钢屋盖结构由屋面材料、檩条、屋架、托架、天窗架和屋盖支撑系统等构件组成。根据屋面所用材料的不同和屋盖结构的布置情况,屋盖结构可分为有檩屋盖结构和无檩屋盖结构两种(图 9-39)。

有檩屋盖结构主要用于跨度较小的中小型厂房,其屋面常采用压型钢板、太空板、石棉水泥波形瓦、瓦楞铁和加气混凝土屋面板等轻型屋面材料,屋面荷载由檩条传给屋架。有檩屋盖的构件种类和数量较多,安装效率低;但其构件自重轻,用料省,运输和安装方便。

无檩屋盖结构主要用于跨度较大的大型厂房,其屋面常采用钢筋混凝土大型屋面板(或太空板),屋面荷载由大型屋面板(或太空板)直接传递给屋架。无檩屋盖的构件种类和数量都较少,安装效率高,施工进度快,而且屋盖的整体性好;横向刚度大,耐久性好;但无檩屋盖的屋面板自重大,用料费,运输和安装不便。

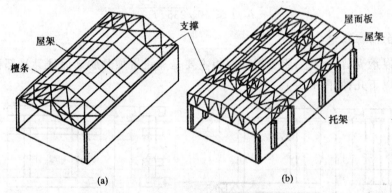

图 9-39　有檩结构和无檩结构

屋架的跨度和间距取决于柱网布置,而柱网布置则根据建筑物工艺要求和经济合理等各方面因素而定。有檩屋盖的屋架间距和跨度比较灵活,不受屋面材料的限制。有檩屋盖比较经济的屋架间距为 4～6m。无檩屋盖因受大型屋面板尺寸的限制(大型屋面板的尺寸一般为 1.5m×6m),屋架跨度一般取 3m 的倍数,常用的有 18m、21m 等,屋架间距为 6m;当柱距超过屋面板长度时,就必须在柱间设置托架,以支撑中间屋架。

在工业厂房中,为了采光和通风换气的需要,一般要设置天窗。天窗的主要结构是天窗架,天窗架一般都直接连接在屋架的上弦节点处。

## 二、钢屋盖的形式及特点

钢屋架的形式很多,一般分为普通钢屋架和轻型钢屋架两种。普通钢屋架是由不小于∟45×4、∟56×36×4 的角钢采用节点板焊接而成的屋架。轻型钢屋架是指由小于∟45×4 或∟56

×36×4 的角钢、圆钢和薄壁型钢组成的屋架。

屋架的外形选择、弦杆节间的划分和腹杆布置,应根据房屋的使用要求、屋面材料、荷载、跨度、构件的运输条件以及有无天窗或悬挂式吊车等因素,按下列原则综合考虑。

(1)满足使用要求。主要满足排水坡度、建筑净空、天窗、天棚以及悬挂吊车的要求。

(2)受力合理。应使屋架外形与弯矩图相近似,杆件受力均匀;短杆受压、长杆受拉;荷载尽量布置在节点上,以减少弦杆局部弯矩;屋架中部应有足够的高度,以满足刚度要求。

(3)便于施工。屋架杆件的类型和数量宜少,节点的构造应简单,各杆之间的夹角应控制在 30°～60°之间。

(4)满足运输要求。当屋架的跨度或高度超过运输界限尺寸时,应将屋架分为若干个尺寸较小的运送单元。

以上各项要求往往难以同时满足,设计时应根据具体情况全面分析,从而确定合理的结构形式。常用屋架按外形可分为三角形屋架(图 9-40)、梯形屋架(图 9-41)和平行弦屋架三种形式。

三角形屋架与柱子多做成铰接,因此房屋的横向刚度较小。屋架弦杆的内力变化较大,弦杆的内力的支座处最大,在跨中最小,故弦杆截面不能充分发挥作用。用于屋面坡度较大的屋盖结构中,一般宜用于中、小跨度的轻屋面结构。荷载和跨度较大时,采用三角形屋架就不够经济。

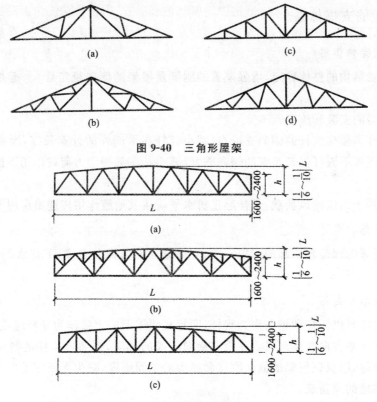

图 9-40 三角形屋架

图 9-41 梯形屋架

梯形屋架与柱的连接,可做成刚接,也可做成铰接,这种屋架已成为厂房屋盖结构的基本形式。梯形屋架如用压型板为屋面材料,就是有檩屋盖,如用大型屋面板为屋面材料,则为无檩屋盖。这时屋架上弦节间与大型屋面板尺寸相符合,使大型屋面板的主肋正好搁置在屋架上弦节点上,上弦会产生局部弯矩。如果节间长度过大,可采用再分式腹杆形式。通常用于屋面坡度较为平缓的大型屋面板或长尺压型钢板的屋面,跨度一般为15~36m,柱距6~12m,跨中经济高度为(1/10~1/8)L,与柱刚接的梯形屋架,端部高度一般为(1/16~1/12)L,通常取2.0~2.5m,与柱铰接的梯形屋架,端部高度通常取1.5~2.0m,此时,跨中高度可根据端部高度和上弦坡度确定,在多跨房屋中,各跨屋架的端部高度应尽可能相同。

平行弦屋架(图9-42)的上、下弦平行,腹杆长度一致,杆件类型少,这种屋架一般用于托架或支撑体系。

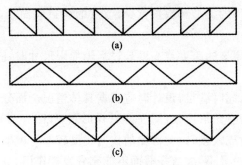

图 9-42 平行弦屋架

## 三、钢屋盖的支撑体系

(一)屋盖支撑的作用

(1)保证屋盖结构的整体稳定,增强屋盖的刚度及屋架的侧向稳定性,承担并传递屋盖的水平荷载。

(2)便于屋盖的安装和施工。

(3)支撑可作为屋架弦杆的侧向支撑点,减小弦杆在平面外的计算长度,增强受压上弦杆的侧向稳定,并使受拉下弦杆保持足够的侧向刚度,减小其在某些动力荷载作用下产生的屋架平面外的受迫振动。

(4)可将作用于山墙的风荷载、悬挂起重机水平荷载及地震作用传递给房屋下部支撑结构。

(二)屋盖支撑的布置

根据支撑设置的部位和所起的作用不同,支撑分为上弦横向支撑、下弦水平支撑、垂直支撑和系杆四种。

1.上弦横向水平支撑

上弦横向支撑时以斜杆和檩条作为腹杆,两榀相邻屋架的上弦作为弦杆组成的水平桁架,将两榀竖放屋架在水平方向联系起来。在没有横向支撑的开间,则通过系杆的约束作用将屋架在水平方向连成整体,以保证屋架的侧向刚度和屋盖的空间刚度,减少上弦在平面外的计算长度以及承受并传递端墙的风荷载。

在有檩屋盖体系或无檩屋盖体系中,一般都应该设置屋架上弦横向水平支撑。当有天窗架时,天窗架也应设置横向水平支撑。

上弦横向水平支撑布置在房屋两端或在温度缝区段的两端的第一柱间或第二柱间。横向支撑的间距一般不宜超过60m,因而当房屋长度超过60m时,在房屋长度中间还应设置一道或几道支撑。

## 2.下弦水平支撑

下弦水平支撑通常又可分为下弦横向支撑和下弦纵向支撑。

下弦横向支撑能作为山墙抗风柱的支点,承受并传递水平风荷载、悬挂起重机的水平力和地震引起的水平力,减少下弦的计算长度,从而减少下弦的振动。屋架跨度≥18m时,或屋架跨度小于18m,但屋架下弦设有悬挂起重机时,厂房内设有吨位较大的桥式起重机或其他振动设备时,应设置下弦横向水平支撑,并与上弦横向水平支撑在同一柱间内,以便形成稳定的空间体系。

下弦纵向支撑的作用主要是与横向支撑一起形成封闭体系以增强屋盖的空间刚度,并承受和传递起重机横向水平制动力。当有托架时,在托架处必须布置下弦纵向水平支撑,并由托架两端各延伸一个柱间设置,以保证托架在平面外的稳定。当房屋内设有重级工作制起重机或起重吨位较大的中、轻级工作制起重机时,房屋内设有锻锤等大型振动设备时,屋架下弦设有纵向或横向吊轨时,屋盖设有托架和中间屋架时,房屋较高,跨度较大,空间刚度要求高时,下弦纵向水平支撑应设在屋架下弦端节间内,与下弦横向水平支撑组成封闭的支撑体系,提高屋盖的整体刚度。

## 3.垂直支撑

垂直支撑是使相邻两榀屋架形成空间几何不变体系的有效构件,保证屋架在使用和安装时的侧向稳定。垂直支撑除了在有上弦横向水平支撑的柱间设置外,每隔4~5个柱间还应设置一道垂直支撑以保证屋架安装时的稳定,在屋架跨度方向还要根据屋架形式及跨度大小在跨中设置一道或几道。对于梯形屋架,当跨度≤30m时,应在屋架跨中和两端的竖杆平面内各布置一道垂直支撑;当跨度>30m时,如无天窗时,应在屋架跨度1/3处和两端的竖杆平面内各布置一道垂直支撑,如有天窗时,垂直支撑应布置在天窗架侧柱的两侧。对于三角形屋架,当跨度≤24m时,应在跨中竖杆平面内设置一道垂直支撑;当跨度>24m时,应根据具体情况布置两道垂直支撑。

## 4.系杆

系杆的作用是保证无支撑开间处屋架的侧向稳定,减少弦杆的计算长度以及传递水平荷载。系杆有刚性系杆和柔性系杆。能承受压力的刚性系杆,一般由两个角钢组成十字形截面。柔性系杆只能承受拉力,一般采用单角钢。

在一般情况下,竖向支撑平面内的屋架上、下弦节点处应设置通长的系杆。上弦平面内,檩条和大型房屋面板均可起刚性系杆的作用,因而可在屋架的屋脊和支座节点处设置刚性系杆。下弦平面内,可在屋架下弦的垂直支撑处设置柔性系杆。当屋架横向支撑设在厂房两端或温度缝区段的第二开间时,则在支撑点与第一榀屋架之间设置刚性系杆,其余可采用柔性系杆或刚性系杆。

## (三)屋盖支撑的连接构造

屋盖支撑因受力较小一般不进行内力计算,其截面尺寸由杆件容许长细比和构造要求来确定。交叉斜杆一般可按受拉杆件的容许长细比确定,非交叉斜杆、弦杆均按压杆的容许长细比确定。对于跨度较大且承受墙面传来较大风荷的水平支撑,应按桁架体系计算内力,并按内力选择截面,同时亦应满足长细比的要求。

屋盖支撑的连接构造应力求简单,安装方便。支撑与屋架的连接一般采用 M20 螺栓(C 级),支撑与天窗架的连接可采用 M16 螺栓(C 级)。有重级工作制吊车或有较大振动设备的厂房,支撑与屋架的连接宜采用高强度螺栓连接,或用 C 级螺栓再加安装焊缝的连接方法将节点固定。

屋盖支撑布置实例如图 9-43 所示。

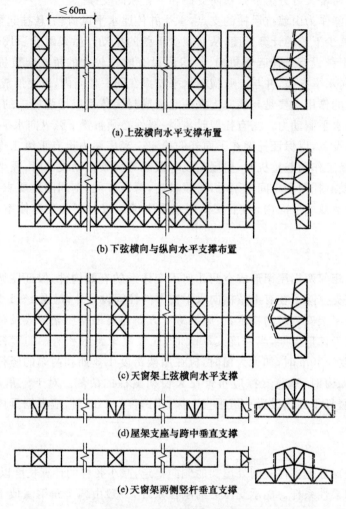

(a)上弦横向水平支撑布置

(b)下弦横向与纵向水平支撑布置

(c)天窗架上弦横向水平支撑

(d)屋架支座与跨中垂直支撑

(e)天窗架两侧竖杆垂直支撑

**图 9-43　屋盖支撑布置示例**

上弦横向水平支撑的角钢肢尖宜朝下,交叉斜杆与檩条连接处中断。如不与檩条相连,则一根斜杆中断,另一根斜杆可不断。下弦支撑的交叉斜杆可以肢背靠肢背用螺栓加垫圈连接,杆件无需中断。上、下弦支撑交叉点的构造如图 9-44 所示。

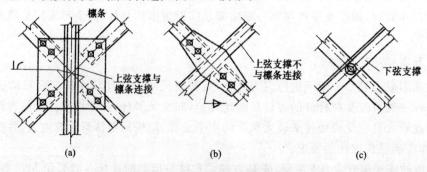

(a)　　　　　　　　　(b)　　　　　　　　　(c)

**图 9-44　上、下弦支撑交叉点的构造**

上弦横向支撑与屋架的连接如图 9-45 所示,连接时应使连接的杆件适当离开屋架节点,以免影响大型屋面板或檩条的安放。

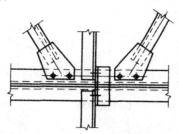

图 9-45 上弦支撑与屋架的连接

垂直支撑与屋架上弦的连接如图 9-46 所示。图 9-46(a)垂直支撑与屋架腹杆相连,构造简单,但传力不够直接,节点较弱,有偏心。图 9-46(b)构造复杂,但传力直接,节点较强,适用于跨度较大的屋架。

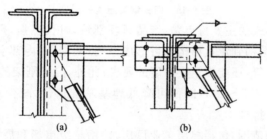

(a) (b)

图 9-46 垂直支撑与屋架上弦的连接

垂直支撑与屋架下弦的连接如图 9-47 所示。这两种连接传力直接,节点较强,应优先采用。对屋面荷载较轻或跨度较小的屋架,也可采用类似图 9-47(a)的连接方式,将垂直支撑与屋架竖腹杆连接。

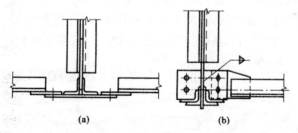

(a) (b)

图 9-47 垂直支撑与屋架下弦的连接

# 第六节 门式刚架

## 一、门式刚架结构的形式及特点

门式刚架结构是由门式刚架为承重结构,配套轻型屋盖和墙体围护结构,以及相应的支撑系统所组成的结构体系。目前最流行的体系构成,是采用实腹式焊接 H 型钢门式刚架承重结构;薄壁型钢檩条或墙梁与彩色金属压型钢板组成的组合屋面及墙面围护结构;支撑系统则主要由用于纵向传力和空间协同作用的纵向水平系杆、刚性或柔性水平支撑,以及用于控制焊接 I 型钢截面远端翼缘局部屈曲和出平面稳定性的隅撑等所构成。

其中应用较多的为单层的单跨、双跨、多跨的双坡山形门式刚架,它可以根据通风、采光的要求分别设置天窗、通风屋脊和采光带等。

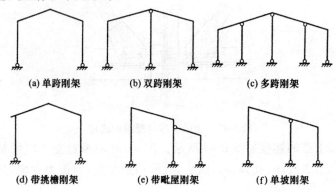

图 9-48　门式钢架结构的形式

门式刚架这种结构形式的主要特点是:产品新颖别致,时代感强,具有系列化、标准化、工厂化现代生产规模,从围护结构到承重结构都可形成系列;工期短;内部空旷,结构新颖;在商业建筑中可减少吊顶等装修造价,还能满足大跨度的要求;此外,门式刚架的重量是混凝土结构的 $1/8\sim1/10$,是普通钢结构的 $1/2\sim1/3$,因而可降低地基基础造价,减少地震作用的影响;造价合理,综合经济效益好,容易拆迁。

门式刚架的主要应用范围,包括单层工业厂房、民用超级市场和展览馆、库房以及各种不同类型仓储式工业及民用建筑等,都是它强有力的竞争领域,有广泛的市场应用前景。

## 二、门式刚架结构体系

门式刚架的结构体系包括以下组成部分:①主结构,如横向刚架(包括中部和端部的刚架)、楼面梁、托梁、支撑体系等;②次结构,如屋面檩条和墙梁等;③围护结构,如屋面板和墙面板;④辅助结构,如楼梯、平台、扶栏等;⑤基础。图 9-49 给出了门式刚架组成的图示说明。

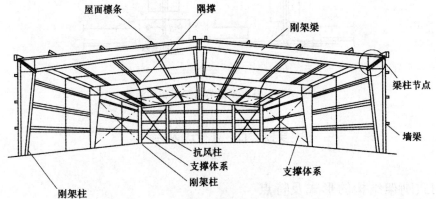

图 9-49　门式刚架的组成

平面门式刚架和支撑体系加上托梁等组成了门式刚架的主要受力骨架,即主结构体系。屋面檩条和墙梁既是围护材料的支撑结构,又为主结构提供了部分侧向支撑作用,构成了门式刚架的次结构。屋面板和墙面板对整个结构起围护和封闭作用,由于蒙皮效应,事实上也增加了门式刚架的整体刚度。

（一）结构平面布置

1. 结构形式

门式刚架的结构形式是多种多样的。按构件体系分,有实腹式与格构式;按截面形式分,有等截面与变截面;按结构选材分,有普通型钢和薄壁型钢。实腹刚架的截面一般为工字形;格构式刚架的整体截面为矩形或三角形。

门式刚架的横梁与柱为刚接,柱脚与基础宜采用铰接;当水平荷载较大,檐口标高较高或刚度要求较高时,柱脚与基础可采用刚接。

变截面与等截面相比,前者可适应弯矩变化,节约材料,但在构造连接及加工制造方面,不如等截面方便,故当刚架跨度较大或房屋较高时才设计成变截面。

2. 平面布置

门式刚架结构的纵向温度区段不大于300m,横向温度区段长度不大于150m,当有计算依据时,温度区段长度可适当增大。当需要设置伸缩缝时,可在搭接檩条的螺栓连接处采用长圆孔并使该处屋面板在构造上允许胀缩;或者设置双柱,习惯上多采用双柱。

在多跨刚架局部抽掉中柱处,可布置托架梁。

屋面檩条的形式和布置,应考虑天窗、通风口、采光带、屋面材料和檩条供货等因素的影响;屋面压型钢板与檩条间距和屋面荷载有关,一般可按常用压型钢板产品规格采用。

山墙处可设置由斜梁、抗风柱和墙架组成的山墙墙架,或直接采用门式刚架。

（二）檩条及墙梁布置

1. 檩条布置

门式刚架的檩条构件可以采用 C 形冷弯卷边槽钢和 Z 形带斜卷边或直卷边的冷弯薄壁型钢。构件的高度一般为 80～250mm,厚度为 1.4～2.5mm。冷弯薄壁型钢构件的材料一般采用 Q235 或 Q245。

檩条的设计首先应考虑设置门窗、挑檐、遮雨篷等构件和围护材料的要求,以确定檩条间距,并根据主刚架的间距确定檩条的跨度。

檩条构件可以设计为简支构件,也可以设计为连续构件。常采用简支梁设计,材料利用率偏低,一些外国的建筑公司推荐采用连续檩条以获得较为经济的设计。

在外荷载作用下,檩条同时产生弯曲和扭转的共同作用。冷弯薄壁型钢本身板件宽厚比大,抗扭刚度不足;荷载通常位于上翼缘的中心,荷载中心线与剪力中心线相距较大;因为坡屋面的影响,檩条腹板倾斜,扭转问题将更加突出。所以侧向支撑是保证冷弯薄壁型钢檩条稳定性的重要保证,屋面板起一定的支撑作用,拉条和支撑是提高檩条稳定性的重要构造措施。

2. 墙梁布置

墙梁的布置与屋面檩条的布置有类似的原则,应考虑设置门窗、挑檐、遮雨篷等构件和围护材料的要求。

门式刚架结构的外墙,在采用压型钢板作围护面层时,墙梁宜布置在刚架的外侧,其间距随墙板板型及规格而定,但不应大于计算要求的值。

外墙在抗震设防烈度不高于 6 度的情况时,可采用轻型钢墙板或砌体;当为 7 度、8 度时,可采用轻型钢墙板或非嵌砌砌体;当为 9 度时,宜采用轻型钢墙板或与柱柔性连接的轻质墙板。

（三）支撑布置

在每个温度区段或者分期建设的区段中,应分别设置能独立构成空间稳定结构的支撑体系;在设置柱间支撑的开间应同时设置屋盖横向支撑以组成几何不变体系。

屋盖横向支撑宜设在温度区间端部的第一或第二个开间。当端部支撑设在第二个开间时,在第一开间的相应位置应设置刚性系杆。

柱间支撑的间距应根据房屋纵向柱距、受力情况和安装条件确定。当无吊车时宜取 30～45m;当有吊车宜设在温度区段中部,或当温度区段较长时宜设在三分点处。且间距不宜大于 60m。当建筑物宽度大于 60m 时,在内柱列宜适当增加柱间支撑。房屋高度较大时,柱间支撑要分层设置。

刚架转折处（单跨房屋边柱柱顶和屋脊,以及多跨房屋某些中间柱顶和屋脊）宜沿房屋全长设置刚性系杆。刚性系杆可由檩条兼作,此时檩条应满足压弯杆件的刚度和承载力要求,若刚度或承载力不足、可在刚架斜梁间设置钢管、H 型钢或其他截面形式的杆件。

由支撑斜杆等组成的水平桁架,其直腹杆宜按刚性系杆设计。

在设有带驾驶室且起重量大于 15t 桥式吊车的跨间,应在屋盖边缘设置纵向支撑桁架。当桥式吊车起重量较大时,尚应采取措施增加吊车梁的侧向刚度。

门式刚架的支撑,可以采用带张紧装置的十字交叉圆钢支撑,圆钢与构件夹角应该在 30°～60°范围内,宜接近 45°。当设有起重量不小于 5t 的桥式吊车时,柱间支撑宜采用型钢支撑,在温度区段端部吊车梁以下不宜设置柱间刚性支撑。

当不允许设置交叉柱间支撑时,可设置其他形式的支撑,当不允许设置任何支撑时,可设置纵向刚架。

### 三、门式刚架节点和梁柱连接

一般刚架节点,有矩形节点、加腋节点等形式。门式实腹刚架,一般在横梁与柱交接处以及跨中屋脊处设置安装拼接节点,在柱脚基础处设置锚固节点。这些部位的弯矩和剪力较大,设计时要认真考虑,力求节点设计与结构的计算简图一致,并有足够的强度、刚度和一定的转动能力;同时,要使制造、运输和安装方便。

（一）梁、柱拼接节点

门式刚架横梁与柱的连接,可采用端板竖放、端板斜放和端板平放三种形式,如图 9-50 所示。为避免图中柱顶需采用异型檩条时,可将柱脚板做成倾斜的,如图中虚线所示。横梁拼接时宜使端板与构件外缘垂直。

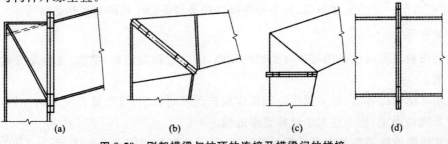

(a)　　　　(b)　　　　(c)　　　　(d)

图 9-50　刚架横梁与柱顶的连接及横梁间的拼接

（二）刚架柱脚连接

门式刚架轻型房屋钢结构的柱脚,宜采用平板式铰接柱脚,如图 9-51(a)(b)所示。当有必要时,也可采用刚性柱脚,如图 9-51(c)(d)所示。经计算比较,与基础刚接的刚架比铰接的刚架可节约钢材 10%～15%,并且在提高结构承载力和减少刚架侧向位移方面,比铰接刚架有利,但刚接刚架的基础造价高,对地基条件的要求也比较高,如把柱基做得符合刚接要求,对轻型刚架并不一定经济,所以一般采用铰接柱脚。

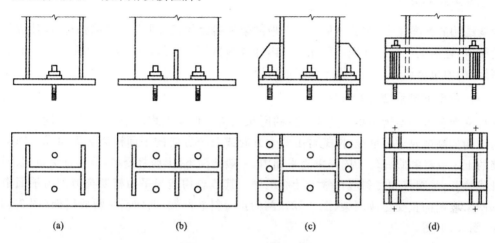

图 9-51　门式刚架柱脚形式

# 第七节　网架结构

## 一、网架结构的特点

网架结构是由许多杆件从两个方向或几个方向按照一定规律组合而成的网状高次超静定结构。它能承受来自各个方向的荷载,其特点表现在以下方面。

（一）安全性

网架结构具有多向受力性能,其刚度大、整体性好,抗震能力强,并能承受由于地基不均匀沉降所带来的不利影响,甚至局部发生破坏,也不会引起相邻部分发生连锁反应而导致整个结构的破坏,较其他类型结构安全。

（二）经济性

网架结构是一种空间杆系结构,杆件主要承受轴力作用,截面尺寸相对较小。同时网架结构的空间刚度较大,当跨度相同时,网架的高度比平面桁架小。因此用料经济、钢材消耗低。

（三）适应性

网架结构既适用于大跨度的房屋,也适用于中、小跨度的建筑,并能适应各种平面形状的要求。

（四）制作、安装方便

网架结构的杆件和节点比较单一,便于制成标准杆件和单元,可在工厂成批生产。同时杆件与节点尺寸不大,便于贮存、装卸、运输和拼装。安装时可利用大型起重设备进行吊装,也可选用千斤顶、卷扬机等小型施工机具。

网架结构广泛用于体育馆、影剧院、展览馆、游泳馆、餐厅、会议室、车站候车大厅等公共建筑,以及飞机库、仓库和车间等工业厂房的屋盖结构。其中,我国第一座万人规模的北京首都体育馆的屋盖即为网架结构,其平面尺寸为 99m×112m。

## 二、网架结构的分类

网架结构的种类很多,按其外形可分平板网架和曲面网壳。平板网架的构造、设计、制造、安装比较简单,建筑上也容易处理。因此在国内外较为常用。常用的平板网架有由平面桁架系组成的网架、由四角锥体或由三角锥体组成的网架。

### (一)由平面桁架系组成的网架

这种网架是由平面桁架相互交叉组成的网状结构。根据工程的平面形状和跨度大小,建筑设计对结构的刚度要求等情况,网架可由两个方向或三个方向的平面桁架交叉而成。网架中每片桁架的上下弦杆和腹杆位于同一垂直平面内,一般情况下,上弦杆受压,下弦杆受拉,长斜腹杆常设计成拉杆,竖腹杆和短斜腹杆常设计成压杆。其节点构造与平面桁架类似。由平面桁架系组成的网架有两向正交正放网架(图 9-52)、两向正交斜放网架、两向斜交斜放网架(图 9-53)、三向网架(图 9-54)等。

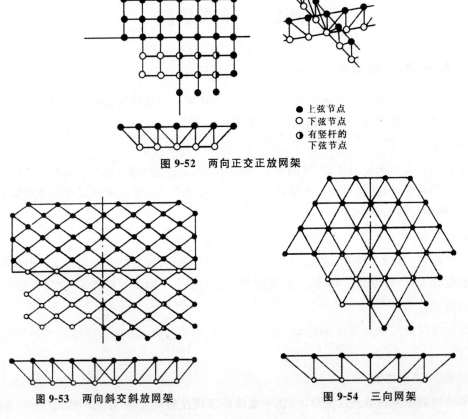

● 上弦节点
○ 下弦节点
◐ 有竖杆的下弦节点

图 9-52　两向正交正放网架

图 9-53　两向斜交斜放网架　　　　图 9-54　三向网架

（二）由四角锥体组成的网架

四角锥体网架的上弦和下弦平面，一般为方形网格，上、下弦错开半格，用斜腹杆连接上、下弦网格交点，形成一个个相连的四角锥体，由四角锥体组成的网架有正放四角锥网架（图9-55）、正放抽空四角锥网架、斜放四角锥网架（图9-56）、棋盘形四角锥网架（图9-57）等。

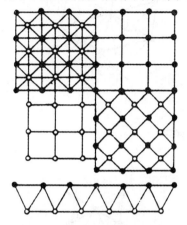
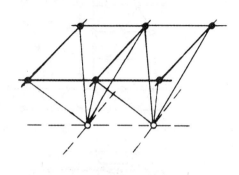

图 9-55　正放四角锥网架

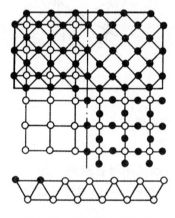

图 9-56　斜放四角锥网架

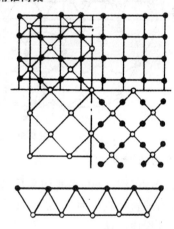

图 9-57　棋盘形四角锥网架

（三）由三角锥体组成的网架

三角锥体网架以倒置的三角锥为网架的组成单元。锥底正三角形的三边即为网架的上弦杆，其棱为网架的腹杆。随着三角锥单元体布置的不同，上下弦网格可为正三角形或六边形，从而构成下列形式各异的三角锥体网架。由三角锥体组成的网架有三角锥网架（图9-58）、抽空三角锥网架、蜂窝形三角锥网架（图9-59）等。

## 三、网架结构的节点构造

网架节点系空间节点，杆件来自不同方向，而且汇交的杆件也比较多，因此节点构造比平面桁架的节点要复杂得多。一个好的节点要求受力合理，构造简单，施工方便，节省材料，造型美观。根据杆件截面形式的不同，网架结构的节点分为两类：即角钢杆件采用的钢板节点和钢管杆件采用的球节点，其中球节点又分焊接空心球节点和螺栓球节点。下面介绍几种常用球节点形式。

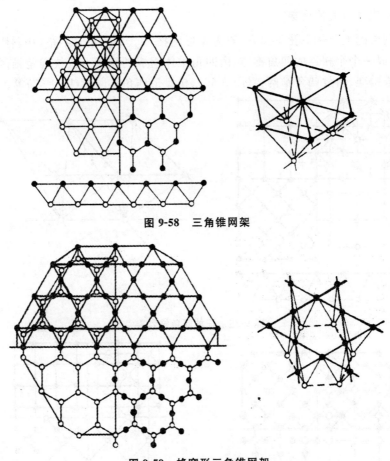

图 9-58　三角锥网架

图 9-59　蜂窝形三角锥网架

（一）焊接空心球节点

焊接空心球节点（图 9-60）是我国采用最早，也是目前应用最普遍的一种节点。它是由两个半球对焊而成，当球直径较大时，为了增加球体承载力可在两个半球对焊处加没一块环状加劲钢板（加劲环），三者焊成一体。

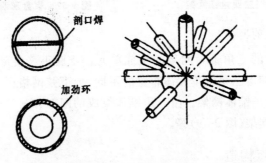

剖口焊

加劲环

图 9-60　焊接空心球节点

焊接空心球节点构造简单，受力明确，连接方便，造型美观。由于球体没有方向性，可与任意方向的杆件相连，对于圆钢管，只要切割面垂直杆件轴线，杆件就能在空心球体上自然对中，不产生偏心。但焊接空心球节点制造费工，钢材利用率低，且焊接工作量大，对焊接质量和杆件尺寸的准确度都要求较高。

（二）螺栓球节点

螺栓球节点（图 9-61）是通过螺栓将圆钢管杆件和钢球连接起来的一种节点。它由钢球、螺栓、销子、套筒和锥头（或封板）等零件组成。这种节点不用现场焊接，不产生焊接变形和焊接应力，而且安装、拆装方便，便于系列化标准化生产，产品质量容易保证，包装运输方便。可减少施工现场作业量，大大加快建设速度。但这种节点构造复杂，机械加工量大，所需钢材品种多，制造费用高。

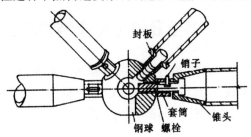

图 9-61 螺栓球节点

（三）支座节点

网架支座节点一般都支承在柱顶或圈梁上，它是联系屋盖结构和下部支承结构的纽带，也是整个结构的重要部位，网架的支座节点一般采用铰支座。铰支座的构造应符合其力学假定，即允许转动。否则网架的实际内力和变形就可能与计算值出入较大，容易造成事故。网架的支座节点分压力支座及拉力支座。一般跨度较小的网架可采用平板压力（或拉力）支座（图 9-62）；对跨度较大的网架，宜采用可转动的单面弧形压力支座（图 9-63）；对大跨度网架或建于温差较大地区的网架，支座节点应允许有一定范围的转动和移动，可选用双面弧形压力支座（图 9-64）；对大、中跨度的网架也可选用板式橡胶支座（图 9-65）。

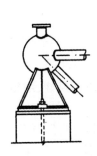

图 9-62 平板压力（或拉力）支座

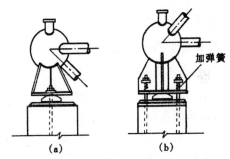

（a）二个螺栓连接；（b）四个螺栓连接

图 9-63 单面弧形压力支座

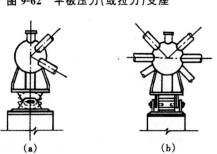

（a）二个螺栓连接；（b）四个螺栓连接

图 9-64 双面弧形压力支座

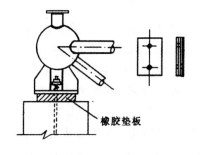

图 9-65 板式橡胶支座

# 第十章  建筑结构的施工图

## 第一节  钢筋混凝土房屋结构施工图

结构施工图是根据建筑设计要求,进行结构选型和构件布置,再通过力学计算,确定建筑物各承重构件(如基础、墙柱、梁板、屋架等)的形状、大小、材料及其相互关系,并将这些结果绘成图样,以指导施工,这种图样称为结构施工图,简称"结施"。

### 一、钢筋混凝土结构施工图的表达方式

(一)建筑工程施工图的组成

建筑工程施工图通常由建筑施工图、结构施工图、设备施工图等组成。其中,建筑施工图简称建施图(建施),主要表达房屋建筑的规划位置、内部各空间的功能布置、立面造型、内外装修、建筑高度、节点构造及施工要求等,由建筑设计总说明、建筑总平面图、各层平面图、立面图、剖面图及详图等组成。结构施工图简称结施图(结施),主要表达房屋的结构类型、梁、板、柱(墙)等各构件布置,构件的材料、截面尺寸、配筋,以及构件间的连接、构造要求。设备施工图简称设施图(设施),一般按工种分为给水排水施工图、建筑电气施工图、采暖通风施工图等。设施图由各设备的平面布置图、系统图和施工要求等组成。

(二)混凝土结构施工图的内容

混凝土结构施工图一般包括以下三个方面的内容。

1. 结构设计总说明

结构设计总说明一般位于结施图的首页,其说明的内容具有全局性、纲领性,是施工的重要依据,主要内容体现在以下几个方面。

第一,结构概况。如结构类型、层数、结构总高度、±0.000 相对应的绝对标高等。

第二,主要设计依据。如设计采用的有关规范、上部结构的荷载取值、采用的地质勘察报告、设计计算所采用的软件、抗震设防烈度、人防工程设计等级、场地土的类别、设计使用年限、环境类别、结构安全等级等。

第三,地基及基础。如场地土的类别、基础类型、持力层的选用、基础所选用的材料及强度等级、基坑开挖、验槽要求、基坑土方回填、沉降观测点设置与沉降观测要求,若采用桩基础,还应注明桩的类型、所选用桩端持力层、桩端进入持力层的深度、桩身配筋、桩长、单桩承载力、桩基施工控制要求、桩身质量检测的方法及数量要求,地下室防水施工及基础中需要说明的构造要求与施工要求等。

第四,材料的选用及强度等级的要求。如混凝土的强度等级、钢筋的强度等级、焊条、基础砌体的材料及强度等级、上部结构砌体的材料及强度等级等。

第五,一般构造要求。如钢筋的连接、锚固长度、箍筋要求、变形缝与后浇带的构造做法、主

体结构与围护的连接要求等。

第六,上部结构的有关构造及施工要求。如预制构件的制作、起吊、运输、安装要求,梁板中开洞的洞口加强措施,梁、板、柱及剪力墙各构件的抗震等级和构造要求,构造柱、圈梁的设置及施工要求等。

第七,采用的标准图集名称与编号。

第八,其他需要说明的内容。

2.各层结构平面图

各层结构平面图主要表达梁、板、柱等构件的平面布置,各构件的截面尺寸、配筋。结构平面图一般包括以下内容。

第一,基础平面图(若为桩基础还包括桩位平面图、承台平面图)。

第二,各标准层结构平面图,当为现浇楼(屋)盖时在平面图中同时表示板的配筋。

第三,梁、柱、剪力墙各构件的标准层平面及配筋详图。

3.详图

详图包括基础详图,楼梯、电梯间结构详图,节点详图。

结构施工图一般按施工顺序排序,依次为图纸目录、结构设计总说明、基础平面图、基础详图、楼(屋)面结构平面图(自下而上按层排列)、柱(剪力墙)平面及配筋图(自下而上按层排列)、梁平面及配筋图(自下而上按层排列)、楼梯及构件详图等。

结构施工图设计得合理与否,直接影响结构的安全性、适用性与耐久性,是影响建筑工程造价的重要因素。

(三)结构施工图的识读步骤

识读结构施工图也是一个由浅入深,由粗到细的渐进过程。一套完整的建筑工程施工图包括建施、结施、水施、暖施、电施等,图纸数量通常有几十张甚至上百张。施工单位在项目开工前,首先应通过对设计施工图全面、仔细的识读,对建筑的概况、要求有一个全面的了解,及时发现设计中各工种之间存在矛盾的、设计中不明确的、施工中有困难的及设计图中有差错的地方,并通过图纸会审的方式予以提出,便于设计单位对施工图作进一步的明确与调整,以保证工程施工的顺利进行。

在阅读结构施工图前,必须先阅读建筑施工图,了解房屋的布局、用途,房间的开间、进深、轴线间尺寸等,了解建筑物的内外构造,建立起建筑物的轮廓,并且在识读结构施工图期间,还应反复核对结构与建筑对同一部位的表示,这样才能准确地理解结构图中所表示的内容。

结构施工图的识读识别步骤主要体现在以下几个方面。

第一,阅读施工图的目录,了解这套施工图的基本情况。然后熟悉建筑施工图,对整栋建筑物有一个总的了解,在脑海中形成这栋建筑的一个空间立体形象。

第二,阅读结构设计说明,了解说明中强调的内容,掌握材料、质量以及要采取的技术措施等内容,了解所采用的技术标准和构造,了解所采用的标准图集。

第三,阅读基础布置图,阅读时要了解基础的形式和做法,查阅建筑图,核对所有的轴线 是否和基础一一对应,了解是否有的墙下无基础而用基础梁替代,基础的形式有无变化。了解基础各部位标高、尺寸和配筋情况。

第四,阅读框架柱的配筋图,了解柱的分段情况,弄清每段柱的平面布置、尺寸以及配筋情况。

第五,阅读梁的配筋图,了解梁的类型、跨数、顶面标高、截面尺寸和配筋情况。

第六,阅读板的配筋图,注意板厚和配筋情况。

第七,阅读楼梯配筋图,弄清每部分的编号、尺寸和配筋情况。

第八,阅读其他构件详图。

## 二、柱平法施工图

### (一)柱平法施工图的表示方法

柱平法施工图是在柱平面布置图上采用列表注写方式(图 10-1)或断面注写方式来表达的施工图。柱平面布置图,可采用适当的比例单独绘制,也可与剪力墙平面布置图合并绘制。柱平法施工图中,应按规定注明各结构层的楼面标高、结构层高及相应的结构层号。

### 1.列表注写方式

列表注写方式,就是在柱平面布置图上,先对柱进行编号,然后分别在同一编号的柱中选择一个(当柱断面与轴线关系不同时,需选几个)断面注写几何参数代号;在柱表中注写柱号、柱段起止标高、几何尺寸(含柱断面对轴线的偏心情况)与配筋的具体数值,并配以各种柱断面形状及其箍筋类型图的方式,来表达柱平面整体配筋。

柱的列表注写内容规定如下。

(1)注写柱的编号

柱编号由类型代号和序号组成,应符合表 10-1 的规定。

**表 10-1　柱编号**[①]

| 柱类型 | 代号 | 序号 |
|---|---|---|
| 框架柱 | KZ | ×× |
| 框支柱 | KZZ | ×× |
| 芯柱 | XZ | ×× |
| 梁上柱 | LZ | ×× |
| 剪力墙上柱 | QZ | ×× |

(2)注写各段柱的起止标高

自柱根部往上以变断面位置或断面未变但配筋改变处为界分段注写。框架柱和框支柱的根部标高为基础顶面标高;芯柱的根部标高系指根据结构实际需要而定的起始位置标高;梁上柱的根部标高为梁顶面标高;剪力墙上柱的根部标高为墙顶部标高(柱筋锚在剪力墙顶部),但当柱与剪力墙重叠一层时,其根部标高为墙顶往下一层的结构层楼面标高。断面尺寸或配筋改变处常为结构层楼面标高处。

---

① 注:编号时,当柱的总高、分断截面尺寸和配筋均对应相同,仅分段截向与轴线的关系不同时,仍可将其编为同一柱号。

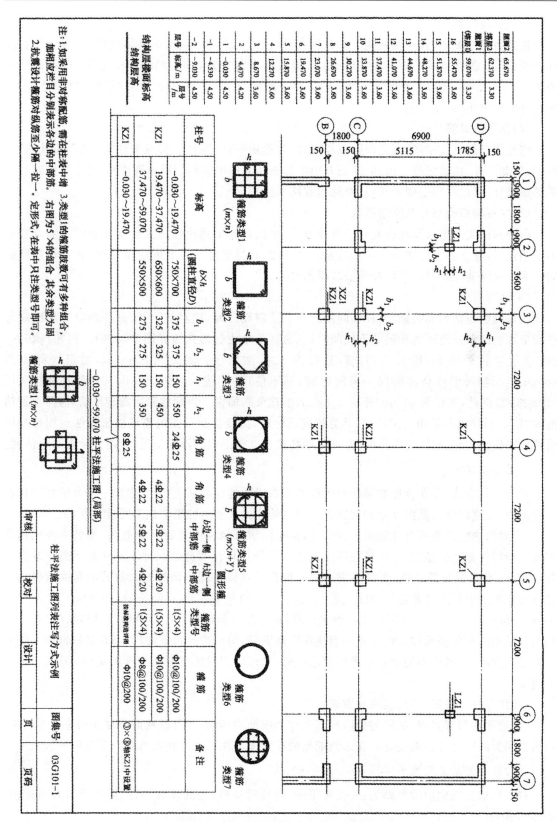

图 10-1　柱平法施工图列表注写方式示例

（3）矩形柱的注写

柱断面尺寸 b×h 及与轴线关系的几何参数代号 $b_1$、$b_2$ 和 $h_1$、$h_2$ 的具体数值，须对应于各段柱分别注写。其中 $b=b_1+b_2$，$h=h_1+h_2$。当截面的收缩变化至与轴线重合或偏到轴线的另一侧时，$b_1$、$b_2$、$h_1$、$h_2$ 中的某项为零或为负值。对于圆柱，b×h 栏改为圆柱直径数字前加 d 表示，此时 $d=b_1+b_2=h_1+h_2$。

（4）注写柱纵筋

当柱的纵筋直径相同，各边根数也相同时（包括矩形柱、圆柱），将纵筋注写在"全部纵筋"一栏中；除此以外，柱纵筋分为角筋、断面 b 边中部筋和 h 边中部筋三项分别注写（对于采用对称配筋的矩形柱，可仅注写一侧中部筋，对称边省略不注）。

（5）注写箍筋类型号及箍筋肢数

各种箍筋类型图以及箍筋复合的具体方式，根据具体工程由设计人员画在表的上部或图中的适当位置，并在其上标注与表中相应的 b、h 和编上类型号。当为抗震设计时，确定箍筋肢数时要满足对纵筋"隔一拉一"以及箍筋肢距的要求。

（6）注写箍筋

注写箍筋包括钢筋级别、直径和间距。当为抗震设计时，用斜线"/"区分柱端箍筋加密区与柱身非加密区长度范围内箍筋的不同间距（加密区长度由标准构造详图来反映）。例如：φ10@/200 表示箍筋采用 HPB235 级钢筋，直径为 φ10，加密区间距为 100mm，非加密区间距为200mm。当箍筋沿柱全高为同一种间距时，则不使用"/"线。例如：φ10@100 表示箍筋采用 HPB235 级钢筋，直径为 φ10，间距为 100mm，沿柱全高加密。当圆柱采用螺旋箍筋时，需在箍筋前加"L"。当柱纵筋采用搭接连接，且为抗震设防时，搭接接头范围内箍筋加密做法也用标准构造详图来反映；当为非抗震设防时，在柱纵筋搭接长度范围内的箍筋加密，应由设计者另行注明。

2. 截面注写方式

截面注写方式，是在分标准层绘制的柱平面布置图的柱截面上，分别在同一编号的柱中选择一个截面，以直接注写截面尺寸和配筋具体数值的方式来表达柱平法施工图（图 10-2）。

（1）对除芯柱之外所有柱截面进行编号，从相同编号的柱中选择一个截面，按另一种比例原位放大绘制柱截面配筋图，并在各配筋图上继其编号后再注写截面尺寸 b×h（对于圆柱改为圆柱直径 d）、角筋或全部纵筋（当纵筋采用同一种直径且能够图示清楚时）、箍筋的具体数值。在柱截面配筋图上标注柱截面与轴线关系 $b_1$、$b_2$、$h_1$、$h_2$ 的具体数值（$b=b_1+b_2$，$h=h_1+h_2$，圆柱时 $d=b_1+b_2=h_1+h_2$）。当纵筋采用两种直径时，须再注写截面各边中部纵筋的具体数值（对于采用对称配筋的矩形截面柱。可仅在一侧注写中部纵筋，对称边省略不注）。当在某些框架柱的一定高度范围内，在其内部的中心位置设置芯柱时，其标注方式详见平法标准图集（03G101-1）有关规定。

（2）注写柱子箍筋，同列表注写方式。

（3）截面注写方式中，如柱的分段截面尺寸和配筋均相同，仅分段截面与轴线的关系不同时，可将其编为同一柱号。但此时应在未画配筋的柱截面上注写该柱截面与轴线关系的具体尺寸。

（二）柱平法施工图的识读原则

柱平法施工图的识读原则为：先校对平面，后校对构件；先阅读各构件，再查阅节点与连接。具体步骤为：

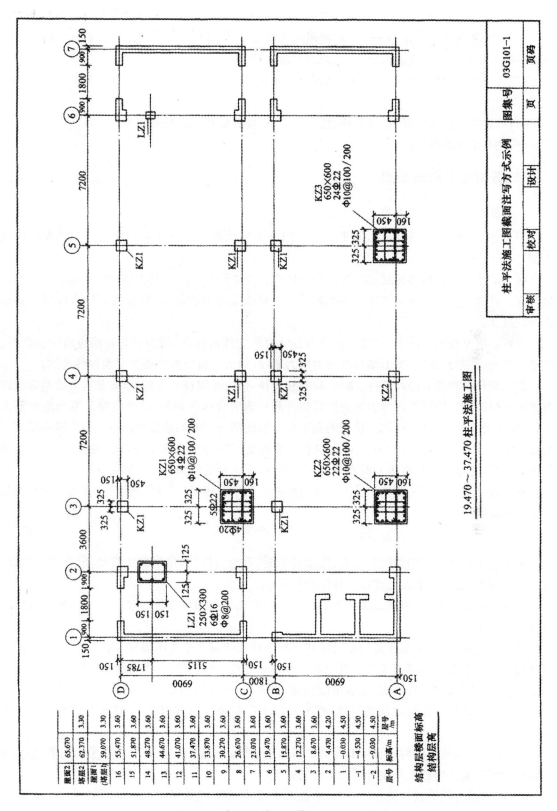

图 10-2　柱平法施工图截面注写方式例

(1)阅读结构设计说明中的有关内容。

(2)柱的平面布置与定位尺寸。根据相应的建筑、结构平面图,查对各柱的平面与定位尺寸是否正确。特别应注意变截面处,上下截面与轴线的关系。

(3)从图中(截面注写方式)及表中(列表注写方式)逐一检查柱的编号、起止标高、截面尺寸、纵筋、箍筋、混凝土的强度等级。

(4)柱纵筋的搭接位置、搭接方法、搭接长度、搭接长度范围的箍筋要求。

(5)柱与填充墙拉结。

## 三、剪力墙平法施工图

### (一)剪力墙平法施工图的表示方法

剪力墙平法施工图系在剪力墙平面布置图上采用截面注写方式或列表注写方式表达的施工图。

剪力墙平面布置图可按结构标准层采用适当比例单独绘制。当剪力墙比较简单且采用列表注写方法时也可与柱平面布置图合并绘制。对于轴线未居中的剪力墙(包括端柱),应标注其偏心定位尺寸。

在剪力墙平法施工图中,应按规定注明各结构层的楼面标高、结构层高及相应的结构层号。为便于简便、清楚地表达,剪力墙可视为由剪力墙柱、剪力墙身和剪力墙梁三类构件构成。

剪力墙柱的种类有边缘构件、暗柱、扶壁柱三种,而边缘构件最为常见,它是剪力墙端部或转角处的加强部位。边缘构件分为约束边缘构件和构造边缘构件两种,前者需要计算确定配筋大小,其截面尺寸和配筋要求较高,后者的截面尺寸和配筋只需按构造要求进行。剪力墙身厚度一般在 140~250mm 之间,配置双层双向钢筋。剪力墙梁的种类有连梁、暗梁、边框梁三种,而连梁最为常见,它是剪力墙由于开洞而形成的梁,也可认为是连接两片剪力墙的梁。

剪力墙列表注写方式和截面注写方式与柱的表达十分相似,在此不再赘述,详细介绍可参见平法标准图集(03G101—1)。

### (二)剪力墙平法施工图的识图原则

剪力墙平法施工图的识图原则为:先校对平面,后校对构件;根据构件类型,分类逐一阅读;先阅读各构件,再查阅节点与连接。具体步骤为:

(1)阅读结构设计说明及各张图纸的注释。明确底部加强区在剪力墙平法施工图中的所在部位及高度范围。

(2)检查各构件的平面布置与定位尺寸。根据相应的建筑平面图墙柱及洞口布置,查对剪力墙各构件的平面布置与定位尺寸是否正确。特别应注意变截面处,上下截面与轴线的关系。

(3)从图中(截面注写方式)及表中(列表注写方式)检查剪力墙身、剪力墙柱、剪力墙梁的编号、起止标高(或梁面标高)、截面尺寸、配筋。当采用列表注写方式时,应将表与结构平面图对应看。

(4)阅读剪力墙柱的构造详图和剪力墙身水平、垂向分布筋构造详图,结合平面配筋,搞清从基础顶面至屋面的整根柱与整片墙的配筋构造。

(5)阅读剪力墙梁的构造详图,结合平面图中梁的配筋,全面理解梁的纵筋锚固、箍筋设置要求、梁侧纵筋的设置要求等。

（6）了解其余构件与剪力墙的连接,剪力墙与填充墙拉结。

## 四、梁平法施工图

### （一）梁平法施工图的表示方法

梁平法施工图是在平面布置图上采用平面注写方式或截面注写方式来表达的施工图。梁平面布置图,应分别按梁的不同结构层（标准层）,将全部梁和其相关联的柱、墙、板一起采用适当比例绘制。对于轴线未居中的梁,除梁边与柱边平齐外,应标注偏心定位尺寸。在梁平法施工图中,应按规定注明各结构层的顶面标高及相应的结构层号。

实际工程中以平面注写方式表示的梁施工图最为常见,而截面注写方式常常用在梁布置过密的局部或异形梁截面处。

平面注写方式是在梁的平面布置图上,分别在不同编号的梁中各选出一根,在其上注写截面尺寸和配筋具体数量的方式来表达梁平面整体配筋。平面注写包括集中标注与原位标注,集中标注表达梁的通用数值,原位标注表达梁的特殊数值。当集中标注中某项数值不适用于梁的某部位时,则应将该项数值在该部位原位标注,施工时按照原位标注取值优选原则。图 10-3 为 KL2 梁平面注写方式实例,从梁中任一跨用引出线集中标注通用数值,而在梁各对席位置进行原位标注。

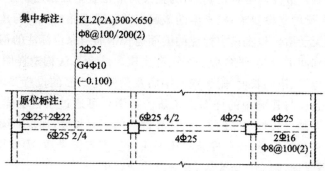

**图 10-3　梁平面注写方式示例**

### 1. 集中标注

图 10-3 中所示框架梁为两跨加一端悬挑,集中标注中 KL 表示该梁为楼层框架梁,如果是屋面框架梁应用 WKL 表示。KL2 表示该梁为 2 号框架梁,(2A)表示梁的跨数为 2 跨加一端悬挑,如果是两端悬挑应用 B 表示。300×650 表示梁的截面尺寸,梁宽 300mm,梁高 650mm。集中标注中第二行为箍筋配筋信息,$\varphi8@100/200(2)$ 表示梁的箍筋为直径 8mm 的一级钢筋,箍筋间距加密区为 100mm,非加密区为 200mm,括号中的数字 2 表示箍筋的为 2 肢箍。第三行 2Φ25 表示该梁上部贯通筋为 2 根直径 25mm 的二级钢筋。第四行 G4φ10 表示该梁在腰部配置 4 根直径为 10mm 的侧向构造一级钢筋,每侧各 2 根。第五行(−0.100)表示该梁相对于本层结构标高降低 0.100m。该梁集中标注中没有表示梁的下部筋和上部支座筋,这些将在原位标注中表示。

### 2. 原位标注

原位标注中第一跨左侧支座附近 2Φ25＋2Φ22 表示该支座上部除了原有 2Φ25 的贯通筋以外,还应再配置 2Φ22 的非贯通筋,非贯通筋的截断位置可参考标准图集(03G101—1)中梁的构造详图。如果支座上部非贯通筋在支座左右两侧相同，则可以只在一侧表示，另一侧不注，否则应在支座两侧分别注明。图 10-3 中第二个支座附近的 6Φ25 4/2 表示该支座上部筋一共有 6 根，除了原有 2Φ25 的贯通筋以外，还应再配置 4Φ25 的非贯通筋，非贯通筋伸出柱子左右两侧的长度相同。4/2 表示这 6 根上部筋分两层布置，最外层布置 4 根，里层布置 2 根。原位标注中第一跨中间 6Φ25 2/4 表示该跨下部配置 6 根直径 25mm 的二级钢筋，分两层布置，外层 4 根，里层 2 根。悬挑部位 4Φ25 表示该悬挑端上部配置 4 根盲径 25mm 的二级钢筋。

（二）梁平法施工图的识读原则

梁平法施工图的识读原则主要体现在以下几个方面。

（1）识读重点。根据建施图门窗洞口尺寸、洞顶标高、节点详图等重点检查梁的截面尺寸及梁面相对标高等是否正确；逐一检查各梁跨数、配筋；对于平面复杂的结构，应特别注意正确区分主、次梁，并检查主梁的截面与标高是否满足次梁的支撑要求。

（2）识读要点。识读主要包括：根据相应建施平面图，校对轴线网、轴线编号、轴线尺寸；根据相应建施平面图的房间分隔、墙柱布置，检查梁的平面布置是否合理，梁轴线定位尺寸是否齐全、正确。

（3）仔细检查每一根梁编号、跨数、截面尺寸、配筋、相对标高。首先根据梁的支撑情况、跨数分清主梁或次梁，检查跨数注写是否正确；若为主梁时应检查附加横向钢筋有无遗漏，截面尺寸、梁的标高是否满足次梁的支撑要求；检查梁的截面尺寸及梁面相对标高与建施图洞口尺寸、洞顶标高、节点详图等有无矛盾。检查集中标注的梁面通长钢筋与原位标注的钢筋有无矛盾；梁的标注有无遗漏；检查楼梯间平台梁、平台板是否设有支座。结合平法构造详图，确定箍筋加密区的长度、纵筋切断点的位置、锚固长度、附加横向钢筋及梁侧构造筋的设置要求等。异形截面梁还应结合截面详图看，且应与建施中的详图无矛盾。初学者可通过亲自翻样，画出梁的配筋立面图、剖面、模板图，甚至画出各种钢筋的形状、计算钢筋的下料长度，加深对梁施工图的理解。

（4）检查各设备工种的管道、设备安装与梁平法施工图有无矛盾，大型设备的基础下一般均应设置梁。若有管道穿梁，则应预留套管，并满足构造要求。

（5）根据结构设计（特别是节点设计），考虑施工有无困难，是否能保证工程质量，并提出合理化建议。

（6）注意梁的预埋件是否有遗漏（如有设备或外墙有装修要求时）。

## 五、现浇板施工图

（一）现浇板施工图的表示方法

板结构施工图主要表示现浇板的平面布置、板厚和配筋情况，一般采用传统表示和平法表示两种方法。传统表示法是在各层平面图上画出每一板块的上部筋和下部筋，并注明钢筋规格、间距和伸出长度。这种方法直观易懂，但表示钢筋的线条较多，图面较密。2004 年颁布混凝土现浇板平法图集（04G101—4）之后，采用平法表示的板结构施工图也比较常见。

板平法施工图采用的是平面注写表达方式，包括板块集中标注和板支座原位标注。板块集中标注的内容为：板块编号、板厚、贯通纵筋以及当板面标高不同时的标高高差。板支座标注的内容为：板支座上部非贯通纵筋和纯悬挑板上部受力钢筋。关于板的平法标注规则、构造和施工要求详见标准图集（04G101—4）。下面以图 10-4 为例来研究板平法施工图的表示方法。

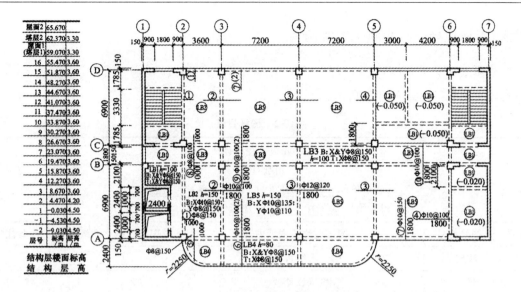

15.870～26.670 板平法施工图　注:未注明分布筋为 $\varphi$8@250。

**图 10-4　板平法施工图**

从图名和层高表中可知该图为标高 15.870～26.670 共四层楼面板的平法施工图。图中集中标注 LB1h＝100 表示该板块为 1 号楼面板,板厚为 100mm。LB 表示楼面板,如果是屋面板用 WB 表示,纯悬挑板用 XB 表示,延伸悬挑板用 YXB 表示。B:X&Y$\varphi$8@150 表示板的下部在 $x$ 和 $y$ 两个方向均配置巾 $\varphi$@150 的贯通筋。T:X&Y$\varphi$8@150 表示板的上部在 $x$ 和 $y$ 两个方向均配置 $\varphi$8@150 的贯通筋。

板支座原位标注:

$\dfrac{②\varphi10@100}{1800}$ 表示支座上部②号非贯通筋为 $\varphi$10@100,自支座中心线向两边跨内的延伸长度均为 1800mm。

$\dfrac{⑨\varphi10@100(2)}{1800\quad1900}$ 表示支座上部⑨号非贯通筋为 $\varphi$10@100,自支座中心线向两边跨内的延伸长度均为 1800mm,(2)表示该支座筋沿支撑梁连续布置 2 跨。

$\dfrac{\text{(LBI)}}{(-0.050)}$ 表示该板块的板厚和配筋同 1 号楼面板,板面标高相对楼层结构标高降低 50mm。

（二）现浇板施工图的识读要领

现浇板施工图的识读要领主要体现在以下几个方面。

（1）整体略读。了解板面的布置情况,查看是否与同层梁施工图相一致,弄清楚楼梯间的位置及楼面开洞情况。

（2）阅读附注说明。了解结构标高、未注明板厚和钢筋等统一交代的问题。

（3）细读各板配筋。逐一检查各板的上部筋、下部筋的配置情况,包括钢筋是否贯通、上部非贯通筋截断位置、钢筋间距等。

（4）对照标准图集弄清楚各板钢筋的构造,特别是相邻板上部筋的构造和施工注意事项。

## 六、钢筋混凝土结构施工图实例

### (一)图纸目录

具体的图纸目标如表 10-2 所示。

**表 10-2 图纸目录**

| ××建筑工程设计所 图纸目录 建设单位××有限公司　　工程名称××别墅(C 型) 设计编号 08—16—2　　图纸完成日期××年××月 | | | | | |
|---|---|---|---|---|---|
| 序号 | 图纸编号 | 图纸名称或图纸内容 | 图纸规格 | 图纸张数 | 备注 |
| 1 | 建施 01 | 图纸目录 | A4 | 1 | |
| 2 | 建施 02 | 建筑设计说明 | A2 | 1 | |
| 3 | 建筑 03 | 一层平面图、二层平面图 | A2 | 1 | |
| 4 | 建施 04 | 屋顶层平面图 | A2 | 1 | |
| 5 | 建施 05 | ①～③立面图、③～①立面图 | A2 | 1 | |
| 6 | 建施 06 | Ⓓ～Ⓐ立面图、Ⓐ～Ⓓ立面图 | A2 | 1 | |
| 7 | 建施 07 | 1—1 剖面图、2—2 剖面图 | A2 | 1 | |
| 8 | 建施 08 | 楼梯详图 | A2 | 1 | |
| | | 合计： | | 8 | |
| 1 | 结施 01 | 图纸目录 | A4 | 1 | |
| 2 | 结施 02 | 结构设计总说明 | A2 | 1 | |
| 3 | 结施 03 | 基础结构平面图 | A2 | 1 | |
| 4 | 结施 04 | 柱平法施工图 | A2 | 1 | |
| 5 | 结施 05 | 二层梁平法施工图、屋面梁平法施工图 | A2 | 1 | |
| 6 | 结施 06 | 屋面现浇板结构平面图、屋面现浇板结构平面图 | A2 | 1 | |
| 7 | 结施 07 | 楼梯结构图 | A2 | 1 | |
| | | 合计： | | 7 | |

### (二)建筑设计说明

**1.设计依据**

(1)甲方提供的任务书、委托单。

(2)规划局下达的有关批文。

(3)《民用建筑设计通则》(GB 50352—2005)。

(4)《建筑设计防火规范》(GB 50016—2012)。

(5)《住宅设计规范》(GB 50096—1999)(2003 版)。

(6)《屋面工程技术规范》(JGJ64—89)。

(7)《严寒和寒冷地区居住建筑节能设计标准》(JGJ 26—2010)。

(8)《居住建筑节能设计标准》(DBJ 14—037—2012)。

(9)国家颁发的其他相关规范、规定,行业主管部门发布的有关文件、技术要求。

2. 工程概况

(1)本项目为××别墅(C 型)建筑设计,位于××市××区××镇××峪。建设单位为××有限公司。

(2)本项目总建筑面积为 209.4 m²。建筑屋数为 2 层,防火建筑耐火等级为二级。屋面防水等级为三级,抗震设防烈度为 6 度。

(3)本工程设计相对标高±0.000 的绝对标高值现场测定。一屋室内外高差见建筑 03。

(4)本设计在规划批准后方可实施。

3. 工程设计说明

(1)一般说明:

①本项目图纸尺寸除特殊注明外,其余均以毫米(mm)为单位,标高以米(m)为单位。

②图中所注标高,楼地面、楼梯踏步、休息平台、露台均为建筑完成面标高,屋面为现浇混凝土屋面板结构上表面标高。

③各专业在墙体上留洞、槽上的钢筋混凝土过梁详见结施图。

④管道穿隔墙、楼板等相连通的孔洞,周边应采用不燃烧材料封堵。

⑤施工过程中如发生主要材料、设备代换,需经甲方、设计单位、监理三方同意后方可实施。

⑥本工程须遵照国家有关施工及验收规范执行。在施工过程中各专业的图纸应密切配合注意留洞与预理,确保工程质量。

(2)墙体工程:

①本工程填充墙材质为加气混凝土砌块,其构造措施详见结施图和标准图集 06SG 614—1。

②本工程外围护墙及内隔墙除注明外厚度均为 240,露台栏板墙体厚 120。

③凡外墙突出部位如女儿墙压顶、窗台等,上表面均做 1%排水,下面做滴水。

④墙体材料示意钢筋混凝土墙,柱: ▬▬▬ ■或▨▨▨ ▨砖墙:▨▨▨▨▨▨

加气混凝土砌块填充墙:═══════ 或▨▨▨▨▨▨

(3)楼地面工程:

①楼地面做法详见《建筑做法说明》。

②楼地面的面层须待设备、栏杆等安装完毕后再行施工。

③卫生间楼地面标高低于同层其他房间 20mm 并做 1%坡度坡向地漏。

(4)门窗工程。窗户选用铝合金中空隔热玻璃窗。

(5)装饰工程:

①室内工程做法详见本页图中建筑做法说明。

②建筑外墙做法:涂料墙面、花岗石墙面;颜色参见立面图设计。

(6)图中一律以数字为准、小样以大样为准、标准图以图中另有注明为准。

(7)工程施工时应与有关专业的图纸密切配合。为确保最初方案构思的贯彻始终,具体材料应待甲方拍板定案后,由施工单位做小样,由甲方及设计单位确认封样后方可大面积施工。

（三）图纸

1.平面图

平面图纸实例如图 10-5 所示。

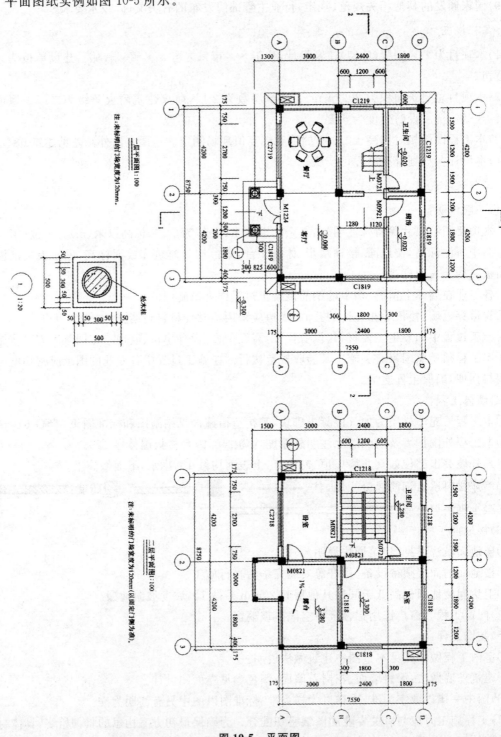

图 10-5 平面图

## 2.立面图

立面图纸实例如图 10-6 所示。

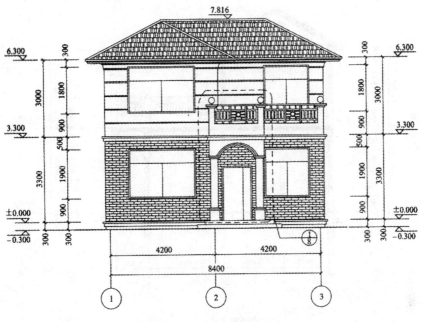

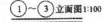

①~③立面图 1:100

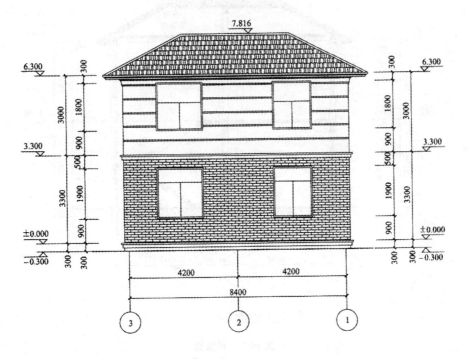

③~①立面图 1:100

图 10-6 立面图

3.剖面图

剖面图纸实例如图 10-7 所示。

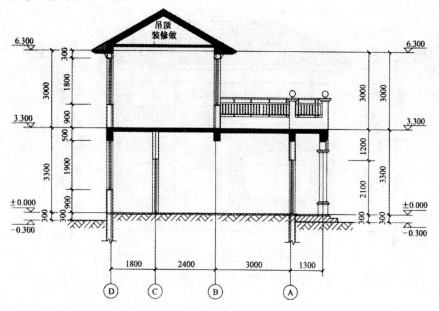

1—1 剖面图 1:100

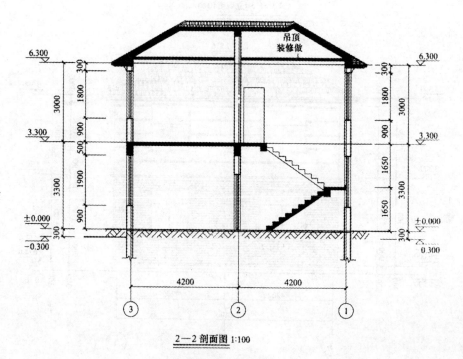

2—2 剖面图 1:100

图 10-7　剖面图

（四）结构设计总说明

（1）本图为××别墅（C 型）的结构设计。

(2)本工程的安全等级为二级,设计使用年限为50年。

(3)本工程的抗震设防类别为丙类,抗震设防烈度为六度,设计基本地震加速度值为0.05g(设计地震第二组);场地类别按Ⅱ类设计。

(4)本工程为框架结构,框架抗震等级为四级。

(5)设计依据:建筑结构荷载规范(GB 50009—2012)

建筑地基基础设计规范(50007—2011)

建筑抗震设计规范(GB 50011—2010)

混凝土结构设计规范(GB 50010—2010)

(6)本设计结构计算程序采用"中国建筑科学研究院结构所"编制的《(PKPM系列计算程序》中的PK、PMCAD、SATWE、JCCAD等辅助设计软件(2006年3月版)。

(7)本设计图纸中所注尺寸除标高以米(m)为单位外,其余均以毫米(mm)为单位。

(8)基础部分设计说明详见基础平面布置图。

(9)本工程楼层结构使用活荷载标准值如下。

楼面、楼梯、走廊、上人屋面2.0kN/m²

上人屋面2.0kN/m²

不上人屋面0.5kN/m²

基本风压0.45kN/m²(地面粗糙度B级)

雪荷载0.3kN/m²

(10)材料。

混凝土强度等级为C30;

HPB235级钢筋(用φ表示),$f_y=210N/mm^2$;

HPB335级钢筋(用Φ表示),$f_y=300N/mm^2$;

HPB400级钢筋(用$\bigoplus$表示),$f_y=360N/mm^2$;

填充墙采用240厚加气混凝土砌块,M5混合砂浆。

(11)纵向受力钢筋的混凝土保护层厚度。

柱为30mm;梁为25mm;

除卫生间处板为20mm外,其余板为15mm;

(12)未注明的钢筋最小锚固和最小搭接长度详见标准图集03G101—1。

(13)楼、屋面板。

①现浇板中,未示出的板内分布钢筋均为φ6@200。

②现浇双向板配筋中,短向的底部受力钢筋应放在长向的底部受力钢筋之下;短向的顶部受力钢筋应放在长向的顶部受力钢筋之上。

③如图10-8所示为板配筋图,图中支座上部钢筋(负筋)的所示长度为墙边或梁边至板内直钩弯折点的长度;边支座上部钢筋(负筋)应伸入至墙或梁外皮留保护层厚度,其端部垂直段伸至板底亦应≥10d,同时在梁或墙内锚固总长度符合受拉钢筋锚固长度的要求。

④板内下部钢筋(主筋)在边支座处锚入梁内的长度应≥120mm。

(14)框架梁、柱。

①框架梁、柱均采用平面整体配筋图表示法,标准图集号为03G101—1。

②本设计仅表示出了构件的断面及配筋,详细构造按标准图集03G101—1。

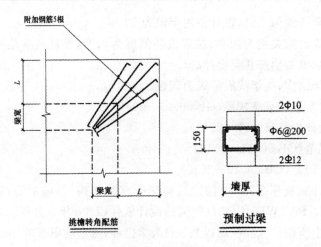

挑檐转角配筋                     预制过梁

**图 10-8　板配筋图**

③主、次梁相交处,应在主梁内,沿次梁两侧设置附加箍筋,每侧 3 根(间距 50mm)。

主梁上标注有附加吊筋时,则应在设置附加箍筋的同时增设吊筋。

(15)钢筋混凝土构造柱、梁上柱及后砌填充墙。

①各层楼面的窗台下,均应加设钢筋混凝土压顶梁。除注明外,压顶梁的断面尺寸为 250×120,梁内配筋为 $2\varphi10+\varphi6@200$(钢筋的两端伸入墙体内满足锚固长度)。

②梁上柱构造措施按 03G101-1 执行。

(16)建筑的门、窗、洞口处,均采用钢筋混凝土预制过梁,过梁宽度同墙厚;预制过梁与现浇钢筋混凝土构件相连时,预制过梁改为现浇。

(17)本设计要密切配合建筑、水道、电气、暖通等专业图纸施工。

(18)梁、板、墙、柱上的预埋件,应按照各工种的要求埋件,各工种应。配合土建施工。

(19)水道、电气、暖通等专业的管道穿梁、墙处,均应按照有关专业的图纸预埋套管。

(20)本设计中未尽事宜详见有关的规范及规程。

(21)未经技术鉴定或设计许可,不得改变结构的用途和使用环境。

(22)未经有关部门审查和图纸会审,不得施工。

# 第二节　砌体房屋结构施工图

## 一、砌体房屋结构基本构件

砌体结构是由块体和砂浆砌筑而成的墙、柱作为建筑物主要受力构件的结构,是砖砌体、砌块砌体和石砌体结构的统称。砌体结构的结构构件主要承受压力、拉力、弯曲及剪力,以抗压和抗剪为主。

墙体具有承重、维护和分割的作用。墙体承受楼(屋面)板传来的荷载、自重荷载和风荷载的作用,要求其具有足够的承载力和稳定性;外墙起着抵御自然界各种因素对室内侵袭的作用,要求其具有保温隔热、挡雨等方面的能力;内墙把房屋内部划分为若干房间和使用空间,起着分隔的作用。按墙体的受力特点可将墙体分为承重墙和非承重墙。承重墙是指承受屋顶、楼板等构件传下来的竖向荷载和本身的自重,并将这些荷载传递给墙、梁或柱的墙体;非承重墙是指不承受外来竖向荷载的墙体,可分为自承重墙、隔墙、填充墙、幕墙等。

门窗过梁是指门窗洞口上的横梁,其作用是支持洞口上砌体的重量和搁置在洞口砌体上的梁、板传来的荷载,并将这些荷载传递给墙体。

在混合结构房屋中,由于使用和建筑艺术上要求,往往将钢筋混凝土梁或板悬挑在墙体外面,形成挑梁、屋面挑檐、凸阳台、雨篷等。

在砖混结构房屋中,当墙身由于承受集中荷载、开洞和考虑地震的影响,使砖混结构房屋整体性、稳定性降低时,必须设置构造柱和圈梁来加强。

由钢筋混凝土托梁及支撑在托梁上计算高度范围内的砌体墙组成的组合构件称为墙梁。墙梁中用于承托砌体墙和楼(屋)盖的钢筋混凝土简支梁、连续梁或框架梁,称为托梁。

## 二、砌体房屋结构施工图识别的步骤

结构施工图识读的重点,是以构件布置图(即结构平面布置图)为基础,查阅该图中所包含构件的类型,各种类型构件的数量,以及各构件所在的位置,然后根据构件布置图上所标注的编号或详图索引,或剖切符号,寻找并识读相应的施工详图。对构件图的识读内容,主要包括有构件的构造,相邻构件间的相互位置关系和尺寸,材料类别及编号,材料用量及规格,构件及其断面的尺寸和标高等。

图纸识读是一种视觉活动与空间想象相结合的工作,当接到一套施工图后,通常可按下述步骤进行识图。

(1)首先阅读施工图的目录,了解这套施工图的基本情况。然后熟悉建筑施工图,对整栋建筑物有一个总的了解,在脑海中形成这栋建筑的一个空间立体形象。

(2)对整栋建筑有了一定的了解后,重点识读砌体结构施工图。对于砌体结构施工图的识读顺序,一般按施工进度的先后程序进行,即从基础施工图开始一步步地、深入地、仔细地识读,按照"基础—结构—建筑—结合设施"施工程序进行识图。

(3)识图基础结构平面布置图及相应的剖切详图和构件详图,重点了解基础的埋深,挖土的深度,基础的构造、尺寸,所用的材料,防水处理技术及做法,轴线的位置等方面内容。在识读过程中,必须紧密结合地质勘探报告书,了解土质层次、特性和分布情况,以便在施工中核对土质构造,尤其是应熟悉地基持力层土质特性及地下水位高度,从而保证地基土的质量。在识读过程中,对所遇到的"错误、重复、遗漏、缺项"以及疑难问题,应及时记录下来,以便在继续识读中得到解决,或在设计交底或在施工会审中提出,并得到答复。

(4)识读楼层结构平面布置图,重点识读构件的类型、编号、尺寸及其在布置图中的具体位置、楼层标高、配筋情况,预留孔洞位置、构件详图。

(5)识读屋盖结构平面布置图,重点识读屋面的构件布置及其详图,屋面标高、找坡、天沟、女儿墙,以及一般楼层结构平面布置图的基本内容。

同时了解墙体的厚度、高度、门窗及其洞口的大小,窗口的出檐情况(一般分为带出檐和无带出檐两种);洞口上的构造,即是否有过梁、过梁的形式(如拱形梁、平梁等)、过梁的材料(如钢筋混凝土、砌块、砌块加钢筋等)、过梁的施工方法等。

## 三、砌体房屋结构施工图实例

### (一)图纸目录

图纸目录实例如表 10-3 所示。

表 10-3　图纸目录

<table>
<tr><td colspan="7" align="center">××建筑工程设计所<br>图纸目录<br>建设单位××市电力总公司　　　工程名称××电力供电所<br>设计编号 08—16—2　　　　　完成日期××年××月</td></tr>
<tr><td>序号</td><td>图纸编号</td><td>图纸名称或图纸内容</td><td>图纸规格</td><td>图纸张数</td><td>折 A1 图张合数</td><td>备注</td></tr>
<tr><td>1</td><td>建施 01</td><td>图纸目录</td><td>A4</td><td>1</td><td>0.1 25</td><td></td></tr>
<tr><td>2</td><td>建施 02</td><td>建筑设计说明 建筑做法说明</td><td>A2</td><td>1</td><td>0.5</td><td></td></tr>
<tr><td>3</td><td>建施 03</td><td>门窗表楼梯详图</td><td>A2</td><td>1</td><td>0.5</td><td></td></tr>
<tr><td>4</td><td>建施 04</td><td>一层平面图</td><td>A2</td><td>1</td><td>0.5</td><td></td></tr>
<tr><td>5</td><td>建施 05</td><td>二层平面图</td><td>A2</td><td>1</td><td>0.5</td><td></td></tr>
<tr><td>6</td><td>建施 06</td><td>三层平面图</td><td>A2</td><td>1</td><td>0.5</td><td></td></tr>
<tr><td>7</td><td>建施 07</td><td>屋顶平面图</td><td>A2</td><td>1</td><td>0.5</td><td></td></tr>
<tr><td>8</td><td>建施 08</td><td>立面图</td><td>A2</td><td>1</td><td>0.5</td><td></td></tr>
<tr><td>9</td><td>建施 09</td><td>立面图</td><td>A2</td><td>1</td><td>0.5</td><td></td></tr>
<tr><td>10</td><td>建施 10</td><td>1—1 剖面图</td><td>A2</td><td>1</td><td>0.5</td><td></td></tr>
<tr><td>11</td><td>建施 11</td><td>2—2 剖面图</td><td>A2</td><td>1</td><td>0.5</td><td></td></tr>
<tr><td>12</td><td>建施 12</td><td>墙身大样图　卫生间详图</td><td>A2</td><td>1</td><td>0.5</td><td></td></tr>
<tr><td></td><td></td><td></td><td></td><td></td><td></td><td></td></tr>
<tr><td></td><td></td><td>合计：</td><td></td><td>12</td><td>5.625</td><td></td></tr>
<tr><td></td><td></td><td></td><td></td><td></td><td></td><td></td></tr>
<tr><td>1</td><td>结施 01</td><td>图纸目录</td><td>A4</td><td>1</td><td>0.125</td><td></td></tr>
<tr><td>2</td><td>结施 02</td><td>结构设计总说明</td><td>A2</td><td>1</td><td>0.500</td><td></td></tr>
<tr><td>3</td><td>结施 03</td><td>基础平面布置图</td><td>A2</td><td>1</td><td>0.500</td><td></td></tr>
<tr><td>4</td><td>结施 04</td><td>二层梁平法施工图</td><td>A2</td><td>1</td><td>0.500</td><td></td></tr>
<tr><td>5</td><td>结施 05</td><td>三层梁平法施工图</td><td>A2</td><td>1</td><td>0.500</td><td></td></tr>
<tr><td>6</td><td>结施 06</td><td>二层板配筋平面图</td><td>A2</td><td>1</td><td>0.500</td><td></td></tr>
<tr><td>7</td><td>结施 07</td><td>屋面板及局部三层板配筋平面图</td><td>A2</td><td>1</td><td>0.500</td><td></td></tr>
<tr><td>8</td><td>结施 08</td><td>楼梯详图</td><td>A2</td><td>1</td><td>0.500</td><td></td></tr>
<tr><td></td><td></td><td></td><td></td><td></td><td></td><td></td></tr>
<tr><td></td><td></td><td>合计：</td><td></td><td>8</td><td>3.625</td><td></td></tr>
</table>

### (二)建筑设计说明

1.依据

(1)提供的任务书、委托单。

(2)《用建筑设计通则》(GB50352—2005)。

(3)《筑设计防火规范》(GBJ16—2001)。

(4)《公建筑设计规范》(JGJ67—2006)。

(5)《工程技术规范》(JGJ64—2002)。

(6)《山东省颁发的其他相关规范、规定,行业主管部门发布的有关文件、技术要求。

**2.概况**

(1)本项目为××市电力总公司供电所建筑设计。建设单位为××市电力总公司。

(2)本项目总建筑面积为 873.78 m²,建筑层数为局部 3 层,建筑高度为 11.40 m。防火建筑耐火等级为二级。屋面防水等级为二级,抗震设防烈度为 7 度。

(3)本工程设计相对标高±0.000 的绝对标高值现场测定。一层室内外高差见建施 04。

(4)本设计在规划批准后方可实施。

**3.工程设计说明**

(1)一般说明。

①本项目图纸尺寸除特殊注明外,其余均以毫米(mm)为单位,标高以米(m)为单位。

②图中所注标高、楼地面、楼梯踏步、休息平台、露台均为建筑完成面标高,屋面为现浇钢混凝土屋面板结构上表面标高。

③各专业在墙体上留洞、槽上的钢混凝土过梁详见结施图。

④管道穿隔墙、楼板等相连通的孔洞,周边应采用不燃烧材料封堵。

⑤本工程在施工过程中,如发生主要材料、设备代换,需经甲方、设计单位、监理三方同意后方可实施。

⑥本工程须遵照国家有关施工及验收规范执行。在施工过程中各专业的图纸应密切配合,注意留洞与预埋,确保工程质量。

(2)墙体工程。

①本工程外墙体为黄河淤泥烧结砖,部分为加气混凝土砌块,黄河淤泥烧结砖除注明外厚370,加气混凝土砌块厚240。内墙承重墙为240厚黄河淤泥烧结砖,隔墙为120厚轻质隔断。

②本工程填充墙材质为加气混凝土砌块,其构造措施详见结施图和标准图集 L03J125。

③凡外墙突出部位如女儿墙压顶、窗台等,上表面均做 1%排水,下面做滴水,滴水做法参照 L02J101 ⑬/37。

④墙体材料示意。钢筋混凝土墙,柱: ▬▬▬ 或▨▨▨ ▨▨砖墙:▬▬▬ 或▨▨▨加气混凝土砌块填充墙:▨▨▨▨▨▨

(3)楼地面工程。

①楼地面做法详见《建筑做法说明》。

②楼地面的面层须待设备、栏杆等安装完毕后再行施工。

③卫生间楼地面、厨房地面、洗澡间楼面标高低于同层其他房间20mm并做1%坡度坡向地漏。

(4)门窗工程。

①窗户选用铝合金中空隔热玻璃窗。

②所有窗台高低于 900 的窗均做护窗栏杆,窗台高于 450 低于 900 的栏杆高为 1050 减窗台高,做法见 L03J401 ④/31。

(5)装饰工程。

①室内工程做法详见本页图中《建筑做法说明》。

②建筑外墙做法:涂料墙面、面砖墙面;颜色参见立面图设计。

③所有做法均出自 L03J002《建筑做法说明》。

(6)图中一律以数字为准、小样以大样为准、标准图以图中另有注明为准。

(7)工程施工时应与有关专业的图纸密切配合。为确保最初方案构思的贯彻始终,具体材料、材料规格、颜色,应待甲方拍板定案后,由施工单位做小样,由甲方及设计单位确认封样后方可大面积施工。

(8)节能设计。

①各部分围护结构均做节能设计,达到节能要求,具体做法如下。

②外墙采用 370 厚或 240 厚砖墙。外抹 60 厚胶粉聚苯颗粒保温砂浆。详图集 L02J121—1《外墙外保温建筑构造(一)》。

③屋面保温见建筑做法说明。

④外窗采用保温和气密性优良的铝合金中空隔热玻璃窗。

(9)所选图集。

①L03J002——《建筑做法说明》(表 10-4 所示)。

②L03J401——《楼梯配件》。

③L03J003——《卫生间配件及洗池》。

④L03J601——《木门》。

⑤L03J602——《铝合金门窗》。

⑥L01J202——《屋面》。

⑦L02J121—1——《外墙外保温建筑构造(一)》。

⑧L03J004——《室外配件》。

⑨L05J104——《住宅防火型烟气集中排放系统》。

⑩L02J101——《墙身配件》。

表 10-4  建筑做法说明

| 类别 | 名称 | 标准图名 | 采用范围 | 备注 |
|---|---|---|---|---|
| 散水 | 混凝土水泥散水 | 散 2 | 建筑四周 | 宽 900 坡度为 3% |
| 地面 | 铺地砖防潮地面 | 地 26 | 卫生间 | |
| | 铺地砖地面 | 地 25 | 除卫生间外的地面 | |
| 楼面 | 铺地砖楼面 | 楼 17 | 除卫生间外的楼面 | |
| | 铺地砖防水楼面 | 楼 19 | 卫生间、厨房 | 第 2 项去掉防滑地砖 |
| 踢脚 | 地砖踢脚 | 踢 9 | 除卫生间、厨房 | 踢脚高度 150 |
| 内墙面 | 瓷砖墙面 | 内墙 36 | 卫生间厨房 | 瓷砖至顶 |
| | 涂料墙面 | 内墙 9 | 除卫生间、厨房外的所有内墙 | |
| 外墙 | 涂料墙面 | 外墙 23 | 用于外墙面 | |
| | 贴面砖墙面 | 外墙 32 | 用于标高±0.000 以下的外墙面 | |
| 层面 | 卷材防水膨胀珍珠岩保温屋面 | 屋 27 | 非上人屋面 | |
| | 卷材防水屋面 | 屋 16 | 用于钢筋混凝土雨篷 | |

（三）图纸

以下仅例出部分图纸，如图 10-9～图 10-11 所示。

1.平面图

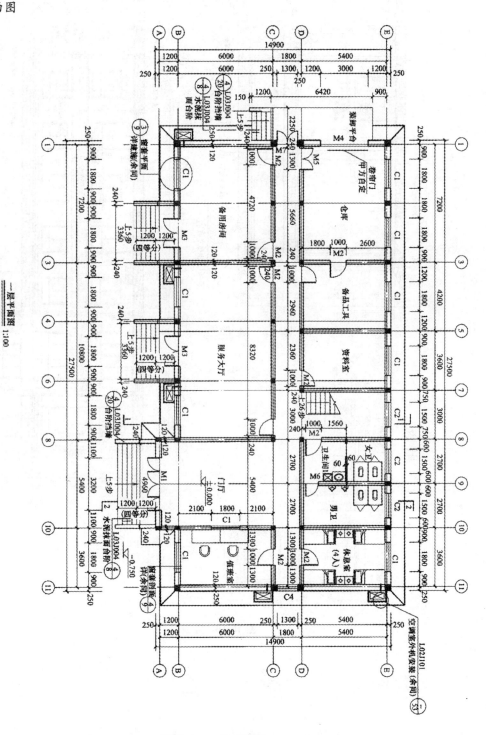

**图 10-9　一层平面图**

2.立面图

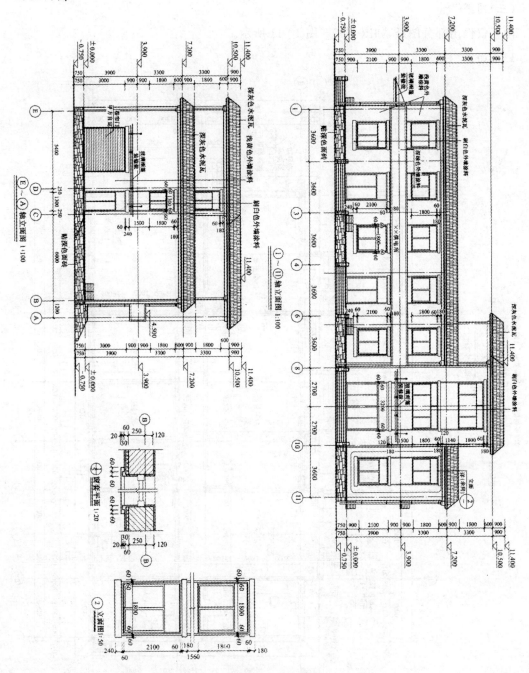

图 10-10　立面图

3. 剖面图

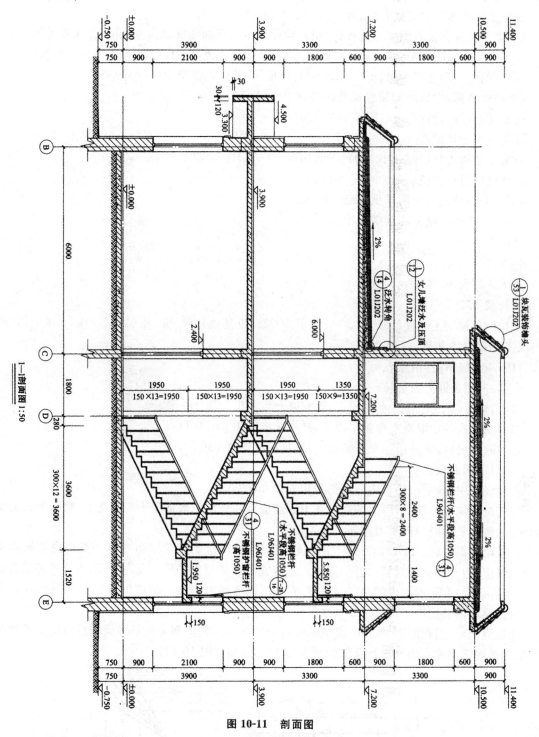

**图 10-11 剖面图**

(四)构设计总说明

(1)本设计为××市电力总公司供电所的结构设计。

(2)本工程为砖混结构,设计使用年限为 50 年。基础设计等级为丙级,结构的安全等级为二级,砌体施工质量控制等级为 B 级。

混凝土结构的环境类别:地面以下为二 a 类;室内为一类。

(3)本工程抗震设防烈度为七度(一组),设计基本地震加速度值为 0.10g,场地类别为 Ⅱ 类。

(4)算程序采用"中国建筑科学研究院"编制的 PK、PM 系列辅助设计软件(2006 年 3 月版)。

(5)计图纸中所注尺寸除标高以米(m)为单位外,其余均以毫米(mm)为单位。

(6)设计依据:建筑结构荷载规范(GB 50009—2012)

建筑地基基础设计规范(GB 50007—2011)

建筑抗震设计规范(GB 50011—2010)

混凝土结构设计规范(GB 50010—2010)

砌体结构设计规范(GB 50003—2011)

(7)基础部分设计说明详见基础结构图。

(8)本工程楼层结构活荷载标准值为:

楼面 2kN/m²

基本风压 0.45kN/m²

不上人屋面 0.5kN/m²

雪荷载 0.35kN/m²

(9)材料:混凝土强度等级土 0.000 以下为 C25(仅基础),梁、板、柱 C20,HPB235 级钢筋(用 φ 表示);HRB335 级钢筋(用 Φ 尘表示);

HRB400 级钢筋(用业表示);

砌体:采用黄河淤泥烧结砖。

砂浆:地面以下为 M10 水泥砂浆,地面以上为 M5.0 混合砂浆。

(10)现浇构件中混凝土保护层厚度:详见标准图集 03G101—1。

(11)除注明外,钢筋锚固及搭接长度:详见标准图集 03G101—1。

(12)楼、屋面板:

①现浇板中,未示出的板内分布钢筋均为中 6@200。

②现浇双向板配筋中,短向的底部受力钢筋应放在长向的底部受力钢筋之下;短向的顶部受力钢筋应放在长向的顶部受力钢筋之上。

③板配筋图中(图 10-12),支座上部钢筋(负筋)的所示长度为墙边或梁边至板内直钩弯折点点的长度;边支座上部钢筋(负筋)应伸入至墙或梁外皮留保护层厚度,其端部垂直段伸至板底亦应≥10d,同时在梁或墙内的总长度不小于受拉钢筋锚固长度。板内下部钢筋(主筋)在边支座处锚入梁内的长度应≥120mm。

④现浇板中,当板厚≥120mm 或短向板跨≥4.2m 时,其上部未配筋表面布置温度收缩钢筋(构造钢筋焊接网片),钢筋规格及构造要求参 L03G323,(图 10-12)。

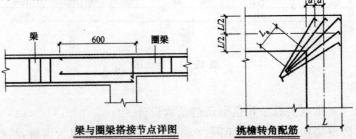

**梁与圈梁搭接节点详图**　　　　**挑檐转角配筋**

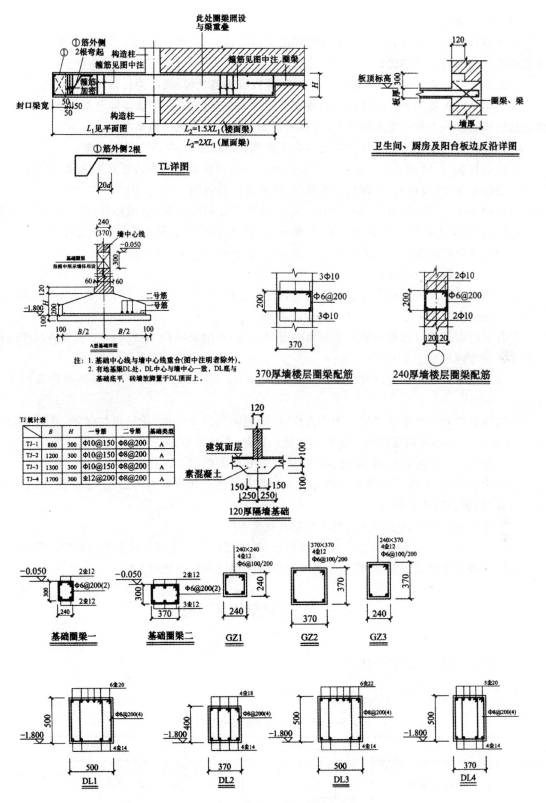

图 10-12　钢筋规格及构造要求参图

（13）现浇梁、柱：

①本设计中现浇梁均采用平面整体配筋图表示法，图 10-12 中仅示出了构件的断面及配筋，详细构造见标准图集 03G101—1（注明者除外）。

梁最小支承长度 2×240，两端在≤1000 范围内有构造柱时，梁应伸长与构造柱相连。

②结构平面布置图中构造柱均为本楼面下层构造柱；构造柱应随墙体伸至女儿墙顶并锚固；楼层新加构造柱应生根于梁或圈梁上，且纵向钢筋应锚入圈梁或其他梁内。

③构造柱、墙、板、梁、圈梁等连接处构造应按照标准图集 L03G313 的要求施。

④构造柱在门、窗、洞口边，墙宽小于 300mm 时，改用混凝土与构造柱整体浇成。

⑤沿各层楼、屋面板处，沿墙均设置圈梁，圈梁应拉通封闭。

（14）建筑的门、窗、洞口处，除注明外，均采用钢筋混凝土过梁，选用标准图集 L03G303，过梁宽度同墙宽，梁上的荷载等级为 3 级，过梁遇柱、梁处改现浇（满足钢筋锚固长度要求）。

（15）未注明的线脚在砖墙处由砖墙砌出，在混凝土构件处由混凝土浇出。

（16）防止墙体裂缝措施：

①屋面保温层及砂浆找平层设置分隔缝，分隔缝间距不大于 6 m，并与女儿墙隔开，其缝宽不小于 30mm。

②各层门窗及洞口过梁上的水平灰缝内设置 3 道 $\varphi6$ 钢筋（240 墙 $2\varphi6$，370 墙 $3\varphi6$），并应伸入过梁两端墙内不小于 600mm。

③各层窗台下墙体灰缝内设置 3 道 $\varphi6$ 钢筋（240 墙 $2\varphi6$，370 墙 $3\varphi6$），并伸入两边窗间墙内不小于 600mm。

④墙体转角处和纵横墙交接处无构造柱时，沿竖向每隔 500mm 设一道拉结筋，其数量为每 120mm 墙厚 $1\varphi6$，埋入长度从墙的转角或交接处算起，每边不小 1000mm。

（17）设计要密切配合建筑、水道、电气、暖通等专业图纸施工。

（18）设备预留洞、顶埋套管等必须与相关专业图纸核对无误后方可施工；未经设计允许，不得随意在墙、板、梁、柱上开洞。

（19）本说明中未尽事宜详见有关的规范及规程。

（20）未经有关部门审查和图纸会审，不得施工；本工程设计在规划批准生效后方可实施。

（21）未经技术鉴定或设计许可，不得改变结构的用途和使用环境。

# 第三节  钢结构施工图

## 一、常用型钢的标注方法

常用型钢的标注方法其规定如表 10-5 所示。

表 10-5  常用型钢的标注方法

| 序号 | 名称 | 截面 | 标注 | 说明 |
|---|---|---|---|---|
| 1 | 等边角钢 | ∟ | ∟ | b 为肢宽，t 为肢厚 |

续表

| 序号 | 名称 | 截面 | 标注 | 说明 |
|------|------|------|------|------|
| 2 | 不等边角钢 | | | B 为长肢宽,6 为短肢宽,t 为肢厚 |
| 3 | 工字钢 | | N　QN | 轻型工字钢加注 Q 字,N 为工字钢的型号 |
| 4 | 槽钢 | | N　QN | 轻型槽钢加注 Q 字,N 为槽钢的型号 |
| 5 | 方钢 | | | b 为方钢边长 |
| 6 | 扁钢 | | $-b×t$ | b 为扁钢宽度,t 为扁钢厚度 |
| 7 | 钢板 | —— | $-b×t×L$ | 钢板宽度×钢板厚度×钢板长度 |
| 8 | 圆钢 | | $\varphi d$ | $\varphi$ 为圆钢直径 |
| 9 | 钢管 | | DN×× $d×t$ | · |
| 10 | 薄壁方钢管 | | B $b×t$ | DN 为公称直径外径×壁厚 |
| 11 | 薄壁等肢角钢 | | B $b×t$ | |
| 12 | 薄壁等肢卷边角钢 | | B $b×a×t$ | 薄壁型钢加注 B 字,b 为肢宽,t 为壁厚,a 为卷边长度,h 为截面高度 |
| 13 | 薄壁槽钢 | | B $h×a×t$ | |
| 14 | 薄壁卷边槽钢 | | B $h×b×a×t$ | |
| 15 | 薄壁卷边 Z 型钢 | | $h×b×a×t$ | |
| 16 | T 型钢 | | TW×× TM×× TN×× | TW 为宽翼缘型钢,TM 为中翼缘型钢, TN 为窄翼缘型钢 |
| 17 | H 型钢 | | HW×× HM×× HN×× | HW 为宽翼缘型钢,HM 为中翼缘型钢,HN 为窄翼缘型钢 |

## 二、螺栓连接的标注方法

螺栓、孔、电焊铆钉的表示方法其规定如表 10-6 所示。

**表 10-6　螺栓、孔、电焊铆钉的表示方法**

| 序号 | 名称 | 图例 | | 说明 |
|---|---|---|---|---|
| 1 | 永久螺栓 | | | |
| 2 | 高强螺栓 | | | |
| 3 | 安装螺栓 | | | 1.细"+"线表示定位线 |
| 4 | 胀锚螺栓 | | | 2.M 表示螺栓型号 3.φ 表示螺栓孔直径 4.d 表示膨胀螺栓、电焊铆钉直径 |
| 5 | 圆形螺栓孔 | | | 5.采用引出线标注螺栓时,横线上标注螺栓规格,横线下标注螺栓孔直径 |
| 6 | 长圆形螺栓孔 | | | |
| 7 | 电焊铆钉 | | | |

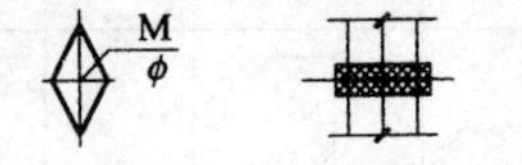

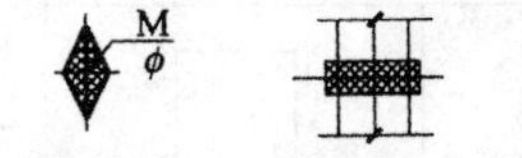

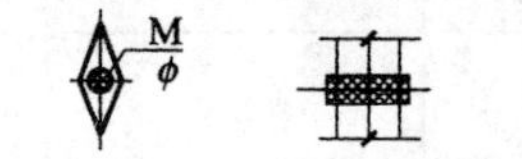

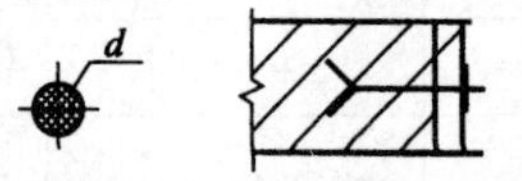

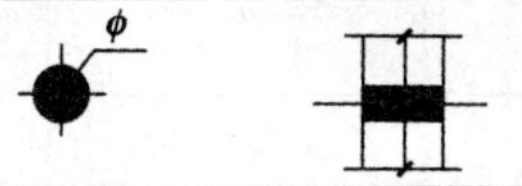

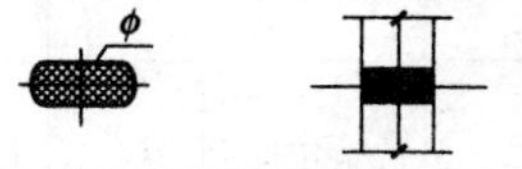

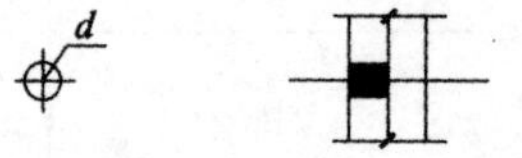

## 三、常用的焊缝表示方法

焊接钢结构的焊缝必须按现行国家标准《焊缝符号表示法》(GB:324—2008)中的标注规定。表 10-7 列出了部分常用焊缝的表示方法。

**表 10-7　部分常用焊缝的表示方法**

| | 角焊缝 | | | | |
|---|---|---|---|---|---|
| | 单面焊缝 | 双面焊缝 | 搭接接头 | 安装焊缝 | 双 T 焊缝 |
| 焊缝形式 | 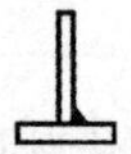 |  |  |  |  |
| 标注方法 | 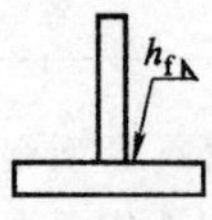 | 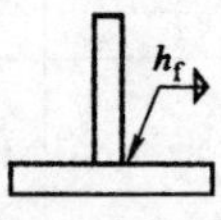 | 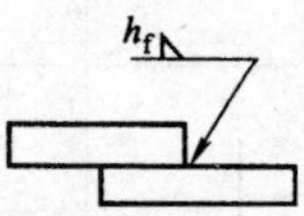 | 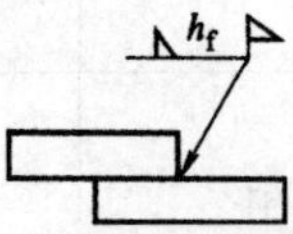 | 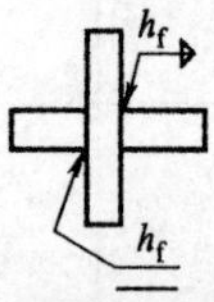 |

| | 对接焊缝 | | |
|---|---|---|---|
| | I 型 | V 型 | T 型 |
| 焊缝形式 | | | |
| 标注方法 | | | |
| | 塞焊缝 | 三面围焊 | 周围焊缝 |
| 焊缝形式 | | | |
| 标注方法 | | | |

此外,焊接钢结构的焊缝还应符合下列规定。

(1)单面焊缝的表示方法。当箭头指向焊缝所在的一面时,应将图形符号和尺寸标注在横线的上方(图 10-13 (a));当箭头指向焊缝所在另一面(相对应的那面)时,应将图形符号和尺寸标注在横线的下方(图 10-13(b))。

表示环绕工作件周围的焊缝时,其围焊焊缝符号为圆圈,绘在引出线的转折处,并标注焊角尺寸 K(图 10-13(c))。

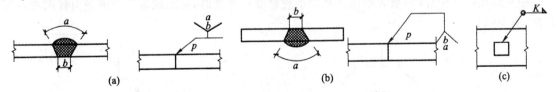

图 10-13 单面焊缝的标注方法

(2)双面焊缝的表示方法。双面焊缝的标注,上下都标注符号和尺寸。上方表示箭头一面的符号和尺寸,下方表示另一面的符号和尺寸(图 10-14(a));当两面的焊缝尺寸相同时,只需在横线上方标注焊缝的符号和尺寸(图 10-14(b))。

(3)3 个及 3 个以上的焊件相互焊接的焊缝标注。不得作为双面焊缝标注。其焊缝符号和尺寸应分别标注(图 10-15)。

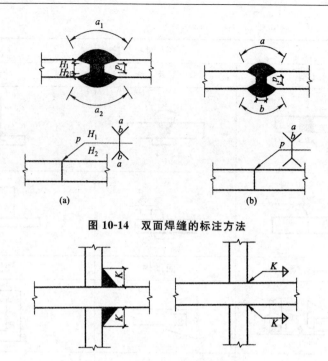

图 10-14 双面焊缝的标注方法

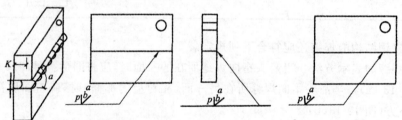

图 10-15 3 个以上焊件的焊缝标注方法

(4)坡口焊缝的标注。相互焊接的 2 个焊件中,当只有 1 个焊件带坡口时(如单面 V 形),引出线箭头必须指向带坡口的焊件(图 10-16)。

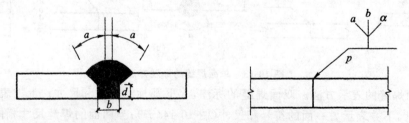

图 10-16 1 个焊件带坡口的焊缝标注方法

相互焊接的 2 个焊件,当为单面带双边不对称坡口焊缝时,引出线箭头必须指向较大坡口的焊件(图 10-17)。

图 10-17 不对称坡口焊缝的标注方法

(5)焊缝分布不规则时的标注。当焊缝分布不规则时,在标注焊缝符号的同时,宜在焊缝处加中实线(表示可见焊缝),或加细栅线(表示不可见焊缝)(图 10-18)。

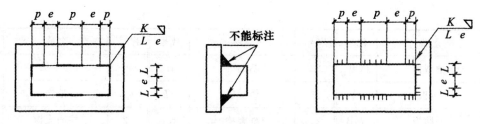

图 10-18　不规则焊缝的标注方法

（6）相同焊缝符号的表示方法。

①在同一图形上，当焊缝形式、断面尺寸和辅助要求均相同时，可只选择一处标注焊缝的符号和尺寸，并加注"相同焊缝符号"，相同焊缝符号为 3/4 圆弧，绘在引出线的转折处（图 10-19 (a)）。

②在同一图形上，当有数种相同的焊缝时，可将焊缝分类编号标注。在同一类焊缝中可选择一处标注焊缝符号和尺寸。分类编号采用大写的拉丁字母 A、B、C⋯（图 10-19(b)）。

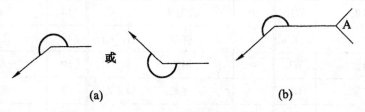

（a）　　　　　　　　　　　　（b）

图 10-19　相同焊缝的表示方法

（7）现场焊缝符号。需要在施工现场进行焊接的焊件焊缝，应标注"现场焊缝"符号。现场焊缝符号为涂黑的三角形旗号，绘在引出线的转折处（图 10-20）。

图 10-20　现场焊缝的表示方法

## 四、常用构件代号

如表 10-8 所示为常用构件代号。

表 10-8　常用构件代号表[①]

| 序号 | 名称 | 代号 | 序号 | 名称 | 代号 | 序号 | 名称 | 代号 |
|---|---|---|---|---|---|---|---|---|
| 1 | 板 | B | 19 | 圈梁 | QL | 37 | 承台 | CT |
| 2 | 屋面板 | WB | 20 | 过梁 | GL | 38 | 设备基础 | SJ |
| 3 | 空心板 | KB | 21 | 连系梁 | LL | 39 | 桩 | ZH |

①　注：1. 预制钢筋混凝土构件、现浇混凝土构件、钢构件和木构件，一般可直接采用本附录中的构件代号。在绘图中，当需要区别上述构件的材料种类时，可在构件代号前加注材料代号，并在图纸中加以说明。2. 预应力钢筋混凝土构件的代号，应在构件代号前加注"Y－"，如 Y－DL 表示预应力钢筋混凝土吊车梁。

| 序号 | 名称 | 代号 | 序号 | 名称 | 代号 | 序号 | 名称 | 代号 |
|---|---|---|---|---|---|---|---|---|
| 4 | 槽型板 | CB | 22 | 基础梁 | JL | 40 | 挡土墙 | DQ |
| 5 | 折板 | ZB | 23 | 楼梯梁 | TL | 41 | 地沟 | DG |
| 6 | 密肋板 | MB | 24 | 框架梁 | KT | 42 | 柱间支撑 | ZC |
| 7 | 楼梯板 | TB | 25 | 框支梁 | WJ | 43 | 垂直支撑 | CC |
| 8 | 盖板或沟盖板 | GB | 26 | 屋面框架梁 | WKL | 44 | 水平支撑 | SC |
| 9 | 挡雨板或檐口板 | YB | 27 | 檩条 | LT | 45 | 梯 | T |
| 10 | 吊车安全走道板 | DB | 28 | 屋架 | WJ | 46 | 雨篷 | YP |
| 11 | 墙板 | QB | 29 | 托架 | TJ | 47 | 阳台 | YT |
| 12 | 天沟板 | TGB | 30 | 天窗架 | CJ | 48 | 梁垫 | LD |
| 13 | 梁 | L | 31 | 框架 | KJ | 49 | 预埋件 | M— |
| 14 | 屋面梁 | WL | 32 | 钢架 | GJ | 50 | 天窗端壁 | TD |
| 15 | 吊车梁 | DL | 33 | 支架 | ZJ | 51 | 钢筋网 | W |
| 16 | 单轨吊车梁 | DDL | 34 | 柱 | Z | 52 | 钢筋骨架 | G |
| 17 | 轨道连接 | DGL | 35 | 框架柱 | KZ | 53 | 基础 | J |
| 18 | 车挡 | CD | 36 | 构造柱 | GZ | 54 | 暗柱 | AZ |

## 五、钢结构施工图实例

钢结构施工图与其他结构施工图相似,通常情况下也由下列内容组成:图纸目录、结构设计总说明、结构平面图、各节点详图、材料表等。以下对部分内容进行研究。

（一）图纸目录（表 10-9）

表 10-9　图纸目录

| 图纸目录 | | | | |
|---|---|---|---|---|
| 项目 | ××有限公司食品仓库 | | 工程号 | |
| 序号 | 图号 | 图名 | 规格 | 备注 |
| 1 | 建施 01 | 建筑设计说明 | A2 | |
| 2 | 建施 02 | 平面布置图 | A2 | |
| 3 | 建施 03 | 屋顶平面图 | A2 | |
| 4 | 建施 04 | 立面图　剖面图 | A2 | |
| 1 | 结施 01 | 结构设计总说明 | A2 | |

续表

| 序号 | 图号 | 图名 | 规格 | 备注 |
|---|---|---|---|---|
| 2 | 结施 02 | 结构布置图 | A2 | |
| 3 | 结施 03 | 屋面檩条布置图 | A2 | |
| 4 | 结施 04 | 基础布置图 | A2 | |
| 5 | 结施 05 | 基础详图 | A2 | |
| 6 | 结施 06 | 锚栓布置图 | A2 | |
| 7 | 结施 07 | 钢架详图 | A2 | |

（二）建筑设计说明

本工程为×××有限公司食品仓库;生产类别为戊类,建筑安全等级三级,建筑使用年限为30年,按二级耐火等级进行防火设计,本建筑为单层厂房,檐高4.5m,建筑物总长度为45.13m,总宽度为19.48m,总建筑面积为879.13m²。

1.设计依据

(1)建设单位提供的厂房总平面图,工程地质勘探报告及有关批准文件。

(2)现行建筑,结构设计规范及强制条文。

(3)建筑抗震设计规范及建筑设计防火规范。

2.建筑设计概况

(1)设计标高:室内地坪标高为±0.000(相对标高)室内外高差0.3m。

(2)图中所注尺寸,除标高以米(m)为单位,其余均以毫米(mm)为单位,个别尺寸与比例不附者,以所注数字为准。

(3)屋面构造:屋面采用0.426厚HV-840型屋面板+δ50保温棉+不锈钢丝网;屋面坡度为10%。自攻钉采用"BX"牌,每波峰一钉,普通螺栓均采用镀锌螺栓。

(4)墙面工程:

±0.000至+2.000采用240厚M10黏土多孔砖,M5混合砂浆砌筑。

+2.000以上采用900型彩钢板(海兰)。

±0.000以下墙体采用M10标准黏土砖,M10水泥砂浆实砌。

在墙体-0.060处设20厚1:2水泥砂浆(内掺5%防水剂)防潮层一道。

(5)门窗工程:采用塑钢窗,配5mm白色玻璃,上下各一排;门为轻质板推拉门。门窗规格详见门窗表。

(6)墙面装饰:

①所有墙面屋面包角彩钢板颜色由施工单位出具样品后由甲方定。

②内墙面为1:1:6混合砂浆底,水泥纸筋灰面,做0.3m水泥砂浆墙裙。

(7)雨水排放:采用UPVC塑料排水管,与雨水斗做好接口,施工时勿堵塞。

(8)本工程二级耐火等级,钢构件涂刷防火漆,钢柱为2.0h,钢梁1.5h,刷红丹防锈底漆二度(注明者除外);其他构件做红丹二度为底,醇酸调合漆二度面层,构件制作后进行抛丸除锈处理,等级为S2.5级。

（三）图纸

1.总平面图

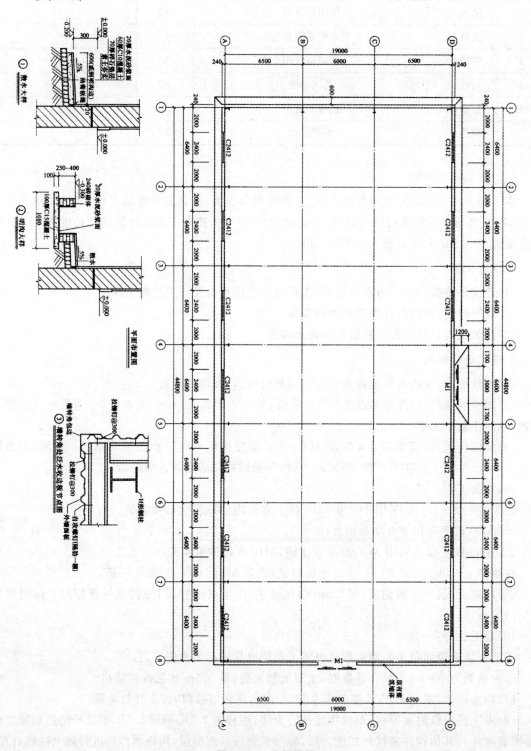

图 10-21　总平面图

## 2.系杆连接详图

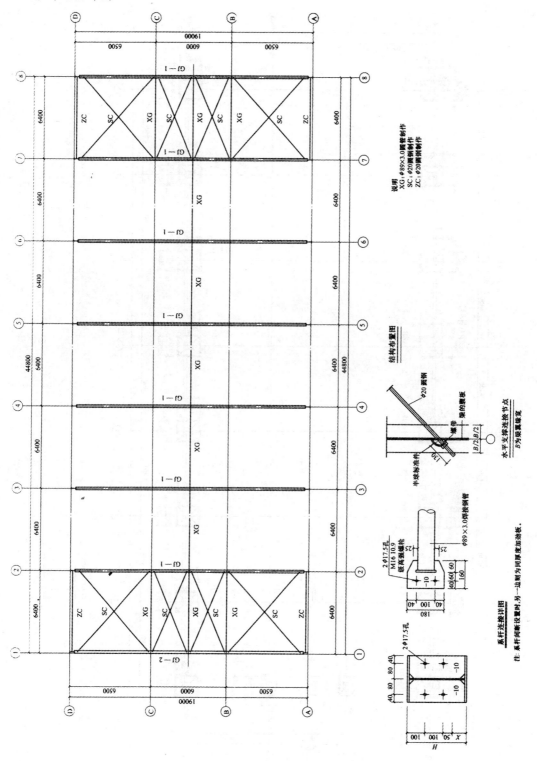

图 10-22　系杆连接详图

3.基础布置图

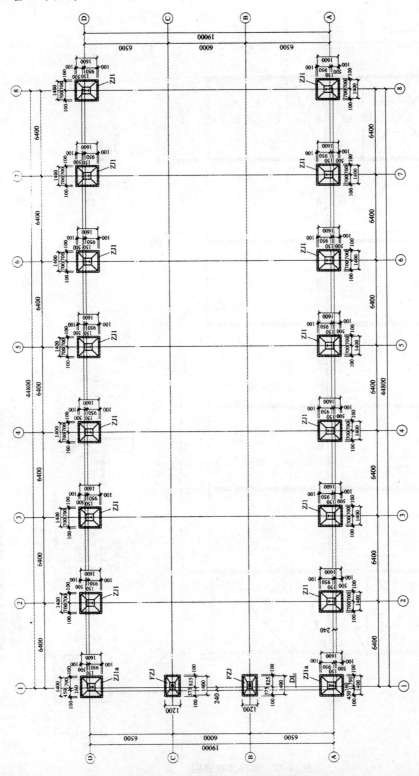

图 10-23　基础布置图

4.钢结构设计总说明

(1)设计依据

①本设计依据甲方提供的有关使用要求而进行设计。

②现行结构设计规范及强制条文。

(2)设计遵循的规范、规程及规定

①建筑结构荷载规范(GB 5009—2012)

②钢结构设计规范(GB 50017—2011)

③钢结构工程施工及验收规范(GB 50205—2012)

④冷弯薄壁型钢结构技术规范(GB 50018—2005)

⑤钢结构高强螺栓连接的设计、施工及验收规程(JGJ82—2011)

⑥建筑钢结构焊接规程(JGJ 81—2011)

⑦门式刚架轻型房屋钢结构设计规程(CECS 102—2012)

⑧建筑地基基础设计规范(GB 50007—2011)

(3)设计荷载

①屋面荷载。

屋面活荷载 $0.45kN/m^2$

屋面恒荷载 $0.2kN/m^2$

屋面雪载 $0.4kN/m^2$

②风荷载(基本风压)$0.45kN/m^2$。

③本工程地震防烈度6度。

(4)结构设计概况

①本工程按柱下端铰接进行设计。

②屋盖系统设二道横向水平支撑。

③本工程总长45.13m,每间开间为6.4m;总宽19.48 m,檐口标高4.5 m。

(5)材料概况

①门式刚架系统的主要构件均采用 Q345B,其化学成分及力学性能应符合(GB700—88)标准中有关规定。

②焊接材料(见表10-10)。

表 10-10 焊接材料表

| 焊接方法 | 钢号 | 焊接材料 | 备注 |
| --- | --- | --- | --- |
| 手工焊 | Q345 | E502、E501 | |
| 埋弧自动焊 | Q345 | H08A | |
| 半自动焊 | Q345 | HJ61 | |

③高强螺栓为大六角头高强螺栓,性能为 10.9 级。

④普通螺栓采用 Q235B 制作。

⑤屋面檩条采用 Q235 钢制作,拉条为Ⅰ级圆钢筋。

⑥门、窗规格及型号见建筑,门窗尺寸及定位详见建筑。

⑦屋面板采用 840 型 0.426 镀锌板+50 厚保温层,要求采用高强度洁面烤漆镀锌板,海蓝色。

⑧墙面彩用 900 型彩钢板 0.426 厚。

(6)制作与安装

①钢结构制作与安装应符合钢结构工程施工及验收规范(GB 50205—2012)中的有关规定。

②焊接质量的检验等级。

A.横梁与柱的主材工厂拼接焊缝,应采用引弧板,焊缝质量应达 2 级;其余可 3 级。

B.H 形截面各板件的主材拼接缝,应避免在同一截面上发生,相距不小于 200mm。

C.高强度螺栓连接的磨擦面不允许涂刷油漆和有油污,磨擦系数应达到 0.35 以上。

③螺栓孔径:螺栓直径小于等于 M16 时,孔径比栓杆直径大 1m,大于 M16 时大 1.5mm。

④钢结构应有相应资质施工企业安装制作。

(7)其他

①设计图中所注标高均为相对标高。

②高强螺栓在图中特别指明,未指明类型的螺栓为普通螺栓。

③钢结构安装前必须弹出轴线,及锚栓校正。

④除锈钢材在制作前必须除去氧化皮和油垢,除锈质量等级达 GB 8923—2011 中的 Sa 2.5 级。

⑤钢构件的油漆为:红丹防锈底漆二度,外刷防火涂料,防火涂料与油漆应不起化学反应。

⑥防火要求:钢结构达二级耐火钢梁耐火极限 1.5 小时钢柱耐火极限 2.0 小时。

⑦钢结构部分的任何改动须有设计人员的同意,施工出现问题,请及时与设计人员联系。

⑧本工程焊接焊缝形式及尺寸如下:

T 形连接,手工焊,板厚不大于 6mm,自动焊板厚不大于 12mm 时,采用双面角焊缝,焊脚尺寸同较薄焊件,其他情况采用带剖口的对接焊缝,其剖口形式应根据板厚和施工条件按现行标准(手工电弧焊焊接接头的基本形状与尺寸)和(埋弧焊焊接接头的基本形式与尺寸)的要求选用。搭接 $t<6mm$ 时,$H_f<t$;$t>6mm$ 时,$H_f=(t-1)mm$;

图中未注明焊缝均为满焊。

⑨钢材应符合下列规定(用于抗震地区)。

A.钢材的抗拉强度实测值与屈服强度的实测值的比值不应小 1.2。

B.钢材应有明显的屈服台阶,且伸长率应大于 20%。

C.钢材应有良好的可焊性和合格的冲击韧性。

## 第四节  钢屋盖施工图

### 一、钢屋盖施工图的主要内容

钢屋盖施工图的内容主要包括:屋架正面详图、上弦和下弦平面图,必要数量的侧面图和零件图。当屋架为对称时,可绘制半榀屋架。

钢屋盖施工图主要内容有以下几点,阅读时应重点关注。

(1)图纸的左上角绘制整榀屋架的简图,左半跨注明屋架的几何尺寸,右半跨注明杆件的设计内力。

(2)图纸的正中为屋架详图及上、下弦平面图,必要数量的侧面图和零件图。

(3)右上角绘制材料表,把所有杆件和零件的编号、规格尺寸、数量、重量和整榀屋架的重量填入表中。

(4)钢屋架轴线一般用(1:20)~(1:30)的比例尺,杆件截面和节点尺寸采用(1:10)~(1:15)的比例尺。

(5)施工图上注明屋架和各构件的主要几何尺寸。

(6)在施工图中应全部注明各零件的型号和尺寸。

(7)跨度较大的屋架,在自重及外荷载作用下将产生较大的挠度,特别当屋架下弦有吊平顶或悬挂吊车荷载时,则挠度更大,这将影响结构的使用和有损建筑的外观。

(8)施工图上还应加注必要的文字说明,包括钢材的钢号,焊条型号,加工精度和质量要求,图中未注明的焊缝和螺栓孔的尺寸,以及防锈处理的要求等。

### 二、钢屋盖施工图实例

如图10-24是轻型钢屋架施工图实例,阅读时需将钢屋盖与材料表(表10-11)对应起来。

表 10-11  轻型钢屋架材料表

| 零件号 | 零件截面或规格 | 长度/mm | 数量 | | 质量/kg | |
|---|---|---|---|---|---|---|
| | | | 正 | 反 | 每个 | 共计 |
| ① | L100×90×8 | 9408 | 2 | 2 | 80.3 | 321.0 |
| ② | L63×5 | 8548 | 2 | 2 | 41.2 | 164.8 |
| ③ | L80×7 | 400。 | 2 | — | 2.6 | 5.1 |
| ④ | L63×5 | 330 | 2 | — | 1.6 | 3.2 |
| ⑤ | L45×4 | 629 | 4 | — | 1.7 | 6.9 |
| ⑥ | L45×4 | 2057 | 4 | — | 5.6 | 22.6 |
| ⑦ | L45×4 | 1405 | 4 | — | 3.9 | 15.4 |

| 零件号 | 零件截面或规格 | 长度/mm | 数量 | | 质量/kg | |
|:---:|:---:|:---:|:---:|:---:|:---:|:---:|
| | | | 正 | 反 | 每个 | 共计 |
| ⑧ | L45×4 | 2097 | 4 | — | 5.8 | 23.0 |
| ⑨ | L45×4 | 659 | 4 | — | 1.8 | 7.2 |
| ⑩ | L50×4 | 4506 | 4 | — | 13.8 | 55.2 |
| ⑪ | L63×5 | 2720 | 1 | 1 | 13.1 | 26.2 |
| ⑫ | L80×7 | 140 | 10 | — | 1.2 | 11.9 |
| ⑬ | −195×10 | 530 | 2 | — | 8.1 | 16.2 |
| ⑭ | −145×8 | 170 | 4 | — | 1.6 | 6.2 |
| ⑮ | −145×8 | 640 | 2 | — | 5.8 | 11.7 |
| ⑯ | −235×8 | 580 | 1 | — | 8.6 | 8.6 |
| ⑰ | −140×8 | 180 | 2 | — | 1.6 | 3.2 |
| ⑱ | −150×8 | 210 | 2 | — | 2.0 | 4.0 |
| ⑲ | −160×8 | 220 | 2 | — | 2.2 | 4.4 |
| ⑳ | −150×8 | 230 | 1 | — | 2.2 | 2.2 |
| ㉑ | −115×8 | 165 | 4 | — | 1.2 | 4.8 |
| ㉒ | −240×16 | 240 | 2 | — | 7.2 | 14.5 |
| ㉓ | −80×16 | 80 | 4 | — | 0.8 | 3.2 |
| ㉔ | −200×8 | 330 | 1 | — | 4.2 | 4.2 |
| ㉕ | −60×8 | 100 | 8 | — | 0.4 | 3.0 |
| ㉖ | −60×8 | 65 | 8 | — | 0.3 | 2.0 |
| ㉗ | −60×8 | 70 | 4 | — | 0.3 | 1.1 |
| ㉘ | −60×8 | 130 | 2 | — | 0.5 | 1.0 |
| ㉙ | −60×8 | 85 | 6 | — | 0.3 | 1.9 |
| 合计总重量 | | | | | 754.7kg | |

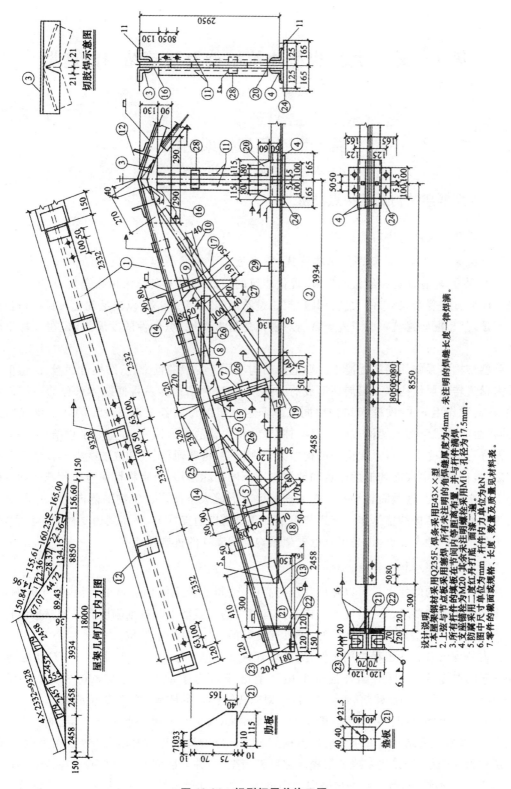

**图 10-24 轻型钢屋盖施工图**

# 第十一章　其他类型建筑结构及建筑结构的选型

## 第一节　巨型框架结构

### 一、巨型框架结构及其特点分析

#### (一)巨型框架结构的内涵分析

巨型框架结构是一种新型的结构形式,它是近几十年发展起来的巨型结构体系中的一种。从建筑方面看,随着社会和经济的发展,现代建筑的功能趋向于多样化和综合化,建筑平面布置和竖向体型日趋复杂,都市的大型公共建筑总是希望能"联合"起来,以满足现代人日益增长的要求。于是,巨型框架建筑顺应了人类目前对现代建筑多功能、综合性的发展需求,在大都市越来越普遍。

巨型结构体系中的钢筋混凝土巨型框架结构不同于一般的框架,从结构方面看,巨型框架结构是由梁式转换层结构体系发展而形成的结构体系,这种结构体系将框架体系分为主结构和次结构,在荷载作用下主、次框架结构协同工作。主框架以每隔若干楼层设置的巨型梁式桁架为梁,连接由简体式巨型框架构成的主框架柱,是结构主要的受力构件,即主要承重结构,一般先对主框架进行整体受力分析。次框架结构即为常规框架,由普通梁、柱构成的次框架设置于两道主框架之间,在结构中仅起到辅助作用和地震作用下的耗能作用,负责将楼面竖向荷载传到主框架大梁上。次框架梁、柱截面较小并可在主框架梁下形成大空间。建筑物的侧向力作用及竖向荷载通过巨型框架结构的整体作用传递和集中到建筑物周边支柱上,并将周边支柱间距扩大,使之集中于若干个巨型大柱上,提高了巨型框架结构周边支柱的抗倾覆能力。

#### (二)巨型框架结构的特点分析

巨型框架结构的特点是可以降低建筑物高度,使得建筑空间划分自由灵活,便于开洞,能够满足建筑多功能的要求。巨型框架结构还具有很大的承载能力和抗推刚度。巨型框架结构与梁式结构相比,不仅传力明确,整体性好,还具有良好的延性,有利于抗震。

国内外现已有一些工程应用实例,如深圳亚洲大酒店,信华大厦,日本神户 TC 大厦等都是巨型框架的典型代表,目前国外提出采用巨型框架结构体系筹建高度 $800 \sim 4000\mathrm{m}$、层数 $200 \sim 1000$ 层的所谓超层建筑,可以看出,巨型框架结构体系具有广阔的应用前景。

台北 101 大楼:台北 101 大楼(图 11-1)高 508 米(含天线),是一座地下 5 层、地上 101 层的摩天大楼,大楼主要结构以井字形的巨型构架为主。巨型构架以吉祥的数字"8"作为设计单元,每 8 层楼为一个单元,设置一或二层楼高之巨型桁架梁,并与巨型外柱及核心斜撑构架组成近似 11 层楼高的巨型结构,有明确的抗竖向力和抗侧系统。此巨型结构设计以八大巨型钢骨混凝土柱为骨干,围绕周边,兼具强度和劲度,提供楼体的稳定。

**图 11-1　台北 101 大楼**

## 二、巨型框架结构的计算模型

巨型框架结构的计算,需要从以下几个方面出发进行。

(1)巨型框架主框架因其长细比较大,仅考虑轴向变形和弯曲变形;次框架不仅考虑柱的轴向刚度,还要考虑主框架层的弯曲变形。

(2)同层次框架各个节点处的转角和主框架的转角相同。

(3)与同一主框架梁柱单元相连的一般框架柱梁截面积相等,布置间距相同,反弯点都在次框架梁柱的中点。

(4)相对于主框架柱的刚度而言,次框架梁的刚度很小,不足以约束主框架柱的转动,因此不考虑次框架梁的轴向刚度对巨型框架轴向刚度的影响,忽略楼层框架的侧移影响。

(5)结构的材料和结构各构件都限定在弹性范围之内,应满足线弹性假定。

巨型框架的主框架相对于次框架来说,梁、柱的线刚度非常大,因此,可以把次框架与主框架的连结取为刚结,在计算主框架时,将楼层框架的约束反作用于主框架每层中的对应位置即可,再加上主框架本身所受竖向荷载,即是巨型框架最终的受力状态。因此巨型框架可拆分成如图 11-2 所示的计算简图。

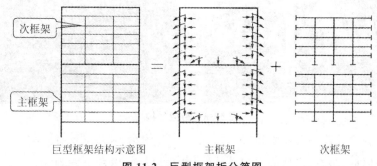

巨型框架结构示意图　　　　主框架　　　　次框架

**图 11-2　巨型框架拆分简图**

# 第二节 网壳结构与桁架结构

## 一、网壳结构

网壳结构,是由多根杆件按一定规律的几何图形布置,通过节点连接成空间杆系结构,其外形呈曲面状。网壳结构有单层网壳和双层网壳之分。

网壳结构的出现早于平板网架结构。在国外,传统的肋环型穹顶已有一百多年历史。中国第一批具有现代意义的网壳是在 20 世纪 50 至 60 年代建造的,但数量不多。当时柱面网壳大多采用菱形"联方"网格体系。我国第一幢大跨度网壳结构是天津体育馆屋盖,平面尺寸为 52m×68m,矢高为 8.7m,用钢指标为 45kg 每平米。该网壳 1956 年建成,1973 年因失火而重建。

网壳结构的特点是外形美观、通透感好,建筑空间大、用材省、施工进度快,设计较复杂。具体体现为网壳结构兼有杆系结构和薄壳结构的主要特性,杆件单一,受力合理;结构的刚度大、跨越能力大;可以用小型构件组装成大型空间,小型构件和连接节点可以在工厂预制;安装简便,不需大型机具设备,综合经济指标较好;根据建筑创作要求任意选取丰富多彩的空间曲面造型。

网壳结构的形式主要有圆顶、筒壳、折板、球面网壳、双曲面网壳、鞍形网壳(或扭网壳)、双曲抛物面网壳和各种异形网壳,以及上述各种网壳的组合等,还出现了预应力网壳、斜拉网壳(用斜拉索加强网壳)和网状穹顶等新的结构体系。网壳结构一般为单层或双层,有单曲面或双曲面构成的多种外形。

## 二、桁架结构

### (一)桁架结构的内涵

桁架结构(图 11-3),通常所指的桁架是平面桁架。19 世纪工业大发展,因工业、交通建设的需要,要求建造大跨度的结构,从而使桁架得到广泛应用。在大跨度屋盖体系中,最常采用的是桁架式结构体系,适用跨度范围亦较大。目前世界上最大的预应力混凝土桁架为贝尔格莱德机库屋盖,跨度为 135.8m。1993 年挪威建成的胶合层木桁架最大跨度达 85.8m。

**图 11-3 桁架结构**

### (二)桁架结构的计算特点及支撑

桁架支承于墙壁、砖石、钢柱或混凝土柱上,外荷载与支座反力都作用在全部桁架杆件轴线所在的平面内,不产生水平推力。桁架有铰接(图 11-4)和刚接(图 11-5)之分,铰接桁架中的杆件为轴向受力构件,刚接桁架的杆件除有轴力外,还产生弯矩和剪力。桁架杆件在节点竖向荷载作用下,其上弦受压,下弦受拉,主要抵抗弯矩,而腹杆则主要抵抗剪力。桁架的杆件按三角形法则构成,制造和安装较简单。

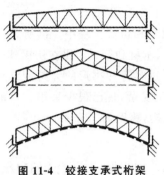

图 11-4　铰接支承式桁架

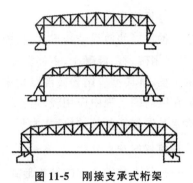

图 11-5　刚接支承式桁架

为保证屋盖结构的空间几何稳定性,须在主桁架间设置屋盖支撑系统,包括横向水平支撑、纵向水平支撑、垂直支撑、系杆等,具体布置见相关参考资料。

# 第三节　悬索结构与拱结构

## 一、悬索结构

### (一)悬索结构的内涵

悬索结构是以能受拉的索作为基本承重构件,并将索按照一定规律布置所构成的一类结构体系。索结构是桥梁的主要结构形式之一,在房屋建筑中也有应用。用于悬索结构的钢索大多采用由高强钢丝组成的平行钢丝束、钢绞线或钢缆绳等,也可采用圆钢、型钢、带钢或钢板等材料。索结构是将桥梁中的悬索"移植"到房屋建筑中,可以说是土木工程中结构形式互通互用的典型范例。悬索屋盖结构通常由悬索系统,屋面系统和支撑系统三部分构成。北京工人体育馆屋顶采用了索结构,设内外两个环,两环之间的上、下层索采用高强钢丝。德国法兰克福国际机场机库为双跨悬索结构,每跨 135m。随着科学技术水平的发展和人们对建筑物新的要求,会不断出现新的结构形式和结构材料。

### (二)悬索结构的特点分析

悬索结构的特点主要有以下几个方面。

(1)钢索的自重很小,屋盖结构较轻,悬索只受拉,其截面抗弯刚度 EI 几乎等于 0,结构中不出现弯矩和剪力效应,故悬索是一种柔性结构。通过索的轴向拉伸抵抗外荷载作用,最充分地利用钢材强度。

(2)安装不需要大型起重设备,施工方便,费用低。

(3)便于建筑造型。悬索结构形式多样,布置灵活,并能适应多种建筑平面。

(4)悬索结构的分析设计理论与常规结构相比,比较复杂,限制了它的广泛应用。

悬索结构按索的布置方向和层数可分为单向单层悬索结构,辐射式单层悬索结构,双向单层悬索结构，单向双层预应力悬索结构，辐射式预应力悬索结构，双向双层预应力悬索结构及预应力索网结构等。

## 二、拱结构

### (一)拱结构的内涵

拱是一种古老的曲线结构形式，目前仍应用于房屋建筑和桥梁工程中。拱所采用的材料相当广泛，可以用砖、石、混凝土、钢筋混凝土、预应力混凝土、木材和钢材。拱在房屋建筑中的应用少于桥梁工程，其典型应用为砖混结构中的砖砌门窗圆形过梁等和拱形的大跨度结构。混凝土拱形桁架在以前的工程中应用较多，但因其自重较大，施工复杂，现已很少采用。目前最大跨度的拱形桁架是贝尔格莱德的机库，为预应力混凝土桁架结构，跨度为 135.8m。

### (二)拱结构的特点分析

拱是一种受力非常合理的结构形式，受力状态和悬索结构相反，主要承受轴向压力，与梁的最大区别在于拱在竖直荷载作用下产生水平反力 H(图 11-6)。拱脚有推力是拱的主要力学特征之一，矢高 f 越小，推力越大，由于这个力的存在使拱的弯矩要比跨度、荷载相同的梁的弯矩小得多，根据荷载特点合理选择拱曲线形状，可减小拱的弯矩。拱的恒载在拱截面内引起的应力类似预压应力，可有效减少弯矩引起的拉应力。拱受力截面上的应力分布比较均匀，能充分发挥材料的作用，并利用抗拉性能较差而抗压较强的砖、石、混凝土等材料，来建造大跨度、高承载力、轻结构、小变形的结构工程，这就是拱的主要优点。拱式屋盖比梁式和框架式屋盖结构经济指标好，当跨度超过 80m 时尤为显著。

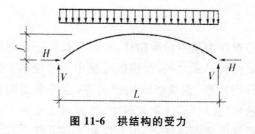

**图 11-6　拱结构的受力**

# 第四节　折板结构、薄壳结构与膜结构

## 一、折板结构

折板亦称折壳，由若干厚度很薄的平板构成，形成多边形横截面，最常用的是 V 形截面。折板结构是由多块平板组合而成的空间结构，是一种既能承重又能维护、用料较省、刚度较大的薄壁结构。1976 年建成的美国波士顿机场(图 11-7)，采用混凝土折壳，跨度 76.8m，是目前世界上跨度最大的折板结构。

**图 11-7　美国波士顿机场**

### 二、薄壳结构

#### (一)薄壳结构的内涵

生物界的各种蛋壳、贝壳、乌龟壳、海螺壳以及人的头盖骨等都是一种曲度均匀、质地轻巧的"薄壳结构"。这种"薄壳结构"的表面虽然很薄,但具有良好的承载性能。19世纪工程界开始对壳体进行研究、分析和试验,模仿生物界壳体在外力作用下,内力都沿着整个表面扩散和分布的力学特征,并且应用在建筑工程中。建筑工程中的壳体结构是由两个几何曲面构成的空间薄壁结构,两个曲面之间的距离为厚度 $t$,几何曲面的最小曲率为 $R$,学术上把 $t/R \leqslant 1/20$ 的壳体定义为薄壳结构。

板面形成承载能力高、刚度大的承重结构,能覆盖大跨度的空间而无需中间支柱。钢筋混凝土薄壳结构用于建筑物的屋顶始于1910年,最早有资料记载的是在1925年德国的 Carl Zeiss 公司的四支柱圆柱面壳体屋顶。我国在20世纪50年代后期及60年代前期建造过一些中等跨度的球面壳、柱面壳、双曲扁壳和扭壳,在理论研究方面还投入过许多力量,制定了相应的设计规程。我国最早的薄壳结构为1948年在常州建造的圆柱面壳仓库;1958年在北京火车站候车大厅采用了边长为30m×30m现浇钢筋混凝土双曲扁壳。目前此种结构应用较少,主要原因是其结构形状复杂,设计计算难度较大,施工复杂,对设计及施工技术要求均较高。

**图 11-8 北京火车站**

#### (二)薄壳结构的形式分析

薄壳结构常用的形状为筒壳、圆顶薄壳、鞍壳、扭壳和双曲扁壳等,按建造材料可分为钢筋混凝土薄壳、砖薄壳、钢薄壳和复合材料薄壳等。

**1. 筒壳**

筒壳外形为柱形曲面,属单曲面壳体。它纵向为直线,能使用直模板,具有施工简捷、造价低等优点。缺点是横向刚度小。筒壳可分为三种:L/B≤1/2者为短壳;L/B≥3者为长壳;L/B介于1/2与3之间者为中筒壳(其中 L 表示壳体跨度,B 表示壳体宽度或波长)。

**2. 圆顶薄壳**

圆顶薄壳结构是旋转曲面壳。根据建筑造型,圆顶的形式可采用圆形球面壳、椭圆面壳及抛物线形圆面壳等。自然界中存在着大量的球状物体,常见的是穹窿圆顶建筑,这种古老的建筑形式至今仍经常使用。

圆形圆顶薄壳结构是轴对称结构,在轴对称荷载作用下,将只产生两种作用在曲面内的力,即径向力和环向力。径向力为沿经线方向的力,因其要平衡垂直向下荷载,所以必定为压力,径向压力在壳顶小,在壳底大。环向力是沿纬线方向的力。圆形屋顶在垂直荷载作用下,上部的圆顶部分将受压收缩,其直径将变小,而下部支承环直径将增大,形成上部产生环向压力,下部产生环向拉力,中间有一截面,为环向压力向环向拉力转变的交界线,该处的环向力为0,该截面称为"过渡缝"。底边支座环梁对圆顶薄壳起到箍的约束作用,一般采用预应力结构。

### 3.双曲扁壳

筒壳和球壳的结构空间是非常大的,对于无需大空间的建筑,可压缩其结构空间,节约材料以便降低造价,尽可能使壳内拉应力减小,减小壳的矢高形成扁壳。扁壳又可分平面扁壳和双曲扁壳。双曲扁壳是一种双向微弯的平板,采用双曲形式更有利于提高壳体各向的强度和刚度,双曲扁壳除扁球壳外,还有椭圆抛物扁壳和不规则双曲扁壳。双曲扁壳有以下几个特点:

(1)矢高小,空间小,造价低,结构经济合理;

(2)壳内能达到无拉力状态,强度高、刚度大;

(3)施工方便,便于混凝土浇灌振捣;

(4)平面适应性有所改善,造型优美,外形美观,内部开阔;主要缺点是双曲面形状支模比较困难。

巴黎国家工业与技术中心陈列馆(图11-9),1958—1959年建造,它是分段预制的双曲双层薄壳,两层混凝土壳体的总共厚度只有12cm。壳体平面为三角形,每边跨度达218m,高出地面48m,总的建筑使用面积为9万平方米。

**图11-9 巴黎国家工业与技术中心陈列馆**

### 4.鞍壳、扭壳

当平移曲面的母线与导线成反面的两抛物线时,所构成的马鞍形双曲壳体,称鞍壳。它与水平面相交成双曲线,故又称为双曲抛物面壳。鞍壳与扭壳均为双曲抛物面壳,也是双向直纹曲面壳。扭壳适用于各种平面的建筑,其适用跨度为3~70m,壳板厚度仅为20~80mm。

壳体结构因其力性能优越,经济合理,利于抗震,近于自然,曲线优美,形态多变,深受建筑师们的赞赏。壳体在工程上有广阔的发展前景。

## 三、膜结构

### (一)膜结构的内涵及结构形式

膜结构起源于远古时代人类居住的帐篷(支杆、绳索与兽皮构成的建筑物)。20世纪中期以后,随着性能优良的建筑膜材料和支撑结构出现,加之工程计算科学和施工技术的进步,膜结构建造技术东山再起,得到了迅速的发展。就建筑规模而言,目前世界上最大的膜结构当数1999年建成的英国格林威治千年穹顶(图11-10),其直径为365米,中心高度为50米,面积为10万平方米。高耸的桅杆、坚如射束的根根钢索、富于机械艺术表现魅力的钢制大型节点,给人以别具一格的艺术感染力,给建筑的形态塑造提供了宽广的空间,并且与周围建筑环境相容性很强。韩国和日本为2002年韩日世界杯兴建的18座大型体育场馆中,有11座采用了膜结构。在我国,膜结构作为一种新型的空间结构体系逐渐为建筑界了解,最具代表性的工程是上海八万人体育馆。由于膜结构具有丰富灵活的空间造型和很轻的自重,短短的几年里已在国内的景观建筑和大跨度建筑中得到了广泛的应用。

**图 11-10　千年穹顶**

膜结构的主要形式通常有充气式支承膜结构、骨架式支承膜结构、张拉式支承膜结构及组合式支承膜结构等几种。

(二)膜结构的特征分析

膜结构的特征体现在以下几个方面。

1.质轻

膜材及其支撑结构通常较轻,它的轻是其他结构无法比拟的,膜厚度多在1mm以下,但抗拉强度却与钢材在一个数量级,甚至基本接近。如中等强度PVC膜的厚度仅0.61mm,但它的拉伸强度相当于钢材的一半。

2.透光性及抗辐射性

膜材是一种半透明材料,透光性较好,自然光的透光率通常为10%～21%,可高达25%。膜材有较高的反射性,并且热传导性较低,这极大程度上阻止太阳能进入室内。

3.耐久性

目前市场使用的膜材寿命通常在10年以上,好的可达35年,耐久性较差。国外的实验表明,面料涂层的厚度与膜材的强度有直接关系,达到一定的涂层厚度以后,膜材的剩余强度可在10年内保持不变。

4.经济性

膜布的裁剪和支撑结构的构件加工都可以在工厂进行,在现场只进行安装作业,相比传统建筑的施工周期,它几乎要快一倍,故施工方便且进度较快。由于膜结构较轻,墙体和基础的造价也相应降低。

5.造型的多样性

膜结构充满张力的自然曲线是其他建筑达不到的。空间膜体自重轻、跨度大。柔性的材料使得膜结构在建筑上的造型自由丰富、变化多端,轻灵、飘逸、亮丽等成为膜结构建筑的共同特征。

# 第五节　木结构

## 一、木结构的内涵及优点分析

### （一）木结构的内涵

由木材或主要由木材组成的承重结构称为木结构。由于树木分布普遍,易于取材,采伐加工方便;同时木材在抗压、抗弯和抗拉时具有很好的塑性,容重小因而自重轻;且干燥的木材对侵蚀性介质有较高的化学稳定性,所以很早就被广泛用来建造房屋和桥梁。中国古建筑是中华民族历史文化遗产的重要组成部分,也是世界上独具风格的一门建筑科学,在国际上久享盛名,具有极高的历史、艺术和科学价值,并被誉为东方建筑之瑰宝。而木构建筑是中国古建筑的主体,其体系独特,分布地域广阔,遗产十分丰富。从保存至今已达千年之久的山西五台县佛光寺正殿(图 11-11)可以看出,木构建筑远溯至唐代已形成完整的体系。

**图 11-11　山西五台县佛光寺正殿**

山西应县木塔(图 11-12)高达 66m,集中体现了我国古代木构建筑的高超水平。

如今,木结构的应用有了很大突破,并打破了传统梁柱的结构体系,使木材的各种力学性能优势得以充分发挥,应用范围也不断扩大。胶合木结构和轻型木结构的广泛应用,提高了木结构的质量,扩大了木结构的应用范围,并能节约木材,这也是合理和优化使用木材、发展现代木结构的重要方向。

为了保证木结构的耐久性,承重木结构宜在正常温度和湿度环境下的房屋结构中使用。未经防火处理的木结构不应用于极易引起火灾的建筑中;未经防潮、防腐处理的木结构不应用于经常受潮且不易通风的场所。

图 11-12　山西应县木塔

（二）木结构的优点分析

与其他结构相比较，木结构有以下很多优点。

（1）承重与围护结构分工明确，建筑形式更加灵活、自由。建筑物的全部重量由木构架承担，墙体只起围护隔断作用。因此，门窗的布置、室内空间的划分，以及墙体材料的选择和做法较为灵活。在不同地区，可利用墙体材料和厚度，开窗大小和位置的变化等来适应不同的气候环境。

（2）抗震性能良好。木结构是由木构件组成的框架结构体系，自重轻，利于抗震。木材是柔性材料，在外力作用下较易变形，但在一定程度上又有恢复变形的能力。同时，木结构所用斗拱和榫卯又都属柔性连接，在地震时能消耗掉一部分地震能量，因此可减少整个框架的破损程度。"墙倒柱立屋不塌"形象地表达了这种结构的特点。例如蓟县独乐寺观音阁、应县木塔、北京故宫太和殿和天坛祈年殿等，经受多次地震冲击，结构的稳定性从未发生问题，生动地说明了古代木结构所具有的优越抗震性能。

（3）材料造取方便，易于加工运输和预制建筑。

综上所述，木结构有许多优点，但由于材料本身的特点，如木材易燃、易腐蚀、易虫蛀，层数不高、跨度有限、需用木料较多，所以在现代建筑中应用不多。

## 二、结构用木材

木结构常用的木材分为针叶材和阔叶材两大类。结构中的承重构件多采用针叶材，阔叶材主要用作板销、键块和受拉接头中的夹板等重要配件。针叶树材树干长直、纹理平顺，木质较软易加工，材质均匀。一般干燥较易而少开裂，耐腐性也较强，因而适于作结构用材。一般针叶树材的平均容重约 $5kN/m^3$，远较其他结构材料为轻。其相对强度（即强度和其容重的比值）接近于钢材，而远较混凝土和砖石高。在荷载和跨度相同的情况下，用木材作结构构件时，其自重最小，这对于抗震和大跨度结构是十分有利的。

（一）木材的不等向性与缺陷

1. 木材的不等向性

木材是一种各向异性的有机建筑材料，在不同方向具有不同的物理力学性能，顺纹方向强度最高,横纹方向强度最低。斜纹方向强度随角度大小而改变,其值介于顺纹与横纹之间(图 11-13)。由于木材各向异性的影响,当木材的含水率变化时,各个方向产生的收缩变形亦不同。顺纹方向的收缩率最小,弦向收缩率最大,径向介于顺纹与弦向之间,其干缩率仅为弦向的 1/2,从而导致木材的开裂和翘曲(图 11-14)。

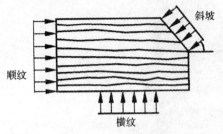
图 11-13 木材不同方向的力学性能示意图

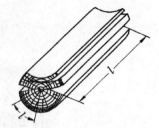
图 11-14 木材开裂和翘曲

### 2.木材的缺陷

对结构用木材影响较大的缺陷,主要有木节、裂缝和斜纹,以及在使用过程中出现的虫害、腐朽等。这些缺陷的存在,不同程度地影响木材的强度,甚至使木材完全无法使用。

木节是评定木材等级的主要因素。当构件上有木节时不仅使受力截面减小,在木节处产生应力集中现象,同时在木节附近由于木纹倾斜而形成局部斜纹(图 11-15(a)),导致产生强度较低的横纹拉力。一般而言,木节对方木的削弱比板材小。

当木材的纤维排列与其纵轴方向不一致时,木材即出现斜纹。斜纹是木材中普遍存在的一种现象,分天然和人为两大类。天然斜纹如节旁的涡纹(图 11-15(a))、原木的扭纹(图 11-15(c))及由此种原木锯得的板、方材等。人为斜纹是由于锯解面与木纹方向不一致而产生的(图 11-15(b))。任何类型的斜纹都会降低木材的强度。

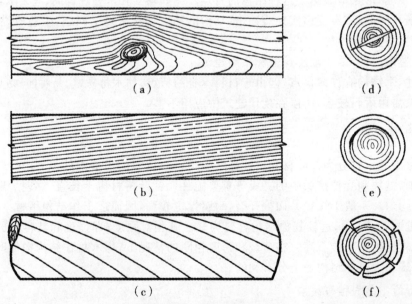

(a)
(b)
(c)
(d)
(e)
(f)

图 11-15 木材缺陷的种类

裂缝是树木在生长期或伐倒后,因外力或温度、湿度的变化,导致木纤维间产生分离而形成的。按开裂部位和方向的不同,裂缝可分为径裂、轮裂和干裂三种(图 11-15(d)、(e)、(f))。径裂和轮裂属天然裂缝,而干裂是树木伐倒后在干缩过程中形成的外部裂缝。裂缝是影响结构安全的重要因素,因其破坏木材的完整性,从而降低木材的强度,其降低的程度,取决于裂缝所在部位的不同及木材纹理方向的变化。

(二)木材的力学性能

研究木材的力学性能,在于了解木材在荷载作用下的受力特点,了解木材缺陷和其他不利因素对其受力性能的影响。研究的内容包括木构件的受拉、受压、受弯及受剪,支座和构件连接中的承压和构件连接中的受剪。

1. 木材受拉性能

木材顺纹受拉破坏前变形很小,无明显的塑性变形阶段,属脆性破坏。木材受拉工作中顺纹受拉强度最高,横纹受拉强度最低(约为顺纹时的 1/14～1/10),斜纹受拉强度介于二者之间,因而在承重结构中不允许木材横纹受拉。

木材缺陷对顺纹抗拉强度的影响较大,有大木节时(相当于缺孔)产生应力集中,特别是木节位于构件的边缘时,影响更大。

2. 木材受压性能

木材顺纹受压时塑性变形较大,可使应力集中现象渐趋缓和;木节对受压工作影响也远较受拉时为小;裂缝对木材轴心受压几乎没有影响,所以木材受压工作比受拉工作可靠。根据木材受压的这种特性,对材质的选择也较受拉时为宽,可以采用Ⅲ$_a$级材。

3. 木材受弯性能

木材受弯工作时,以截面的中和轴为界分为受压区(顺纹受压)和受拉区(顺纹受拉),因而木材的受弯强度值介于顺纹受压与顺纹受拉之间。

由于木材受弯时既有受压区又有受拉区,因此木节和斜纹对受弯工作的影响介于受压和受拉之间。视其分布的位置而定,位于受拉区时影响较大,位于受压区影响较小。

4. 木材的承压性能

木材的承压工作一般存在于构件的接头和连接中。按承压方向与木纹所成的角度不同,可分为顺纹、横纹和斜纹三种。

横纹承压可分为全表面承压和局部承压两种。横纹全表面承压强度与承压面的尺寸无关;局部长度承压时,在压块两端一定范围内的木材纤维也参与工作,因此局部长度承压强度高于全表面承压。

斜纹承压的强度随角度增大而减小。

5. 木材的受剪性能

木材受剪分顺纹、横纹和成角度三种情况,但木结构中常见的是木材顺纹受剪。木材受剪时变形很小,当达到强度极限时产生突然的脆性破坏。

剪应力沿剪面长度的分布是不均匀的,其分布与剪力作用方式有关。当一对剪力都作用于受剪面一侧时,称为单剪,剪应力分布极不均匀;当一对剪力分别作用于受剪面两侧时,称为双剪,剪应力分布较为均匀。另外,剪面长度、槽齿深度和构件截面高度对剪应力分布也有影响。

剪面上有无横向压力对木材抗剪承载力有很大影响。若无压力作用,会产生横纹撕裂现象而使抗剪承载力大大降低,剪面较短时尤甚。

木材缺陷对受剪工作影响很大,尤其是木材裂缝,当裂缝与剪面重合时更不利,常是木结构连接破坏的主要原因。

6.影响木材强度的因素

影响木材强度的因素主要有木材含水率、温度及荷载作用持续时间等。

木材含水率在纤维饱和点以下时,含水率愈高则强度愈低。

温度越高,则木材的强度和弹性模量越低,其降低的程度与木材的含水率、温度值及其持续时间等因素有关。在温度很高的环境中,不宜采用木材作承重结构。

随荷载作用时间的增加,木材强度降低,变形加大,且强度趋于某一定值,称为木材的长期强度。在实际工程中,荷载是全部或部分长期作用在结构上的,因此,应以木材的长期强度作为设计依据。

(三)选材的标准和含水率的要求

1.选材标准

承重结构用木材分为原木、锯材(方才、板材、规格材)和胶合材三种。

用于普通木结构的原木、方才、板材的材质等级分为三级。设计时,应根据构件的主要用途按表11-1选择相应的材质等级。

表 11-1  普通木结构构件的材质等级

| 项次 | 主要用途 | 材质等级 |
|---|---|---|
| 1 | 受拉或受弯构件 | Ⅰa |
| 2 | 受弯或压弯构件 | Ⅱa |
| 3 | 受压构件及次要受弯构件(如吊顶小龙骨) | Ⅲa |

轻型木结构用规格材的材质等级分为7级。设计时,应根据构件的主要用途按表11-2选择相应的材质等级。

表 11-2  轻型木结构用规格材的材质等级

| 项次 | 主要用途 | 材质等级 |
|---|---|---|
| 1 | 用于对强度、刚度和外观有较高要求的构件 | Ⅰc |
| 2 | | Ⅱc |
| 3 | 用于对强度和刚度有较高要求而对外观只有一般要求的构件 | Ⅲa |
| 4 | 用于对强度和刚度有较高要求而对外观无要求的构件 | Ⅳc |
| 5 | 用于墙骨柱 | Ⅴc |
| 6 | 除上述用途外的构件 | Ⅵc |
| 7 | | Ⅶc |

胶合木结构的材质等级分为五级。设计时,应根据构件的主要用途和部位选择相应的材质

等级。

### 2.含水率要求

构件制作时,木材含水率应符合以下要求。

(1)现场制作的原木或方木结构不应大于 25%。

(2)板材和规格材不应大于 20%。

(3)受拉构件的连接板不应大于 18%。

(4)作为连接件不应大于 15%。

(5)层板胶合木结构不应大于 15%,且同一构件各层木板间的含水率差别不应大于 5%。

## 三、木结构的防火及防护

### (一)木结构的防火

木材是一种可燃性材料,在加热过程中,可分解出含碳的可燃性气体,从而使木材易于着火燃烧。在燃烧过程中,截面由外向内逐渐炭化使截面减小,强度降低,最终丧失承载力。

木结构的防火,以构造措施为主。

### 1.建筑构件的燃烧性能和耐火极限

木结构建筑构件的耐火极限不应低于表 11-3 的规定。

表 11-3　木结构建筑中构件的燃烧性能和耐火极限

| 构件名称 | 耐火极限/h |
|---|---|
| 防火墙 | 不燃烧体 3.00 |
| 承重墙、分户墙、楼梯和电梯井墙壁 | 难燃烧体 1.00 |
| 非承重外墙、疏散走道两侧的隔墙 | 难燃烧体 1.00 |
| 分室隔墙 | 难燃烧体 0.50 |
| 多层承重柱 | 难燃烧体 1.00 |
| 单层承重柱 | 难燃烧体 1.00 |
| 梁 | 难燃烧体 1.00 |
| 楼盖 | 难燃烧体 1.00 |
| 屋顶承重构件 | 难燃烧体 1.00 |
| 疏散楼梯 | 难燃烧体 0.50 |
| 室内吊顶 | 难燃烧体 0.25 |

注:①屋顶表面应采用不可燃材料。

②当同一座木结构建筑由不同高度组成,较低部分的屋顶承重构件必须是难燃烧体,耐火极限不应小于 1.00h。

### 2.建筑的层数、长度和面积

木结构建筑不应超过三层,不同层数建筑最大允许长度和防火分区面积不应超过表 11-4 的规定。

表 11-4　木结构建筑的层数、长度和面积

| 层数 | 最大允许长度/m | 每层最大允许面积/m² |
|:---:|:---:|:---:|
| 单层 | 100 | 1200 |
| 两层 | 80 | 900 |
| 三层 | 60 | 600 |

注:安装了自动喷水灭火系统的木结构建筑,每层楼最大允许长度、面积可在表 11-4 的基础上扩大一倍。局部设置时,应按局部面积计算。

3.防火间距

木结构建筑之间、木结构建筑与其他耐火等级建筑之间的防火间距,不应小于表 11-5 的规定。防火间距应按相邻建筑外墙的最近距离计算,当外墙有突出可燃构件时,应从突出部分的外缘算起。

表 11-5　木结构建筑的防火间距

| 建筑种类 | 其他耐火等级建筑 | | | |
|:---:|:---:|:---:|:---:|:---:|
| | 一、二级建筑 | 三级建筑 | 木结构建筑 | 四级建筑 |
| 木结构建筑的防火间距/m | 8.00 | 9.00 | 10.00 | 11.00 |

考虑火灾时,发生火灾的建筑对相邻建筑的影响与外墙开口率等因素有关,两座木结构建筑之间、木结构建筑与其他结构建筑之间的外墙均无任何门窗等类开口时,其防火间距应不小于 4.00m。两座木结构建筑之间,或木结构建筑与其他耐火等级的建筑之间,外墙的门窗洞口面积之和均不超过该外墙面积的 10% 时,其防火间距应不小于表 11-6 的规定。

表 11-6　外墙开口率小于 10% 时防火间距

| 建筑种类 | 其他耐火等级建筑 | | |
|:---:|:---:|:---:|:---:|
| | 一、二、三级建筑 | 四级建筑 | 木结构建筑 |
| 木结构建筑的防火间距/m | 5.00 | 6.00 | 7.00 |

另外,木结构采用的建筑材料,其燃烧性能的技术指标应符合《建筑材料难燃性试验方法》(GB/T8625—2005)的规定。还要求室内装修材料、管道及包覆材料或内衬的防火性能均应符合相关规定。

车库、烹饪炉及采暖通风的设计应遵循规范的相关规定。

(二)木结构的防护

腐朽、虫蛀是木材最严重的缺陷之一。木结构若处于易腐蚀、易虫蛀的环境中,三五年时间就可能使强度显著降低,甚至倒塌。木材的腐朽是由于木腐菌侵害而引起的。木腐菌是一种低等植物,其体内的水解酶、氧化还原酶、发酵酶等可以分解组成木材细胞壁的纤维素、木质素及各种细胞内含物,从而破坏木材固有的物理、力学性能,造成腐朽。木材易受虫蛀,使木构件蛀空,导致截面减小和截面变异,而使构件丧失承载能力,这种现象在我国南方地区尤为严重。蛀虫常在潮湿、温暖的环境中繁殖生长。

要防止木腐菌和昆虫对木结构的破坏,最有效的办法是破坏其生存条件,在设计中首先就要从建筑方案及构造上考虑通风和防潮要求,使木结构经常处于干燥状态;或即使偶尔受潮,也能及时风干,使木构件在正常使用期间的含水率控制在 20% 以内。只有在无法保证木结构不受到潮湿作用时,才需对木材进行防腐处理。《木结构设计规范》(GB50005—2003)规定,对木结构中下列部位应采取下列防潮和通风措施。

(1)在桁架和大梁的支座下应设置防潮层。

(2)在木柱下应设置柱墩,严禁将木柱直接插入土中。

(3)桁架和大梁的支座节点或其他承重木构件不得封闭在墙、保温层或通风不良的环境中。

(4)处于房屋隐蔽部分的木结构,应设通风孔洞。

(5)露天结构在构造上应避免任何部分有积水的可能,并应在构件之间留有空隙(连接部位除外)。

(6)当室内外温差很大时,房屋的围护结构(包括保温吊顶),应采取有效的保温和隔气措施。

(7)对于无法避免受潮的下列露天结构及容易受潮的结构部位,除从构造上采取通风防潮措施外,尚应采用药剂进行处理:

①露天结构;

②内排水桁架的支座节点处;

③檩条、搁栅、柱等木构件直接与砌体、混凝土接触部位;

④白蚁容易繁殖的潮湿环境中使用的木构件;

⑤使用马尾松、云南松、湿地松、桦木以及新利用树种中易腐蚀或易遭虫害的木材的承重结构。

木构件(包括胶合木结构)的机械加工应在防腐、防虫药剂处理前进行。木构件经药剂处理后,应避免重新切割或钻孔。如确有必要,需对木材的暴露表面涂刷足够的药剂。

## 四、木结构构件的连接分析

木材是天然生长的材料,其长度和直径都是有限的,实际结构中必须用适当方式将单根木料连接起来,以满足较大跨度或较大荷载的要求。连接的类型主要有齿连接、螺栓连接和钉连接、齿板连接等。

### (一)齿连接

1.单齿及双齿连接的构造

在用方木或原木做成的木结构中,齿连接是最常用的一种连接方式。按槽齿数量多少可分为单齿连接(图 11-16)及双齿连接(图 11-17)。齿连接的形式应符合下列规定。

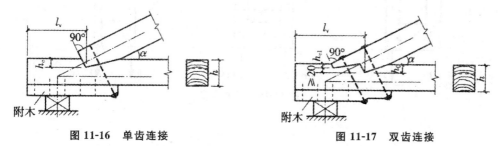

图 11-16　单齿连接　　　　　　　　　　图 11-17　双齿连接

（1）承压面应与所连接的压杆轴线垂直，以使压力明确地作用在该承压面上，并保证剪面上存在横向压力，以利于木材的剪切受力。

（2）单齿连接时压杆轴线应通过承压面的形心。

（3）木桁架支座节点处的上弦轴线和支座反力的作用线，当下弦为方木或板材时，宜与下弦净截面的中心线交于一点；当下弦为原木时，可与下弦毛截面的中心线交于一点。此时，下弦刻齿处的截面可按轴心受拉计算。

（4）齿连接的齿深，对于方木不应小于 20mm；对于原木不应小于 30mm。

木桁架支座节点的齿深不应大于 $h/3$，在中间节点处不应大于 $h/4$（$h$ 为沿齿深方向的构件截面尺寸）。

双齿连接中，第二齿的齿深 $h_c$ 应比第一齿的齿深 $h_{c1}$ 至少大 20mm，第二齿的齿尖应位于上弦轴线与下弦上表面的交点。单齿和双齿第一齿的剪面长度均不应小于该齿齿深的 4.5 倍。

采用湿材制作时，木材可能发生端裂。因此，木桁架支座节点齿连接的剪面长度应比计算值大 50mm。

（5）木桁架支座节点必须设置保险螺栓和附木。保险螺栓应与上弦轴线垂直，附木与下弦用钉钉牢。

**2. 齿连接的计算**

单齿和双齿连接应验算木材的承压、抗剪强度。

桁架支座节点采用齿连接时，必须设置保险螺栓，以防齿受剪破坏时上弦向外推而突然倒塌。保险螺栓只在木材剪面破坏后起作用。因此，设计齿连接时，不应考虑保险螺栓与齿共同工作。保险螺栓受力情况较复杂，包括螺栓受拉、受弯及上弦端头在剪面上的摩擦作用等。

**（二）螺栓连接和钉连接**

螺栓连接和钉连接具有充分的紧密性和韧性，制作简单，安全可靠，是木结构常用的连接形式。一般用于受拉杆件的接长，有时也可用作构件间的节点连接。

**1. 螺栓连接和钉连接的构造**

螺栓连接和钉连接可采用双剪连接（图 11-18）或单剪连接（图 11-19）。为充分发挥螺栓的抗弯能力，保证连接受力安全，连接木构件的最小厚度应符合表 11-7 的规定。

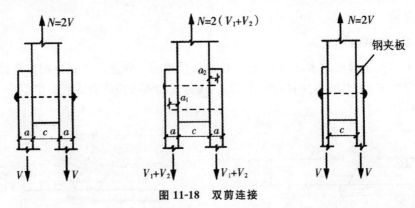

图 11-18　双剪连接

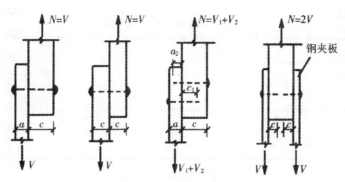

图 11-19 单剪连接

表 11-7 螺栓连接和钉连接中木构件的最小厚度

| 连接形式 | 螺栓连接 | | 钉连接 |
|---|---|---|---|
| | d<18mm | d≥18mm | |
| 双剪连接 | c≥5d | c≥5d | c≥8d |
| | a≥2.5d | a≥4d | a≥4d |
| 单剪连接 | c≥7d | c≥7d | c≥10d |
| | a≥2.5d | a≥4d | a≥4d |

注:c 为中部构件的厚度或单剪构件中较厚构件的厚度;

　　a 为边部构件的厚度或单剪构件中较薄构件的厚度;

　　d 为螺栓或钉的直径。

**2.螺栓的排列**

螺栓的排列,可按两纵行齐列(图 11-20)或两纵行错列(图 11-21)布置,并应符合下列规定。

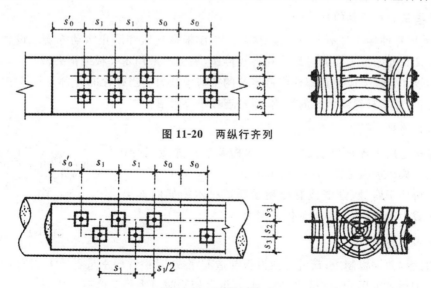

图 11-20 两纵行齐列

图 11-21 两纵行错列

第一,螺栓排列的最小间距,应符合表 11-8 的规定。

表 11-8　螺栓排列的最小间距

| 排列形式 | 顺纹 | | | 横纹 | |
|---|---|---|---|---|---|
| | 端距 | | 中距 | 边距 | 中距 |
| | $S_0$ | $S_0'$ | $S_1$ | $S_3$ | $S_2$ |
| 两纵行齐列 | 7d | | 7d | 3d | 3.5d |
| 两纵行错列 | | | 10d | | 2.5d |

注:d 为螺栓直径。

第二,当被连接的受拉构件采用湿材制作时,其顺纹端距 $S_0$ 应加长 70mm。

第三,当构件成直角相交且力的方向不变时,螺栓排列的横纹最小边距要求是受力边不小于 4.5d,非受力边不小于 2.5d(图 11-22)。

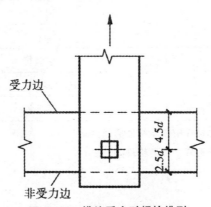

图 11-22　横纹受力时螺栓排列

第四,当采用钢夹板时,钢板上的端距 $S_0$ 取 2d,边距 $S_3$ 取 1.5d。

**3.螺栓连接和钉连接的计算**

一般,受压杆件接长时不考虑螺栓直接传力,仅根据夹紧和防止错动等要求设置构造螺栓。受拉杆件在接头处的拉力应通过螺栓和夹板传递,夹板可采用木夹板或钢夹板。

螺栓连接和钉连接应验算螺栓或钉连接的抗剪承载力。当螺栓的传力方向与构件木纹方向不一致时,应考虑木材斜纹承压的影响;而钉连接可不考虑。

**(三)齿板连接**

齿板连接适用于规格材制成的轻型木桁架节点连接或受拉杆件的接长。典型齿板如图 11-23 所示。

齿板不得用于腐蚀、潮湿或有冷凝水环境中木桁架的连接。齿板受压承载力极低,故不得用于传递压力。

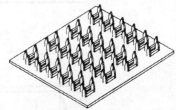

图 11-23　齿板

**1.齿板用材分析**

齿板由镀锌薄钢板制成,镀锌应在齿板制造前完成,且镀锌层重量不低于 $275g/m^2$。

齿板用钢板可采用 Q235 碳素结构钢,有可靠依据时可采用其他型号的钢材。

## 2.齿板连接的构造与施工制作

齿板连接的构造应符合下列要求：

(1)齿板应成对对称设置于构件连接节点的两侧；

(2)采用齿板连接的构件厚度应不小于齿嵌入构件深度的2倍；

(3)在与桁架弦杆平行及垂直方向,齿板与弦杆的最小连接尺寸以及在腹杆轴线方向齿板与腹杆的最小连接尺寸应符合表11-9的规定。

表 11-9　齿板与桁架杆、腹杆最小连接尺寸

| 规格材截面尺寸/(mm×mm) | 桁架跨度 L/m | | |
|---|---|---|---|
| | L≤12 | 12<L≤18 | 18<L≤24 |
| 40×65 | 40 | 45 | — |
| 40×90 | 40 | 45 | 50 |
| 40×115 | 40 | 45 | 50 |
| 40×140 | 40 | 50 | 60 |
| 40×185 | 50 | 60 | 65 |
| 40×235 | 65 | 70 | 75 |
| 40×285 | 75 | 75 | 85 |

齿板连接的构件应在工厂制作,其施工制作应符合下列要求：

(1)板齿应与构件表面垂直；

(2)板齿嵌入构件深度应不小于做板齿承载力试验时板齿嵌入试件的深度；

(3)齿板连接处构件无缺棱、木节、木节孔等缺陷；

(4)拼装完成后齿板无变形。

## 3.齿板连接计算

齿板连接应按承载能力极限状态荷载效应的基本组合验算齿板连接的板齿承载力、齿板受拉承载力、齿板受剪承载力和剪一拉复合承载力；按正常使用极限状态标准组合验算板齿的抗滑移承载力。

## 五、现代木结构

木结构按连接方式和截面形状可分为普通木结构、胶合木结构和轻型木结构三种。普通木结构是指承重构件采用方木或圆木制作的单层或多层木结构,是以手工操作为主的工地制造的结构。普通木结构加工简便,发展最早,应用也最广泛,在中国应用最多的也是这种结构形式。随着建筑技术的发展,胶合木结构与轻型木结构在我国得以发展使用,这也符合可持续发展方向,是现代木结构发展的必然趋势。

### （一）胶合木结构

普通木结构,其构件截面尺寸和长度受到树木原材料本身尺寸的限制,对大跨度构件,实木锯材往往难以满足设计要求。在这种情况下可以采用结构胶合木构件。

胶合木结构于 1907 年在德国问世,至 20 世纪 40 年代中期已发展成为现代木结构的一个重要分支,广泛应用于各种工程上。近年来,美国已相继建成直径为 153m、162m 及 208m 的胶合木圆顶。

1.胶合木结构的特点

胶合木结构具有以下优点。

(1)不受天然原木尺寸的限制,能利用较短较薄的木材,组成几十米甚至上百米的大跨构件,形式多样、造型美观。

(2)可剔除木材中木节、裂缝等缺陷,提高材料强度,也可根据构件受力情况,进行合理级配,量材使用,将不同等级的木材用于构件不同的应力部位,从而提高木材的使用率,做到劣材优用。

(3)木板易干燥,制成的胶合木构件一般无干裂、扭曲等缺陷。

(4)经防火设计和防火处理的大截面胶合木构件,耐火性能较好。

(5)可减少原木、方木结构构件在连接处对刚度的削弱,且连接铁件少,整体刚度好。

(6)构造简单、制作方便,可以工业化生产,提高生产效率,保证构件的产品质量。

由此可见,胶合木结构能较好地利用木材的优点并克服其缺点,提高木结构的质量,适应于工业化生产,并能节约木材,因此在一些技术发达的国家得以较大发展,成为木结构的主要形式,多用于大体量、大跨度及防火要求较高的大型公共建筑、体育建筑、工厂车间及桥梁等工业与民用建筑。胶合木构件能抵抗环境的腐蚀,特别适用于游泳场馆,不怕水蒸气中氯对构件的腐蚀。

2.胶合木结构的结构形式

胶合木结构常用的结构形式有:梁(图 11-24(a));拱(图 11-24(b));钢木桁架(图 11-24(c));门架(图 11-24(d));折板结构(图 11-24(e));薄壳结构(图 11-24(f))。

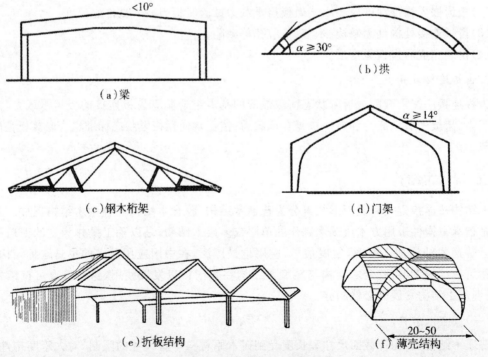

(a)梁　　(b)拱　　(c)钢木桁架　　(d)门架　　(e)折板结构　　(f)薄壳结构

图 11-24　胶合木结构常用结构形式

（二）轻型木结构

轻型木结构是指用规格材及木基结构板材或石膏板制作的木构架墙体、木楼盖和木屋盖系统组成的单层或多层建筑结构，适用于三层及三层以下的民用建筑。轻型木结构建筑的承载力、刚度和整体性由主要结构构件（木构架）与次要结构构件（墙面板、楼面板和屋面板）提供。

木构架通常由规格材或工字形木搁栅组成。常用的面板有胶合板与定向刨花板等。轻型木结构一般采用"平台式"骨架结构形式（图11-25），施工时，以每层楼面为平台，上一层结构的施工作业可在该平台上进行。

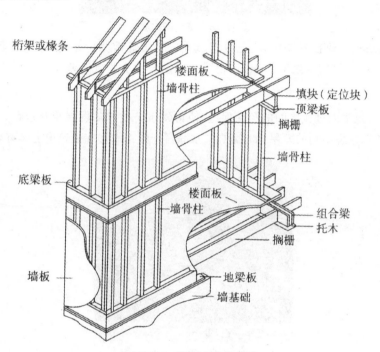

**图 11-25　轻型木结构形式**

与其他建筑材料的结构相比较，轻型木结构质量较轻，因此在地震与风荷载作用下延性性能较好。

# 第六节　建筑结构的选型

## 一、建筑结构技术

（一）技术理念

1. 对待技术的两种态度

对待技术的态度有积极的和消极的两类，分别以包豪斯学派、工艺美术运动为代表。

19世纪50年代，英国出现了工艺美术运动，它是针对工业革命机械化大生产所带来的产品千篇一律、呆板无味的特点，提倡艺术化手工业产品，强调返璞归真和师承自然，反对机器制造产品和使用玻璃钢材等工业材料，忠实于材料本身的特点，反映本身的质感而倡导的一场运动。工艺美术运动的先驱者之一莫里斯主张手工制作，排斥工业技术，其主要作品是魏布设计的莫里斯红屋,如图 11-26。

图 11-26　莫里斯红屋

包豪斯学派则是工业技术的代表,把建筑、绘画、雕塑等熔为一炉,主张集体创作、典型作品推广生产等,注重对材料的接触和认识,打破了艺术家与手工业者的差别。

2. 对待新材料与新技术的态度

空间的要求与技术的进步之间的互相促进,使得建筑与技术的发展相互依存。新建筑运动时期,新材料给人带来意想不到的效果,如伦敦的"水晶宫"(图 11-27)在建筑史上具有划时代的意义。

图 11-27　伦敦水晶宫

"水晶宫"是专为 1851 年伦敦第一届世界工业产品大博览会而设计建造的一座展览馆。位于伦敦海德公园内,是英国工业革命时期的代表性建筑。由英国园艺师 J. 帕克斯顿设计,按照当时建造的植物园温室和铁路站棚的方式设计,大部分为铁结构,外墙和屋面均为玻璃,整个建筑通体透明、宽敞明亮,故被誉为"水晶宫",总共施工不到 9 个月的时间,在建筑史上具有划时代的意义,其功能是全新的,巨大的内部空间,最少阻隔;快速建造,工期不到一年;造价大为节省;新材料和新技术的运用达到了一个新的高度;实现了形式与结构、形式与功能的统一;摒弃了古典主义装饰风格,开辟了建筑形式的新纪元,它的特点是轻、光、透、薄。

(二)技术文化

技术文化是以技术作为历史的代表。如英国贝丁顿零能耗发展住区代表了不同时期建筑的技术文化特点,它是世界上第一个生态住区,设计者比尔·邓斯特利用相应的新技术手段来支持自己的生态设计理念,追求光电能源的转换,减少化石能源的消耗。在建筑造型上,通过各种新技术装置形成了富有个性的技术化造型。设计师将太阳能、风能装置看作是新造型语汇,让其兼顾技术本身功效的同时,又要符合造型审美的要求,还要经得起色彩、尺度和工艺等的推敲,保证了技术与建筑完美的结合,是一个节能减排设计理念下的作品。

## 二、建筑结构选型的概念及意义

（一）建筑结构选型的概念

所谓结构选型，就是根据建筑概念、形态意向、规模、经济要素等，选择合适的结构类型系统。以承受自重、土压力、水压力与人流活荷载、设备设施重量以及外部风、雨、雪等荷载，同时考虑地震、海啸、爆炸等偶然因素，以保持整体刚度和稳定性；另一方面还要兼顾力与形的关联，将结构中的拉力、压力、弯曲、剪切等造成的紧张态势或动静感受都真实地以造型要素体现出来，真正实现"形是力的图解"的要求。

（二）建筑结构选型的意义

一幢完美的建筑，它不仅要符合功能要求、体现造型的艺术美，而且要体现结构的合理性，也就是说，只有建筑和结构的有机结合，才是一幢完美无缺的建筑。

一般来说，结构工程师的责任要比建筑师的责任大。由于结构的重要性，所以在确定该幢建筑使用寿命的同时，还必须考虑到人们的生命和财产的安全。作为一名建筑师，在设计一个建筑方案的同时，必须考虑到在整个方案的实施过程中，结构上有没有实现的可能性，它将采用何种结构形式？施工过程中有哪些困难？因此，要求每一位建筑师对所有的结构形式和特点，以及它们的基本力学原理和构造有一个全面的了解和掌握，这样才能使一个建筑方案不会成为一纸空文。罗马小体育宫是内容和形式统一的典范，见图11-28。

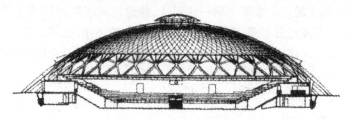

图 11-28　罗马小体育宫

## 三、建筑结构体系

（一）结构体系的类别

从宏观组织形态规律来看，结构体系大致可归为两大类：几何规律的结构体系和非几何及有机组织的结构体系。

1. 几何规律的结构体系

大量的结构体系符合几何组织规律。我们同样可以用点、线、面、体的构成关系来类比这类系统："点"是连接关节；"线"可以理解为梁、柱、拉压杆件等；"面"是墙、楼板以及壳、薄膜和其他任意现浇形态的整体界面"体"则指相对完整独立的承重系统，如高层建筑中的核心筒以及巨型支撑体系中角部筒状巨柱等。

2. 非几何及有机组织的结构体系

仔细观察和分析自然界生物体或非生物体的形态，从力学逻辑出发，也能得到很多启发。一张纸遇到压力肯定变形；而将纸折成多脊状，就具备了承受分量的刚度优势（图11-29）。研究鱼骨架，则能发现它与拱架结构类似的受力特征（图11-30）。握压鸡蛋而不易破裂，是因为薄壳将某一方向较强的集中荷载分散均布开来,从而使压强整体减弱。蚕蛹依靠蚕丝吊挂于蚕茧内部或蜘蛛密织的八卦网,实质上是各个方向"索"拉力平衡的结果。蚂蚁衔土塑造的高塔或地穴,既如同现浇混凝土般安全牢固,同时还通过高低构筑物上不同透气孔产生气压,形成满足自然通风的"生土住宅"。如将中国传统建筑斗拱与树形结构中力的分布传导方式作对比,会发现这个承上启下的构件还起着将水平方向的力层层分担、变为构件内力、再传递给纵向柱身的作用。可见,向自然学习,分析其之所以能存在繁衍、不断进化的原因,评估系统内部各种要素通力合作的有效程度,最终才能在其力学原理的启发下,在非几何及有机造型中探索优化可行的结构体系。

图 11-29　多脊状承受分量的优势

图 11-30　与鱼骨架结构相似的建筑

（二）建筑模数

所谓建筑模数,是指建筑生成过程中所采用的作为单位度量体系的某个特定数量以及衍生数列,它的不断成倍组合能支配三个维度上的一切尺寸,使建筑从结构到形式、空间都有特定的数理规律可循。制定模数的出发点有很多,有的出于对人体尺度的关注,也有的基于结构构架体系的规律性;与此同时,模数制还为建筑预制品的工业化规模生产以及多样组合提供了通用性和互换性。

1.柯布西耶关于模数制的研究

柯布西耶长期专注于模数制研究,并于 1948 年发表了《模数制——广泛应用于建筑和机械中的人体尺度的和谐度量标准》一书。他的模数制建立在数学黄金分割的美学量度、斐波那契数列和人体比例的基础之上,基本网格由三个尺寸构成:1130,700,430mm,按照黄金分割比例可派生出后续尺寸:430＋700＝1130mm,1130＋700＝1830mm。而三个尺寸之和为 1130＋700＋430＝2260mm。1130,1830,2260mm 恰好分别是从地面到人的肚脐、头顶以及伸手臂端的高度,柯布西耶以此确定人体所占的基本空间尺度(图 11-31)。在 1130 和 2260 之间,他还创造了基于相同比例关系的红尺与蓝尺,用来作为度量小于人体尺度的尺寸标准。长 140m、宽 24m、高 70m 的马赛公寓(L'united'Habitation,Marseille)就是其利用这种模数体系中的 15 个尺寸所做的设计实践。

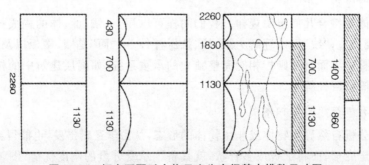

图 11-31　柯布西耶以人体尺度为空间基本模数尺寸图

2.中国传统建筑营造中的模数制体系

在传统自然观、伦理观以及人文意识影响下,中国建筑体现出高识别性的"基因"特征。尤其是官式建筑,在空间、造型、结构以及装饰要素等各个方面都有定型型制,形成了"通用"模式以及"家国同构"的结构相似性。建筑高度定型化,是一种在等级制度侵蚀下使用者和营造者自上而下的自觉共识,它客观上需要单体和细部构件标准化与模数化,否则就缺少了可比性。

(1)以"材"或"斗口"作为基本度量衡

早在宋代的《营造法式》中,就规定了以斗拱拱木断面为材、且以此作为基本度量衡的用"材"制度,成为工官控制以及匠人营造的"蓝本"。清代颁布了《工程做法则例》,继承、修正和发展了宋代《营造法式》的用材制度,规定了十一等斗口,并以斗口作为新的用材单位。全书将27种建筑的规模型制、尺度比例以及建造用材做了分类规定,同时还包括门窗、栏杆、屋瓦、彩画以及装饰纹样等定型化标准。

(2)以"间"作为平面生成元

至于平面,则多以"间"为单位模数,形成"柱网"。所谓"间"是指两榀木构架之间的空间,建筑"间"数多为1,3,5,7,9,11等奇数,沿面阔方向展开,进而构成大小规模不等的建筑单体;单体之间转接围合,形成三合院、四合院、廊院等基本院落模式;规模较大的建筑群则由这些院落再通过"串联"或"并联"延续发展,组成横向、纵向以及纵横交错等"多进多路"式布局(图11-32)。

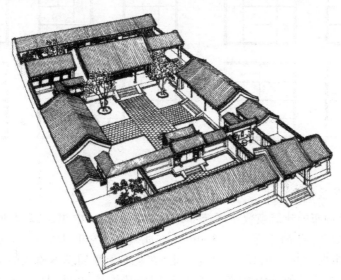

**图11-32　以"间"为基本单元繁衍而成的四合院**

(3)以"步架"为单位等差渐变的"举高"

在间架结构方面,进深方向梁架的大小以承受檩子的数目来区分,如3檩叫3架,5檩叫5架,最大可以做到19架。一般檩子之间的水平距离基本相等,称为步架;而各檩子间的垂直距离"举高"则是以"步架"为单位的渐变等差数列,逐层加大,形成"举折",使屋面呈"反宇向阳"的抛物内凹曲面,饱满而柔和。

可见,从基本度量衡到单体平面与间架结构,中国古代官式建筑在清代就已具备完整成熟的模数制体系。事实上,这些在不同等级范畴内具有相似特征的单元,通过规律性"排列组合",最终产生的建筑形象远远超出基本单元的限制,体现出模数制体系既高效又灵活的优势。

3.日本传统建筑营造中的模数制体系

日本传统建筑布局深受中国传统平面"间"的影响,并逐步本土化。通常以大小为 6.3 尺×3.15 尺的"地席"铺设成"间";由于"地席"长宽比例为 2∶1,所以可形成连续或交错多种铺设方法,房间基本形式和建筑柱网也因此机动多变(图 11-33)。同时,房屋高度也与地席尺寸成确定的比例关系。

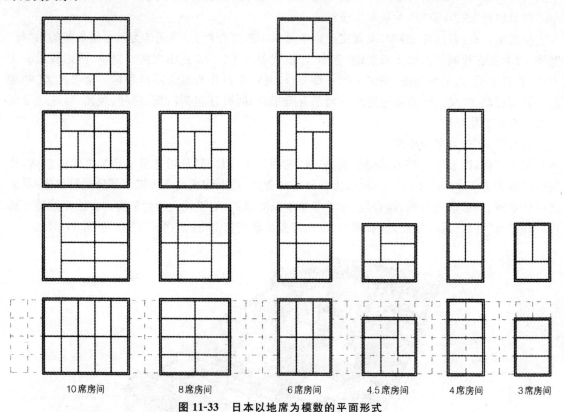

| 10席房间 | 8席房间 | 6席房间 | 4.5席房间 | 4席房间 | 3席房间 |

**图 11-33  日本以地席为模数的平面形式**

4.我国现行建筑模数标准

我国在 1986 年颁布的建筑模数协调统一标准(GBJ2—86)中规定:基本模数即建筑模数协调统一标准的基本数值,用 M 表示,1M∶100mm;在此基础上导出基本模数的倍数,称扩大模数,它在平面上采用基本模数的 3,6,12,15,30,60 倍,在竖向上采用基本模数的 3 倍或 6 倍。另外还有分模数,它是基本模数的分倍数,按 1/2,1/5,1/10 份取用,以满足细小尺寸度量。在以上三种模数的基础上,就可以扩展成为一系列模数数列尺寸(表 11-10)。我们在设计过程中,尽量采用符合模数数列的尺寸来定位整体结构轴线以及开间、进深、跨度、柱距、层高等。建筑构配件、组合件、建筑制品的生产也按照此规定进行。这个模数标准的规定为设计、施工、构件制作、科研都提供了统一依据,利于规模生产与统筹建设。

不同的模数制归根结底反映出不同单元度量体系与尺度取向。阿尔托曾经被问到以何种尺寸作为模数时,其回答是:"我一直以 1 毫米的模数工作"。这给我们至少有两点启示:首先,模数单位尺寸越小,所需推敲的尺度越细化深入;其次,模数制与灵活性非但不相悖,反而为灵活性提供了基础,试想如果以 1 毫米为模数的话,通过倍增、递减等排列组合后生成的尺度是千变万化的。

表 11-10　模数数列(mm)

| 基本模数 | 扩大模数 | | | | | | 分模数 | | |
|---|---|---|---|---|---|---|---|---|---|
| 1M | 3M | 6M | 12M | 15M | 30M | 60M | 1/10M | 1/5M | 1/2M |
| 100 | 300 | 600 | 1200 | 1500 | 3000 | 6000 | 10 | 20 | 50 |
| 200 | 600 | 1200 | 2400 | 3000 | 6000 | 12000 | 20 | 40 | 100 |
| 300 | 900 | 1800 | 3600 | 4500 | 9000 | 18000 | 30 | 60 | 150 |
| 400 | 1200 | 2400 | 4800 | 6000 | 12000 | 24000 | 40 | 80 | 200 |
| 500 | 1500 | 3000 | 6000 | 7500 | 15000 | 30000 | 50 | 100 | 250 |
| 600 | 1800 | 3600 | 7200 | 9000 | 18000 | 36000 | 60 | 120 | 300 |
| 700 | 2100 | 4200 | 8400 | 10500 | 21000 | | 70 | 140 | 350 |
| 800 | 2400 | 4800 | 9600 | 12000 | 24000 | | 80 | 160 | 400 |
| 900 | 2700 | 5400 | 10800 | | 27000 | | 90 | 180 | 450 |
| 1000 | 3000 | 6000 | 12000 | | 30000 | | 100 | 200 | 500 |
| 1100 | 3300 | 6600 | | | 33000 | | 110 | 220 | 550 |
| 1200 | 3600 | 7200 | | | 36000 | | 120 | 240 | 600 |
| 1300 | 3900 | 7800 | | | | | 130 | 260 | 650 |
| 1400 | 4200 | 8400 | | | | | 140 | 280 | 700 |
| 1500 | 4500 | 9000 | | | | | 150 | 300 | 750 |
| 1600 | 4800 | 9600 | | | | | 160 | 320 | 800 |
| 1700 | 5100 | | | | | | 170 | 340 | 850 |
| 1800 | 5400 | | | | | | 180 | 360 | 900 |
| 1900 | 5700 | | | | | | 190 | 380 | 950 |
| 2000 | 6000 | | | | | | 200 | 400 | 1000 |
| 2100 | 6300 | | | | | | | | |
| 2200 | 6600 | | | | | | | | |
| 2300 | 6900 | | | | | | | | |
| 2400 | 7200 | | | | | | | | |
| 2500 | 7500 | | | | | | | | |
| 2600 | | | | | | | | | |
| 2700 | | | | | | | | | |
| 2800 | | | | | | | | | |
| 2900 | | | | | | | | | |
| 3000 | | | | | | | | | |
| 3100 | | | | | | | | | |
| 3200 | | | | | | | | | |
| 3300 | | | | | | | | | |
| 3400 | | | | | | | | | |
| 3500 | | | | | | | | | |
| 3600 | | | | | | | | | |

## 四、建筑结构选型的原则及形式美

（一）建筑结构选型的原则

### 1.满足功能要求

满足功能要求是建筑设计的根本所在,如观演类建筑的观众厅,其功能是要满足观众观演的需求,因此,在观众厅中不允许设立柱子,否则将阻挡观众的视线,在考虑其结构形式时必须强调这一点。

### 2.重力优势原理

除了优先考虑模数体系外,结构选配还必须遵循自然规律与科学法则。阿瑟·叔本华认为建筑是负荷与支撑的艺术,是以重力为精神的艺术;受重力作用,物体要保持稳定就需要具备合理的重心,要保持平衡就需要各方向上力矩相等。因此重力统治性原则为建筑学提供了一个普遍的思考基础。我们很容易理解在塑造一个抽象造型的雕塑时,为了保持自平衡,雕塑上部的扭曲动势应该与下部方向相反;因此也认同"S"形、"Z"形比"7"形更有优势这样的力学经验(图 11-34)。为保持稳定,通常上小下大、重心降低较有利,这就是金字塔造型的特点。对称均衡的选型不易倾倒;当重心与中心不在同一垂线上时,就会产生颠覆的力矩,因此非对称变化的体量原则上应保证不同方向的力矩总和为零。这些都是从简单的力学逻辑来判断何为满足重力法则的形态,为设计创作粗略设限了选型范围。

**图 11-34　圣地亚哥·卡拉特拉瓦"Z"形塔**

### 3.强调反常规与动势的不稳造型

但是建筑的创造性往往要求突破甚至有悖于这些基本单一的自平衡造型,有意造成夸张某一方向受压或受拉的不稳定感受,在多重力量的;中突中寻找刺激,在复杂的构成要素中获得短暂的动态平衡。柯布西耶提出底层架空的"新建筑",在现代早已司空见惯,而在当时却标志着古典分段式稳定形态意义的瓦解,取而代之的是"头重脚轻"的不稳定视觉形象。莱特的流水别墅更是力图超越悬挑的限度。多元化的当代建筑以更直接的方式炫耀活力,甚至追求危险的结构,企及表现欲望的巅峰(图 11-35)。

图 11-35 意大利 Autostrada 教堂

在妹岛和世设计的日本茨城县公园咖啡亭中,将室内空间与半室外空间统一在一个 25mm 厚的钢板屋顶下,支撑屋顶的钢柱直径只有 60.5mm。初看建筑,似乎是典型的"密斯空间",但仔细研究其平面,却发现在其 1200×1200mm 的网格点上有多处空缺。保守传统的均匀柱网体系被质疑,设计师有意而为的结构盲点使透视空间变得多重而暧昧;同时,这种看似大胆的举动丝毫未损害结构的安全性。复杂困难的建筑形式也刺激了结构领域内的技术移植,它融合多专业,配以新型材料与构造,在计算机与复合媒体技术的参与下,使人们明显感到科技把速度感和未来铸进了空间。

4. 美观,经济,便于施工

一个好的结构体系,不仅是一幢建筑的骨骼,更是美的象征。

一幢建筑的总造价,其结构部分占的比重相当高,一般结构部分的造价占整幢建筑总造价的 60%左右,高者可达 80%以上。因此,经济问题也是结构选型的基本原则。

但如何把一个作品从图纸变为现实,如上海东方明珠电视塔(图 11-36),塔身建造完成后,其顶上的天线如何安装,这比设计一个天线要难得多。又如上海万人体育馆(图 11-37),其屋顶为圆形三向网架,如何进行安装,其施工方法在设计方案阶段已经做了考虑。如方案确定后,施工无法实现,其方案也是不切实际的。

图 11-36 上海东方明珠电视塔

图 11-37 上海万人体育馆

(二)建筑结构选型的形式美

1.结构的真实性体现

早在 20 世纪 50 年代下半叶,英国第三代建筑师史密斯夫妇就提出建筑的美应该以对结构和材料真实直率的反映作标准。他们的作品采用毛糙的混凝土、粗大沉重的梁、柱、板等构件,并将其毫不回避、疏于掩饰地直接"粗鲁"组合连接。这种不修边幅地裸露钢筋混凝土形式,正好适应了战后大量、快速、廉价重建的需求。

2.构件律动产生节奏

构件规则反复地律动会产生有序的节奏;在一些主要受结构要素支配的空间中,这种关系尤为清晰。SOM 建筑师事务所设计的美国波士顿锐步集团全球总部尖锐动态外观(图 11-38(a))。在主"脊"空间中,绝少出现平直元素,玻璃幕墙从下部到顶面、由从 150 到 430 不等倾角的折面组成,水平钢索将幕墙上的荷载传到拉杆、直至立柱与基础(图 11-38(b)美国波士顿锐步集团全球总部室内折面状玻璃墙)。在局部构件与细节上——无论是悬臂的楼梯还是刻意造型成健硕臂膀状的支柱,也都一丝不苟地传递着"力量感"的讯息,以谋合企业理念。

(a)尖锐动态外观　　　　　　　　　　　(b)室内折面状玻璃墙

图 11-38　美国波士顿锐步集团总部

当代建筑结构系统越来越多地从独立封闭、走向开放和包容。结构的真实性意义并不意味着它对其他系统要素的排斥。在某些"骨骼"与"肌体"模糊融合的建筑中,内外界限消失,外部力量在内部发生作用,同时又把内部各元素间的作用力扩展到外部去。结构可能与空间、表皮都成为黏软的整体,无法"骨肉剥离";它们不一定受控于某一系统,但确实是有机构成的一分子,其美感表现在整体生命力里。(图 11-39)

图 11-39　上海证大喜马拉雅艺术中心

# 参考文献

[1]李美娟.建筑结构.合肥:合肥工业大学出版社,2012

[2]罗向荣.建筑结构.北京:中国环境科学出版社,2012

[3]张宪江.建筑结构.北京:化学工业出版社,2012

[4]杨志勇,吴辉琴.建筑结构.武汉:武汉理工大学出版社,2013

[5]方建邦.建筑结构.北京:中国建筑工业出版社,2011

[6]杨子江,张淑华.建筑结构.武汉:武汉理工大学出版社,2012

[7]熊丹安,程志勇.建筑结构.广州:华南理工大学出版社,2013

[8]周芝兰.建筑结构.武汉:华中科技大学出版社,2011

[9]刘雁宁,郭清燕,张秀丽.建筑结构.北京:北京理工大学出版社,2009

[10]丁天庭.建筑结构.北京:高等教育出版社,2003

[11]赵西安.建筑结构.北京:科学出版社,2002

[12]黄音.建筑结构.北京:中国建筑工业出版社,2010

[13]林伟民.建筑结构基础.重庆:重庆大学出版社,2006

[14]王新武.建筑结构.大连:大连理工大学出版社,2002

[15]王文睿.混凝土与砌体结构.北京:中国建筑工业出版社,2011

[16]杨鼎久.建筑结构.北京:机械工业出版社,2006

[17]林宗凡.建筑结构原理及设计.北京:高等教育出版社,2002

[18]吕西林.高层建筑结构.武汉:武汉理工大学出版社,2003

[19]刘声扬.钢结构.北京:中国建筑工业出版社,1997

[20]魏明钟.钢结构.武汉:武汉工业大学出版社,2000

[21]陈绍蕃.钢结构设计原理.北京:科学出版社,2002

[22]刘立新.混凝土结构原理.武汉:武汉理工大学出版社,2011

[23]沈蒲生.混凝土结构设计原理.北京:高等教育出版社,2005

[24]滕智明,张惠英.混凝土结构及砌体结构.北京:中央广播电视大学出版社,1995

[25]滕智明.混凝土结构及砌体结构学习指导.北京:清华大学出版社,1994

[26]周绥平,侯治国.建筑结构.武汉:武汉理工大学出版社,2003

[27]王祖华,季静.混凝土与砌体结构.广州:华南理工大学出版社,2005

[28]龙卫国,杨学兵.木结构设计手册.北京:中国建筑工业出版社,2005

[29]吴培明.混凝土结构.武汉:武汉理工大学出版社,2003

[30]什祖炎等.空间网架结构.贵州:贵州人民出版社,1987

[31]郭继武.建筑抗震设计.北京:中国建筑工业出版社,2002

[32]夏建中,鲁维,胡兴福.建筑结构学习指导.武汉:武汉工业大学出版社,2000

［33］郁彦.高层建筑结构概念设计.北京：中国铁道出版社,1999

［34］范德均,张文华.建筑结构.武汉：武汉理工大学出版社,2003

［35］沈世钊等.悬索结构设计.北京：中国建筑工业出版社,2005

［36］叶见曙.结构设计原理.北京：人民交通出版社,2005